필자를 안보(安保)·국방(國防) 연구의 길로 이끌어주신
이상우 교수님, 김태효 교수님께 바칩니다.

김재엽

1979년 6월 25일 출생
2002년 서강대학교 졸업(경영학, 정치외교학 전공)
2005년 연세대학교 행정대학원 졸업(정치학 석사)
2010년 성균관대학교 대학원 졸업(정치학 박사)
현재, 한남대학교 무기체계-M&S 연구센터 연구교수

주요저서
『자주국방론』(2007)
『군사혁신(RMA)과 한국군』(2008, 공저)
『현대무기체계론』(2009, 공저)
『천안함 이후의 한국 국방』(2010, 공저) 외 다수

홈페이지 www.cyworld.com/kimjaeyeop

중국 · 대만의 군사력 균형과 동아시아 지역질서
오성홍기 vs. 청천백일기

2012년 2월 25일 초판 인쇄
2012년 2월 28일 초판 발행

지은이 | 김재엽
펴낸이 | 이찬규
펴낸곳 | 북코리아
등록번호 | 제03-01240호
주소 | 462-807 경기도 성남시 중원구 상대원동 146-8
　　　 우림2차 A동 1007호
전화 | 02) 704-7840
팩스 | 02) 704-7848
이메일 | sunhaksa@korea.com
홈페이지 | www.bookorea.co.kr
ISBN | 978-89-6324-106-7 (93390)

값 20,000원

* 본서의 무단복제를 금하며, 잘못된 책은 구입처에서 바꾸어 드립니다.
* 이 도서의 국립중앙도서관 출판시도서목록(CIP)은 e-CIP홈페이지(http://www.nl.go.kr/ecip)와
  국가자료공동목록시스템(http://www.nl.go.kr/kolisnet)에서 이용하실 수 있습니다.
  (CIP제어번호: CIP2012000440)

중국·대만의 군사력 균형과 동아시아 지역질서

오성홍기 vs. 청천백일기

김재엽

북코리아

떠오르는 중국, 그리고 대만

중국은 대륙의 광대한 영토를 차지하여 지난 1천여 년 이상 동아시아 지역에서 독보적인 지배세력으로 군림했으며, 서양을 능가하는 경제적 부(富)와 과학기술을 자랑해온 세계적인 강대국이었다. 그러나 청(淸) 황조 말기인 1840~1842년 영국과의 아편전쟁(阿片戰爭)에서 참패하여 강제 개항(開港)하였으며, 이후 수십 년 동안 서양 제국주의(帝國主義) 세력의 반(半)식민지로 전락했다. 1912년 청 황조가 막을 내리고 새로운 공화정부, 즉 중화민국(中華民國: Republic of China)이 수립된 후에도 중국의 고난은 계속되었다. 1920년대에는 황조에서 공화국으로의 전환기에 발생한 공백 상태를 틈타 세력화된 지방 군벌(軍閥)과의 내전을 겪었으며, 이후에도 1931년 만주사변(滿洲事變)으로 시작되어 1937년 중일전쟁(中日戰爭)으로 확대된 일본의 아시아 대륙침략에 맞서야 했던 것이다. 특히 중일전쟁에서 1,700만 명 이상의 중국 민간인이 살해당했는데, 그 가운데는 난징대학살(南京大虐殺)에서 목숨을 잃은 약 20만 명도 포함되어 있었다.

제2차 세계대전이 일본의 패망으로 끝난 이듬해인 1946년부터는 장제스(蔣介石)의 중국국민당(中國國民黨. 이하 국민당)과 마오쩌둥(毛澤東)이 영도하는 중국공산당(中國共産黨) 사이의 국공내전(國共內戰)이 재개되었다. 여기서 승리한 공산당이 1949년 10월 1일, 베이징(北京)에서 중화인민공화국(中華人民共和國: People's Republic of China)을 공식 선포하면서 마침내 중국 본토는 공산정권의 지배 아래 들어갔다. 하지만 1950년대 대약진(大躍進) 운동의 실패, 1960~1970년대의 문화대혁명(文化大革命)을 겪으면서 중국은 오랫동안 극심한 경제적 빈곤과 정치·사회적 혼란을 벗어나지 못했다.

1세기가 넘도록 암흑기에 빠져 있던 중국은 1978년부터 본격적인 부흥의 길로 들어섰다. 덩샤오핑(鄧小平)의 주도 아래 '사회주의 시장경제'에 입각한 개혁·개방정책이 본격화되면서 연평균 국내총생산(GDP: Gross Domestic Product) 성장률이 9%를 넘는, 가히 폭발적이라고 할 수 있는 고속 경제성장을 달성하여 세계의 주목을 받게 된 것이다. 그 결과 중국은 개혁·개방정책 30년째를 맞는 지난 2007년 GDP 기준으로 독일을 앞질렀으며, 2010년에는 마침내 일본을 능가하는 세계 2위의 경제대국으로 도약했다. 2008년 8월 8~24일 개최된 제29회 베이징올림픽은 명실상부한 강대국으로서 중국의 위용을 국제사회에 과시하는 무대가 되었다.

중국의 눈부신 경제적 성공은 세계 3위의 광활한 영토, 무려 13억 명이 넘는 세계 최대의 인구, 국제연합(UN: United Nations) 안전보장이사회(安全保障理事會: Security Council)의 5대 상임이사국, 그리고 핵무기(核武器) 보유국으로서 차지하고 있는 국제사회에서의 위상과 결합하면서 앞으로 중국이 경제대국을 넘어 정치·외교대국으로 도약할 가능성을 열어주고 있다. 2008년 미 국가정보위원회(NIC: National Intelligence Council)가 편찬한 『2025년 미래전망보고서』(Global Trends 2025: A Transformed World)는 중국을 "향후 15~20년에 걸쳐 세계에서 가장 큰 영향력을 행사할 국가"로 지목한 바 있다. 오늘날 중국의 급속한 국력신장, 지위 강화는 단연 전 세계의

베이징 천안문 광장에 걸린 오성홍기(五星紅旗). 오늘날 중국은 자타가 공인하는 세계적인 강대국으로 도약했다.

이목을 집중시키는 국제적인 현상이 된 것이다.

심지어는 세계 유일의 초강대국인 미국도 2005년과 2006년에 국제정세·외교, 경제 및 무역 분야를 의제로 하는 중국과의 각료급 '고위대화'(Senior Dialogue), '전략적 경제대화'(Strategic Economic Dialogue)를 각각 시작했으며, 2009년부터는 이들 두 회담을 통합한 '전략·경제대화'(Strategic and Economic Dialogue)가 매년 개최되고 있다. 이는 미국이 경제뿐만 아니라 정치·외교 분야에서도 중국의 강대국 지위를 인정했다는 점에서 시사하는 바가 크다. 그동안 미국이 독주해오던 국제질서의 구조가 미국·중국을 양대 산맥으로 하는 차이메리카(Chimerica: China+America) 또는 G-2 체제로 바뀌기 시작한 것이다. 지난 20세기가 미국이 세계를 이끌었던 '팍스 아메리카나'(Pax Americana)의 시대였다면, 21세기는 중국이 주도하는 '팍스 시니카'(Pax Sinica)의 시대가 될 것이라는 전망까지 조심스럽게 제기되고 있다.

한편으로는 '중국위협론'(中國威脅論: China Threat Theory)이 현실화될 가능성을 경계하는 목소리도 높아지고 있다. 중국이 경제성장을 바탕으로 정치·외교·군사적 세력의 확대까지 추구하면서 과거 제2차 세계대전 시절의 나치 독일이나 구(舊) 일본제국처럼 기존 국제질서에 대한 도전세력이 될 것이며, 따라서 중국의 국력 강화는 세계 전체의 안정을 저해하는 결과로 이어질 수 있다는 주장이다. 특히 중국의 행보를 주목하는 지역은 바로 동아시아다. 지리적으로 중국은 동아시아 중심부에 위치하고 있으며, 따라서 '중국의 부상'(中國崛起: Rise of China)이 동아시아의 정치·경제·군사적 질서에 가져올 수 있는 변화와 영향력은 세계의 다른 어느 지역보다도 빠르고 직접적으로 나타날 것이기 때문이다.

그 결과에 따라서 동아시아 지역질서가 과거의 중화(中華)질서와 같은 중국 중심의 '패권(覇權: Hegemony) 체제', 미국과 일본이 주축을 이루는 해양세력과 중국 주도의 대륙세력이 서로 대립·경쟁하는 '양극체제', 또는 역내의 주요 강대국들이 제도화된 협력체를 이루어 지역질서를 주도하는 '다극체제' 가운데 어떠한 형태로 구체화되느냐의 여부를 결정지을 전망이다. 그동안 동아시아 지역질서 차원에서 중국의 부상에 관한 연구, 논의들이 주로 ① 세계 유일의 초강대국으로서 동아시아에서도 막대한 영향력을 행사하고 있는 미국, ② 전통적으로 중국과 함께 동아시아 지역질서의 주도권 경쟁관계에 있었던 일본, 그리고 ③ 역시 10억 이상의 인구와 급속한 고도 경제성장을 앞세워 신흥 강대국으로 떠오르고 있는 인도 등 3개 강대국들과 중국 사이의 경쟁 또는 협력관계를 중심으로 이루어지고 있는 점도 그 연장선상에서 비롯된 것이라고 해석할 수 있다.

하지만 이들 외에도 중국의 부상과 그에 따른 동아시아 지역질서의 변화 여부라는 주제에서 결코 간과해서는 안 될 중요한 변수가 남아 있다. 바로 국공내전이 종식된 1949년 이후 중화민국의 새로운 근거지가

타이베이의 대만 총통부 청사. 대만은 지난 60년 동안 중국 본토와 정치·군사적으로 대치 중이다.

되어온 '대만'의 존재다. 대만은 중국이 지난 1997년과 1999년 홍콩(香港), 마카오(澳門)를 반환받은 이후에도 줄곧 중국의 직접적인 지배권 밖에 있으며, 이는 '하나의 중국'(一個中國: One China)이라는 원칙 아래 명실공히 국토의 통일성을 완성하겠다는 중국에 마지막 걸림돌로 인식되고 있다. 그 결과 중국과 대만은 국공내전이 공산당의 대륙 석권으로 끝난 후에도 지난 60년 동안 크고 작은 정치·군사적인 분쟁을 경험했다. 1954년과 1958년에 있었던 양측의 포격전, 1995년과 1996년의 중국 탄도미사일 시험발사가 그 본보기였다. 심지어 중국은 대만과의 통일 문제에 있어서 "군사력의 사용 가능성도 결코 배제하지 않을 것"임을 공공연하게 천명한 바 있다.

한편으로는 1990년대를 기점으로 대만 내부에서 중국과의 '통일'보다는 별개 주권국가로 '독립'해야 한다는 주장이 강화되어왔으며, 2000년 이후 지난 8년 동안의 민주진보당(民主進步黨, 이하 민진당) 집권 시절에 구체화 직전단계까지 이르기도 했다. 이러한 대만 독립(臺灣獨立: Taiwan Independence) 문제는 대만 내부에서 치열한 정치적 논란의 대상이 되었음은 물론, 중국의 강력한 경고와 정치·군사적인 압력을 야기하였다.

뿐만 아니라 대만은 동아시아에 대한 미국의 외교·군사적인 개입을 이끌어낼 수 있는 요인이기도 하다. 미국은 냉전 초기였던 지난 1950~1970년대에 중화민국(즉 대만) 정부와 공식적인 동맹 당사국이었으며, 1979년 중국 본토의 공산정권과 국교를 수립하면서 대만과는 단교(斷交)한 후에도 〈대만관계법〉(Taiwan Relations Act)을 통해 대만의 독자적인 방위를 위한 무기 제공, 그리고 유사시 대만 방어에 필요한 군사력을 동원할 수 있도록 하고 있다. 대만이 중국과 미국의 직접적인 군사적 충돌을 촉발하는 계기가 될 수 있음을 시사하는 대목이다.

요컨대 대만해협(臺灣海峽: Taiwan Strait)을 경계로 하는 중국·대만의 소위 양안관계(兩岸關係: Cross-Strait Relations)는 한반도와 더불어 동아시아에서 고강도의 정치·군사적 대립을 일으킬 수 있는 위험성이 매우 높은, 화약고와도 같은 중대한 사안이다. 단순히 중국과 대만 양측의 통일 또는 분리로만 국한되는 문제가 아니라 중국의 평화적인 부상 여부, 그리고 나아가서는 장래 동아시아 전체 질서의 구조를 결정짓는 지역 차원의 비중을 차지한다. 특히 양안관계의 핵심 문제라고 할 수 있는 '중국과 대만의 통일 또는 분리' 여부는 곧 주권(主權: Sovereign) 문제에 관한 두 정치적 실체 사이의 대립 성격을 나타내고 있으며, 때문에 중국·대만 양측의 군사적 충돌로 연결될 수도 있는 가능성을 항상 내포한다. 이 점에서 중국과 대만의 군사적인 균형 문제는 양안관계뿐만 아니라 동아시아 지역질서의 장래와 직결되는 중요 변수가 아닐 수 없는 것이다.

필자가 이 책을 통해서 논하려는 내용은 크게 3가지로 구분될 수 있다. 첫째, 중국·대만 양안관계의 역사를 개괄적으로 살펴보고, 중국과 대만의 양안정책에 관하여 비교 및 평가한 후, 동아시아에서 대만이 차지하는 지정학적 가치를 고찰한다. 둘째, '군사력 균형'이라는 개념의 정의(定意)와 더불어 주요 평가요소들을 식별하고, 이를 토대로 하여 중국과 대만 양안(兩岸)의 군사력 균형 여부를 평가한다. 특히 지난 1990년대부터 국제적인 주목을 받고 있는 중국의 군사력 현대화, 그리고 같은 기간 동안 대만에서 이루어졌던 국방개혁 및 방위력 개선 노력에 따른 영향을 집중적으로 반영할 것이다. 그리고 셋째, 양안 군사력 균형의 현황과 전망을 제시하고, 그 결과가 중국과 대만의 양안관계, 동아시아 지역질서의 장래에 어떠한 전략적인 함의를 갖는가에 관하여 밝히고자 한다.

2012년은 한국이 중국과 국교를 수립한지 20주년을 맞이하는 뜻 깊은 해다. 이는 동시에 한국이 대만과 국교를 단절한 지도 20년째가 됨을 의미한다. 중국과의 수교(修交) 이후, 그동안 한국에서 대만의 존재는 중국 대륙의 그늘에 가려 잊혀져온 것이 사실이다. 그러나 한국과 대만(보다 정확히는 중화민국)은 20세기 이래 매우 각별한 관계를 지속해왔음을 결코 잊어서는 안 된다. 일본 제국주의가 동아시아에 침략의 마수(魔手)를 뻗치고 있던 1930~1940년대에 중화민국은 대한민국 임시정부의 최대 맹방(盟邦)으로서 함께 일본과 맞서 싸웠으며, 끝내 승리를 쟁취했다. 냉전 이래 동아시아 반공(反共) 진영의 최전선으로서 공산주의와 정치·군사적으로 대치하는 가운데 세계가 주목할 정도의 경제발전과 민주화를 이룩해 냈다는 것도 양측의 공통점이다. 이 책이 국내 독자들에게 대만의 존재가 양안관계뿐만 아니라, 동아시아의 지역질서, 더 나아가 한국의 국가안보에서 차지하는 중요성을 환기시키는 계기가 될 수 있기를 소망한다.

이 책은 필자의 성균관대학교 박사학위논문인 「중국·대만의 군사력 균형 평가와 전략적인 함의에 관한 연구」를 토대로 보완, 재구성한 것이다. 여러모로 부족함이 많은 이번 연구가 한 권의 책으로 나올 수 있도록 많은 배려와 노력을 기울여주신 북코리아의 이찬규 대표님과 관계자분들 모두에게 이 자리를 빌어서 감사드리고 싶다. 특히 우리나라의 대표적인 중국 군사연구 권위자이시며, 연구 및 집필 과정에서 친절한 조언과 많은 격려를 아끼지 않으신 한림국제대학원대학교의 김태호 교수님께 진심으로 감사 인사를 올린다.

2012년 2월

저자 김 재 엽

프롤로그 ————————————————— 5

제1장　주요 개념과 이론, 분석틀

1. 주요개념의 정의 ————————————— 19
　(1) 군사력 / 19
　(2) 군사력 균형 / 22

2. 배경 이론 ————————————————— 24
　(1) 세력전이 이론 / 24
　(2) 주변지역 이론 / 31

3. 대안적 분석틀의 모색 ————————————— 37
　(1) 기존 분석틀의 평가와 한계 / 37
　(2) 대안적 분석틀의 도출 / 41

제2장　양안관계의 역사

1. 20세기 이전 ————————————————— 56

2. 1950~1960년대 ————————————— 61
　(1) 공산당, 중국 본토를 석권하다 / 61
　(2) 대만으로의 후퇴 / 64
　(3) 국공내전의 연장 / 68

3. 1970~1980년대 ————————————— 74
　(1) 닉슨, 중국에 가다 / 74
　(2) 양안의 지위 역전 / 77
　(3) '3통·4류'와 '3불정책' / 84

4. 1990년대 이후 ————————————————— 88
　(1) 리덩후이의 '불통불독' / 88
　(2) 천수이벤 시대: 통일이냐, 독립이냐? / 94
　(3) 마잉주의 집권 이후 / 102

제3장 양안분쟁과 주요 사건들

1. 1950~1960년대 ———————————————— 111
   (1) 구닝터우·다단다오 전투 / 111
   (2) 제1·2차 대만해협 위기 / 113
   (3) 기타 분쟁들 / 118

2. 1990년대 ———————————————————— 120
   (1) 리덩후이의 미국 방문 / 120
   (2) 제3차 대만해협 위기 / 123
   (3) 양국론 논란 / 127

제4장 양안관계의 전략적인 함의

1. 양안의 입장 비교 ————————————————— 131
   (1) 중 국 / 131
   (2) 대 만 / 137

2. 평 가 ———————————————————————— 141
   (1) 중국이 대만을 포기하지 못하는 이유 / 141
   (2) '사실상의 국가' 대만은 있다 / 146

3. 동아시아 지역질서 속의 대만 ——————————— 149
   (1) 아시아·태평양 지정학과 대만 / 149
   (2) 침몰하지 않는 항공모함 / 154

제5장 중국과 대만의 군사력 현황

1. 중국 인민해방군 ————————————————— 159
   (1) 역사와 지휘통제구조 / 159
   (2) 육 군 / 162
   (3) 해 군 / 164
   (4) 공 군 / 166
   (5) 제2포병 / 167

2. 대만군 ———————————————————————— 169
   (1) 역사와 지휘통제구조 / 169
   (2) 육 군 / 170
   (3) 해 군 / 171
   (4) 공 군 / 173
   (5) 기 타 / 174

제6장 양안 군사력 균형의 현황 평가

1. 점령능력 ──────────────────────────────── 181
   (1) 중국 육군의 허와 실 / 181
   (2) 상륙 · 공중수송 능력의 문제 / 184
   (3) 대만 육군의 방어능력 / 189

2. 제해 · 제공권 확보능력 ────────────────── 191
   (1) 제해권 / 193
   (2) 제공권 / 204

3. 타격능력 ──────────────────────────────── 213
   (1) 대만을 노리는 중국의 탄도미사일 / 213
   (2) 대만의 대응 능력 / 216

4. 외부 개입능력 ──────────────────────────── 218
   (1) 미 국 / 218
   (2) 일 본 / 227

5. 소결론 ────────────────────────────────── 231

제7장 중국의 군사력 현대화

1. 중국 군사전략의 변화 ──────────────────── 237
2. 급증하는 군사비 지출 ──────────────────── 247
3. 군사력 현대화의 주요 동향 ────────────── 252
   (1) 대양(大洋)으로 나아가는 중국 해군 / 254
   (2) 중국 공군의 비상(飛上) / 262
4. 소결론 ────────────────────────────────── 269

제8장 대만의 방위력 개선 노력과 문제점들

1. 대만의 국방개혁 ──────────────────────── 273
2. 방위력 개선의 장애 요인들 ────────────── 280
   (1) 제한받는 무기획득 경로 / 280
   (2) 군사비 지출의 하향배분 / 286
3. 내부 정쟁(政爭)의 부정적 영향 ──────────── 291
   (1) 특별예산 논쟁 / 294
   (2) 군사전략 전환 논쟁 / 301

제9장 결론

    1. 양안 군사력 균형의 재평가 ———————————— 319
        (1) 역전되는 질적 격차 / 319
        (2) 중국의 외부 개입 저지능력 강화 / 326

    2. 전략적인 함의 ———————————————————— 337
        (1) 양안관계 차원 / 337
        (2) 동아시아 지역질서 차원 / 351

에필로그 ———————————————————————— 369
참고문헌 ———————————————————————— 383
찾아보기 ———————————————————————— 397

주요 개념과 이론, 분석틀

1. 주요개념 정의
2. 배경 이론
3. 대안적 분석틀의 모색

| 1 | 주요개념의 정의

(1) 군사력

19세기 초 프로이센의 군인 카알 폰 클라우제비츠는 그의 저서『전쟁론』(*Vom Kriege*)을 통해 전쟁(戰爭)을 '아방(我邦)의 의지를 적(敵)에게 강요하기 위한 폭력 행위'라고 정의한 바 있다. 오늘날까지 널리 인용되고 있는 전쟁에 관한 그의 정의는 전쟁이 본질적으로 '물리력'에 기반을 두고 있음을 잘 나타내고 있다. 따라서 주권국가 또는 그에 준하는 정치집단들 사이에서 이루어지는 군사적 충돌 및 적대행위에서 물리적 수단이 사용된다는 사실은 자연스럽게 도출될 수 있을 것이다. 이것이 바로 군사력(軍事力: Military Power)의 속성이라고 할 수 있다.

이러한 관점의 연장선상에서, 군사력이란 '특정 국가가 자국의 안전보장을 포함한 각종 국가이익(國家利益: National Interest)을 추구, 관철하기 위한 직접적이며 실질적인 국력의 일부로서 군사적 활동을 수행할 수 있는 물리적인 수단과 역량'이라고 정의된다. 전통적으로 군사력은 주권국가의 독점적인 전유물로 인식되어왔으며,[1] 해당 국가의 의도에 따라 수세(守勢: Defensive) 또는 공세(攻勢: Offensive)적인 목적으로 사용될 수 있다.

---

[1] 최근에는 테러리즘 세력, 분리주의적 종족집단, 국제범죄조직 등과 같은 비(非)국가 정치집단에 의한 국제분쟁이 증대되면서 군사력을 주권국가만의 특징으로 규정할 수 없다는 지적도 힘을 얻고 있다. 한 예로 아랍계 반미(反美) 테러리즘 단체인 '알 카에다'에 의해 자행된 지난 2001년의 9·11 테러사태에서는 4대의 항공기 자살테러 공격으로 미국 뉴욕의 세계무역센터(WTC: World Trade Center)와 워싱턴의 미 국방성 건물이 동시 다발적으로 공격받으면서 약 1만 명의 인명피해(사망자 3,000여 명 포함)가 발생했는데, 이는 사실상의 전쟁에 가까운 무력충돌이었다. 또한 지난 1980년대부터 레바논 남부지역에서 반(反)이스라엘 활동을 펼치고 있는 이슬람 원리주의 무장단체 '헤즈볼라'의 경우 1만 명 내외 규모의 민병대, 구경 100/200mm 다연장로켓포, 사거리 100∼200km급 단거리 탄도미사일, 지대함미사일 등의 강력한 무장을 갖추고 있을 정도다.

이 가운데 수세적 의도는 ① 외부의 현존 내지 잠재적인 적대세력의 침입, ② 국내의 반란 및 치안·질서 교란세력의 위협과 ③ 자연적·인공적 재난(災難) 등에서 자국 국민의 안전과 영토를 보전하고, ④ 내부 질서의 통합성을 지키는 것을 포함한다. 반면 공세적 의도는 국내외적 위협에 대한 방어 차원을 넘어 자국의 세력을 확장하거나 일방적인 의지를 강요하기 위한 것으로 ① 타국 영토를 대상으로 하는 침공과 점령(占領), ② 군사적 위력시위를 통한 영향력의 행사 및 강압(强壓: Coercion)[2]이 여기에 해당된다.

동서고금을 막론하고 군사력의 기본적 구성요소는 무장능력(武裝能力), 즉 무기(武器)다. 인류문명 초기의 칼과 창, 활을 비롯한 도구에서 시작된 군사 무기는 14세기 이후 화약(火藥)의 실용화를 계기로 총과 대포가 중심이 되기 시작했고, 19~20세기의 기계화 및 산업화는 탱크와 장갑차, 철제 군함, 항공기를 포함하는 기계화된 재래식(在來式: Conventional) 무기와 더불어 핵무기가 군사력의 핵심세력으로 자리 잡게 했다. 그리고 20세기 후반부에 이르러서는 첨단 정보통신(情報通信: Information and Communication) 기술의 군사적 적용이 가시화되면서 인공위성과 정찰기를 비롯한 고성능 정보수집 자산, 자동화된 지휘통제 체계, 정밀유도무기(PGM: Precision Guided Munition)가 각광받는 추세에 있다. 지난 1991년과 2003년, 미국이 이라크의 기계화된 대규모 재래식 군사력을 상대로 압도적인 승리를 거두었던 제1·2차 걸프전쟁은 이들 정보화 무기의 위력을 과시한 대표적 사례로 손꼽힌다.

그러나 무기를 비롯한 전투력(戰鬪力)만이 군사력의 전부는 아니다. 실

---

2 과거 19세기 서양 제국주의 세력들이 대구경 함포로 무장한 군함들을 동원하여 아시아, 아프리카 국가들을 강제 개항시키고, 식민지로 삼았던 이른바 포함외교(砲艦外交: Gunboat Diplomacy)가 대표적인 사례다. 오늘날에는 세계 유일 초강대국인 미국이 주요 분쟁지역에 항공모함 전단을 파견하는 것도 같은 맥락으로 평가할 수 있다.

제 전쟁에서 군사활동을 수행하는 데 사용되는 육·해·공군의 다양한 전투용 무기뿐만 아니라, 이들의 원활한 임무 수행을 유지 및 보장하고, 제반 전투기능들을 효과적으로 조직화함으로써 전투력의 극대화를 달성하기 위한 능력도 분명 군사력의 일부로서 포함되어야 한다. 이 점은 군사 분야가 정치·경제·과학기술 등 기타 국력요소와 밀접히 결합되는 오늘날에는 더더욱 강조될 수밖에 없다. 미 중앙정보국(CIA: Central Intelligence Agency)의 부국장을 역임하기도 했던 레이 클라인이 제시한 국력평가공식에서도 ① 병력의 규모와 질적 수준, ② 무기의 효과성, ③ 전투력의 투사범위, ④ 군사용 물자지원능력 및 시설, ⑤ 병력조직의 질적 수준, ⑥ 군사비 지출을 포함한 군사력 강화 노력 등을 군사력의 범주에 포함시킨 바 있다.[3]

요컨대 군사력은 무장병력의 규모, 무기의 수량과 성능을 비롯한 유형 전투력뿐만 아니라 군수지원(軍需支援: Logistics), 인적·물적 예비역량의 동원능력, 군사과학기술과 군용산업, 군사전략 및 전술, 통신·지휘통제(Command, Control, Communication, Computer & Information, 이하 C^4I) 체계의 수준, 부대구조 편성의 효과성 등의 무형적인 지원 및 조직역량까지 포괄하는 개념인 것이다. 따라서 본 논문에서도 이러한 개념에 입각한 관점을 취하고자 한다. 다만 직접적으로 군사조직 및 편제에 속하지 않는 군사적인 잠재력(Military Potential)에 해당하는 국가 총인구, 총량적인 경제·산업

3　클라인은 특정국가의 국력(Perceived Power)이 ① 주요지표(Critical mass: 인구, 영토)의 크기, ② 경제력(Economy: 국가경제규모, 에너지자원, 광물자원, 공업능력, 무역, 식량), ③ 군사력(Military)과 같은 유형 역량 총합과 ④ 국가전략(Strategy), ⑤ 국민의지(Will: 국민통합, 지도력, 전략과 국익의 부합성)와 같은 무형역량 총합의 곱인 (C＋E＋M)×(S＋W)의 값으로 측정된다고 주장한다. 또한 군사력을 '핵무기 중심의 전략차원 전력'(Strategic Nuclear Forces)과 '재래식 전력'(Conventional Forces)으로 구분하고 있다. Ray S. Cline, *World Power Trends and U.S. Foreign Policy for the 1980's* (Colorado: Westview Press, Boulder, 1980), pp. 122-123.

능력, 정치 · 외교력, 범국가 차원의 전쟁지도체제 등은 평가대상에서 제외함을 밝혀둔다.

(2) 군사력 균형

앞서 언급했듯이, 군사력의 1차적인 존재 목적은 외부의 위협에서 해당 국가의 주권, 영토, 국민에 대한 안전을 수호하는 국가안전보장(國家安全保障: National Security) 기능에 있다. 때문에 세계 각국은 자신들과 군사적 분쟁관계에 있거나, 그럴 가능성이 있는 나라와 맞설 수 있을 정도의 군사력 확보를 추구한다. 이 점에서 '군사력 균형'(軍事力均衡: Balance of Military Power)이라는 개념은 국방 · 안보 분야의 연구에 있어서 오랫동안 기본이자 중요한 과제로 여겨져 왔다.

일반적으로 '균형'(均衡: Balance)이란 "비교대상이 되는 양측의 특정 대상이 서로 균등하게 분포되어 있는 상태", 즉 평형(平衡: Equilibrium)의 동의어로 인식된다. 이러한 기준에서 미루어 본다면, 군사력 균형이란 곧 "현존 내지 잠재적인 경쟁 · 대립관계에 있는 국가들 사이의 군사적 역량, 세력이 서로 평형을 이루어 어느 한쪽도 군사상의 우월한 지위를 누리지 못하는 상태"로 정의될 수 있을 것이다. 여기서는 비교대상에 있는 국가들이 보유한 탱크나 야포, 전투용 함정, 항공기 등 개별 무기들의 보유수량 격차가 바로 군사력의 균형 여부를 판단하는 근거가 된다.

그러나 무기 보유수량의 격차에서 군사력 균형의 개념을 도출하려는 것은 분명 커다란 문제점을 야기할 수 있다. 각 국가들의 군사력 보유 및 건설은 저마다 서로 다른 요소들에 의해 영향을 받기 때문이다. 다시 말해 자국의 독특한 정치 · 외교적 지향점, 군사지리적 환경, 위협요소 및 인식, 그리고 군사력의 유지 · 발전을 뒷받침하기 위해 필요한 국력수준(예: 인구의 규모와 구조, 산업 및 경제력)의 차이에 따라 서로 판이하게 다른 규모, 구조의 군사력을 갖출 수밖에 없다. 이러한 측면에서 본다면 세계 어느 나라도 상대 측과 거의 완벽하게 유사한 규모, 구조의 군사력을 보유하는 경우는 없을 것이며, 기계적·산술적인 평형 개념에 입각한 군사력 균형이란 원론적으로만 존재하는 무의미한 공론(空論)에 불과할 뿐이다.

따라서 군사력 균형은 단순히 비교대상이 되는 국가들 사이의 군사적인 양적·구조적 평형 상태뿐만 아니라, 이들이 보유하는 군사력에 의해서 발생되는 군사상의 영향 및 결과까지 함께 포괄하는 보다 종합적인 개념으로 확대시킬 필요가 있다. 즉 당사국들 가운데 어느 특정 국가가 군사력을 통해 타국을 상대로 ① 주권 침탈(侵奪), ② 영토 점령, ③ 국경 및 육상·해상·항공 교통로의 봉쇄(封鎖), ④ 정치·외교적인 강요 등과 같은 일방적인 '현존상태(Status-Quo)의 변경'을 시도할 수 없을 때, 비로소 진정한 의미의 군사적 균형이 성립된다고 할 수 있을 것이다.

요컨대 군사력 균형이란 "현존 내지 잠재적인 경쟁·대립관계에 있는 국가들 가운데서 어느 누구도 군사력을 통하여 자국에 일방적으로 유리한 현상타파(現狀打破)를 시도할 수 있는 군사적 우위를 차지하지 못하는 상태"로 정의될 수 있다. 쉽게 말해서 현상유지 지향 세력(즉, 방어자)이 현상타파 지향 세력(즉 공격자)보다 군사적으로 유리한 입지를 점유하고 있는 상태인 것이다. 이와 비슷한 개념으로는 '공격·방어 이론'(Offense-Defense Theory)이 있다. [4]

---

4   공격·방어 이론은 공격과 방어 양측의 군사적인 우열을 기준으로 ① 전쟁 및 국제분쟁의 원인, 빈도, ② 동맹의 형성, ③ 군비경쟁, ④ 국제정치체제의 안정성 등을 설명, 평가하는 이론이다. 이와 관련된 대표적인 연구·논의로는 Robert Jervis, "Cooperation Under Security Dilemma", *World Politics*, Vol. 30, No. 2 (January 1978); Stephen Biddle, "Rebuilding the Foundation of Offense-Defense Theory", *The Journal of Politics*, Vol. 63, No. 3 (August 2001); Stephen Van Evera, "Offense, Defense and the Causes of War", *International Security*, Vol. 22, No. 4 (Spring 1998); Jack S. Levy, "The Offensive/Defensive Balance of Military Technology: A Theoretical and Historical Analysis", *International Studies Quarterly*, Vol. 28, No. 2(June 1984) 등을 참고.

|2| 배경 이론

(1) 세력전이 이론

한스 모겐소에서 케네스 월츠에 이르기까지, 제2차 세계대전 이후의 국제정치학계에서 가장 지배적인 위치를 차지해온 이론은 바로 '1 세력균형'(勢力均衡: Balance of Power) 이론이었다. 역사상으로 특정 강대국이 일방적으로 우월한 힘을 차지하는 것을 막기 위해 나머지 다수의 국가들이 정치·외교·군사적인 제휴를 맺고, 나아가 제3국의 분쟁에 대한 개입, 약소국 또는 패전국 영토의 분할지배, 그리고 동맹(同盟: Alliance)의 빈번한 형성 및 교체 등과 같은 현상들이 모두 세력균형이란 명목 아래서 이루어져 온 것이다.[5] 이러한 경험적 현상을 바탕으로 세력균형 이론은 국가의 행동방식이나 국제분쟁(예: 전쟁) 원인을 설명하거나, 국제질서의 안정 및 평화를 위한 정책적인 대안을 제공하는 지침 역할을 해왔다.

세력균형 이론은 다음의 몇 가지 가정(假定)에 기초를 두고 있다.[6] 첫째, 국제질서는 무정부(無政府: Anarchic) 상태로 이를 구성하는 국가들의 주권보다 우선하는 권위는 존재하지 않는다. 둘째, 국가는 자신의 이익을 추구하기 위해 이성적이고 합리적으로 행동한다. 그리고 셋째, 국가에게 국력은 그 자체가 추구해야 할 목적이자 이익이며, 국력을 증대하기 위한 가장 보편적이면서 편리한 정책수단은 다른 나라와의 동맹이나 전쟁에서의 승리를 통한 영토, 즉 전리품의 획득이다.

"국제질서는 국가들 사이의 국력분포가 고르게 되어 있을 때 가장 안정적이며, 전쟁 발발의 위험이 낮아진다."는 세력균형 이론의 중심 논지

---

5   우철구·박건영 편,『현대 국제관계이론과 한국』(서울: 사회평론, 2004), p. 82.

6   우철구·박건영 편, 2004, pp. 119-120.

도 바로 위와 같은 가정들의 연장선상에서 도출된 것이다. 이성적이고 합리적으로 행동하는 국가라면 결코 섣부른 위험부담을 감수하려 들지 않을 것이며, 따라서 승리에 필요한 힘의 우위를 보장받지 못한 상태에서는 전쟁을 일으키지 못한다는 논리다. 이는 "국가 간의 세력균형이 깨어질 경우, 힘의 우위를 차지한 강대국이 약소국을 침략하는 형태의 전쟁이 발생한다."는 주장으로 이어진다.

그러나 세력균형 이론은 아브라모 F. K. 오간스키(Abramo F. K. Organsky)에 의해 도전을 맞이하게 되었다. 오간스키는 1958년에 발표한 저서 『세계정치』(*World Politics*)를 통해 기존의 세력균형 이론은 산업화 시대 이전의 정적(靜的: Static)인 국제질서 내의 국가행위와 전쟁 원인을 설명하는 데 적합한 이론일 뿐이라고 비판했다. 이어서 19세기 산업혁명으로 촉발된 산업화로 국력의 변동 속도와 폭이 커지는 동적(動的: Dynamic)인 국제질서를 설명할 수 있는 새로운 이론의 필요성을 역설했는데, 여기서 제시한 것이 바로 '세력전이'(勢力轉移: Power Transition) 이론이다.

오간스키의 세력전이 이론은 여러 가지 면에서 세력균형 이론과 차이점을 나타낸다. 우선 국제질서가 완전한 의미에서의 무정부 상태는 아니며, 국력의 우열에 따라 ① 지배국가(Dominant Nation)를 정점으로 ② 강대국(Great Powers), ③ 중급국가(Middle Powers), ④ 약소국(Small Powers), ⑤ 식민지·종속국가(Dependencies)가 아래에 놓이는 일종의 위계질서를 이룬다고 주장한다.7 또한 국제질서는 이를 지배하는 지배국가에게 최대 이익을 보장하도록 움직인다는 것이다.

세력전이 이론은 국가 간의 동맹을 국력증대의 대표적 정책수단으로 여기는 세력균형 이론의 가정에도 수긍하지 않는다. 농업에 경제력의 바

---

7   Ronald L. Tammen et al, *Power Transitions: Strategies for the 21st Century* (New York: Chatham House Publishers, 2000), pp. 6-7.

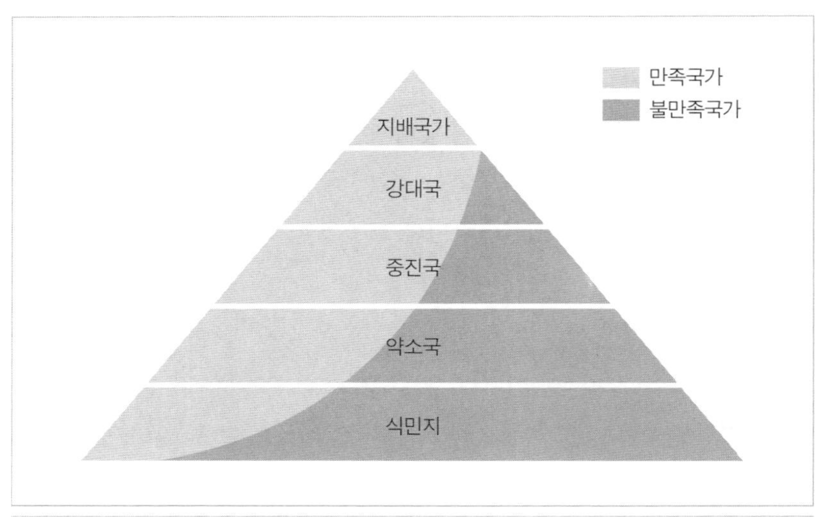

오간스키가 제시하는 국제질서의 위계체제
출처: Abramo F. K. Organski, *World Politics* (New York: Alfred A. Knopf, 1958), p. 331.

탕을 두었던 19세기 이전의 국가들은 단기간에 신속하게 국력을 신장시킬 방법이 없어서 동맹에 의존할 수밖에 없었지만, 이후 산업혁명으로 인한 상공업의 급격한 발전을 계기로 자체적인 산업화를 통해서 경제성장과 국력 증대 속도의 변동성이 매우 커졌다고 가정하는 것이다.[8] 이에 따르면 국가의 국력증대는 ① 산업화 이전의 '잠재적 단계' → ② 산업화 과정에서 국력의 신장이 빠르게 일어나는 '전환적 성장단계' → ③ 산업화의 완성으로 국력신장 속도가 점차 감소하는 '성숙화 단계'를 거치게 된다.[9]

세력전이 이론은 '국력증대의 속도와 정도'뿐만 아니라 '현존 국제질서에 대한 만족(滿足: Satisfaction) 여부'에 관해서도 주목한다. 국제질서의 구조는 ① 최강자인 지배국가, 그 지배국가와 우호적 관계를 유지하는 일

---

8   Abramo. F. K. Organski, *World Politics* (New York: Alfred A. Knopf, 1958), p. 301.
9   Abramo. F. K. Organski, 1958, pp. 302-306.

부 강대국들, 지배국가 중심의 현존 국제질서를 따르는 약소국들이 포함된 '만족국가군(群)'과 ② 현재의 지배국가가 주도하는 국제질서에 반대하는 나머지 강대국 및 약소국들을 포함하는 '불만족국가군'으로 각각 양분된다.[10] 여기서 현존 국제질서에 대한 특정국가의 만족 여부는 다음의 몇 가지 기준들을 근거로 판단할 수 있다.

첫째, 현존 국제질서에 대하여 어떠한 관점과 입장을 취하고 있는가? 둘째, 지배국가를 포함한 현존 국제질서의 주도세력, 만족국가군에 속하는 국가들과의 외교·군사적인 분쟁이 존재하는가? 셋째, 해당 국가들과의 정치체제·이념·종교적인 대립이 존재하는가? 그리고 넷째, 현존 국제질서를 구성하는 주요 국제기구, 국제적인 규범 및 제도에 대한 참여 수준은 어느 정도인가?

구조적으로 국제질서는 당대 최강자인 지배국가의 이익 추구에 가장 기여하는 형태로 작동되며, 따라서 모든 국가는 궁극적으로 지배국가의 자리를 차지하길 원한다. 불만족국가군에 해당하는 일부 강대국과 다수의 약소국들은 힘의 열세 때문에 당장은 만족국가군 주도 하의 국제질서를 따르고 있지만, 기회가 주어진다면 언제든지 지배국가를 비롯한 만족국가군에 맞서 자신들의 이익을 보장해줄 새로운 국제질서 정립을 희망한다는 것이 오간스키의 주장이다.

그 결과 세력전이 이론은 전쟁의 원인, 평화의 조건에 관해서도 세력균형 이론과 상반되는 주장을 내놓는다. 지배국가를 위시한 만족국가군이 압도적인 국력 우위를 유지하는 상태에서는 현존 국제질서가 안정적으로 유지될 것이며, 평화도 지속 가능하다. 하지만 불만족국가군 내의 특정 강대국이 급격히 국력을 증대시키면서 지배국가와의 국력 격차가 크게 좁아지는 '세력전이'가 일어난다면, 국제질서 내에서 자국의 지위를

10　Abramo. F. K. Organski, 1958, pp. 326-333.

향상시키기 위해 기존 지배국가를 상대로 도전을 시도할 가능성이 높아진다는 것이다. 그 과정에서 도전국가와 지배국가 사이의 전쟁이 발발할 가능성도 높아진다.[11] 요컨대 전쟁과 평화 여부는 ① 현존 국제질서에 대한 도전국가의 불만족도, ② 도전국가와 기존 지배국가 사이의 국력 분포, ③ 양측의 세력전이가 진행되는 속도에 의하여 결정된다는 것이 세력전이 이론의 핵심 논지다.

세력전이 이론을 세계 전체 차원이 아닌, 각 지역체제 내에서의 국제분쟁을 설명·분석하는 데 적용시키려는 노력도 이루어지고 있다. 더글라스 렘키(미국 펜실베이니아 주립대학 교수)가 제시한 '다중 위계체제'(Multiple Hierarchy) 이론이 대표적이다. 이에 따르면 위계적으로 구성된 국제질서 내에는 지역별로, 역시 위계화된 다수의 하위체제(Sub-system)가 존재한다. 그리고 이러한 지역별 위계질서는 지역 내부 약소국들의 상대적인 국력 제약 때문에 지리적으로 근접한 국가들 사이에 형성된다.[12] 렘키는 아시아에 5개, 아랍에 3개, 아프리카에 9개, 그리고 중남미에 4개의 지역별 하위체제가 존재한다고 주장한다.[13]

다중 위계체제 이론은 지역 내에서 특정 국가의 국력이 급속하게 성장하고, 기존 지역질서에 대한 해당 도전국가의 불만족도가 높을수록 지배국가와 도전국가 사이의 지역 차원 분쟁이 발생할 가능성은 높아진다고 주장한다. 여기까지는 오간스키가 제시하는 기존의 세력전이 이론과

---

11 일반적으로 도전국가의 국력이 지배국가의 80%를 넘어설 경우 지배국가에 대한 도전을 시도할 가능성이 발생하며, 그에 따라 현존 국제질서의 불안정성도 커지는 것으로 간주된다. Ronald L. Tammen et al, 2000, pp. 7, 21-24.

12 Douglas Lemke, *Regions of War and Peace*(New York: Cambridge University Press, 2002), pp. 49-50.

13 예를 들어 아시아의 경우 동아시아(중국, 일본 등), 동남아시아(인도차이나, 태국 등), 남아시아(인도, 파키스탄, 방글라데시 등), 열도지역(인도네시아, 말레이시아, 싱가포르), 대치지역(한국/북한, 미얀마/태국, 파키스탄/아프가니스탄)으로 나뉜다. Douglas Lemke, 2002, pp. 90-91.

큰 차이가 없다. 하지만 렘키의 다중 위계체제 이론에서는 지역체제 내의 전쟁과 평화 여부를 결정짓는 새로운 변수가 추가된다. 바로 '초강대국의 개입'(Great Power Interference)이다.[14] 만약 해당 지역이 전 세계적인 정치·경제·군사적 영향력을 행사할 수 있는 초강대국의 영향권 내에 있다면, 지역 내부 국가들의 정치·군사적인 행위는 초강대국에 의하여 제약을 받게 된다는 것이다. 이 경우 지역 차원에서 지배국가와 도전국가 사이의 세력전이가 현실화된다고 해도 지역 내부의 국제분쟁 가능성은 통제될 수 있다.

위와 같이 도전국가와 지배국가 사이의 국력 격차가 빠른 속도로 좁혀질수록 현존 국제질서의 불안정성, 국제분쟁·전쟁의 가능성이 커진다는 세력전이 이론은 '중국의 부상과 그에 따른 동아시아 지역질서에의 영향'을 설명하는 데 적합한 이론으로 인식되고 있다. 주지하듯이 중국은 1980년대 이래 미국, 일본을 위시한 기존 선진국들을 훨씬 능가하는 연평균 10%대의 고속 경제성장을 계속해왔다. 중국의 경제규모는 2009년 기준으로 명목 GDP에서 아직 미국의 약 33%에 불과하지만, 물가수준을 반영한 구매력평가지수(PPP: Purchasing Power Parity)[15]를 적용할 경우 미국의 61% 이상에 해당하는 세계 2위로 평가된다.[16] 이에 따라 중국이 21세기 중에는 미국을 앞지르는 세계 최대의 경제대국으로 등극할 것이라는

---

14 Douglas Lemke, 2002, pp. 50-53.

15 국가별로 같은 상품, 서비스를 구매하는 데 요구되는 비용을 해당 국가의 통화(通貨)로 나타낸 가격비를 표현한 것이다. 이는 '타국 화폐와의 명목상 교환비율'보다 물가수준 등을 반영한 '실제로 구매할 수 있는 능력'을 기준으로 각국 통화의 가치를 평가하는 것을 목적으로 한다.

16 국제통화기금(IMF)은 중국의 구매력평가지수(PPP) 적용 GDP 규모가 2010년에는 미국의 65.76%, 2011년에는 미국의 70.21%, 2012년에는 미국의 75.15%, 그리고 2013년부터는 미국의 80%를 넘어설 것으로 전망한다. 이는 중국과 미국 두 나라 사이의 세력전이가 발생할 수 있는 수준이다. http://www.imf.org/external/pubs/ft/weo/2009/02/weodata/index. aspx "International Monetary Fund: World Economic Outlook Database October 2009" (2010. 3. 24. 검색)

전망이 지배적이다. 이처럼 급성장을 지속하고 있는 중국의 경제력이 정치·외교·군사 분야에서도 국제적 지위를 강화하는 기반이 될 것임은 물론이다.

한편으로 중국은 미국이 유일 패권국가로 군림하고 있는 현존 국제질서에 만족하지 않는 잠재적인 '불만족국가'이기도 하다. 냉전이 종식된 후 중국은 탈냉전시대에서 다극화(多極化), 즉 3개 이상의 강대국들이 상호 견제와 균형·협력을 추구하는 체제가 가장 이상적인 국제질서이며, 다극화를 실현하는 것이 바로 강대국으로서 자신들의 가장 중요한 책임이라고 주장하는 입장이다. 나아가 중국은 스스로가 다극(多極)의 하나로서, 또는 주도적 지위를 확보하는 것을 중요한 외교적 과제로 추구하고 있다.[17] 미국 주도의 일극(一極)·패권주의적 국제질서에 대한 도전 가능성을 내포한 것이다. 1990년 3월 3일 덩샤오핑이 발언한 다음의 내용에서도 이러한 중국의 입장이 드러나고 있다.

> "미국과 소련이 모든 것을 독점했던 시대는 변화하고 있다. 앞으로 세계질서의 구조는 3극도 좋고, 4극도 좋고, 5극도 좋지만 (…) 소위 다극 가운데는 중국도 하나일 수밖에 없다. 중국은 스스로를 낮추어 볼 필요가 없으며, 어떤 기준을 적용하더라도 중국은 하나의 극(極)을 형성할 것이다."[18]

이처럼 중국은 '국력의 급속한 성장', 그리고 반(反)패권주의·다극화를 지향하는 외교노선에서 나타나는 '현존 국제질서에 대한 불만족도'라

---

17 국제질서의 다극화와 관련된 중국 내부의 시각, 논의에 대해서는 김애경, "중국의 개혁개방기 '강대국화' 담론 연구", 정재호 편, 『중국의 강대국화: 비교 및 국제정치학적 접근』(서울: 오름, 2006), pp. 301-306 참고.

18 원문의 내용은 다음과 같다. "美蘇壟斷一切的情況正在發生變化、世界格局將來是三極也好、四極也好、五極也好 (…) 所謂多極、中國算一極。中國不要貶低自己、怎麼樣也算一極"。鄧小平, 『鄧小平文選 第三卷: 1982-1992年』(北京: 人民出版社, 1993), p. 353.

는 측면에서 세력전이 이론이 제시하는 도전국가의 조건을 충족시키고 있는 것이다.[19] 오늘날 중국이 미국의 초강대국 지위에 도전할 수 있는 유일한 국가로 인정받고 있다는 점을 고려할 때, 이는 매우 의미심장한 일이다.

다만 이 책은 전 세계적 차원의 국제질서가 아니라, 동아시아라는 특정 지역을 범위로 하는 세력전이 가능성에 연구의 초점을 둘 것이다. 따라서 필자가 이 책에서 다루고자 하는 세력전이의 성격 역시 '미국의 세계패권에 대한 중국의 직접적인 도전'이 아니라, '중국·대만의 군사력 균형 여부로 인한 미국의 대(對)동아시아 영향력 변화'와 이에 따른 동아시아 지역질서의 불안정성 가능성을 의미한다.

(2) 주변지역 이론

지정학이란 "지리적 환경과 연관되어 발생, 전개되는 국제관계 및 국제정치를 연구하는 학문"으로 정의된다. 다시 말해서 지리(地理: Geography)가 국제정치에 어떠한 영향을 미치는가에 관한 연구인 것이다. 지정학은 지난 19세기 말과 20세기 초 독일의 프리드리히 라첼, 스웨덴의 루돌프 첼렌 등이 설파했던 '지리적 유기체로서의 국가' 이론에 기원을 두며,[20] 이후 제1·2차 세계대전과 냉전시대에 걸쳐 주요 강대국들의 대외정책 수립, 집행에 막대한 지적·이론적 영향을 주었다.

---

19 흥미로운 사실은 세력전이 이론의 창시자인 오간스키도 중국을 향후 국제질서에서 '유력한 도전국가'로 지목했다는 점이다. 그는 중국의 광대한 인구와 자원을 고려할 때, 성공적으로 산업화를 달성할 경우 중국은 세계에서 가장 부강(富强)한 국가로 성장할 잠재력이 매우 크다고 평가했다. 뿐만 아니라 미국을 비롯한 서양세계의 국제질서 주도권에 도전할 수 있는 최대의 위협세력 역시 러시아(당시 소련)보다는 중국이 될 것이라고 정확히 예견한 바 있다. Abramo. F. K. Organski, 1958, pp. 321-322.

20 임덕순, 『地政學: 理論과 實際』(서울: 법문사, 1999), pp. 24-25.

전통적으로 지정학은 해양세력(Sea Power)과 대륙세력(Land Power)의 경쟁으로 특징지어져 왔다. 해양세력 이론은 19세기 말 미 해군대학 학장을 역임했던 알프레드 마한 제독이 집대성하였다. '국제정치란 바다를 통제하기 위한 지속적인 투쟁'이라는 가설을 신봉했던 마한은 『해양세력이 역사에 미친 영향: 1660~1783』(*The Influence of Sea Power upon History: 1660~1783*)을 비롯한 다수의 저서, 논문들을 통하여 국가의 성장과 발전에서 해양 통제, 지배가 갖는 중요성을 역설했다. 지구 면적의 70% 이상을 차지하는 바다가 세계 주요 지역의 지리, 자원으로 접근하는 데 육지보다 우월한 교통의 편리성과 기동성을 제공하며, 따라서 특정 해로(海路)와 해협(海峽)을 장악할 수 있는 능력이야말로 세계의 무역, 나아가 세계 질서를 지배하는 열쇠라는 것이었다.[21] 이러한 마한의 해양세력 이론은 전 세계에 식민지를 확보하면서 당대 제일의 강대국으로 군림하던 영국의 패권적 지위를 설명하는 이론적 기초를 제공했음은 물론, 이후 그의 모국인 미국에서 대대적인 해군력 증강과 태평양으로의 세력확대를 추구하는 계기가 되었다.[22]

대륙세력 이론을 대표하는 인물은 영국의 지리학자이자 정치가였던 할포드 맥킨더다. 맥킨더의 지정학 이론은 20세기 초에 들어서 유럽대륙의 신흥 강대국인 독일의 도전으로 해양국가인 영국의 패권이 위협받게 되었다는 문제의식에서 출발하였으며, 마한과는 달리 대륙세력의 우위를

---

21 마한의 해양세력 이론에 관해서는 김현기, 『現代海洋戰略思想家』(서울: 한국해양전략연구소, 1998), pp. 187-215; 전웅 편역, 『地政學과 海洋勢力理論』(서울: 한국해양전략연구소, 1999), pp. 83-170 참고.

22 미국은 1898~1899년 사이에 일어난 미국-스페인 전쟁에 승리하면서 스페인으로부터 카리브해의 쿠바, 푸에르토리코뿐만 아니라 태평양의 괌, 필리핀까지 차지하였다. 전후 제26대 미국 대통령이 된 시어도어 루스벨트도 마한을 해군 문제 자문위원으로 임명하여 적극적인 해군력 강화를 추진했으며, 1907년 12월부터 1909년 2월 사이에 4척의 대형 전함(戰艦)이 포함된 '백색함대'(Great White Fleet)를 세계 각지에 파견하여 미국의 해군력을 과시했다.

주장하고 나섰다. 특히 맥킨더는 유라시아(Eurasia)[23] 중심부를 차지하는 광활한 공간, 즉 '심장지역'(Heartland)[24]의 중요성을 강조했다. 맥킨더에 따르면 이 지역은 해양세력이 접근하기 어려운 요새와도 같은 위치를 차지하며, 국력신장과 전쟁 수행을 뒷받침하는 지하자원, 농업에 적합한 토지가 풍부할 뿐만 아니라, 중앙집권화에 바탕을 둔 강력한 국가통치력 등의 유리한 조건을 갖추고 있다. 여기에 19세기 이후 철도를 비롯한 육상 교통수단과 근대적인 도로망이 발달하면서 심장지역은 주변의 모든 방향으로 국력을 팽창할 수 있는 위치를 차지한다는 것이 맥킨더의 주장이다.

전체적으로 맥킨더가 지칭하는 심장지역은 오늘날의 동유럽, 러시아 중·서부 그리고 중앙아시아를 포괄하는 개념이라고 할 수 있다. 이는 맥킨더가 "동유럽을 지배하는 자는 심장지역을 지배하고, 심장지역을 지배하는 자는 '세계의 섬'(World-Island)을 지배하고, '세계의 섬'을 지배하는 자는 세계를 지배한다."[25]고 말했던 점에서 드러난다. 이러한 맥킨더의 심장지역 이론은 칼 하우스호퍼의 소위 '생활권'(Lebensraum) 이론에도 영향을 주어 나치 독일의 대외팽창을 정당화하는 논거로 악용되기도 했다. 제2차 세계대전을 앞둔 1938년과 1939년에 오스트리아, 체코슬로바키아를 차례로 합병하고, 제2차 세계대전 중인 1941년부터는 소련과의 전쟁에 돌입한 것이 모두 심장지역을 장악함으로써 독일을 세계 제국으로 만들

23　유럽(Europe)과 아시아(Asia)를 하나로 연결된 거대 대륙으로 간주하는 개념이다.

24　이것은 맥킨더가 1904년 영국 왕립지리학회(Royal Geographical Society)에서 발표한 논문 "역사의 지리적 추축"(The Geographical Pivot of History)을 통해 제시했던 '추축지대'(Pivot Area)라는 명칭에서 유래한 것인데, 제1차 세계대전의 종전 직후인 1919년에 출간된 저서 『민주주의의 이상과 현실』(*Democratic Ideals and Reality*)에서 '심장지역'으로 바뀌었다. 이영형, 『지정학』(서울: 엠-에드, 2006), pp. 213-217.

25　이는 맥킨더가 저서 『민주주의의 이상과 현실』에서 주장한 내용인데, 여기서 '세계의 섬'은 유라시아와 더불어 아프리카 대륙까지 포괄한 것이다. 원문은 다음과 같다. "Who rules East Europe commands the Heartland; who rules the Heartland commands the World -Island; who rules the World-Island controls the world."

겠다는 야심에서 비롯되었던 것이다.

위와 같은 해양세력, 대륙세력 이론의 뒤를 이어서 등장한 지정학 이론이 바로 니콜라스 존 스파이크만의 '주변지역'(Rimland) 이론이다. 스파이크만은 "지리적 환경은 국가의 정책 형성에 있어서 가장 기본적인 결정요소다. 왜냐하면 지리는 가장 영속적이기 때문이다."라고 주장하며 국제정치에 관한 지정학적 요인의 중요성을 강조했다. 그는 맥킨더가 대륙세력의 우위를 주장하기 위해 제시했던 심장지역 이론을 반박하고 나섰다. 심장지역에 해당하는 동유럽, 러시아 내부의 공간은 추운 기후 때문에 실제 농업을 위해 경작 가능한 지역이 제한적이고, 유라시아 내부의 육상 교통수단과 도로망 역시 고원(高原)과 산맥, 결빙지대 등의 천연 장애물로 인해 기동성에 큰 제약을 받는다는 것이다. 다시 말해 심장지역의 가치를 과대평가하고 있다는 주장이다.

대신 스파이크만은 유라시아 주변의 가장자리를 차지하고 있는, 내륙지역을 둘러싸고 있으면서 해양과 접한 주변지역[26]의 지정학적 가치에 주목했다. 여기서 주변지역이란 ① 유럽 연안(European Coast Land), ② 아라비아 · 중동의 사막(Arabian-Middle Eastern Desert), ③ 아시아의 계절풍지대(Asiatic Monsoon Land)로 나뉘는데, 해당 지역들은 다음과 같은 특징을 갖추고 있다.[27]

첫째, 강수량이 많아 농업에 적합하다. 바로 이들 지역에서 황하, 인더스, 메소포타미아, 그리고 나일 강 유역을 중심으로 했던 고대 4대문명이 발생했던 것이 그 증거다. 둘째, 그에 따라 인구밀도가 높고 각종 경제 · 생산활동 역시 활발하다. 그리고 셋째, 정치적인 통일이나 세력의 집중이 이루어지지 않아서 다수의 독립국가들이 분포하고 있다. 그 결과 이

---

26 맥킨더는 이들 지역을 '내부 초생달지역'(Inner-Crescent)이라고 지칭한 바 있다.

27 이영형, 2006, p. 236.

스파이크만이 제시하는 주변지역 분포도
출처: 임덕순, 『地政學: 理論과 實際』(서울: 법문사, 1999), p. 60.

들 주변지역은 대규모의 인구, 경제력, 그리고 해양과 대륙 양측으로 함께 연결될 수 있는 접근성을 통해 국제질서의 형성에서 중추적 역할을 할 수 있다는 것이 스파이크만의 주장이다.

스파이크만은 해양과 대륙의 특징을 겸비한 주변지역의 통제가 곧 세계의 연결지역에 대한 통제를 뜻하며, 따라서 해양·대륙세력 가운데 누가 주변지역을 장악하느냐에 따라 국제질서의 주도권이 결정될 것이라고 단언했다.[28] 대륙세력이 주변지역을 차지한다면 해양세력의 영향력 침투를 저지함과 동시에 직접 바다로 세력을 확장할 수 있으며, 그 반대의 경우에는 해양세력이 대륙까지 효과적으로 통제하는 길이 열린다는 것이었

---

28 이에 대하여 스파이크만은 "주변지역을 통제하는 자는 유라시아를 지배하고, 유라시아를 지배하는 자는 세계의 운명을 지배한다."(Who controls the Rimland rules Eurasia; Who rules Eurasia controls destinies of the World)라고 표현한 바 있다.

다.[29] 특히 대륙 주변의 연안지역에 위치한 국가들뿐만 아니라 '해안 도서지역'(Offshore Islands)[30]과 제휴함으로써 더욱 효과적으로 대륙세력의 세력확장을 저지할 수 있다고 주장한다.

스파이크만의 주변지역 이론은 제2차 세계대전 직후 미국과 소련이라는 양대 초강대국 사이의 이념대립, 즉 냉전의 시작과 함께 실제 정책으로 구현되었다. 전후 동유럽에서 소련을 추종하는 공산정권이 차례로 수립되자 미국은 소련의 세력이 서유럽까지 확대될 것을 경계하게 되었고, 이에 '봉쇄(封鎖: Containment) 정책'으로 알려진 대(對)소련 견제정책을 행동에 옮기기 시작한 것이다. 먼저 1947년 3월 해리 트루먼 미국 대통령이 그리스, 터키의 반공주의 정부 지원을 선언하고, 서유럽의 전후 재건을 위한 대규모 경제원조인 '마셜 계획'(Marshal Plan)[31]을 실시했으며, 1949년에는 미국과 서유럽 국가 대부분을 포함시킨 공동 방위기구로서 북대서양 조약기구(NATO: North Atlantic Treaty Organization)를 창설했다. 아시아에서도 미국은 1950~1953년 한반도에서의 6·25전쟁 이후 한국, 일본, 호주와 군사·안보동맹관계를 수립하였고, 동남아시아 및 중동 국가들과는 NATO와 유사한 지역 공동방위기구인 동남아시아조약기구(SEATO: SouthEAst Treaty Organization), 중앙조약기구(CENTO: CENtral Treaty Organization)을 각각 수립하여 소련의 세력확대를 봉쇄하려 했다.[32] 이들 대부분은 스파이크만이 제시한 주변지역에 해당하는 국가들이었다.

---

29 이영형, 2006, pp. 240-241.

30 유럽의 영국, 그리고 동아시아의 일본을 각각 지칭한다.

31 당시 미 국무장관이었던 조지 마셜의 제안에서 유래한 명칭이다.

32 SEATO는 1954년 남베트남, 태국, 필리핀, 파키스탄, 호주, 뉴질랜드 등 8개국을 회원국으로 창설되었으나 1973년 미국의 베트남전쟁 철수로 약화되면서 1977년에 정식 해체되었다. CENTO는 터키, 이란, 파키스탄 등을 중심으로 구성되었으며, 아야톨라 호메이니 중심의 이슬람 혁명정부가 집권한 이란의 탈퇴를 계기로 1979년 해체되었다. Saul Bernard Cohen, *Geopolitics of the World System* (Lanham, MD: Rowman & Littlefield, 2003), pp. 65-66.

본래 주변지역 이론은 냉전 시절 해양세력인 미국과 대륙세력인 소련의 경쟁에서 유래한 것이지만, '중국의 부상'과 그에 따른 '동아시아 지역 질서에의 영향'이라는 주제에 대해서도 강한 설명력을 갖는다. 중국의 영토 면적은 약 960만km^{2}로 세계 3위이며, 지상 국경선은 2만 280km에 달한다.[33] 동쪽으로 한반도와 러시아 극동지역, 서쪽으로 중앙아시아 및 인도, 파키스탄, 남쪽으로 베트남과 라오스, 미얀마를 비롯한 동남아시아, 그리고 북쪽으로 몽골 등 14개국과 인접하고 있는 것이다. 이러한 지리적 위치와 더불어 13억 명이 넘는 세계 최대의 인구까지 고려한다면, 중국은 명백한 대륙세력이자 심장지역의 조건을 갖추었다고 할 수 있다. 때문에 거대 강대국으로서 중국의 부상과 이를 경계하는 중국위협론의 관점에서는 중국의 주변지역, 특히 해양으로의 세력확장을 위한 거점이 될 수 있는 연안지역 국가들의 존재에 주목할 여지가 충분한 것이다. 여기에 해당하는 지역이 바로 한반도, 인도차이나 반도(예: 베트남, 캄보디아), 그리고 대만이다.[34]

| 3 | 대안적 분석틀의 모색

(1) 기존 분석틀의 평가와 한계

서로 다른 국가들 사이의 군사적인 균형 또는 우열을 평가하기 위한 방법은 여러 가지가 있으나, 크게 2가지의 범주로 분류된다. 바로 '정태적(情態的) 평가방법론'과 '동태적(動態的) 평가방법론'이다. 정태적·동태

---

33   외교통상부 편, 『중국 개황 2008』(서울: 외교통상부, 2008), p. V.

34   Saul Bernard Cohen, 2003, pp. 256-266.

적 군사력 평가방법론은 모두 지난 20세기 냉전 시절 서유럽에서 소련과 NATO 소속 국가들의 재래식 군사력 균형 여부를 판단하기 위한 미국의 국방당국, 민간 연구기관들의 노력을 통해 발전되어왔다는 공통점을 갖는다.

먼저 정태적 군사력 평가방법론은 비교대상이 되는 국가들의 보유 군사력을 전쟁 이전의 특정 시점 기준에서 비교·평가하는 것이 특징이다. 여기서는 공통적으로 양적(量的: Quantitative) 평가방식이 사용되며, ① 단순수량 비교법, ② 전력지수 비교법, ③ 군사비 지출규모 비교법이 대표적이다.[35] 이들의 특징을 좀 더 구체적으로 살펴보자.

'단순수량 비교법'(Bean-Counts)은 군사력의 양적 평가방식 가운데서도 가장 일반적이면서 광범위하게 사용되고 있다. 마치 곡식의 낱알들을 일일이 세어보듯이, 비교대상이 되는 국가 간의 군사력을 병력 규모나 무기(탱크, 장갑차, 야포, 군함, 항공기, 유도무기 등)별로 구분하여 각각의 보유수량을 비교, 그 격차를 기준으로 군사력의 균형 여부를 판단하는 방식인 것이다. 영국 국제전략문제연구소(IISS)의 『밀리터리 밸런스』(*Military Balance*) 연감이나 세계 각국 정부에서 발간하는 대다수의 국방정책 관련 백서(白書), 정책자료들, 그리고 언론기사들이 이러한 단순수량 비교법을 군사력 평가의 기본 척도로 사용하고 있다. 계량화를 통한 비교가 매우 용이하므로 신속한 평가에 유리하기 때문이다. 하지만 병력이나 무기를 비롯한 군사력의 구성요소를 숫자상으로만 나열한 것일 뿐이므로 이들에 의해 발휘되는 전투력 효과, 쌍방 간의 군사적인 강점 및 약점까지 반영하지는 못한다.

이러한 단순수량 비교법의 한계를 극복하기 위한 노력의 일환으로 개

---

35 진재일, "전력지수에 의한 군사력 평가: 현황 및 발전방향", 『週刊國防論壇』, 2010년 3월 8일호.

발된 것이 '전력지수 비교법'이다. 군사력을 구성하는 유형요소인 병력, 무기의 수량뿐만 아니라 각각의 전투력 효과까지 계량화시켜 이들을 총체적으로 합할 경우에 나타나는 전투력의 수준을 평가하는 방식인 것이다.[36] 전력지수 비교법의 시초는 미 육군에서 개발된 화력지수(IFP: Index of Firepower)였는데, 이후 1974년 미 육군 산하의 개념분석국(CAA: Concept Analysis Agency)에 의해 무기효과지수(WEI: Weapon Effectiveness Index)와 부대효과지수(WUV: Weighted Unit Value)로 발전되었다. WEI는 특정 무기의 전투기능(예: 화력, 기동성, 생존성)을 계량화된 수치로 평가한 후, 여기에 기능별 가중치를 두어 합산한 값으로 구해진다. WUV는 각 무기들이 실제 전투에서 발휘하는 군사적 효과를 서로 다른 가중치를 갖는 상대적 수치로 계량화한 것이다.[37] 그 결과 특정 부대의 전력지수는 해당 부대가 보유하고 있는 '개별 무기들의 수량' × WEI × WUV의 총합으로 나타난다.

전력지수에 의한 군사력 비교는 단순수량 비교법의 주요 문제점인 쌍방 간 군사력의 질적 차이를 어느 정도 반영하는 데 성공했다는 점에서 의미를 갖는다. 하지만 전력지수 비교법에도 문제점은 있다. 우선 군사적 효과를 평가하는 지표가 화력이나 기동성·생존성 정도로 제한되어 이들 못지않게 전투력 발휘에 기여하는 기타 요소들(예: 군수지원, C^4I, 병력의 숙련도)은 포함되지 못한다. 뿐만 아니라 실전에서의 군사력 동원능력과 직결되는 무기의 노후정도와 이에 따른 가용성을 반영하는 데도 어려움이 따른다. 이에 따라 각 무기범주들에 속하는 대상 무기들의 가중치 설

---

36 한국의 경우 지난 2004년 8월 전력지수 비교법에 근거한 한국국방연구원(KIDA)의 남북한 군사력에 대한 비교평가를 실시한 바 있다. 이에 따르면 한국은 육군과 해군, 공군 전력에서 각각 북한의 80%, 90%, 103%로 공군력에서만 근소하게 북한을 앞서는 것으로 나타났다.

37 예를 들면 보병 개개인이 휴대하는 소총의 WUV는 약 1점대인 데 비하여 탱크, 장갑차, 야포는 이보다 훨씬 높은 각각 10~30, 60~70점대의 WUV 가중치를 갖는다. 육군사관학교 편저, 『무기체계학』(서울: 청문각, 2001), pp. 314-328.

정이 부정확하게 이루어지면서 전력지수 자체의 신뢰성을 떨어뜨리는 결과를 초래할 위험이 높다.[38]

'군사비 지출규모 비교법'도 대상 국가들 사이의 군사력을 비교하는 데 유용한 양적 평가방식으로 사용된다. 군사비는 병력과 무기, 그리고 이들의 전투력을 뒷받침하는 데 필요한 인적·물적·조직적인 군사역량의 건설·유지를 위해 투입되는 총체적 성격의 비용이라고 할 수 있다.[39] 때문에 병력이나 무기의 수량 못지않게 특정 시점에서의 간접적인 군사력 비교평가에 유용하며, 거시적 관점에서 군사력 변화 및 전망을 위한 기준 역할까지 한다는 데 의의를 갖는다. 다만 ① 쌍방의 경제체제, 화폐가치, 재정수단 차이와, ② 규모 및 구조의 은닉 가능성이 많은 군사비지출의 특성, ③ 이에 따른 추정액수의 오차 발생 가능성 등이 한계로 지적된다.

동태적 군사력 평가방법론은 실제 전쟁이 발발할 경우를 전제로 시간 흐름에 따른 전투력 증감, 장비손실률, 사상자 발생규모, 전황의 경과, 그리고 전선(戰線)의 변화 등을 예측 및 분석하여 쌍방의 군사력을 비교, 평가하는 것이 1차적인 목적이다. 이를 위해 실전에 직간접적인 영향을 주는 다수의 유·무형적 변수들이 포함된 수학 공식 또는 컴퓨터 프로그램에 의한 워게임(War Game: 모의 전쟁실험)을 사용한다.[40] 실제 전쟁 상황을

---

38 한 보기로 미 육군은 냉전 시절 소련군의 주력 탱크였던 T-72와 미군의 주력 M1A1 탱크의 WEI를 대등한 수준으로 평가했던 바 있다. 그러나 1991년 제1차 걸프전쟁에서 M1A1 탱크로 무장한 미 육군의 기갑, 기계화 부대는 T-72를 다수 보유한 이라크 군을 상대로 화력, 기동성, 생존성 등에서 모두 압도적인 우세를 과시하며 대승을 거두었다. 이는 M1A1 탱크의 기술적 우수성을 입증하는 동시에 소련제 T-72 탱크의 전투력이 과대평가되어왔음을 반증한다. Barry R. Posen, "Measuring the European Conventional Balance", *International Security*, Vol. 9, No. 3 (Winter 1984/1985).

39 함택영, 『국가안보의 정치경제학』(서울: 법문사, 1998), p. 63.

40 워게임을 비롯한 군사력의 동태적 평가방식에 관해서는 육군사관학교 편저, 2001, pp. 338-364 참고.

기준으로 비교대상이 되는 국가들의 군사적인 우열을 비교·평가할 수 있어서 정태적 군사력 평가방법론의 한계를 극복하는 데 유용한 것이 장점이다. 그러나 평가에 대입·반영되는 변수가 지나치게 많아지고, 이들 다양한 변수에 대한 신뢰도를 확인하기가 어려워지고 있다는 점이 문제로 지적된다. 다시 말해서 일반화된 군사력 평가방법론으로 사용되기에는 기술적으로 난해할 뿐만 아니라, 자칫 평가 과정에서 인위적이고 주관적인 가정과 판단이 개입할 우려를 배제할 수 없는 것이다.[41]

(2) 대안적 분석틀의 도출

앞서 살펴보았듯이 현재 통용되는 정태적·동태적 군사력 평가방법론은 각자 뚜렷한 유용성을 갖는 동시에, 일정한 한계를 안고 있다. 특히 양적 지표에 의한 군사력 평가는 계량화를 통하여 이루어지는 신속하고 간단명료한 비교·평가에 유리하다는 분명한 장점이 있지만, 통계숫자에 가려진 군사력의 질적 요소를 간과함으로써 잘못된 결과 및 판단을 도출할 우려가 큰 것이 단점이다.[42] 그러므로 특정 국가 간의, 보다 객관적이고 정확한 군사력 비교를 위해서는 쌍방의 군사적 구성 요소의 수량과 더불어 실전에서 직접적인 군사적 효과를 발휘하는 전투력 기능, 그리고 이들의 원활한 수행을 뒷받침해 주는 질적 측면에 관한 것까지 함께 포함한

---

41 함택영, 1998, pp. 61-63.
42 한국과 일본의 해군력 비교를 예로 들어보자. 수상전투함의 숫자를 기준으로 한국 해군은 총 122척으로 62척의 전투함정만을 보유한 일본 해상자위대보다 전력이 2배 이상 우세한 것으로 여겨질 수 있다. 하지만 자국 연안을 벗어난 대양에서, 대규모 무장을 탑재하며 장기간의 임무수행이 가능한 배수량 3,000~5,000톤급 이상의 중·대형 수상전투함 규모에서는 일본 해상자위대가 44척인 반면, 한국 해군은 11척에 불과하다. 이 점에서 '일본이 한국보다 실질적으로 3배 이상의 해군력 우위를 차지하고 있다.'는 평가가 가능한 것이다.

종합적인 평가가 요구된다. 그렇다면 군사력의 질적(質的: Qualitative) 평가 방식에서 다루어야 할 내용에는 무엇이 있는가?

첫째, 군사력의 눈과 귀, 신경에 해당하는 정보(情報: Information) 능력이다. "아는 것이 힘이다.", "적을 알고 나를 알면 어떤 전쟁에서도 위태롭지 않다."(知彼知己 百戰不殆)는 격언도 있듯이, 상대 측의 군사적 역량과 구성, 배치, 대비태세 등에 관한 지식을 필요한 시점에 충분히 확보하고 있느냐의 여부는 전쟁에서 지대한 영향을 가져오기 때문이다. 정보 능력이야말로 모든 군사 활동의 기반이나 마찬가지이며, 이를 제대로 갖추지 못한 상태에서의 전쟁은 마치 장님이나 귀머거리처럼 일방적인 피해를 감수할 수밖에 없다.

정보 능력의 가장 중요한 평가대상은 역시 정보수집(Sensor) 기능이다. 이는 ① 상대 측의 일반적이고 광범위한 정보를 획득하기 위한 '감시'(監視: Surveillance), ② 자국에 위협이 될 수 있는 보다 구체적인 상대 측의 능력과 동향을 파악하기 위한 '정찰'(偵察: Reconnaissance), ③ 상대 측의 적대적인 군사능력과 동향 실황을 탐지, 포착하여 신속히 대응할 수 있도록 하는 '조기경보'(早期警報: Early Warning) 기능으로 다시 구분된다. 이들 가운데 감시와 정찰은 특정 시설이나 대규모 병력 배치지역와 같은 정적(靜的)인 대상, 조기경보는 항공기 및 미사일처럼 동적(動的)인 대상의 움직임에 관한 정보수집을 위한 것이다. 최근에는 통신기술의 비약적인 발전으로 수집된 각종 정보들을 필요로 하는 다수의 전투수행 단위(예: 개별무기, 부대)에 전달·공유할 수 있는 C⁴I 기능과의 통합·연계성도 그 중요도가 부각되고 있다.[43]

---

43 이 때문에 최근에는 정보수집 기능과 통신·지휘통제 기능이 결합된 C⁴ISR(Command, Control, Communication, Computer, Information, Surveillance & Reconnaissance)이라는 개념으로 통용되고 있으며, 2003년 제2차 걸프전쟁에서 미국이 구현한 네트워크중심전(NCW: Network-Centric Warfare)을 통해 그 효과가 입증된 바 있다. 네트워크

둘째, 군사력의 주먹에 해당하는 화력(火力: Firepower)이다. 이는 상대 측의 인적·물적 자산에 직접·물리적인 힘을 가하여 저지 및 제압하는 능력을 뜻하는데, 주로 재래식 포병이나 미사일 등 육·해·공 배치자산을 통해 발사되는 지상공격용 무기체계를 대상으로 한다. 이들의 군사적 효과를 평가하는 기준으로는 ① 타격목표를 향해 도달할 수 있는 '사거리', ② 의도하는 표적을 정확히 타격하는 '명중률', ③ 명중된 목표에 최대한의 물리적 손실을 발생시키는 '파괴·살상력'이 포함된다.

셋째, 군사력의 다리에 해당하는 기동(機動: Maneuver) 능력이다. 전장에서의 다양한 자연적·인공적인 시공간적 장애요소를 극복하고 필요한 시간 및 장소에서 전투력을 발휘할 수 있는 능력이라고 정의할 수 있다. 과거에는 보병(步兵: Infantry)이나 기병(騎兵: Cavalry), 기계화된 기갑(機甲: Armoured) 및 기계화 보병(機械化步兵: Mechanized Infantry) 부대를 비롯한 지상에서의 기동만을 뜻했으나, 과학기술의 발달로 이후 군함과 항공기에 의한 바다, 하늘에서의 기동까지 포괄하는 개념으로 확대되었다. 기동 능력의 평가 기준으로는 ① 가장 기본이라고 할 수 있는 '이동 속도', ② 기상 조건이나 낮과 밤의 차이와 상관없이 작전을 수행하는 '전천후성', ③ '작전수행 범위'[44] 등을 포함한다.

넷째, 군사력의 방패 또는 우산에 해당하는 방호(防護: Protection) 능력이다. 다시 말해 상대 측의 군사력이 가하는 물리적인 효과를 회피, 거부함으로써 생존성을 보장할 수 있는 능력을 뜻한다. 이는 구체적으로 ① 개별 무기 차원에서의 생존성 확보를 위한 '개별방호',[45] ② 항공기나 유도

중심전에 관한 자세한 내용은 권태영·노훈, 『21세기 군사혁신과 미래전』(서울: 법문사, 2008), pp. 175-177 참고.

44　구체적으로는 탱크, 장갑차의 '주행거리'와 군함, 항공기의 '항속거리', 그리고 항공기의 '작전행동반경'(Combat Radius) 등으로 구분될 수 있다.

45　예를 들어 탱크나 장갑차의 차체에 장갑을 설치·강화하거나, 전파방해 장비와 스텔스(Stealth) 기술을 군함, 항공기에 탑재함으로써 적의 탐지 및 공격이 성공할 가능성을 저

무기처럼 보다 광범위한 영역에 걸쳐 인적·물적 피해를 가할 수 있는 적의 군사력 사용을 도중에 차단, 요격해내는 '광역방호', 그리고 ③ 적의 공격을 막지 못했을 경우 피해를 최소화하고 신속히 복원하기 위한 '사후방호' 기능으로 구분된다.

그리고 다섯째, 위의 4개 전투기능이 지속적으로 유지·발휘될 수 있도록 보장해주는 지원(支援: Support) 역량이다. 이들 가운데 가시적인 지표를 통한 평가에 적합한 것으로는 ① 각종 군용물자의 육·해·공 수송자산 수량 및 운반규모로 나타나는 '군수지원 능력', ② 개별무기들의 도입시기나 운용기간, 수명을 기준으로 하는 '노후도' 및 '가용성', ③ 연간 훈련, 항해·비행시간 등을 통하여 측정될 수 있는 '숙련도' 등이 있다. 다만 장교·간부의 지도력, 훈련의 질, 병사들의 사기(士氣: Morale)와 같은 무형 정신전력은 그 중요도에도 불구하고 객관적인 평가지표에 의한 측정이 어려우므로 제한적으로만 반영될 수 있을 것이다.

이 책에서는 지금까지 논의된 양적·질적 군사력 평가방법론의 특징을 각각 종합·검토하여 서로 다른 나라들 사이의 군사력 균형 여부를 평가하기 위한 대안적인 분석틀을 도출하고자 한다. 이는 4개의 평가기준들로 이루어지며, 각각 ① 점령능력, ② 제해·제공권 확보능력, ③ 타격능력, ④ 외부 개입능력으로 구분된다.

① 점령능력

전쟁의 역사를 통틀어 군사작전의 성패(成敗)는 대부분 지상전에서 좌우되어왔다. 다시 말해 적의 영토를 차지하거나, 침공해온 적의 병력을 자국 영토에서 몰아내느냐에 따라 승리나 패배가 결정되는 것이다. 그러므로 국가와 그 구성원인 국민들의 생활터전과 물리적 존재기반인 영토

하시키는 것을 들 수 있다.

를 확보·장악할 수 있는 능력은 군사력 균형을 판가름하는 데 가장 먼저 포함되어야 할 대상이라고 할 수 있다. 이것이 바로 점령능력이다.

점령능력이란 1차적으로 지상전의 핵심을 담당하는 육군력에서의 우열을 통해 결정되며, 이는 다음의 3가지 대상에 관한 분석을 통해 평가될 수 있다.

첫째는 영토의 점령 임무를 직접적으로 담당하는 보병, 둘째는 탱크나 장갑차를 다수 보유하는 육군의 기동전력, 셋째는 바다와 하늘을 통해 지상전에 동원되는 상륙(上陸: Amphibious) 및 공수(空輸: Airborne)·공중강습(空中强襲: Air Assault)[46] 전력이다.

이들 가운데 보병부대는 소총 등의 개인화기 또는 구경 100mm 및 사거리 10km 내외의 박격포, 중소형포 정도로 무장할 뿐인 경우가 대부분이며, 따라서 전투력의 질보다는 양이 보다 큰 중요성을 갖는다. 구체적으로는 비교대상이 되는 국가들의 육군 내에서 일반 보병부대에 소속된 '장병들의 수', 그리고 보병들의 전투력을 조직화한 산물이라고 할 수 있는 규모별 '단위부대들의 수'를 기준으로 평가해야 할 것이다. 여기서 단위부대는 여단(旅團: 약 3,000~5,000명), 사단(師團: 약 1만 명), 군단(軍團: 약 3만~5만 명 이상) 등이 대표적이다.

육군 소속의 기동전력은 탱크, 장갑차를 비롯한 전투차량 중심으로 편성되어 우월한 기동능력을 앞세워 적의 방어태세 돌파·제압을 담당하는데, 기갑·기계화 보병부대가 여기에 해당한다. 특성상 보병보다 무장 수준이 고도화되어 있을 뿐만 아니라, 전투력에서 기술적인 우열이 차지하는 중요성도 큰 것이 특징이다. 그러므로 이들 전력에 관한 전투력 효과의 평가는 육군 내 기갑, 기계화 보병부대 소속의 장병들 수보다는 해

---

46 공수 작전은 수송기를 통해 투입되는 낙하산부대, 공중강습 작전은 헬기에 탑승하여 목표 지역으로 신속히 이동하는 경(輕)보병부대가 각각 수행된다.

당 부대가 보유하는 주력무기, 즉 탱크와 장갑차의 수량에서 출발해야 한다. 아울러 이들 탱크 및 장갑차의 질적 전투력을 판가름하는 주요 기준들(예: 무장수준, 기동 능력, 노후도 및 가용성)에 대해서도 비교하고자 하는 국가들 간의 평가가 이루어져야 하는 것이다.

만약 비교대상에 있는 국가들이 지상의 국경이 아니라 바다를 경계로 정치·군사적인 대립을 벌이고 있다면, 마땅히 점령능력을 평가하기 위한 새로운 기준이 필요할 수밖에 없다. 바다 건너의 상대 측 연안지역을 점령함으로써 본격적인 대규모의 침공을 위한 교두보(橋頭堡)를 확보하는 상륙 작전, 하늘을 통해 기습적으로 투입된 후 적의 주요 정치·경제적 기간시설이나 후방 지역을 장악하여 조직적인 저항능력을 약화시키는 공수·공중강습 작전 등의 수행능력이 여기에 해당한다. 이들 전력의 평가는 먼저 해당 임무를 담당하는 상륙, 공수, 공중강습 전력에 소속된 장병들과 단위부대의 수를 비교하는 것으로 시작된다. 다음으로는 이들을 수송하기 위한 기동수단(예: 상륙함, 수송기, 헬기 등)의 수량과 각각의 수송능력(예: 이동거리, 탑승규모)에 관한 평가가 이루어져야 한다.

② 제해·제공권 확보능력

우세한 규모의 육군력을 통한 점령능력은 분명 군사력 균형에 관한 가장 기본적인 평가 요소지만, 유일하거나 결정적인 것은 아니다. 무역을 비롯한 대외 국가활동의 가장 중요한 교통로인 바다를 통제하는 제해권(制海權: Command of Sea), 육지와 바다를 뛰어넘어 가장 자유롭게 기동할 수 있는 공간인 하늘을 통제하는 제공권(制空權: Command of Air)이 보장되지 않고서는 결코 성공적인 영토 점령을 달성할 수 없는 것이 현대 전쟁의 실상이다. 제2차 세계대전 초기였던 1940년 5~6월까지 독일이 기계화 기동부대를 주축으로 하는 막강한 육군력 중심의 전격전(電擊戰: Blitzkrieg)으로 프랑스 등 서유럽 영토의 대부분을 석권했지만, 바다를 통해 유럽대

류과 분리되어 있는 영국만은 끝내 굴복시키지 못한 이유도 여기에 있다. 당대 세계 최강을 자랑했던 영국의 해군력, 그리고 독일보다 우수한 성능의 전투기들을 갖춘 영국 공군의 활약으로 영국에 대한 제해·제공권 확보에 실패했기 때문이다.[47]

이는 육군력에 의한 점령능력에서 상대 국가보다 불리하다고 해도 우수한 해·공군력이 뒷받침되는 제해·제공권의 확보를 통해 유사시 적 군사력에 대한 억지·견제·승리가 가능함을 증명하고 있다. 때문에 대규모의 육군력을 확보할 만큼의 많은 인구를 갖추지 못하거나, 바다를 통해 다른 나라들과 지리적으로 분리되어 있는 섬나라는 육군력의 열세에 따른 군사력 균형 문제를 해결하기 위해 해·공군의 육성에 주력하는 경우가 적지 않다.

지상전에 의한 점령능력과는 달리, 제해·제공권 확보능력을 판가름하는 해전과 공중전은 장병들이 아니라 군함, 전투기로 대표되는 무기체계를 기본 단위로 하여 수행된다. 때문에 제해·제공권 확보능력의 평가를 위해서는 비교대상이 되는 국가들 내의 해·공군 소속 장병들보다는 이들이 보유하고 있는 군함과 전투기의 수량에 대한 비교가 먼저 이루어져야 할 것이다. 그 다음으로 이들 무기의 질적 전투력을 판가름하는 주요 지표들을 평가할 필요가 있다.

제해권을 담당하는 해군력의 경우, 질적 전투력의 첫 번째 평가대상은 주로 배수량 톤수를 기준으로 하는 군함의 선체(船體) 규모다.[48] 선체

---

47 독일은 프랑스를 항복시킨 직후인 1940년 8월부터 2개월 이상 동안 영국 전 지역에 걸친 공습을 실시했지만, 결국 영국 침공을 포기해야만 했다. 이로써 영국은 독일의 서유럽 침략에 맞설 수 있는 저항의 근거지로 남았으며, 4년 후인 1944년 6월 미국 등이 합세한 노르망디 상륙작전으로 시작된 유럽대륙 탈환에서 전초기지 역할을 해낼 수 있었다.

48 선체 배수량을 기준으로 한 군함의 분류는 수십 내지 수백 톤 규모의 '연안 경비함정', 1,000~2,000톤 이내의 초계함, 2,000~3,000톤 이내의 호위함, 4,000~7,000톤 이상의

가 대형화될수록 보다 많은 무장을 탑재할 수 있으며, 육상 기지에서 멀리 떨어진 원해에서도 오랜 기간 동안 지속적으로 작전을 수행하는 데 유리하기 때문이다. 두 번째 평가대상은 군함 자체의 기동능력인데, 주로 항해속도나 항속거리 등을 기준으로 평가된다. 그리고 세 번째 평가대상은 개별 군함이 탑재하는 무기(예: 함포, 미사일, 어뢰)의 기술적인 우수성 여부다.

제공권 확보를 위한 공군력의 평가 역시 이와 비슷한 형태를 나타낸다. 첫 번째는 공중전 수행의 기본 전투단위인 전투기의 기동능력 평가가 필요한데, 여기에는 비행속도와 항속거리, 작전 행동반경 등이 포함된다. 두 번째는 각 전투기의 무장탑재 규모에 대한 평가가 필요하다. 세 번째로는 전투기가 탑재하는 공중전 무기의 성능을 평가해야 할 것이다. 오늘날 공중전은 주로 공대공미사일(AAM: Air to Air Missile)을 통해 수행되므로 공대공미사일의 사거리, 기동성, 정확도 등이 그 기준이라고 할 수 있다. 그리고 네 번째로는 지상에서 적 전투기에 대한 요격, 견제임무를 담당하는 대공포(AAA: Anti-Air Artillery), 지대공미사일(SAM: Surface to Air Missile)의 수량과 성능(예: 사거리)도 포함되어야 한다.

또한 해군의 군함, 공군의 전투기는 육군이 보유하는 무기들보다 이동속도를 비롯한 기동력이 매우 높은 것이 특징이다. 때문에 이들의 기습적인 운용에서 효과적인 대응이 가능하도록 정보수집, 특히 실시간에 가까운 표적 탐지·추적기능과 직결되는 조기경보 능력도 제해·제공권 확보능력의 평가에 포함되어야 할 것이다. 그 대상은 군함과 전투기 자체에 탑재되는 정보수집 장비(예: 레이더), 정찰기, 인공위성, 그리고 지상배치

구축함, 그리고 1만 톤 내외의 순양함으로 분류된다. 이들 가운데 연안경비함정과 초계함, 호위함은 영해를 비롯한 자국의 주변해역에서 주로 임무를 수행하는 '연안전력'으로, 그리고 구축함과 순양함은 자국 영토를 벗어나는 원해(遠海)에서도 임무 수행이 가능한 '대양전력'으로 평가된다.

장거리 레이더 등으로 나뉠 수 있다.

③ 타격능력

타격능력이란 화력의 유사 개념으로서 '상대국가의 영토와 영해, 영공을 직접적으로 침범하지 않고서도 원거리에 걸친 군사력의 물리적인 투사(投射)를 통해 군사적·비군사적 표적에 대한 파괴, 살상을 가하는 것'으로 정의될 수 있다. 앞서 설명한 점령능력, 제해·제공권 확보능력은 실제 전쟁이 일어나는 상황이 아니라면 그 효과를 발휘할 기회가 제한적이다. 하지만 타격능력은 그 존재 자체만으로도 평시에 상대국가의 지도층뿐만 아니라 대다수 국민들에게 큰 심리적 부담감을 강요하며, 이를 통해 정치·군사적인 위력시위와 강압을 가할 수 있다. 이 점에서 제한된 경제력 때문에 대규모의 첨단 기술력이 적용되는 재래식 군사력을 확보할 여유가 없는 중소국가들 가운데는 타격능력을 비대칭(非對稱: Asymmetric) 전력으로 육성하는 경우가 적지 않다.[49]

타격능력의 평가를 위해서는 먼저 원거리를 대상으로, 적의 영토에 대규모의 물리적 타격을 가할 수 있는 군사적 수단의 수량에 관하여 상호비교가 이루어져야 한다. 그 대상에는 재래식 야포(예: 자주포, 다연장로켓포), 폭격기, 탄도(彈道)·순항(巡航)미사일을 비롯한 지상공격용 유도무기, 그리고 이들의 탑재 및 운용능력을 갖춘 육·해·공 배치자산(예: 지상발사대, 해군 수상전투함 또는 잠수함, 공군 전폭기) 등이 포함되어야 할 것이다.

타격능력에 대한 질적 평가는 앞서 '화력'의 평가기준으로 제시했던 요소, 즉 사거리와 명중률, 파괴·살상력 등 3개와 대체적으로 일치한다. 가장 우선적인 평가기준은 사거리인데, 사거리가 연장될수록 실전에서의

---

49 이러한 비대칭 전력으로서의 타격능력은 화학·생물무기 또는 핵무기 등의 대량살상무기(WMD: Weapons of Mass Destruction)와 결합되는 경우가 대부분인데, 인도, 파키스탄, 이란, 시리아, 그리고 북한 등이 대표적이다.

군사적 효과뿐만 아니라 평시의 정치·심리적인 강압효과를 더욱 강화시킬 수 있기 때문이다. 명중률과 파괴·살상력도 중요한 평가 대상이 되는데, 각각의 중요도는 실전에서의 군사적 효과, 평시의 정치·심리적인 강압효과 가운데 어느 쪽에 더 높은 우선순위를 두느냐에 따라 결정된다.

④ 외부 개입능력

군사력 균형의 평가를 위해 포함되어야 할 마지막 사항은 직접적인 비교대상이 되는 대립 당사국뿐만 아니라 이들과 우방·동맹관계에 있거나, 해당 지역에 관한 정치·군사적 이해관계를 공유하는 제3국의 개입 능력이다. 외부 개입능력을 평가하는 기준은 크게 2가지로 나뉜다. 첫째, 군사 개입 여부를 결정하는 정치적 의지와 가치 부여, 그리고 제도적인 보장 수준이다. 이는 해당 지역이 제3국의 정치·경제·군사적 중요 국익에서 차지하는 비중, 특정한 대립 당사국과의 제도화된 정치·군사적인 동맹 또는 안보협력관계의 유무 여부를 기준으로 평가할 수 있다.

둘째, 군사력 개입을 위한 물리적인 역량이다. 구체적으로는 해당 지역 유사시에 제3국이 투입할 수 있는 군사력 동원 규모, 이들 군사력의 동원 및 투입을 위한 소요기간, 그리고 제3국이 동원하는 군사력의 질적 수준 등을 포함한다. 여기서 제3국이 제공하는 군사력의 양적·질적 수준은 앞서 제시한 점령능력, 제해·제공권 확보능력, 그리고 타격능력에 의거하여 평가될 수 있다. 이는 특정 대립 당사국의 자체 군사력이 미약하더라도, 유사시 군사적 개입에 관한 정치적인 의지와 제도적인 구속력이 높고, 강력한 전투력을 보유하는 제3국의 외부 개입능력을 통해 분쟁 상대국과의 군사력 균형이 가능하다는 것을 뜻한다.

그렇다면 위에서 제시된 군사력 균형의 평가를 위한 각 기준들의 상호 관계는 어떻게 설명될 수 있는가? 우선 육군력에 의한 '점령능력'은 영토의 방어 또는 침공이 성공하느냐의 여부를 최종적으로 좌우하는 역할을 하며, 따라서 군사력 균형의 평가에서 가장 먼저 고려되어야 할 것이다. 장거리 화력에 의한 '타격능력'은 광범위한 지역을 대상으로, 불특정 다수의 인적·물적 피해를 일으킬 수 있다는 점에서 군사적인 차원뿐만 아니라 정치·심리적인 차원에서도 지대한 효과를 발휘한다.

하지만 점령능력과 타격능력은 그 자체만으로 군사력의 균형 여부를 결정짓기에는 불충분하다. 오늘날의 전쟁에서는 바다와 하늘을 통해 연결되어 영토 및 주변지역까지 기동할 수 있는 해군력, 그리고 공군력이 공격과 방어 측면에서 모두 주도권을 차지하고 있으며, 따라서 이들의 효과적인 뒷받침이 없다면 어떠한 군사작전도 성공하기 어렵기 때문이다. 특히 중국과 대만처럼 분쟁 당사국들이 서로 바다를 경계로 분리되어 있는 경우에는 더욱 그러하다. 군사력 균형의 성립에서 '제해·제공권 확보능력'의 중요성은 바로 여기에서 비롯된다. 아무리 군사적 현상타파를 시도하려는 공격자 측이 점령능력과 타격능력에서 우위를 차지해도, 이에 대항하는 방어자 측의 제해·제공권 확보능력이 우월하다면 방어의 성공 가능성은 높아지는 것이다.

따라서 지금까지 논의된 내용들은 다음과 같이 정리될 수 있을 것이다. 첫째, 군사력 균형을 평가하기 위한 여러 기준들 가운데서 점령능력, 타격능력은 그 자체만으로는 군사력의 균형 여부를 결정짓지 못한다는 점에서 '충분조건'이라고 할 수 있다. 그리고 둘째, 제해·제공권 확보능력은 분쟁 당사국들 쌍방의 무력충돌 과정에서 점령능력과 타격능력의 효과가 최대한으로 발휘되는 데 필요한 군사적인 전제조건을 조성·제공할 수 있다. 다시 말해서 군사력 균형의 평가에서 '필요조건'에 해당한다.

양안관계의 역사

1. 20세기 이전
2. 1950~1960년대
3. 1970~1980년대
4. 1990년대 이후

대만해협의 지리적 현황

출처: Alan M. Wachman, Why Taiwan?: *Geostrategic Rationales for China's Territorial Integrity* (Palo Alto, CA: Stanford University Press, 2007), p. 17.

1949년 국공내전의 종식 이후, 중국 대륙의 '중화인민공화국'과 대만의 '중화민국'은 지난 60년 동안, 약 180km 너비의 대만해협을 경계로 대치해왔다. 중국 대륙과 대만 사이의 거리는 가장 넓은 곳이 220km, 가장 좁은 곳은 131km에 지나지 않는다. 지리적으로 대만해협은 남중국해에 해당하며, 동중국해와는 북동쪽 방향으로 직접 연결되는 위치에 놓여 있다. 대만해협 너머 중국 대륙의 동남부에는 저장(浙江), 푸젠(福建), 광둥(廣東) 등의 3개 성(省)이 자리 잡고 있다. 중화민국의 통제권 아래에 있는 지역은 면적 3만 5,801km²의 대만 본도(本島), 대만에서 서쪽으로 약 50km 밖에 위치하는 펑후다오(澎湖島), 그리고 푸젠 성과 인접한 진먼다오(金門島)와 마주다오(馬祖島) 등으로 국한된다.

그렇다면 중국과 대만은 과연 어떠한 길을 걸어왔는가? 제2장과 제3장에서는 양안관계의 변천 및 주요 정치·군사적 분쟁의 역사를 국공내전 이후인 지난 60년 동안의 기간을 중심으로 서술·고찰하였다.

| 1 | 20세기 이전

초창기의 중국 역사에서 대만의 존재는 매우 미미했다. 중국 최초의 통일국가인 진(秦)의 등장 이후 위(魏)·촉(蜀)·오(吳) 삼국시대와 수(隋)를 비롯한 본토의 여러 황조들이 대만에 군 병력을 파견했다는 내용이 당시 문헌에 기록되어 있다.[1] 하지만 이때까지만 해도 중국 대륙의 역대 황조들은 대만을 본격적인 지배대상으로 간주하기보다는 탐험·정찰을 실시하는 데 그쳤다. 본토에 의한 대만 통치는 14세기 몽골제국이 중국 대륙을 정복한 후 등장한 원(元) 황조 시대에 이르러 펑후다오를 공식 행정지역으로 지정하면서 처음 본격화되었다.

때문에 역사상으로 대만은 매우 오랜 시간동안 중국 대륙의 정치적 영향권 밖에 놓여왔으며, 주로 대만해협 너머의 푸젠 성 주민들을 중심으로 한 민간 경제활동 및 왕래를 통해서만 본토와의 교류가 이루어졌을 뿐이었다. 15세기가 되자 한족(漢族) 출신의 명(明) 황조가 원 황조를 몰아내고 중국 대륙을 차지했는데, 당시 유럽에서는 항해술의 발전에 힘입어 대서양, 인도양으로의 새로운 항로와 식민지 건설을 활발하게 진행 중이었다. 이들에게 중국의 비단과 도자기, 향신료는 매우 중요한 무역품목이었다. 그 과정에서 유럽인들은 중국과 인접한 대만의 존재를 인식하게 되었고, 자연스럽게 그 가치에도 주목하기 시작했다.[2]

17세기 초에 이르러 대만은 유럽 국가들의 식민지배를 받게 되었는

---

1   이들 문헌에는 대만을 '유구'(流求)라고 기록하고 있는데, 당시 '류쿠'(琉球)란 이름의 독립국가였던 일본 남부의 오키나와(沖繩) 제도까지 통칭한 명칭인가 혹은 단순히 대만만을 지칭한 것인가에 관해서는 지금까지도 역사학계의 논쟁이 계속되고 있다. 김영신, 『대만의 역사』(서울: 지영사, 2001), pp. 42-43.

2   대만은 1543년 아시아 해역을 항해 중이던 포르투갈 선박이 대만을 '포모사'(Ilha Formosa: 아름다운 섬)라고 명명한 것을 유래로 서양에 처음 소개되었다. 지금도 '포모사'는 서양에서 대만을 일컫는 이름으로 알려져 있다.

데, 이는 네덜란드와 스페인 사이의 경쟁으로 생긴 것이었다. 네덜란드는 1581년 스페인의 지배에서 독립한 이래 급속하게 신흥 무역대국으로 성장했고, 마침내 연합 동인도회사(Vereenigde Oostindische Compagnie)를 앞세워 인도와 중국, 일본을 비롯한 아시아 지역까지 세력을 확장하고자 했다. 그러나 당시 네덜란드는 마카오와 필리핀을 각각 식민지로 두었던 포르투갈, 스페인에 비해 중국과의 무역경쟁에서 불리한 입장에 놓였으며, 중국으로부터 인접한 무역거점을 자체 확보해야 할 필요성이 절실해졌다. 이에 따라 네덜란드는 1622년 7월 펑후다오를 점령한 데 이어서 1624년 대만에도 상륙, 주로 대만 남부를 대상으로 한 식민통치를 실시했다. 1626년에는 스페인도 대만 북부에 상륙하여 중국·일본으로의 무역과 기독교 포교를 위한 거점으로 삼고자 했다. 하지만 상륙 16년째가 되던 1642년, 네덜란드에 의해 완전히 축출당했다. 이로써 네덜란드가 대만 전체의 지배권을 차지하게 된 것이다.

1644년 중국에서는 만주족의 청(淸) 황조가 명 황조를 멸망시켰다. 이로써 중국 대륙의 지배권은 다시 한번 한족이 아닌 북방 유목민족에게로 넘어가게 되었다. 이후 명 황조 출신의 유민(遺民)들은 중국 남부지역으로 후퇴하였는데, 그 가운데 한 사람이 정청궁(鄭成功)이었다. 정청궁은 1647년부터 '반청복명'(反淸復明: 청 황조에 맞서 명 황조를 재건한다)의 기치를 내걸며 동남부의 연안, 도서지역을 중심으로 청 황조와의 무력항쟁에 나섰다. 그러나 10여 년 동안에 걸친 저항에도 불구하고 정청궁은 청 황조에 대한 세력열세를 극복하지 못하였고, 보다 장기간에 걸쳐 항전을 지속하며 대륙 탈환을 위한 역량 강화를 추진할 수 있는 새로운 거점 확보가 요구되었다. 그리하여 정청궁은 대만을 반청복명의 새로운 근거지로 삼게 된 것이다.

정청궁은 1661년 4월부터 펑후다오를 거쳐 대만으로 상륙을 시작하였고, 대만에 주둔 중이던 네덜란드 군을 포위·공략하였다. 그리고는 약

중국 푸젠 성에 세워진 정청궁의 석상(石像). 대만을 근거지로 하여 20여 년 동안 청 황조에 맞선 정씨 왕국의 시조다.

9개월 만인 1662년 2월 10일, 강화조약을 맺어 네덜란드 세력을 완전히 몰아내는 데 성공했다. 이로써 네덜란드의 대만 식민지배는 38년 만에 종지부를 찍었고, 사상 처음으로 중국 본토 출신에 의한 대만의 직접통치가 이루어지게 되었다.[3] 그러나 정청궁은 그해 6월, 39세의 나이로 병사(病死)하고 말았다.

정청궁과 그의 세력이 상륙한 후 대만은 동녕(東寧)으로 개칭되었고, 중앙행정조직의 재정비가 이루어지는 등 본격적인 '반청복명의 근거지' 역할을 수행하기 시작했다. 그 후 21년 동안 정청궁의 후손들이 세운 정씨(鄭氏) 왕국은 중국 대륙을 탈환하겠다는 목표 아래 대만에서 청 황조와의 항쟁을 지속해나갔다.[4] 1673년에는 중국 남부지역에서 발생한 '삼번

---

3 김영신, 2001, pp. 77-79.

의 난'(三藩之亂)을 틈타 대규모의 군 병력을 대륙으로 보냈고, 한때 푸젠 성 대부분과 저장 성 일부까지 점령해낼 정도로 세력을 떨쳤다. 하지만 정씨 왕국은 불과 4년 만에 청 황조의 반격으로 대륙의 주요 점령지들을 잃었으며, 1680년에는 중국 동남부에 확보했던 연안 도서지역마저 모두 빼앗긴 채 대만으로 후퇴할 수밖에 없었다.

모처럼 얻었던 반청복명의 기회를 놓친 정씨 왕국은 심각한 내분과 위기의식에 휩싸였다. 이를 간파한 청 황조는 1681년 10월 과거 정청궁의 휘하에서 군사참모를 담당했다가 투항한 시랑(施琅)에게 대만 정복의 임무를 부여했고, 시랑이 지휘하는 청군은 1683년 7월 펑후다오를 점령하는 데 성공했다. 청군의 펑후다오 점령은 정씨 왕국의 저항 의지를 결정적으로 약화시켰으며, 결국 그해 9월 정씨 왕국은 청 황조에 항복했다. 정청궁이 대만에 상륙한 지 3대 22년 만의 일이었다.[5] 점령 이후 대만은 오랫동안 푸젠 성의 일개 지역으로 남았다.

19세기로 접어들면서 중국은 서양 제국주의 세력들의 정치·경제·군사적 침탈에 직면하기 시작했고, 이는 대만 역시 예외일 수 없었다. 1842년 제2차 아편전쟁의 결과로 체결된 〈텐진 조약〉(天津條約)에 따라 대만의 안핑(安平), 지룽(基隆) 항이 서양 국가들에게 개항되었다. 1874년과 1884~1885년에는 각각 일본과 프랑스의 군대가 일시적으로 대만을 공략, 점령하기도 했다. 이러한 일련의 사건으로 청 황조는 대만이 국방에서 차지하는 가치를 재평가하기에 이르렀고, 결국 1885년 대만을 독립된 성(省)으로 승격시켜 행정구역의 재편, 시정 쇄신, 교통·산업의 근대화 등을 포함하는 신정(新政)을 적극 추진했다.[6]

---

4   훗날 국공내전에서 중국공산당에 패하여 대만으로 밀려난 장제스와 국민당 정권이 정청궁을 애국지사로 추앙하며 국가 차원의 공경을 강조했던 것도 이러한 역사상의 배경에서 유래했다.

5   김영신, 2001, pp. 87-89.

대만 최초의 독립정부로 기록된 대만민주국의 국기

하지만 이러한 노력들은 청일전쟁(淸日戰爭)으로 허사가 되고 말았다. 한반도에 대한 청 황조와 일본의 경쟁에서 비롯된 이 전쟁은 1894년 7월 25일, 아산 근해의 풍도(豊島) 앞바다에서 벌어진 양국 군함 사이의 해전으로 시작되었고, 육지에서는 일본군이 성환·평양전투에서 차례로 청군을 제압했다. 특히 9월 17일에는 일본 해군의 연합함대(聯合艦隊)가 압록강 하구에서 청군의 북양함대(北洋艦隊)를 궤멸시키는 대승리를 거두어 제해권을 장악하는 데 성공했다.7 급기야 일본군은 해를 넘긴 1895년 3월 26일에 펑후다오를, 29일에는 대만까지 무력 점령하였다.

1895년 4월 17일 청 황조와 일본 사이에 체결된 〈시모노세키 조약〉(下關條約)으로 청일전쟁은 일본의 승리로 막을 내렸다. 조약의 주요 내용

---

6   김영신, 2001, pp. 181-186.

7   청군 북양함대는 당시 동아시아 최대의 군함이었던 '딩유안'(定遠: 배수량 7,430톤)을 위시한 함선 78척, 총 톤수 8만 3,900톤으로 규모 면에서 일본 해군을 능가하고 있었다. 그러나 당시 청 황조의 실권자였던 서태후(西太后)는 해군력 강화에 무관심했고, 해군 예산의 상당액수를 자신의 여름정원 이화원(頤和園)의 건설에 전용하기까지 했다. 그 결과 북양함대의 훈련과 전투력 지원 수준은 크게 약화되었으며, 청일전쟁에서 일본 해군에게 완패하였던 것이다.

가운데는 대만과 펑후다오를 일본의 영토로 할양한다는 것도 포함되어 있었다. 이 소식을 접한 대만 내부에서는 5월 25일, 류용푸(劉永福), 탕징쑹(唐景崧) 등 현지의 고위 관료들과 토착세력을 중심으로 대만민주국(臺灣民主國: Taiwan Republic)을 선포하여 일본의 식민통치에 저항하려는 움직임이 일어나기도 했다.[8] 하지만 대만민주국은 일본의 강력한 진압으로 불과 5개월 만인 10월 23일, 해산되고 말았다. 그 후 대만은 일본이 제2차 세계대전에서 패망할 때까지 50년 동안이나 일본 제국주의의 식민 지배를 받았다.

| 2 | 1950~1960년대

(1) 공산당, 중국 본토를 석권하다

1943년 11월 22~26일 프랭클린 루스벨트 미국 대통령, 윈스턴 처칠 영국 수상, 그리고 장제스 중화민국 총통은 이집트 카이로에서 회의를 갖고 11월 27일 역사적인 '카이로 선언'(Cairo Declaration)에 서명했다. 이는 일본이 '제1차 세계대전이 발발한 1914년 이후 무력 점령한 태평양 일대의 지역과 중국에서 빼앗은 영토 전체'를 포기할 것을 요구하는 내용이었다. 여기에는 1931년 만주사변을 시작으로 일본이 강점했던 만주(滿洲)뿐만 아니라, 청일전쟁 이후 50년 동안 일본의 식민지배를 받아왔던 대만 및 펑후다오도 포함되어 있었다. 따라서 1945년 8월 15일, 일본의 무조건 항복 직후 대만이 중국으로 귀속된 것은 당연한 결과였다.

8　대만민주국의 선포는 쑨원(孫文)이 중화민국을 선언한 1911년의 신해혁명(辛亥革命)보다 16년이나 앞선 것이다. 이 점에서 일부 역사학자들은 대만민주국이 아시아 최초의 민주 공화정부라고 주장하기도 한다.

제2차 세계대전의 종전(終戰)
직후 한때 자축하는 마오쩌둥
과 장제스

한편 중국에서는 국민당과 공산당 사이의 내전이 재개되려 하고 있었
다. 양측은 과거 1924년과 1937년 2차례에 걸쳐 국공합작(國共合作)을 성
사시켰고,[9] 종전(終戰) 직후인 1945년 8월 이후 '전쟁 이후의 새로운 중국
건설'을 위한 회담을 3차례나 개최하기도 했다. 그러나 결국 입장 차이를
극복하지 못한 채 중국 대륙의 패권이 걸린 마지막 일전에 돌입하게 된
것이다. 1946년 7월, 국공내전이 다시 시작될 때만 해도 국민당군의 우세
는 명백했다. 국민당군은 430만 명의 대규모 병력과 더불어 미국의 지원
을 확보함으로써 무장 및 보급, 지원능력에서도 약 130만 명[10] 규모의 공

---

9   제1차 국공합작은 군벌 세력의 진압을 위해 1924년 쑨원의 결단으로 이루어졌으나 그
    가 사망한 후 국민당의 지도자가 된 장제스가 1927년부터 공산당을 무력 탄압하기 시작
    하면서 파기되었다. 이후 1936년 반일(反日) 성향의 국민당 동북군 사령관 장쉐량(張學
    良)이 시안(西安)을 방문한 장제스를 감금하며 공산당과의 항일 연합전선 구축을 요구
    하고, 1937년 중일전쟁이 본격화되면서 제2차 국공합작이 성사된 바 있다.

10 중국공산당이 1934~1935년 사이에 국민당의 추격을 피해 옌안(延安)으로 퇴각했던 1
    만 2,000km 이상의 대장정(大長征)에서 생존한 이들의 수는 3만여 명에 불과했다. 그러
    나 제2차 국공합작과 중일전쟁을 거치면서 공산군의 규모는 1938년 13만 명, 1943년 45

산군을 압도하고 있었기 때문이다.

하지만 시간이 흐르면서 전세는 오히려 공산군의 우위로 바뀌기 시작했다. 국민당군은 점령지역을 확대하는 과정에서 불가피하게 병력이 분산되었고, 국공내전이 1년째를 맞은 1947년에는 주로 인구가 많은 대도시들만을 차지할 수 있었다. 농촌을 근거지로 삼아 저항하는 공산군은 국민당군의 통제 아래에 있던 도시들을 포위하면서 국민당군 부대를 각개격파(各個擊破)해나갔다.[11] 여기에 국민당 정권은 잇따른 부정부패, 경제정책의 실패로 도시 중산층과 지식인들의 지지마저 잃었다. 그동안 공산군은 투항한 국민당군으로부터 다수의 병력, 무기까지 보강하며 전투력을 확대해나갔다.

이에 따라 1948년 6월, 국민당군의 병력이 365만 명으로 약화된 것과 대조적으로 공산군은 280만 명으로 급증했고, 마침내 11월에는 공산군의 병력 규모가 300만 명에 이르면서 290만 명의 국민당군을 앞질렀다.[12] 같은 해 9월부터 12월까지 4개월 동안 계속된 뤄양(洛陽), 화이하이(淮海), 선양(瀋陽) 등 중국 북부지역의 대규모 정규전에서도 공산군이 차례로 승리를 거둘 정도가 되었다.[13] 1949년이 되자 전세는 급격히 공산군에 유리한 방향으로 역전되었다. 공산군은 2월 베이징에 입성한 데 이어서 4월에는 국민당 정권의 수도 난징(南京)을 함락시켰고, 5월에는 중국 최대의 도시, 상하이(上海)도 손에 넣었다.

6월에 이르러서는 병력 규모에서 공산군이 400만 명인 반면, 국민당군은 불과 149만 명에 그칠 정도로 전쟁의 판도가 공산당의 우세로 완전

~50만 명, 1944년 75만 명, 그리고 중일전쟁이 끝나는 1945년에 이르러서는 130만 명으로 확대되었다. 이처럼 외견상 국민당군과의 병력규모 열세에도 불구하고, 공산군은 꾸준히 세력을 강화하고 있었던 것이다.

11 김행복 · 황원식 · 강창구, 『20세기 地球村戰爭』(서울: 병학사, 1996), p. 425.

12 이진영, 『中國人民解放軍史』(서울: 국방군사연구소, 1998), p. 163.

13 김행복 · 황원식 · 강창구, 1996, p. 425.

1949년 10월 1일 베이징에서 중화인민공화국의 수립을 선포하는 마오쩌둥

히 돌아섰다.[14] 대륙 석권을 확신하게 된 공산당은 10월 1일 베이징에서 중화인민공화국의 수립을 공식 선포하였다. 본토에서 국민당군이 최후까지 고수하고 있던 광저우(廣州), 충칭(重慶), 청두(成都) 등의 서·남부 지역들도 연말까지는 모두 공산군의 점령 아래에 놓이게 되었다. 이로써 20여 년에 걸쳐 계속된 국공내전은 공산당의 승리로 막을 내렸다.

(2) 대만으로의 후퇴

중국 본토에서 세력을 상실한 국민당 정권에게 남은 선택은 하나뿐이었다. 3세기 전 정청궁이 그러했듯이, 대만을 새로운 근거지로 삼아 재기(再起)를 모색하는 것이었다. 이미 중화민국 정부는 10월 13일 광저우의

---

14 이진영, 1998, p. 163.

함락을 계기로 일부 각료들이 대만으로 건너가기 시작했으며, 12월에는 장제스 총통도 대만에 도착했다. 이때부터 '대만에서의 중화민국'(中華民國 在臺灣: Republic of China on Taiwan) 시대가 개막된 것이다.

　　대만으로 후퇴한 장제스와 국민당 정권은 여러 난제(難題)와 직면해야만 했다. 우선 내부적으로는 장제스를 위시한 본토 출신 외성인(外省人)의 통치에 반감을 품는 절대 다수의 현지 주민, 즉 본성인(本省人)들의 저항 가능성에서 대만 내부의 통제권을 확실히 장악할 필요성이 절실했다.[15] 1947년의 2·28사태(二二八事件)[16]로 인해 대만에서는 국민당 정권과 본토 출신 세력에 대한 불만이 매우 높았기 때문이었다. 대만 전 지역에는 중화민국 정부가 본토에서 완전 철수하기 전인 1949년 5월 20일부터 비상계엄령(戒嚴令)이 선포되었다. 뿐만 아니라 각종 군사·정보·경찰조직과 관제 단체들을 동원하여 엄격한 사회통제를 실시했다. 계엄체제를 직접 관할하는 대만경비총사령부, 총통 직속의 국가안전국, 국방부 정보국, 법무부 조사국, 청년반공구국단 등이 대표적이었다.[17] 대만 내에서의 모든 집회·결사·언론관련 활동은 철저하게 통제를 받았고, 소수의 관제 정당 이외에는 별도의 정당조직을 금지시켜 국민당 정권에 대한 체제도전

15　외성인은 제2차 세계대전의 종전으로 대만이 중국에 귀속된 1945년부터 국민당 정권이
　　국공내전에서 패퇴한 1949년 말까지 대만으로 이주한 한족 계열 주민으로 약 2,295만
　　명의 대만 전체 인구에서 13%를 차지한다. 국공내전 이전부터 대만에 거주해온 본성인
　　은 대만 인구의 절대다수인 85%이며, 역시 한족 계열이다. 그리고 고대 시절부터 대만
　　에서 거주해온 14개 소수민족 출신은 대만 인구의 2%에 불과하다.

16　1947년 2월 27일 대만의 최대 도시 타이베이(臺北)에서 밀수담배를 판매하던 노파에게
　　정부 단속관이 폭행을 가하는 데 군중들이 항의하자 진압 과정에서 발포하는 사건이
　　일어났고, 다음날인 2월 28일부터 타이베이와 대만 각 지역에서 반(反)정부 봉기가 발
　　생하면서 3월까지 국민당 정권에 의한 유혈진압이 자행된 사건이다. 이 사건으로 당시
　　대만의 여론 주도층 대부분을 포함한 1~2만 명 이상의 인명피해가 발생한 것으로 추
　　정되며, 대만 정부는 1995년에야 희생자 유가족들에게 공식 사과했다. 김영신, 2001,
　　pp. 325-327.

17　김영신, 2001, p. 329.

을 원천 봉쇄했다.

또한 대외적으로는 본토를 석권한 마오쩌둥의 중국 공산정권이 대만까지 침공할 가능성에 맞서야 했다. 1950년 4월, 중국군은 광둥 성(省) 남부에서 대만이 고수하고 있던 하이난다오(海南島)에 상륙·점령하는 데 성공했다. 5월에는 저장 성과 인접한 저우산군다오(舟山群島)도 중국의 손에 넘어갔다. 이제 대만은 푸젠 성과 인접한 진먼·마주다오를 제외한 본토 연안의 도서지역까지 잃으면서 중국의 침공 위협에 더욱 취약해진 것이다.

오랜 맹방이었던 미국의 지지가 흔들리게 된 것도 대만에는 큰 위협이 되었다. 미국은 중일전쟁 기간은 물론, 국공내전 중에도 장제스와 국민당 정권에 대한 외교·군사적 지원을 아끼지 않았다. 그러나 미국은 국민당 정권이 내전 초반의 훨씬 유리한 조건을 갖췄음에도 불구하고 내부의 부정부패, 무기력함 때문에 공산당에게 중국 본토의 패권을 내어준 것에 실망을 금치 못했다. 국공내전이 공산당의 승리로 기울어지던 1949년 8월, 미 국무성은 『중국백서』(*United States Relations with China with Special Reference to the Period, 1944-1949*)를 발간했는데, '중국이 공산화된 것은 장제스와 그가 영도하는 국민당 정부의 부패, 무능 때문'이라는 내용을 담고 있었다.[18]

이는 미국 정부가 공산당의 승리로 일단락된 중국 국공내전 결과에 대하여 직접적인 책임을 모면하려는 것이 1차적 목적이었지만, 그와 더불어 미국이 국민당과 중화민국 정부를 더 이상 지지하지 않을 것임을 뜻했다. 이듬해인 1950년 1월 5일 해리 트루먼 미국 대통령은 "대만으로의 군사적 지원을 중단하며, 대만해협 일대에서 발생하는 무력분쟁에 일체 개입하지 않을 것"임을 선언했다. 1주일 후인 1월 12일 딘 애치슨 미 국

---

18   신승하, 『당대중국: 중화인민공화국과 대만』(서울: 대명출판사, 2006), p. 102.

무장관이 전미기자클럽(National Press Club)과의 회견을 통해 언급한 '미국의 대(對)소련 극동지역 방어대상'에도 한반도, 대만은 명시되지 않았다.[19] 미국의 대만 지원의지가 크게 약화되었다는 점이 재확인된 것이다.

그러나 미국은 서태평양과 동아시아 지역에서 계속되고 있던 공산주의 진영의 세력확장에 우려하지 않을 수 없게 되었다. 1950년 2월 모스크바를 방문한 마오쩌둥이 이오시프 스탈린과 함께 〈중소 우호동맹 상호원조조약〉(中蘇友好同盟互助條約)을 체결하면서 중국은 소련을 맹주로 하는 공산주의 진영의 일원임을 공식화했다. 4개월 후에는 한반도에서 소련·중국의 지원을 받는 북한 공산정권의 남침으로 6·25전쟁이 발발했다. 미국은 UN군의 주도세력으로서 한반도에 참전했는데, 그해 말부터는 중국도 '항미원조'[抗美援朝: 미국에 맞서고 조선(즉 북한)을 돕는다]를 명분으로 참전하여 미국과 직접적인 전쟁 당사국이 되었다. 그 결과 미국은 다시금 대만의 중화민국 정부와 외교·군사적인 유대관계를 강화하는 방향으로 선회했다. 대만으로 퇴각한 이후에도 여전히 중국 공산정권의 침공 위협에 직면하고 있던 장제스와 국민당 정권에는 매우 긍정적인 소식이었다.

우선 1950년 6월 27일, 미 해군의 제7함대가 대만해협으로 급파되어 대만을 방어하기 위한 군사적 임무를 수행하기 시작했다. 1951년에는 600명 규모의 미 군사고문단을 대만에 파견하여 대만군의 훈련, 군용물자 수송 등을 감독했다. 제2차 세계대전에서 연합군 사령관을 역임했던 드와이트 아이젠하워가 1953년 미국 대통령으로 취임한 것도 대만과 미국의 외교·군사적 협력을 강화하는 데 기여했다. 미국은 아이젠하워의 취임 직후인 1953년 3월 주(駐) 대만 공사관을 대사관으로 승격시키고 칼

19　당시 애치슨은 "소련의 팽창에 대한 미국의 태평양 방어선은 알류샨 열도에서 일본을 거쳐 오키나와에 이르고, 다시 필리핀 군도에 이어져 있다. 기타 태평양 지역에서 군사적 침공이 발생할 경우, 우선적인 방어책임은 당사국 국민들에게 있다."고 말하여 한반도, 대만은 미국의 직접적인 방어 대상에서 제외되어 있다는 암시를 주었다.

랭킨을 대만대사로 정식 임명했다.[20] 국공내전 이후 중단되었던 미국의
군사원조도 재개되어 대만군은 미국제 군함, 전투기로 무장하게 되었다.

그리고 1954년 12월 2일, 예궁차오(葉公超) 대만 외교부장과 존 덜레스
미 국무장관이 〈중미공동방어조약〉(中美共同防禦條約: *Mutual Defense Treaty
Between the United States and the Republic of China*)에 서명했다. 이로써 대만과 미
국의 관계는 정식 군사동맹 당사국으로 강화되었다. 이듬해 11월에는 미
해군의 제7함대 사령관이 지휘하는 미군 대만방위사령부(美軍協防臺灣司令
部: U.S. Taiwan Defense Command)도 창설되었는데, 대만해협에서 유사시 양
국의 연합사령부 역할을 하도록 되어 있었다.

(3) 국공내전의 연장

위와 같은 대만 내부의 정치·사회통제 강화, 미국과의 외교·군사적
인 협력관계 발전을 통하여 국민당 정권은 국공내전에서 패퇴한 직후의
대내외적 충격과 불안정을 극복할 수 있었다. 대만에서의 권력 기반을 확
고히 다진 국민당 정권은 장제스의 진두지휘 아래 '본토수복'을 중화민국
정부의 최우선적인 국가목표로 강조했으며,[21] 이를 실현하기 위한 국력
강화에 총력을 기울였다. 개발독재 형태의 경제발전을 추진하여 대만의
고속 경제성장을 이루었으며, 중국 본토에는 동남부 연안지역을 중심으
로 다수의 군사·정보요원들을 침투시켜 국지적인 소요를 일으키는 등
본토수복을 위한 기회를 모색했다. 또한 대만에서도 5권분립[22] 형태의

---

20 랭킨은 이미 1950년 7월부터 주(駐) 대만 공사로 부임 중이었다. 신승하, 2006, pp. 103-
　　106.

21 국민당 정권이 본토수복의 의미로 사용했던 구호 가운데는 '반공대륙'(反攻大陸: 대륙에
　　반격한다), '반공복국'(反共復國: 공산주의에 맞서 조국을 되찾는다) 등이 대표적이었다.

22 중화민국 정부는 입법·행정·사법의 3권과 더불어 공무원 선발 등의 정부 인사문제를
　　담당하는 고시(考試), 정부부처 및 공무원에 대한 감사, 징계, 교정기능을 담당하는 감

기존 정부체제를 유지하여 자신들이 중국 전체를 대표하는 정통 합법정부임을 과시하고자 했다.

대륙을 석권한 마오쩌둥의 중국 공산정권도 '대만 해방'이라는 구호 아래, 대만을 무력으로 정복하겠다는 의지를 천명했다. 대만이 국민당 정권의 마지막 근거지로 남아 저항을 계속하는 이상 국가통일의 대업(大業)은 결코 완수될 수 없었기 때문이었다. 그러나 1950~1960년대 당시 중국은 대만을 상대로 적극적·공세적인 행동을 취하는 데 한계가 있었다. 우선 1950년부터 약 3년 동안의 6·25전쟁에 참전하면서 중국의 외교·군사역량은 한반도에 집중될 수밖에 없었다. 또한 6·25전쟁 이후에도 중국은 국내외적으로 숱한 혼란, 갈등에 휘말리게 되었다. 대약진 운동의 실패, 문화대혁명, 그리고 소련과의 공산주의 노선 대립 등이 바로 그것이었다.

대약진 운동은 1958~1961년 사이에, 마오쩌둥의 진두지휘 아래 야심차게 추진되었던 노동 집약적인 산업화·군중 운동이다. 중국의 거대한 인구 동원능력을 앞세워 농업·공업역량을 단기간 내에 비약적으로 증대시킨다는 것이 골자였다. 이를 위해 인민공사(人民公社)의 설립, 전국 차원의 소규모 강철제련 운동 등이 실시되었다. 그러나 실제로는 중국의 경제·사회적 역량을 크게 낭비하는 결과를 초래했으며, 같은 기간에 발생한 대기근으로 4,000만 명 이상의 인구가 기아(飢餓)로 목숨을 잃고 말았다.[23] 결국 대약진 운동은 재난에 가까운 대실패로 끝났으며, 마오쩌둥은 이에 대한 책임을 지고 1959년 국가주석을 사임했다.

찰(監察)이 개별 권력기구로 분리되는 5권분립 체제를 채택하고 있다. 이에 따라 중앙정부는 내각에 해당하는 행정원(行政院), 국회에 해당하는 입법원(立法院), 사법원(司法院), 고시원(考試院), 그리고 감찰원(監察院) 등 5개의 원(院)으로 구성된다. 외교통상부, 『대만 개황 2007』(서울: 외교통상부, 2007), pp. 24-31.

23   서진영, 『현대중국정치론』(파주: 나남, 1997), pp. 38-41.

1966년부터 본격화된 문화대혁명은 중국을 더욱 극심한 정치·사회
적인 불안정으로 몰아넣었다. 대약진 운동의 실패 이후 권력기반이 약화
되고 있던 마오쩌둥이 자신을 추종하는 청년 학생집단, 즉 홍위병(紅衛兵)
을 앞세워 정적(政敵)들에 대한 타도를 선동한 것이 그 시작이었다. 마오
쩌둥과 홍위병들의 공격은 류샤오치(劉少奇) 국가주석을 비롯한 공산당
내의 온건 실용주의 세력에게 집중되었으며, 이들은 '반(反)혁명', '수정주
의' 세력으로 매도당했다.[24] 심지어는 지식인, 고위관료, 전통문화 관련 인
사들마저 홍위병들의 폭력과 박해에 시달렸다. 결국 문화대혁명은 1976
년 마오쩌둥의 사망으로 약 10년 만에 종식될 때까지 중국의 국가역량을
심각하게 퇴보시키고 말았다.[25] 중국에게는 그야말로 '잃어버린 10년'이
었던 것이다.

뿐만 아니라 중국은 1950년대 중반부터 공산주의 진영의 맹주인 소
련과 외교적으로 첨예하게 대립하고 있었다.[26] 당시 소련은 1956년 니키
타 흐루시초프의 스탈린 격하, 비판을 시작으로 국내외 정책의 일대 전환
을 추구하고 있었는데, 특히 대외적으로는 미국과의 평화공존 지향을 선
언하여 국제사회의 이목을 집중시켰다. 이에 마오쩌둥을 비롯한 중국 공
산정권의 지도층은 소련의 정책 전환을 '사회주의의 순수성을 포기하고
미 제국주의와 결탁한 수정주의'라고 강력히 비판하였다. 소련 역시 1950

---

24 문화대혁명을 계기로 중국의 실권은 마오쩌둥과 그의 신임을 얻은 국방부장 린뱌오(林
    彪), 그리고 장칭(江青: 마오쩌둥의 부인), 왕훙원(王洪文), 장춘차오(張春橋), 야오원위
    안(姚文元) 등 소위 '4인방'(四人幇)에게 넘어갔다. 이들 가운데 린뱌오는 1971년 마오
    쩌둥을 겨냥한 쿠데타가 실패하자 소련으로 망명하려 했지만, 의문의 비행기 사고로 죽
    었다. 4인방도 마오쩌둥의 사망 1개월 만인 1976년 10월 체포되어 실각했다.

25 문화대혁명 기간 동안 중국에서는 20만 명이 넘는 교사, 지식인들이 박해를 받았으며,
    공산당 중앙간부의 60~70%와 지방의 공산당 고위간부 70~80%를 비롯한 약 300만 명
    의 공산당원 및 정부 관료들이 숙청당했다. 또한 교육기관들의 정상적인 기능이 10년
    이상 마비되었다. 서진영, 『21세기 중국정치』(서울: 폴리테이아, 2008), pp. 269-271.

26 서진영, 『21세기 중국 외교정책』(서울: 폴리테이아, 2006), pp. 197-211.

년대 말 중국에서 진행되고 있던 대약진 운동을 맹렬히 비판하며 대립각을 세웠다. 1960년에는 소련이 중국과의 경제, 과학기술, 군사 분야 협력을 중단시키면서 중소 양국의 이념·외교갈등을 증폭시켰다.

1960년대에 들어서자 중국과 소련의 대립은 급기야 국경에서의 무력분쟁으로까지 악화되었다. 본래 양국 사이의 국경문제는 1962년에 처음 제기되었는데, 1964년 이후 소련이 중국과의 국경지대에 병력을 증강시킨 것을 계기로 갈등은 더욱 높아졌다. 결국 중국과 소련의 병력은 1962년 3월과 1969년 3월 우수리 강 유역의 전바오다오(珍寶島), 그리고 1969년 8월 중국 서북부의 신장(新疆) 지역에서 각각 전투를 벌였으며, 이 과정에서 다수의 사상자가 발생했다.[27]

이 기간 동안 계속되고 있던 중국 내부의 혼란 소식을 접한 장제스와 국민당 정권은 본토수복의 기회가 도래했다고 판단하기에 이른다. 대만에서 이룩한 정치·사회적인 안정, 경제성장, 그리고 동맹국인 미국의 외교·군사적인 지원을 앞세운다면 충분히 공산정권을 타도하고, 중국 대륙을 재탈환할 수 있다는 것이었다. "1년에 준비하고, 2년에 본토로 반격하고, 3년에 공산당을 소탕하고, 5년에 본토수복을 성공리에 완수한다." (一年准備, 二年反攻, 三年掃蕩, 五年成功)는 것이 1950년대 당시 국민당 정권의 구호였다.[28] 1960년대에는 "30%는 군사, 70%는 정치"(三分軍事, 七分政治), "30%는 적 전방, 70%는 적 후방"(三分敵前, 七分敵後)이라는 구호 아래 본토를 겨냥한 정치·군사 공작을 펼치기도 했다.

국민당 정권은 대만으로 후퇴한 직후인 1950년대에 '개선'(凱旋), '중흥'(中興)으로 명명된 본토수복 계획을 차례로 수립하였다. 그러나 규모와 내용 면에서 가장 크고 야심에 찬 것은 1960년대의 일명 '국광'(國光: 국가의

---

27 이진영, 1998, pp. 219-221.
28 신승하, 2006, p. 561.

대만군을 사열하는 장제
스. 그는 1975년 서거할
때까지 '본토수복'의 염원
을 포기하지 않았다.

영광을 되찾는다) 계획이었다. 1961년 4월 1일 장제스의 지시로 국광작업실
(國光作業室)을 비밀리에 설치하고, 대만 육·해·공군의 정예요원 207명
을 선발하여 공산정권에 반격을 가하는 총 26개 항의 작전계획을 비밀리
에 마련한 것이다.[29] 1963년 5월 2일에 제시된 개전(開戰) 지침에 따르면
본토에 3~4일 동안의 포격을 실시하고, 중국군이 대응할 경우 이를 '공
산정권의 도발'이라고 세계에 선전하여 본토수복을 위한 전쟁을 시작한
다고 되어 있었다. 그러나 이 계획은 5월 30일 대만군의 참모 다수가 장
제스에게 작전계획의 실현 가능성이 낮다고 보고하면서 취소되었다.
1965년 8월과 11월에는 본격적인 본토 상륙의 실행에 앞서 정보수집을
위해서 특수전부대 요원들이 탑승한 공작선을 중국 남부연안에 침투시켰
지만, 모두 중국 해군함정의 공격을 받고 격침당했다.

　　대만의 동맹국인 미국 역시 장제스와 국민당 정권의 본토수복 계획에

29　당시 국광작업실 내부에는 육·해·공 3군별로 육광(陸光), 광명(光明), 경천(擎天) 등 3
　개 작업실이 설치되었다. 이들은 ① 육광 산하의 광화(光華: 상륙작전)와 성공(成功: 중
　국 남부지역 공격), ② 광명 산하의 계명(啓明: 제63 해군특전대)와 서명(曙明: 제64 해
　군특전대), ③ 경천 산하의 구소(九霄: 공군작전사령부)와 대용(大勇: 공수부대) 등의
　작전별 작업반을 운영했다. 황유성, "장제스 본토 수복 계획, 반세기 만에 첫 공개",『동
　아일보』, 2006년 3월 28일자.

부정적인 입장을 취했다. 미국은 6·25전쟁에서 3년 동안 중국과의 군사적 대결을 경험한 바 있으며, 대만 방위공약을 넘어 자칫 중국과의 불필요한 전면 무력충돌에 연루되는 것을 부담스럽게 여겼기 때문이었다. 미국이 1954년에 체결된 〈중미공동방어조약〉의 적용 범위에서 중국과 인접한 대만의 전방 도서지역, 즉 진먼·마주다오를 제외하도록 요구했던 것도 같은 맥락에서 비롯되었다.[30]

본토에서의 패배에도 불구하고, 대만의 중화민국 정부는 여전히 국제사회에서 상당 수준의 지위를 유지할 수 있었다. 중화민국은 제2차 세계대전의 승전국으로서 미국, 소련, 영국, 프랑스와 더불어 UN 안전보장이사회에서 거부권을 행사할 수 있는 5대 상임이사국이었고, 이러한 지위는 초강대국인 동맹 미국의 정치·외교적인 지지 아래 약 20년 동안 지속되었다. 대조적으로 본토의 공산정권, 즉 중화인민공화국의 UN 가입은 미국 등의 반대에 부딪혀 1961년 이래 번번이 실패했다.

요컨대 1950~1960년대의 양안관계는 중국과 대만이 각각 '대만 해방', '본토수복'이라는 구호 아래 군사적 대치·충돌을 지속하는 국공내전의 연장 성격을 나타내고 있었다. 양측 모두 자신들이 '중국 전체를 대표하는 합법정부'라고 주장하면서 이를 대내외적으로 인정받기 위한 노력에 총력을 기울였다. 말하자면 정통성 경쟁의 시대였던 것이다.

30　이에 따라 〈중미공동방어조약〉에서는 미국의 방위공약이 적용되는 범위에 대만 본도, 펑후다오만이 명시되었고, 장제스는 중국에 대한 군사적 행동을 취하기 전에 미국과 합의를 구하는 데 동의한다는 입장을 전달했다. 신승하, 2006, p. 107.

| 3 | 1970～1980년대

(1) 닉슨, 중국에 가다

대만해협을 경계로 하는 양안의 대립이 시작된 이래 국제사회에서는 중국 본토의 10억 인구를 차지했지만 그 존재가 공산주의 진영 및 비동맹(非同盟) 계열의 제3세계를 넘어서지 못하고 있는 중화인민공화국, 그리고 세력 범위가 대만으로 축소되었음에도 불구하고 UN 안전보장이사회의 상임이사국이라는 유력한 지위를 차지한 중화민국이 서로 경쟁하는 상태가 계속되어왔다. 하지만 이러한 구도는 1970년대에 들어서 극적으로 변화하게 되는데, 여기에 가장 큰 역할을 한 것이 바로 미국의 대외정책 변화였다.

미국의 변화는 1969년 리처드 닉슨의 대통령 취임에서 비롯되었다. 당시 미국은 1965년 이래 계속된 베트남 전쟁으로 막대한 인적·물적 손실뿐만 아니라 국내의 심각한 정치·사회적 분열을 겪고 있었으며, 전 세계적 차원에 걸친 대소련 봉쇄정책을 지속하는 데 따른 경제적·군사적 부담도 가중되었다. 이에 따라 닉슨 행정부가 제시한 해결책은 베트남에서의 전쟁 종식과 더불어 공산주의 진영과의 외교·군사적 긴장완화, 즉 데탕트(Détente)였다. 그 과정에서 미국은 중국의 가치를 새롭게 주목하기 시작한 것이다.

그렇다면 닉슨 행정부가 중국을 재평가하게 된 배경은 무엇이었을까? 첫째, 1960년대 이후 공산주의 노선의 갈등에서 비롯된 중국과 소련의 대립이었다. 같은 공산주의 진영이면서 소련과 대립·경쟁관계로 돌아선 중국이 대(對)소련 견제역할을 해준다면, 동아시아 내에서 미국의 방위공약 부담을 크게 줄일 수 있다고 기대한 것이다. 둘째, 당시 중국은 베트남 전쟁에서 미국과 대결하고 있던 북베트남에 상당 수준의 군사적

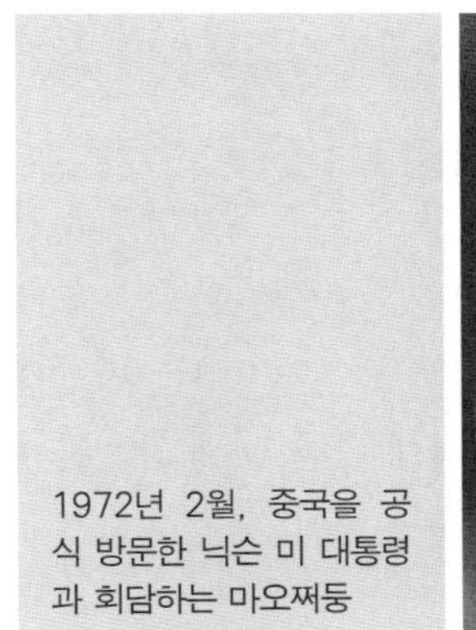

1972년 2월, 중국을 공식 방문한 닉슨 미 대통령과 회담하는 마오쩌둥

원조를 제공하는 등 상당한 영향력을 행사하고 있었다.[31] 때문에 닉슨 행정부는 중국과의 관계 개선이 베트남 전쟁을 조속히 끝내는 데 필수적이라고 판단했다. 그리고 셋째, 미국은 중국이 1964년 10월의 핵실험으로 세계 5번째의 핵무기 개발국에 합류하는 등 국제사회에서의 존재가 점차 부각되고 있는 현실을 더 이상 외면할 수만은 없었다.

1971년 7월 9일에서 11일까지 닉슨 행정부에서 외교안보정책의 총책임자 역할을 해온 헨리 키신저 미 국가안보보좌관이 파키스탄 방문 일정 중에 중국을 비공식 방문했으며, 이어 7월 15일 중국과 미국 정부는 전 세계를 놀라게 한 공동성명을 발표하였다. 닉슨 미 대통령이 중국을 공식 방문한다는 내용이었다. 이듬해인 1972년 2월 21일, 마침내 닉슨이 미국 대통령으로는 처음 중국을 방문했다. 닉슨은 1주일 동안의 중국 방문기

---

31 중국은 1962∼1965년 사이에 남베트남 내부에서 준동하는 베트콩(남베트남 민족해방 전선) 게릴라에게 무기와 탄약을 대량 제공했다. 미국의 베트남 전쟁 개입이 본격화된 1965년부터 1968년까지는 북베트남 정부의 요청에 따라 지대공미사일, 방공포, 공병 등 32만 명의 중국군 병력이 베트남에 파견되었다. 뿐만 아니라 중국은 북베트남에 약 200억 달러(무상원조 188억 4,000만 달러 포함)의 군사원조, 그리고 병력 200여만 명 분량의 군용장비를 제공했다. 신승하, 2006, p. 313.

간 동안 마오쩌둥과 회담을 갖고, 만리장성(萬里長城)을 방문했으며, 상하이를 경유하여 귀국했다.

닉슨은 2월 28일 중국을 떠나기 전 마지막으로 방문한 상하이에서 저우언라이(周恩來) 중국 국무원(國務院) 총리와 함께, 총 16개조로 된 〈상하이 공동성명〉(上海公報: *Shanghai Communiqué*)을 발표했다. 여기에는 미국과 중국의 외교관계 발전, 아시아·태평양 지역질서에 관한 것과 양안관계에 있어서 양국의 입장을 명시한 내용도 포함되어 있었다. 제11·12조에 해당하는 그 내용은 다음과 같다.

제11조

중국은 다음과 같은 입장들을 재확인한다. 대만 문제는 미국과의 관계개선을 저해하는 핵심적 사안이다. 중화인민공화국 정부는 중국의 유일한 합법 정부이며, 대만은 중국의 일개 지역이다. 대만 해방에 관한 문제는 중국의 국내 문제이므로 다른 나라들이 간섭할 권리는 없다. 대만 내에 배치된 미 군사력은 모두 철수해야 한다. 중화인민공화국 정부는 '하나의 중국, 하나의 대만'(一中一臺), '하나의 중국, 두 개의 정부'(一國兩府), '두 개의 중국'(兩個中國), '대만 독립'(臺灣獨立), 혹은 '대만지위의 미확정'(臺灣地位未定) 등 통일을 방해하는 어떠한 논의도 반대한다.[32]

---

32 영어 원문의 내용은 다음과 같다. "The Chinese side reaffirmed its position: the Taiwan question is the crucial question obstructing the normalization of relations between China and the United States; the Government of the People's Republic of China is the sole legal government of China; Taiwan is a province of China which has long been returned to the motherland; the liberation of Taiwan is China's internal affair in which no other country has the right to interfere; and all US forces and military installations must be withdrawn from Taiwan. The Chinese Government firmly opposes any activities which aim at the creation of 'one China, one Taiwan', 'one China, two governments', 'two Chinas', an 'independent Taiwan' or advocate that 'the status of Taiwan remains to be determined.'"

제12조

미국은 '오로지 하나의 중국만이 존재하며, 대만은 중국의 일부분'이라는 대만해협 양안 중국인들의 일관된 입장을 인정한다. 미국 정부는 이에 대하여 이의를 제기하지 않을 것이다. 또한 대만 문제는 양안의 중국인들 스스로가 평화적으로 해결해야 한다는 점을 재확인한다. 이 점에서 대만에서의 미 군사력 배치를 궁극적으로 철수할 것이다.[33]

한마디로 중화인민공화국의 정통성을 전제로 하는 '하나의 중국' 원칙에 미국이 동의한다는 뜻이었다. 〈상하이 공동성명〉이 발표된 지 1년 만인 1973년 2월, 미국과 중국은 상대 측의 수도에 각각 연락사무소를 설치하기로 합의했다. 비록 닉슨은 워터게이트 사건으로 1974년 8월에 미 대통령에서 사임했지만, 그의 후임인 제럴드 포드 역시 1975년 중국을 방문하여 〈상하이 공동성명〉의 연장선상에서 중국과의 관계를 정상화할 것이라고 천명했다.

(2) 양안의 지위 역전

이러한 미국과 중국의 급속한 관계개선 움직임에 대만의 중화민국 정부는 심한 충격을 받았다. 특히 닉슨의 중국 방문계획이 공식화된 직후인 1971년 9월부터 개최된 제26차 UN총회에 중화인민공화국의 국제적 지위회복이 중요 안건으로 재상정된 것이 큰 문제였다. 종전의 UN총회에

---

33 영어 원문의 내용은 다음과 같다. "The U.S. side declared: The United States acknowledges that all Chinese on either side of the Taiwan Strait maintain there is but one China and that Taiwan is a part of China. The United States Government does not challenge that position. It reaffirms its interest in a peaceful settlement of the Taiwan question by the Chinese themselves. With this prospect in mind, it affirms the ultimate objective of the withdrawal of all U.S. forces and military installations from Taiwan."

1971년 10월 UN총회 결의안 2758호가 통과되는 순간 환호하는 중국 측 대표단

서는 중화인민공화국의 대표권 승인안에 찬성하는 국가들의 수가 UN 전체 회원국의 40% 이하에 불과했지만, 그해 10월 25일에 실시된 UN총회 결의안 2758호(United Nations General Assembly Resolution 2758)의 표결에서는 131개 UN 회원국들 가운데 과반수인 76개국, 즉 59%의 찬성을 얻어 마침내 통과되었다.[34]

이 결의안의 공식명칭은 〈국제연합 내에서 중화인민공화국의 적법한 권리의 회복〉(Restoration of the Lawful Rights of the People's Republic of China in the United Nations)이다. 내용을 보면 "중화인민공화국의 모든 권리를 회복시켜 그 정부의 대표가 UN에 주재하는 중국의 유일 합법대표임을 승인한다. 동시에 장제스의 대표(즉 중화민국)를 즉각 UN과 그 부속조직에서 축출한다."고 명시되어 있다. 이는 국제사회에서 중국의 정통성이 중화민국에서 중화인민공화국으로 넘어갔음을 분명히 한 것이었다. 중화민국 정부의 저우슈카이(周書楷) 외교부장은 UN총회 결의안 2758호의 표결 직전에 중화민국이 UN에서 자진 탈퇴할 것임을 선언했고, 중화인민공화

---

34 신승하, 2006, p. 467.

국이 UN 안전보장이사회의 새로운 상임이사국으로 등극했다.

UN에서의 축출, 미국과 중국의 관계개선을 계기로 대만의 중화민국 정부는 그 국제적인 지위가 급속도로 약화되어 갔다. 대만과 외교관계를 단절하고, 대신 중국과의 수교(修交)를 선택하는 국가들의 수가 늘어난 것이다. 1971년 한 해 동안에만 오스트리아, 멕시코, 이란, 터키 등 12개국이 중국과의 수교를 위해 대만과 단교했으며, 1972년에는 일본, 그리스, 아르헨티나, 호주, 뉴질랜드 등 14개국도 뒤를 이었다. 그 결과 1971년까지 대만과 수교했던 국가의 수가 66개국이었던 것이 1972년 말에는 39개국으로 격감하였다. 1974년에는 브라질, 베트남, 말레이시아, 태국, 필리핀 등 12개국이 대만과 추가로 단교했다.[35]

1972년 닉슨의 중국 방문과 〈상하이 공동성명〉의 채택 이후 중국은 미국과의 국교(國交) 수립을 위한 3대 전제조건으로 대만과의 단교, 〈중미 공동방어조약〉 폐기, 그리고 대만에서의 미군 철수 등을 요구했지만, 미국 내 친(親)대만 세력의 영향력으로 좀처럼 이루어지지 않았다. 그러나 1978년에 이르러 미국은 다시금 중국과의 외교관계 정상화에 보다 적극적인 입장으로 선회하였다. 1년 전 취임한 지미 카터 미 대통령이 의욕적으로 추진했던 소련과의 핵무기 군비통제 노력은 좀처럼 성과를 거두지 못했으며,[36] 1975년 베트남의 공산화 통일 이후 아시아와 아프리카에서 소련의 외교·군사적인 영향력이 급속히 팽창하고 있었다. 그 결과 미국은 소련의 전 세계적인 세력확대를 견제하기 위하여 중국과의 관계 발전·강화가 필요하다는 점을 인정하게 된 것이다.

---

35 이후 1992년에는 과거 중화민국과 더불어 동아시아 반공(反共) 진영의 맹방이었던 한국도 중국과의 수교를 위해 대만과 단교하였다. 김영신, 2001, p. 375.

36 당시 미국은 닉슨 행정부 시절이었던 1972년 5월 조인된 소련과의 제1차 전략무기 제한 협정(SALT: Strategic Arms Limitation Talks) 유효기한이 1977년 10월로 만료됨에 따라 이를 대체할 제2차 SALT의 도출을 추진하고 있었다.

미중수교 직후인 1979년 1월 미국을 방문한 덩샤오핑과 카터 미 대통령

중국이 요구하는 3대 전제조건을 미국이 수용하면서 1978년 12월 15일, 마침내 중국과 미국의 국교 수립이 공식 발표되었다. 양국은 1979년 1월 1일을 기하여 정식으로 대사급 외교관계를 수립하였고, 1월 28일부터 2월 5일 사이에는 덩샤오핑이 중국 국무원 부총리 자격으로 미국을 공식 방문했다.

미중 양국의 국교 수립은 1971년 UN에서 축출당한 이후 국제사회에서 고립이 심화되고 있던 대만에게 심각한 정치 · 외교적인 타격을 가했다. 국공내전 이후 20여 년 동안 중화민국의 안보를 뒷받침해온 미국과의 외교, 군사동맹 관계가 종식됨을 뜻했기 때문이다. 대만은 곧바로 미국과의 단교를 선언했으며, 〈중미공동방어조약〉은 1980년 1월을 기하여 폐기되었다. 미군 대만방위사령부도 1979년 4월 해체되었다.

미국은 중국과의 국교 수립 직후 대만 내부의 안보 우려를 불식시키고, 기존의 방위공약을 유지하기 위한 조치를 마련하고자 했다. 그 결과

물이 바로 〈대만관계법〉이었다. 총 18개조로 이루어진 〈대만관계법〉은
미 의회 내부의 친(親)대만 세력을 중심으로 제정되어 1979년 4월 10일
카터 대통령의 서명으로 정식 발효되었으며, 그 가운데서도 핵심이라고
할 수 있는 제2·3조의 주요 내용은 다음과 같다.

제2조

제1항: 1979년 1월 1일 미국과 중화민국(이하 대만) 정부 사이의 공식 외교관
　　　계가 중단된바, 의회는 다음과 같은 필요성을 인정하여 본 법률을 제정
　　　한다.
　　　① 서태평양에서 평화, 안보, 그리고 안정을 유지한다.
　　　② 미국 정부의 외교정책이 상업, 문화를 비롯한 각 분야에서 미국 국민
　　　　과 대만인들 사이의 관계 지속을 승인하도록 촉진한다.[37]
제2항: 대만에 관한 미국의 정책은 다음과 같은 사항들을 포함한다.
　　　① 중국 본토 및 서태평양 지역의 국민들과 더불어 대만인들과의 상업,
　　　　문화 등 각 분야에 걸친 광범위하며, 긴밀하고, 우호적인 관계를 지
　　　　속·촉진한다.
　　　② 대만 지역 내에서의 평화와 안정은 곧 미국의 정치, 안보, 경제적 이익
　　　　이자 국제적인 관심사항임을 선언한다.
　　　③ 미국과 중화인민공화국의 국교수립은 대만의 장래가 평화적 수단에
　　　　의해 결정된다는 기대에 근거한 것임을 명백히 한다.
　　　④ 제재(制裁), 금수(禁輸)를 비롯한 비평화적인 수단에 의해 대만의 장래

37　영어 원문내용은 다음과 같다.
　　a. The President-having terminated governmental relations between the United States
　　and the governing authorities on Taiwan recognized by the United States as the
　　Republic of China prior to January 1, 1979, the Congress finds that the enactment
　　of this Act is necessary-
　　1. to help maintain peace, security, and stability in the Western Pacific; and
　　2. to promote the foreign policy of the United States by authorizing the
　　continuation of commercial, cultural, and other relations between the people of
　　the United States and the people on Taiwan.

를 결정하려는 어떠한 시도도 서태평양 지역의 평화와 안전에 관한
위협인 동시에 미국에 대한 중대한 우려사항으로 규정한다.

⑤ 대만에 방어용 무기를 제공한다.

⑥ 대만인들의 안보, 사회, 경제체제를 위태롭게 할 수 있는 무력 및 여타
의 강압적 수단에 맞설 수 있는 미국의 능력을 유지한다.[38]

제2조

제1항: 제2조에 명시된 내용의 정책들을 촉진하기 위하여, 미국 정부는 대만
이 자체 방어능력을 유지하는 데 충분한 방위물자 및 용역을 제공한다.

제2항: 대만을 위한 방위물자와 용역의 종류, 수량은 오직 대만의 수요에 대
한 판단에 기초하여 법에 규정된 절차에 따라 미국 대통령과 의회가 결
정한다.

제3항: 미 대통령은 대만인들의 안보, 사회, 경제체제에 대한 위협, 그리고
이로 인해 야기되는 미국의 이익에 대한 위협이 발생할 경우 신속히 의
회에 통보할 의무가 있다. 아울러 미 대통령과 의회는 그러한 위협에 대

---

38 영어 원문내용은 다음과 같다.

b. It is the policy of the United States-

1. to preserve and promote extensive, close, and friendly commercial, cultural, and
   other relations between the people of the United States and the people on
   Taiwan, as well as the people on the China mainland and all other peoples of the
   Western Pacific area;

2. to declare that peace and stability in the area are in the political, security, and
   economic interests of the United States, and are matters of international concern;

3. to make clear that the United States decision to establish diplomatic relations with
   the People's Republic of China rests upon the expectation that the future of
   Taiwan will be determined by peaceful means;

4. to consider any effort to determine the future of Taiwan by other than peaceful
   means, including by boycotts or embargoes, a threat to the peace and security of
   the Western Pacific area and of grave concern to the United States;

5. to provide Taiwan with arms of a defensive character; and

6. to maintain the capacity of the United States to resist any resort to force or other
   forms of coercion that would jeopardize the security, or the social or economic
   system, of the people on Taiwan.

응하기 위한 적절한 조치를 헌법 절차에 따라 결정할 의무가 있다.[39]

아울러 미국은 〈대만관계법〉에 의거하여 주(駐)대만 미국협회(美國在臺協會: American Institute in Taiwan)를 대만의 수도 타이베이(臺北)에 설치하여 사실상의 대사관 기능을 담당하도록 했으며, 대만도 이와 동격인 북미 사무협조위원회(北美事務協調委員會) 주미사무처를 워싱턴에 설치했다.[40] 이로써 대만은 미국과 단교 이후에도 비공식적인 관계를 유지하고, 국제사회에서 정치적 실체로서의 위상은 이어나갈 수 있게 되었다.

중국은 미국의 〈대만관계법〉 제정이 '하나의 중국' 원칙에 대한 위배라고 강력히 반발하였는데, 특히 대만에 방어용 무기를 제공할 수 있도록 명시한 것을 문제로 제기하였다. 최악의 경우 미국에서 대사관을 철수하거나 연락사무소 수준으로 격하시킨다는 강경한 태도까지 나타냈다. 이에 미국은 1982년 8월 17일에 채택된 중국과의 〈8·17 공동성명〉(八一七

---

39 영어 원문내용은 다음과 같다.

   a. In furtherance of the policy set forth in section 2 of this Act, the United States will make available to Taiwan such defense articles and defense services in such quantity as may be necessary to enable Taiwan to maintain a sufficient self-defense capability.

   b. The President and the Congress shall determine the nature and quantity of such defense articles and services based solely upon their judgment of the needs of Taiwan, in accordance with procedures established by law. Such determination of Taiwan's defense needs shall include review by United States military authorities in connection with recommendations to the President and the Congress.

   c. The President is directed to inform the Congress promptly of any threat to the security or the social or economic system of the people on Taiwan and any danger to the interests of the United States arising therefrom. The President and the Congress shall determine, in accordance with constitutional processes, appropriate action by the United States in response to any such danger.

40 현재는 주미(駐美) 타이베이 경제·문화대표부(臺北經濟文化代表處)로 명칭이 바뀌었다.

公報)[41]을 통해 "중국의 주권과 영토의 통일성을 해치거나 중국의 내정에 간섭할 의사가 없으며, '두 개의 중국' 또는 '하나의 중국, 하나의 대만' 정책을 펼치지 않겠다.", "대만에의 무기 판매는 양적·질적 기준에서 중국과 미국의 국교수립이 이루어진 1979년의 수준을 초과하지 않을 것이며, 점진적으로 그 수량을 축소할 뿐만 아니라 이를 장기적인 정책으로 고수하지 않는다."고 천명했다.

그러면서도 미국은 이보다 앞선 1982년 7월, 대만에 이른바 〈6항 보증〉(六項保證: Six Assurances to Taiwan)을 제시하여 중국과의 〈8·17 공동성명〉이 미국의 대만 방위공약을 약화시키지 않을 것임을 주지시켰다. 그 구체적인 내용은 다음과 같다.[42]

① 미국은 대만에의 무기 판매를 중단하는 기한을 명시하지 않는다.
② 미국은 대만에 무기를 판매하기 전 중국과의 협의를 거치지 않는다.
③ 미국은 중국과 대만의 중재자 역할을 하지 않는다.
④ 미국은 〈대만관계법〉을 수정하지 않는다.
⑤ 미국은 대만을 중화인민공화국의 주권 관할범위로 인정하지 않는다.
⑥ 미국은 대만에 중국과의 협상을 갖도록 압력을 행사하지 않는다.

(3) '3통·4류'와 '3불정책'

이처럼 국제사회에서 중국·대만 양안의 지위가 중국의 우위로 역전되면서 양안관계에서도 큰 폭의 변화 가능성이 나타날 수 있게 되었다. 과거 중국은 1955년 4월, 인도네시아 반둥에서 개최된 제1회 아시아·아프리카회의에 참석한 저우언라이가 처음으로 '평화적 수단에 의한 대만

---

41   일명 『제2차 상하이 공동성명』이라고도 한다.
42   김영신, 2001, p. 382.

해방'을 천명한 바 있었지만, 1970년대까지는 대만해협을 경계로 한 대만과의 정치·군사적 대립이 계속되어왔음을 부인할 수 없었다. 그러나 1976년 마오쩌둥이 사망하고, 1978년 12월의 제11기 중국공산당 중앙위원회 3차 전체회의를 통해 중국의 실권을 차지한 덩샤오핑 등의 온건 실용주의 세력은 농업·공업·과학기술·국방 분야의 4개 현대화(四個現代化)를 위한 개혁·개방을 본격화하기 시작했다.

4개 현대화를 비롯하여 중국의 최우선적인 국책 과제로 떠오른 경제성장·국력증대 노력의 성공 여부는 대외개방을 통한 미국, 일본, 유럽 등 주요 선진국들과의 경제협력 활성화뿐만 아니라 내부의 정치적 안정에 달려 있었다. 이에 따라 중국은 그동안 자신들이 내정 문제로 규정하면서도 미국 등 주요 국가들과의 외교정책에서 줄곧 걸림돌로 작용해온 양안관계의 성격을 '대만과의 평화통일 지향'으로 재정립해야 한다는 결론에 이르렀다.[43] 1970년대를 기점으로 중국이 UN 가입, 미국과의 국교 수립에 성공하는 등 국제적인 지위를 크게 향상시킨 것도 보다 주도적이고 유리한 위치에서 양안관계의 전환을 시도할 수 있게 된 배경이었다.

그 시작으로 중국은 1979년 1월 1일, 입법기관인 전국인민대표대회 상무위원회(全國人民代表大會常務委員會) 명의로 된 "대만 동포에게 보내는 글"(告臺灣同胞書)을 발표했다. 여기서 중국은 대만과의 3통[三通: 통상(通商), 통항(通航), 통우(通郵)], 그리고 4류(四流: 경제, 문화, 과학기술, 체육 등 4개 분야의 교류)의 실현을 희망한다는 의사를 나타냈다.[44]

한편 대만에서는 1975년 장제스가 89세를 일기로 서거하고, 1978년부터 그의 아들 장징궈(蔣經國)가 총통으로 재임 중이었다.[45] 장제스가 집

---

43 문홍호, 『대만문제와 양안관계』(서울: 폴리테이아, 2007), p. 89.

44 신승하, 2006, p. 562.

45 장징궈는 중화민국 정부가 대만으로 후퇴한 후 국방부장(1965~1969), 행정원장(1972 ~1978) 등의 요직을 지냈으며, 장제스의 서거 직후 총통직을 승계한 부총통 옌자간(嚴

1979년 1월 1일자 중국 『인민일보』에 개재된 "대만 동포에게 보내는 글"

권해온 과거 20여 년 동안 국민당 정권은 본토수복을 지상과제로 삼았으며, 대만을 단순히 '본토수복의 준비를 위한 임시 기지' 정도로 여겼을 뿐이었다. 하지만 장제스의 사망, 장징궈의 총통 취임이 이루어질 당시의 대만은 UN에서의 축출, 미국과의 단교 등으로 심각한 국제적 고립에 직면하고 있었으며, 본토수복은 사실상 실현 불가능한 구호로 전락했다. 그 결과 장징궈는 대만에서의 실질적인 통치가 보다 중요한 과제라는 점을 인정했으며, 이후 10년에 걸친 총통 재임기간 동안 대만 출신 인사들의 권력참여 확대와 상당 수준의 정치·사회적 민주화를 수용하는 개혁 정책을 펼쳐 나갔다.[46] 또한 중국과의 관계에서도 기존의 본토수복 노선에 얽매이지 않는, 보다 현실적인 입장을 모색하지 않을 수 없게 되었다.

1979년 중국이 "대만 동포에게 보내는 글"을 시작으로 3통·4류 방식의 광범위한 교류·협력을 제안하자, 대만의 국민당 정권은 이를 '평화를

家淦)의 잔여임기 3년이 만료되면서 대만 총통으로 정식 취임하였다.

46 특히 장징궈는 자신이 서거하기 직전인 1987년 7월 15일을 기하여 계엄령을 해제하고, 정당조직 및 집회, 언론 등의 자유도 대폭 허용하였다. 이로써 대만은 세계 역사상 유례가 없었던 약 38년 동안의 계엄체제를 끝내고 헌정(憲政)질서로의 복귀를 이루게 되었다.

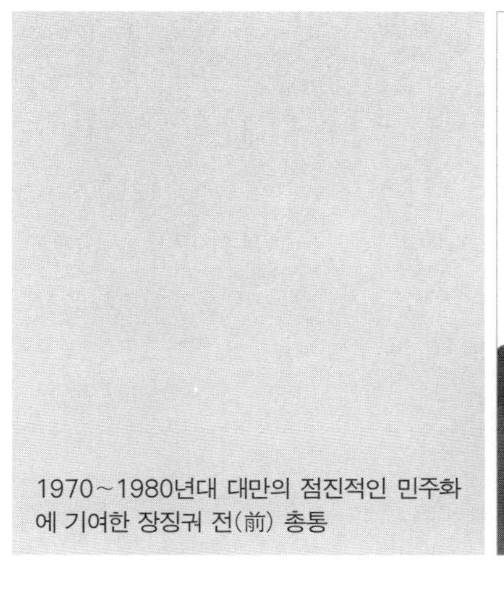

1970~1980년대 대만의 점진적인 민주화
에 기여한 장징궈 전(前) 총통

가장한 통일전선(統一戰線) 공작'으로 간주하며 거절하였다. 과거 2차례의
국공합작에도 불구하고 결국 공산당의 본토 장악을 허용해야 했던 국민
당 정권의 입장에서는 공산당의 평화제의를 근본적으로 신뢰할 수 없었
던 것이다. 오히려 대만은 중국 공산정권과의 '어떠한 접촉, 담판, 타협도
하지 않겠다.'(不接觸, 不談判, 不妥協)는 3불정책(三不政策)을 천명했다. 중국
의 3통·4류 제안을 직접적으로 거부한 것이었다.

하지만 국민당 정권 역시 양안관계에 관한 정책 변화의 필요성을 전
적으로 외면할 수만은 없었다. 중국의 제의를 무조건 거부하는 것만으로
는 중국의 평화공세에 효과적으로 대응하기 곤란할 뿐만 아니라, 대만 내
부의 동요도 막을 수 없다는 판단 때문이었다.[47] 그 결과 1980년 6월 9일
장징궈 대만 총통이 "삼민주의(三民主義)로 중국을 통일한다."는 입장을 천
명했으며, 이듬해인 1981년 3월의 국민당 제12차 전국대표대회에서는 장
징궈의 '삼민주의에 의한 중국 통일'(貫徹以三民主義統一中國案)이 대만의 공

---

47   문홍호, 2007, p. 95.

식적인 양안관계 정책 원칙으로 채택되었다.[48] 이는 무력에 의한 공산정권 타도를 지향했던 과거의 본토수복 노선이 평화통일 지향으로 전환되었음을 의미했다. 또한 국민당 정권은 1987년 11월 대만인들의 대륙 내 친척 방문, 즉 탐친(探親)을 처음으로 허용했으며,[49] 1988년 12월부터는 유학, 학술, 문화예술, 체육 분야에 관련된 중국 동포들의 방문도 허용했다. 제3국을 통한 양안 간의 간접무역 및 투자도 점차 직접적인 경제교류로 전환·확대되어 나갔다.

| 4 | 1990년대 이후

(1) 리덩후이의 '불통불독'

1988년 1월, 장징궈가 총통 재임 10년 만에 서거하였다. 그의 뒤를 이어서 부총통 리덩후이(李登輝)가 총통직을 승계했다. 그는 중화민국 정부가 대만으로 후퇴한 이후 최초의 대만 출신 총통이었다. 리덩후이는 장징궈의 잔여임기가 만료된 직후에 열린 1990년 3월 21일, 중화민국 국민대회(中華民國國民大會)에서도 승리하여 정식으로 대만의 제8대 총통에 취임하였다.[50] 1991년 5월에는 국공내전 이후 대만에서 국민당의 1당 장기집

48　삼민주의란 중화민국의 수립 초기에 쑨원이 제시한 '민생(民生), 민권(民權), 민족(民族)'의 정치강령을 뜻한다. 오늘날까지도 대만의 중화민국 정부는 삼민주의를 국시(國是)로 채택하고 있으며, 중국 정치에도 큰 영향을 주었다. 신승하, 2006, p. 564.

49　주로 중국 본토에 가족, 친척을 둔 국민당군 출신의 퇴역 군인들을 대상으로 이루어졌다.

50　중화민국 국민대회는 1947년 제정된 중화민국 헌법에 따라 총통과 부총통의 선출, 헌법 개정 등 국가의 주요 최고권한을 행사하고, 입법·행정·사법·고시·감찰의 5권보다 상위인 최고 중앙정부기구 역할을 했다. 그러나 1996년부터 총통과 부총통의 선출 방식이 국민투표에 의한 직접선거로 바뀌면서 국민대회의 권한은 크게 약화되었고, 2005년

중화민국 최초의 대만 출신 총통으로 취임한 리덩후이

권 체제를 가능토록 해주었던 〈동원감란시기 임시조관〉(動員戡亂時期臨時條款)이 폐지되었다.[51] 비록 국민당이 여전히 집권당의 지위를 차지하고 있었지만, '국민당이 곧 국가이자 정부'라는 당국(黨國)체제는 사라졌다. 이로써 대만의 정치·사회적 민주화를 위한 제도적인 기반 조성이 마무리된 것이다.

리덩후이의 집권 이후에 나타난 대만의 변화는 국내정치에 국한되지 않았다. 양안관계에서도 '본토수복', '삼민주의에 의한 중국 통일'이라는 명분을 내세우며 3불정책에 입각한 소극적인 자세로 일관해온 과거보다 중국의 평화통일 공세에 적극적으로 대응하기 위한 움직임에 나서기 시작한 것이다. 먼저 대만은 비정치, 민간 분야에 국한되어왔던 중국과의

6월의 개헌(改憲)으로 국민대회는 폐지되었다.

51 『동원감란시기 임시조관』은 국공내전의 판도가 국민당 정권에게 불리한 방향으로 역전되고 있던 1948년 4월의 제1기 국민대회 1차 회의에서 제정된 초헌법적인 임시조례였으며, 이후 1960년 3월 개정된 바 있다. 헌법에 명시된 총통 임기의 제한을 철폐하고, 총통의 권한을 대폭 강화하는 한편으로 행정원의 권력은 축소시킨 것이 특징이다. 사실상 장제스 당시 총통을 위시한 국민당 출신 세력의 영구적인 집권을 보장한 것이다. 이 점에서 동원감란시기 임시조관의 폐지는 1987년의 계엄령 해제와 더불어 대만의 민주화에서 결정적인 의미를 차지하고 있다.

기존 교류·협력방식을 제도화하는 동시에 정부 차원의 공식적인 대(對)
중국 정책, 즉 대륙정책(大陸政策)을 담당하는 각종 기구의 설치를 본격화
하였다. 1990년 10월 7일, 총통부(總統府) 직속으로 양안관계에 대한 정책
자문기구 역할을 하는 국가통일위원회(國家統一委員會)가 발족했고, 1991년
1월 28일에는 내각에 해당하는 행정원(行政院) 산하에 대륙위원회(大陸委員
會)가 설치되었다. 대륙위원회는 행정원 내부에서 대륙·통일정책에 관
한 연구, 기획, 심의, 협조뿐만 아니라 유관기관 사이의 업무조정을 담당
하는 양안관계의 실질적인 최고 집행, 실무기관이다.

그리고 1990년 11월에는 중국과의 실질적인 대화와 교섭을 담당하는
협상기구로서 해협교류기금회(海峽交流基金會, 이하 해기회)가 설립되었다. 해
기회는 외형상 비영리 재단법인 형태의 민간기관이지만, 실제로는 대만
행정원의 대륙위원회로부터 권한을 위임받아 대만 정부를 대신하여 중국
과 민간 차원의 교류·협력 관련 업무를 수행하고 있다.[52] 이는 대만 정
부가 '중국 공산정권와의 접촉, 담판, 타협 거부'를 골자로 하는 3불정책
을 유지하면서도, 양안관계에서 발생되는 제반 현안들을 실질적으로 처
리할 수 있는 반관반민(半官半民) 기구를 필요로 한 데서 비롯된 것이다.
이미 중국은 공산당 중앙위원회 소속 기구인 대만공작영도소조(對臺工作領
導小組), 국무원 산하에 대만사무판공실(臺灣事務辦公室)을 각각 설치해왔으
며,[53] 대만에서 해기회가 설립되자 1991년 12월 그 교섭상대 역할을 담당

52　여기에는 양안 주민의 상호방문과 관련된 서류의 접수 및 심사, 발급, 중국 내 무역관련
　　정보의 수집과 배포, 양안 간의 간접무역과 투자상의 분규해결 협조, 양안 주민 간의 문
　　화교류 지원, 대만인의 중국 체류기간 중의 합법적인 권익 보장과 지원, 정부의 위탁업
　　무 수행 등을 포함한다. 문홍호, 『13억 인의 미래: 중국은 과연 하나인가?』(서울: 당대,
　　1996), p. 143.
53　1979년 12월에 설치된 대만공작영도소조는 중국공산당 내부의 최고 지도부 차원에서
　　대만정책 및 통일 관련 정책을 심의, 결정하는 양안관계 관련 최고기관으로 대만의 총
　　통부 국가통일위원회에 해당한다. 대만사무판공실은 1988년 9월에 설치되었고, 국무원
　　내에서 대만공작영도소조의 지침을 받아 양안관계, 통일 관련 정책에서 각 부처의 업무

하는 해협양안관계협회(海峽兩岸關係協會, 이하 해협회)를 신설하였다.

1991년 4월 30일 리덩후이는 중국 공산정권과의 내란(內亂) 상태가 종식되었으며, 무력을 통한 공산정권 타도와 중국 대륙의 탈환을 목표로 하는 그동안의 '본토수복' 노선을 공식적으로 포기한다는 담화를 발표하였다. 이어서 리덩후이는 "중국공산당의 대륙 지배를 인정하며, 국제사회에서 '하나의 중국'에 관한 중국 공산정권과의 정통성 경쟁을 중단하고, 교류와 대화를 통한 양안관계의 평화적인 해결을 원한다."고 밝혔다.[54] 이보다 앞선 2월 23일, 국가통일위원회는 대만 정부의 공식적인 통일정책 지침이라고 할 수 있는 〈국가통일강령〉(國家統一綱領)을 제정했고, 1992년 7월 31일에는 중국과의 교류·협력문제를 총괄하는 〈대만·대륙지구인민관계조례〉(臺灣地區與大陸地區人民關係條例)도 공표하였다. 이로써 중국과 대만은 본격적으로 교류·협력의 제도화, 나아가 정치적인 관계개선을 모색할 수 있는 단계로 진입하게 된 것이다.

하지만 이와 같은 대만의 대륙정책 전환은 중국 공산정권이 기대하는 것처럼 양안의 즉각적인 통일에 호응하겠다는 의도에 따른 것은 아니었다. 오히려 1970년대 UN에서의 축출, 미국·일본 등 주요 국가들과의 외교관계 단절 등으로 국제사회에서 급격하게 약화되었던 '정치적 실체'로서 대만의 지위를 회복하기 위한 노력의 일환이었던 것이다. 실제로 리덩후이는 처음 총통으로 취임한 1988년부터 국제사회에 대만의 존재를 각인시키고, 나아가 국제적인 생존공간을 확대하는 데 1차적인 역점을 두는 무실외교(務實外交)·탄성외교(彈性外交)를 주창하였다. 이는 고도성장을 달성한 대만의 경제력을 바탕으로 기존 수교국과의 협력관계 심화, 비(非)수교국과의 비공식·경제·민간 분야 협력관계의 강화 및 격상 등을

를 조율하고, 집행을 지원하는 실무기관이다. 대만의 행정원 대륙위원회와 동격이라고 할 수 있다. 문홍호, 1996, pp. 131-136.

54　김영신, 2001, p. 392.

지향하는 것이 특징이었다.[55] 리덩후이가 대륙정책의 기조로 제시한 '불통불독'(不統不獨: 통일과 독립 모두 거부한다)과 일맥상통하는 대목이다.[56]

대만이 지난 수십 년 동안 이룩한 경제성장과 민주화, 1989년 6월 천안문(天安門) 사태[57] 이후 중국의 국내외적 혼란, 그리고 소련을 위시한 동유럽 공산주의 진영의 몰락과 독일 통일 등으로 대표되는 국제정세의 급변 역시 대만의 대륙정책 전환을 촉진시킨 요인들이었다.[58] 그동안 대만은 국공내전의 패배, 약화되는 국제적 지위 등으로 크게 위축되어왔지만, 이제 냉전체제가 자유주의 진영의 사실상 승리로 종식되면서 정치이념 및 체제의 우월성에 관한 대만의 자신감이 크게 고조되었기 때문이다. 다시 말해서 국제질서가 대만이 지향하는 민주주의 정치체제, 자유 시장경제를 중심으로 재편되고 있다는 점을 보다 우호적인 대외환경 조성에 적극 활용하고, 이를 통해서 중국과의 평화·통일을 위한 대화 및 논의과정에서 유리한 입지를 차지할 수 있다는 판단이었다.

대만의 대륙정책이 변화하게 된 배경을 이해하려면, 무엇보다 지난 1980년대 말부터 가시화된 대만 내부의 정치·사회적인 민주화와 그에 따른 영향을 살펴볼 필요가 있다. 그동안 집권 국민당은 중국 본토 출신의 외성인 세력이 주도했지만, 장제스와 장징궈의 사망 이후에는 점차 리덩후이를 비롯한 대만 출신 본성인들이 당원과 주요 요직의 다수를 차지하기 시작했다.[59] 이러한 인적 구성의 대만화(臺灣化)는 국민당 정책노선

---

55 김영신, 2001, pp. 376-377.

56 박두복, "대만에 대한 중국의 강경정책과 兩岸관계 전망", 『주요국제문제분석』(서울: 외교안보연구원, 1996. 3. 22).

57 1989년 4월 중국 내에서 온건 실용주의 세력의 대표적 인물이었던 후야오방(胡耀邦) 전(前) 공산당 총서기의 사망을 계기로 청년층들이 중심이 되어 중국의 정치·사회적인 자유화를 요구하는 시위가 베이징의 천안문 광장에서 계속되었으나, 덩샤오핑을 비롯한 중국 공산정권의 지도층이 군 병력을 투입시키며 6월 4일 비무장 시위대를 유혈 진압한 사건이다.

58 문홍호, 1996, p. 35.

의 방향도 그동안의 대륙지향에서 대만 내부지향으로 바꾸는 계기가 되었다. 뿐만 아니라 대만 내부에서도 중국 대륙과의 일체성보다는 대만의 자주·독립성을 강조하는 민족 정체성의 변화가 나타나고 있었다. 한 보기로 대만 주민들 가운데 스스로를 '중국인'(中國人)으로 인식하는 비율이 1993년 33.4%에 달했지만 1996년 14.8%로 급감했으며, 2000년 10.4%, 그리고 2002년에는 불과 7.9%에 그쳤다. 반면 스스로를 '대만인'(臺灣人)으로 인식하는 비율은 1993년 27.1%에서 1996년 39.6%로 급증했고, 2000년과 2002년에도 각각 35.8%와 38%에 이르렀다.[60]

대만 인구의 절대다수를 차지하는 본성인들에게 '중국'이라는 존재는 청일전쟁 직후 일본의 식민지배, 대만 역사상 최대 비극이었던 1947년의 2·28 사태, 그리고 '본토수복'이라는 명분 아래 38년 동안이나 지속된 계엄통치로 대표되는 국민당 정권의 초법적인 1당 지배체제와 각종 정치·사회적인 박해를 초래했던 굴레로 인식되어왔다.[61] 그 결과 대만 출신 본성인들은 1980년대 말 이후 대만의 민주화를 계기로 자신들의 필요·의지와는 동떨어진 본토수복, 중국과의 통일보다는 오히려 '중국 대륙과 별개의 정치적 실체'로서 인정받는 자주(自主) 독립적인 대만·대만인을 적극적으로 요구하기 시작했다. 이로써 중국과 대만의 양안관계는 '하나의 중국'에 관한 정통성 경쟁에서 '대만의 분리 독립' 여부를 둘러싼 갈등으로 그 성격의 본질이 바뀌게 된 것이다.

---

59 국민당 당원 가운데 대만 출신 본성인이 차지하는 비중은 장제스가 서거한 직후인 1976년 155만 명 가운데 55%로 이미 과반수였으며, 1993년에는 200여만 명 가운데 85%의 절대다수를 차지했다. 당 지도층인 중앙상무위원의 경우도 1973년에는 본성인의 비중이 전체 33%였지만, 1986년에는 과반수를 돌파했다. 신승하, 2006, p. 767.

60 한편 스스로를 '중국인인 동시에 대만인'이라고 인식하는 이중정체성의 비율은 1993년 33.8%, 1996년 43%, 2000년 50.7%, 그리고 2002년 50.6%로 가장 다수를 차지한 것으로 나타났다. Yun-Han Chu, "Taiwan's National Identity Politics and the Prospect of Cross-Strait Relations", *Asian Survey*, Vol. 44, No. 4 (July/August 2004).

61 문흥호, 2007, pp. 15-17.

중국 공산정권은 이제 대만의 정치·사회적 민주화, 국민당의 대만화 등으로 인한 대만 분리주의 세력(臺獨分子)의 영향력 확대를 경계해야 하는 입장에 놓였다. 특히 최초의 본성인 출신 총통 리덩후이의 집권 이후 대만이 무실·탄성외교의 기치를 내걸고 국제적인 지위 향상을 꾀하려는 움직임을 적극화하면서 중국의 우려는 더욱 높아졌다. 결국 중국은 1995년 6월, 리덩후이가 개인 자격으로 미국을 방문하자 1개월 만인 7월 말 동시 다발적인 탄도미사일 시험발사를 실시, 한때 대만해협에서의 긴장을 고조시켰다. 중국은 대만 역사상 최초의 총통 직접선거를 앞둔 이듬해 3월에도 다수의 탄도미사일 시험발사, 대규모 해·공군 기동훈련을 통해 대만을 겨냥한 무력시위를 감행했다.

(2) 천수이볜 시대: 통일이냐, 독립이냐?

2000년 3월 18일에 실시된 대만 총통 선거에서는 인권변호사, 타이베이 시장(市長) 출신의 민진당 후보 천수이볜(陳水扁)이 39.3%의 득표율로 승리했다. 이로써 반세기 동안이나 계속되었던 국민당의 장기집권 시대는 막을 내리고, 대만은 역사상 처음으로 수평적 정권교체를 달성하였다. 지난 1986년 대만 최초의 야당으로 창립된 민진당은 창당 초기부터 '대만 독립'을 강령으로 채택해온 독립 지향적인 정치세력이었다.[62] 천수이볜 역시 '대만의 아들'(臺灣之子)을 자처할 정도로 대만 독립을 강력히 지지하는 인물이었다. 민진당 출신 천수이볜의 집권은 대만이 리덩후이 시절보다도 적극적인 독립 지향정책을 펼칠 수 있는 계기를 마련하였고, 이는

---

62 민진당은 1991년 기본강령 제1조에 '독립 주권국가로서 대만공화국을 건설한다.'(建立主權獨立自主的臺灣共和國)는 조항을 명시했으며, 1992년 입법원 총선거부터는 '하나의 중국, 하나의 대만'(一中一臺)을 주장하기 시작했다. 이는 대만에서 '중국과의 분리 독립' 문제가 주요 정치현안으로 공론화된 최초의 사례였다.

천수이볜 전(前) 총통. 재임기간 동안 대만 독립을 적극 추진했다.

불가피하게 중국과 대만 양안의 긴장·갈등을 예고하는 대목이 아닐 수 없었다.

천수이볜 정부가 처음부터 '대만 독립'을 적극적으로 주장·요구했던 것은 아니다. 2000년 5월 20일 총통 취임식에서 천수이볜은 양안관계에 관한 대내외의 우려를 불식시키고자 이른바 '4불 1무'(四不一沒) 원칙을 천명하였다. 이는 "중국이 무력 침공을 하지 않는다면 임기 중에 ① 독립 선포, ② 국호(國號)의 변경, ③ 독립조항의 헌법 명기, ④ 독립을 위한 국민투표 실시를 하지 않고, ⑤ 〈국가통일강령〉 및 국가통일위원회의 폐지도 없다."는 내용을 담고 있었다. 2001년에는 중국 푸젠 성과 진먼·마주다오를 대상으로 무역·교통·우편을 자유화하는 소3통(小三通)을 실시하였다.

그러나 2002년을 기점으로 천수이볜은 대만 독립에 관한 정치적 의지를 본격적으로 드러내기 시작했다. 천수이볜은 그해 8월 3일, 일본에서 개최된 세계대만동향회연합회(世界臺灣同鄉會聯合會)의 제29차 연차총회 개막식을 위한 화상중계 연설을 통해 "대만은 민주, 자유, 인권, 평화라는 스스로의 길을 걸어나갈 것이며, 결코 제2의 홍콩, 마카오가 되지 않을 것이다. 대만은 다른 나라의 일부분이 아니며, 일개 성(省)이나 지방정부도 아니다."라고 언급한 데 이어서 "대만과 중국 양안에는 대만해협을 사이에 두고서 한쪽씩 별개의 국가가 존재하며, 이 점을 명백히 할 필요가 있다."고 말했다.[63] 이러한 천수이볜의 '일변일국론'(一邊一國論)은 2년 전 취임 당시에 밝힌 4불 1무 원칙과 명백하게 배치되는 내용이었다. 나아가 천수이볜은 "대만의 장래를 결정할 수 있는 권리는 2,300만 대만인들에게 있다."고 말하여 향후 대만 독립문제를 국민투표에 회부할 가능성까지 시사했다.

중국은 점차 노골화되어 가는 천수이볜의 대만 독립행보를 좌시하지 않았다. 우선 2004년 3월 20일의 대만 총통 선거에서 천수이볜이 재선(再選)에 성공하자 5월 17일 중국공산당 중앙위원회의 대만공작영도소조, 중국 국무원 대만사무판공실 공동성명이 신화(新華)통신 등의 중국 관영(官營) 언론매체를 통해 발표되었다. "대만은 '벼랑 끝으로 달리는 말을 세우느냐, 아니면 불장난으로 스스로를 태워 죽이느냐'(懸崖勒馬, 玩火自焚) 가운데 하나를 선택하라."는 내용이었다. 5월 20일 천수이볜의 두 번째 총통 취임식을 앞두고서는 대만과 인접한 중국 동남부지역 이내의 중국군 병력을 대상으로 휴가 취소, 3급 비상사태를 하달하여 군사적 긴장태세를 조성하기도 했다.

대만 독립 움직임을 저지하려는 중국의 강경한 태도가 더욱 노골적으로 드러난 대표적인 사례는 〈반분열국가법〉(反分裂國家法)의 제정이었다. 〈반분열국가법〉은 중국 전국인민대표대회(全國人民代表大會) 10기 3차 회의 폐막회의가 열린 2005년 3월 14일에 찬성 2,896표, 기권 2표, 그리고 반대 0표라는 압도적인 지지 속에 통과되었다. 총 10개조로 구성되는 이

63　황계식, "천수이볜 '대만은 주권國'", 『세계일보』, 2002년 8월 5일자.

법은 ① 대만이 어떤 방식으로든 독립을 시도하거나, ② 대만의 독립을
야기할 수 있는 중대한 사건들이 발생하고, ③ 중국·대만 양안의 평화적
인 통일 가능성이 완전히 사라지는 등의 3개 전제 아래 중국이 대만을 상
대로 '비평화적' 수단과 조치를 취할 수 있음을 명시한 것이 특징이다.[64]
대만의 독립 가능성을 원천적으로 봉쇄·저지하기 위한 중국의 물리적인
압력 및 강제조치, 특히 군사력 동원을 합법화시켜주었다는 점에서 양안
뿐만 아니라 국제적으로도 큰 파장을 일으켰다.[65]

　〈반분열국가법〉이 통과된 지 1개월 만인 4월 26일, 국민당의 롄잔(連
戰)[66] 주석이 중국을 공식 방문했다. 국민당 주석이 중국 본토를 방문한
것은 국공내전 이후 처음이었다. 5월 3일까지 계속된 롄잔의 중국 방문
일정 가운데서 특히 주목받았던 것은 4월 29일 베이징 인민대회당에서
열린 후진타오(胡錦濤) 중국 국가주석 겸 공산당 중앙위원회 총서기와의
회담이었다. 국공내전의 종식으로 양안이 분단된 지 56년 만에 이루어진
국공(國共) 영수회담에서 롄잔과 후진타오는 국민당과 공산당 양측 사이
의 적대관계 종식을 선언했으며, 양안 간 무력충돌의 예방, 대화 회복, 국
공 양측의 정기교류를 위한 경로 구축 등을 포함하는 5개 항의 공동 언론
발표문을 채택했다.[67] 5월 5~12일에는 국민당과 정치적으로 공조(共助)

64　김홍규, "중국의 반(反)국가분열법과 양안관계 전망", 『주요국제문제분석』(서울: 외교
　　안보연구원, 2005. 6. 8).

65　중국의 〈반분열국가법〉이 통과된 직후 천수이볜 대만 총통은 "이는 '민주 대 비민주'와
　　'평화 대 비평화'라는 대만과 중국의 구도를 극명하게 보여주는 것", "중국은 국제여론과
　　보편적 가치를 무시하고 있다.", "대만은 민주와 평화를 지지할 것" 등 6개 입장을 발표
　　했다. 또한 민진당을 위시한 대만 독립 지지세력도 〈반분열국가법〉을 "중국 군부의 대
　　만공격을 합법화하기 위한 백지수표식 전쟁수권법안"으로 규탄하며 강력히 반발했다.
　　3월 26일에는 천수이볜 총통이 참석한 가운데 수십만 명 규모의 〈반분열국가법〉 반대
　　시위가 열리기도 했다.

66　롄잔은 리덩후이 정부에서 행정원장(1993~1997)과 부총통(1996~2000)을 역임한 후
　　2000년과 2004년 총통선거에서 국민당 후보로 출마하였으나, 모두 민진당의 천수이볜
　　에게 패배했다.

관계인 친민당(親民黨)의 쑹추위(宋楚瑜)[68] 주석도 중국을 방문, 역시 후진
타오와 회담했다.

　이른바 '제3차 국공합작'으로 불리게 된 국공 양측의 이례적인 제휴는
대만 독립문제의 향방에도 상당한 파급력을 갖고 있었다. 우선 국민당은
지난 2000년과 2004년 총통 선거에서 민진당에 2차례 연속으로 패배한
후 중국과의 양안관계 안정의 필요성을 부각시킴으로로써 대만 내부정치에
서의 주도권을 회복하고, 향후 재집권을 위한 기반을 마련하고자 했다.

67　장학만, "분단 이후 첫 國–共 수뇌회담/후 · 렌 '56년 적대관계 끝났다'", 『한국일보』,
　　2005년 4월 30일자.

68　쑹추위는 본래 국민당 출신으로 초대 민선 대만성장(臺灣省長, 1993~1998)에 당선될
　　정도의 대중적인 명망을 갖춘 정치인이었다. 그러나 국민당의 총통후보 경선에서 렌잔
　　이 선출되자 무소속으로 출마, 2000년 총통선거에서 천수이볜보다 불과 약 3% 낮은 동
　　시에 렌잔을 16% 이상이나 앞서는 득표율로 2위를 차지했다. 당시 쑹추위의 무소속 출
　　마로 인한 국민당 지지층의 분열은 천수이볜의 당선에 결정적인 영향을 주었다. 선거
　　직후 친민당을 창당했으며, 2004년 총통 선거에서는 렌잔과의 후보 단일화에 합의하여
　　부총통 후보로 출마했다.

공산당 역시 국민당을 위시한 대만 내부의 독립 반대세력과 통일전선을 구축함으로서 천수이볜과 민진당으로 대표되는 대만 분리 독립세력을 소외·고립시킨다는 의도였다.

중국의 〈반분열국가법〉 통과와 제3차 국공합작이 성사된 이듬해인 2006년, 천수이볜 정부는 대만 내부에서 심각한 정치적 위기에 봉착하고 있었다. 영부인 우수전(吳淑珍) 여사, 사위 자오젠밍(趙建銘) 등 천수이볜의 일가족이 거액의 불법 수뢰혐의에 연루되면서 정부에 대한 지지도가 급락했으며, 국민당을 중심으로 한 야권(野圈)은 총 3차례에 걸쳐 천수이볜에 대한 총통 파면안을 입법원(立法院)에 상정하였다.[69] 비록 야권이 상정한 총통 파면안은 모두 부결되었지만, 결과적으로 천수이볜 정부에게 치명적인 타격을 가했다. 본성인 출신으로서 과거 국민당의 1당 장기집권에 맞선 자유·민주·인권·청렴의 상징으로 대만인들의 지지를 이끌어냈던 천수이볜의 정치적인 도덕성 및 정당성이 퇴색한 것이다.[70]

설상가상으로 대만의 경제 상황도 천수이볜의 총통 재임기간 동안 침체를 면치 못했다. 리덩후이 시절 평균 6.8%였던 경제성장률이 4.1%로 둔화되었고, 실업률은 2.9%에서 3.9%로 높아진 것이다. 그 결과 국민당을 위시한 야권의 지지율은 회복세로 돌아섰으며, 천수이볜 정부의 위기감은 점차 높아졌다. 입법원 총선거와 총통 선거가 한꺼번에 치러지는 2008년이 다가오고 있었기 때문이다. 이에 천수이볜 정부는 자신들의 전

---

69 천수이볜에 대한 총통 파면안은 2006년 6월 27일, 10월 13일, 그리고 11월 24일에 대만 입법원에 상정된 바 있다.

70 이후 천수이볜은 총통에서 퇴임한 지 6개월만인 2008년 11월 12일 총 10억 대만 달러 규모의 부패, 뇌물수수, 불법 자금세탁 등 5개 혐의로 구속되었고, 2010년 11월 징역 19년형이 확정되어 타이베이 내의 교도소로 이송되었다. 대만에서 전직 총통이 감옥에 수감된 것은 천수이볜이 처음이다. 천수이볜은 여전히 자신의 결백을 주장하면서, 자신에 대한 범죄혐의와 재판, 유죄 확정은 '친(親)중국 성향의 국민당과 마잉주(馬英九) 현 총통의 정치적 박해'라는 입장을 고수하고 있다.

통적 지지기반이라고 할 수 있는 본성인, 대만 독립 우호세력의 호응을
이끌어내기 위한 정치적 의제들을 부각시키게 되었다. 그 가운데는 대만
독립문제도 포함되어 있었다.

먼저 대만 사회 내부에서 중국 대륙의 잔재를 일소하고, 대만의 독자
성을 강조하는 '탈(脫)중국화'와 '대만화'가 이루어졌다. 이미 천수이볜 정
부는 2004년부터 '정명(正名: 이름을 바로잡다) 운동'의 일환으로 모든 해외공
관과 국영 및 공영기업의 명칭에서 '중국'(中國), '중화'(中華)를 '대만'(臺灣)
으로 바꾸도록 하고 있었다. 이에 따라 중국석유(中國石油)와 중국조선(中
國造船), 중화우정공사(中華郵政公司)는 각각 대만중유(臺灣中油)와 대만국제
조선(臺灣國際造船), 대만우정(臺灣郵政) 등으로 명칭이 바뀌었다.[71] 국정 교
과서의 역사 교육에서도 중국 본토의 역사보다 대만 역사에 관한 비중을
강화시키는 등, 중국과는 별개의 정치 · 역사 · 문화적 주체로서 대만의
존재를 부각시키고자 했다.[72]

2006년 2월 27일 천수이볜은 대만의 대륙정책 사령탑 역할을 해온 총
통부 국가통일위원회의 운용, 그리고 중국과의 통일정책에 관한 기본지
침이라고 할 수 있는 〈국가통일강령〉의 적용을 각각 중지할 것이라고 선
언했다. 이는 대만이 더 이상 중국과의 통일을 추구하지 않을 것임을 명
백히 했다는 점에서 그 심각성이 컸다.[73]

---

71   같은 맥락에서 장제스 전 총통의 아호를 딴 수도 타이베이의 '중정(中正) 국제공항'은
'타오위안(桃園) 국제공항'으로 개칭되었고, 장제스를 기리는 '중정기념당'(中正紀念堂)
의 이름도 '대만민주기념관'(臺灣民主紀念館)으로 바꾸었다. 그러나 국민당이 2008년 1
월의 입법원 총선거, 3월의 총통 선거에서 모두 승리를 거두고 재집권하자 대만우정은
중화우정공사로 명칭이 원상회복되었고, 중정기념당도 종전 명칭을 되찾았다. 이른바
'복명(復名: 본래 이름을 되찾는다) 운동'의 결과였다. 정주호, "대만, 탈중국화 · 대만화
노선 노골화", 〈연합뉴스〉, 2007년 1월 30일자.

72   신승하, 2006, pp. 784-785.

73   천수이볜의 총통부 국가통일위원회 운용 및 〈국가통일강령〉 적용의 중지 선언 발표를
전후로 하여, 중국은 국무원 대만사무판공실 관계자 명의로 "대만독립 세력의 분열 책

　　천수이볜 정부의 다음 행보는 대만 독립을 기정사실화하는 데 초점이 맞춰졌다. 9월 24일에 민진당의 헌법개정 세미나에 참석한 천수이볜이 "상당수 신흥 민주국가에선 헌법이 독재자(장제스 전 총통과 국민당 정권을 지칭)에 의해 방치되거나 현실과 유리되어 있다. 대만은 우리 국가이고 우리의 영토는 3만 6,000km²라는 규정이 대부분의 대만인들에 의해 받아들여지고 지지받을 수 있을 것으로 생각한다."고 발언하여 1947년에 제정된 기존 중화민국 헌법을 대신할 '대만의 새로운 헌법' 제정 필요성을 주장한 것이다.[74] 중국 본토를 영토에서 제외시키는 가운데, 오직 대만과 주변 도서지역만을 영토로 규정하는 새로운 헌법 제정은 대만의 분리 독립을 더욱 가속화시키는 조치로 받아들여질 수밖에 없었다.

　　천수이볜 정부의 대만 독립 의지는 2007년 3월 4일에 발표된 '4요 1무'(四要一沒) 원칙에서 절정에 이르렀다. 이날 대만독립을 지지하는 대만인공공사무회(臺灣人公共事務會)의 25주년 행사에 참석한 천수이볜이 "대만은 ① 독립(獨立), ② 올바른 이름(正名), ③ 새로운 헌법(新憲), 그리고 ④ 발전(發展)을 필요로 한다. 대만에는 좌우노선(左右路線)의 문제가 없으며, 오직 통일 또는 독립의 문제만 있을 뿐이다."라고 천명했던 것이다.[75] 이로써 천수이볜은 자신이 7년 전, 첫 총통 취임에서 밝힌 4불 1무 원칙을 완전히 뒤집었으며, 숙원인 대만 독립문제에 있어서 중국에 결코 물러서지 않

동이 한 단계 강화됐음을 보여주는 위험신호", "천수이볜의 분열활동은 반드시 대만해협에 엄중한 위기를 초래하고 아시아, 태평양의 평화와 안정을 파괴할 것"이라고 비난하는 등 강력히 반발하였다. 박기성, "천총통 급진 '臺獨' 추진. 양안관계 급랭", 〈연합뉴스〉, 2006년 2월 28일자.

74　1947년 장제스 전 총통 시절에 제정된 기존의 중화민국 헌법은 영토 범위를 정확히 기술하지 않은 채 "현존하는 국경"으로만 언급하고 있는데, 일반적으로는 몽골에서 중국 본토 전체를 포괄하는 것으로 이해되고 있다. 이 점에서 대만 내의 독립 지지세력들은 기존 헌법의 영토 조항이 비현실적이라고 비판해왔다. 정주호, "천수이볜 대만독립 헌법개정 본격 논의", 〈연합뉴스〉, 2006년 9월 24일자.

75　정주호, "천수이볜 '대만은 독립해야'", 〈연합뉴스〉, 2007년 3월 5일자.

천수이벤 정부가 제작한 '대만 국호에
의한 UN 가입' 홍보용 로고

을 것임을 재확인했다.

마침내 7월에는 '중화민국'이 아닌 '대만'을 국호로 UN에 가입신청을
제출하기에 이르렀다. 그러나 '하나의 중국' 원칙을 인정하는 지난 1971
년의 UN총회 결의안 2758호에 따라 반려되었다.[76] 천수이볜 정부는 차
기 총통선거가 치러진 2008년 3월 22일 '대만 국호에 의한 UN 가입' 문제
를 국민투표에 붙임으로써 대만 독립을 관철시키겠다는 의지를 마지막까
지 포기하지 않으려 했다.[77]

(3) 마잉주의 집권 이후

2008년은 지난 8년 동안 권좌에서 밀려나 있던 국민당이 재집권에 성
공한 해였다. 국민당은 1월 12일, 입법원 총선거에서 전체 의석 113석 중

---

76   대만은 지난 1993년부터 UN에 '중화민국' 국호로 매년 재가입을 신청해왔는데, '대만'
　　국호로 UN 가입신청을 제출한 것은 2007년이 처음이었다.
77   그러나 투표율이 50% 미만에 그치면서 국민투표 자체가 무효화되었다.

72%인 81석을 차지하는 압승을 거두었다. 2개월 후에 치러진 3월 22일의 총통 선거에서도 타이베이 시장 출신의 마잉주(馬英九) 국민당 후보가 약 58.5%의 득표율로 당선되었다. 천수이볜 정부에서 행정원장을 역임한 세창팅(謝長廷) 민진당 후보보다 득표율이 17% 이상 앞서는 대승리였다.

마잉주가 대만 총통으로 취임한 이래, 중국·대만 양안관계는 빠른 속도로 개선되고 있다. 우선 총통 선거 직후인 2008년 4월 12일 중국 하이난 성에서 열린 보아오(博鰲) 연례포럼에 참석한 대만의 샤오완창(蕭萬長) 부총통 당선자가 후진타오를 만났다. 당시 샤오완창은 '양안대화의 복원', '양안 경제무역의 정상화' 등 마잉주가 제시한 4가지의 양안관계 회복 방안을 후진타오에게 전달했다. 마잉주의 총통 취임 1주일 만인 5월 28일에는 우보슝(吳伯雄) 국민당 주석이 중국을 방문, 후진타오와 국공 영수회담을 가졌다. 중국과 대만 양측의 집권당 당수들이 회동한 것은 국공내전 이후 최초였으며, 자연스럽게 대내외적인 이목을 집중시켰다.

8년 동안의 천수이볜 정부 시절 중단되었던 중국 해협회와 대만 해기회 사이의 대화가 재개된 것도 양안교류에 새로운 활력을 불어넣는 계기를 마련했다. 양측은 2008년 6월과 11월, 2009 4월과 12월, 그리고 2010년 6월에 각각 베이징과 타이베이, 난징, 타이중(臺中), 충칭에서 차례로 회담을 가졌다. 특히 2008년 11월의 제2차 양안회담에서는 중국과 대만 사이의 통상·통항·통우를 전면 허용하는 역사적인 대3통(大三通) 실현에 합의하는 성과를 거두었다. 이에 따라 같은 해 12월 15일부터 양안의 직항 선박, 항공기가 매일 정기적으로 운행되기 시작했을 뿐만 아니라, 전면적인 우편교류 업무도 개시되었다.[78] 국공내전이 끝난 후 약 60년 만인 동시에, 중국이 3통·4류를 대만에 처음 제안한 지 약 30년 만의 일이다.

그리고 2010년 6월 29일, 중국 해협회와 대만 해기회는 중국 충칭에

---

78 정재용, "中－대만 '해상 직항시대' 열렸다", 〈연합뉴스〉, 2008년 12월 15일자.

마잉주 현(現) 대만 총통. 중국과의 적극적인 관계개선을 추구하고 있다.

서 개최된 제5차 양안회담에서 경제 및 무역 부문 협력을 더욱 공고히 하기 위한 일종의 자유무역협정(FTA: Free Trade Agreement), 즉 ECFA(Economic Cooperation Framework Agreement)에 정식 서명했다.[79] 이에 따라 대만의 539개 상품, 중국의 267개 상품에 대한 상호 관세·비관세 장벽이 대폭 완화되었으며, 양안은 서비스 분야의 개방 확대, 투자보장, 지적재산권 보호 등에서도 광범위한 협력을 제도화하여 사실상의 경제통합을 달성했다. 바야흐로 중국과 대만을 포괄하는 인구 14억 명, GDP 기준 5조 3,000억 달러 규모의 거대한 단일 경제권, 즉 '차이완'(Chiwan: China＋Taiwan)의 출범이 현실화된 것이다.

그러나 이와 같은 양안관계 정상화 노력의 전망이 낙관적인 것만은

---

79 정식 명칭은 〈양안 경제협력 기본협정〉(海峽兩岸經濟合作架構協議)이며, 총 16개조로 이루어졌다. 공유식, "중국-대만, 경제통합 급물살", 『친디아 저널』, 통권 제38호(2009. 10).

아니다. 중국과의 급속한 관계개선이 자칫 대만의 정치·경제적인 자주성을 약화시킬 것이라는 대만 내부의 경계여론도 만만치 않기 때문이다. 마잉주 정부의 출범 이후 국민당이 6차례의 선거에서 민진당에게 연속 패배한 것이 그 증거다.[80] 2010년 11월 27일의 5대 직할시장 선거에서는 수도 타이베이를 비롯한 3개 직할시(直轄市)에서 국민당 후보가 당선되었다. 하지만 전체 득표율에서는 오히려 민진당이 국민당을 앞서는 성과를 거두었다.[81]

중국과의 ECFA 체결을 둘러싼 대만 내부의 찬반(贊反) 논란, 갈등도 여전히 계속되고 있는 실정이다. 민진당을 중심으로 하는 대만 독립 지지 세력은 중국과의 ECFA 체결이 빈부격차의 확대, 실업 문제의 악화, 농업을 비롯한 전통산업과 중소기업의 생존기반 위협 등 심각한 경제문제를 야기할 뿐만 아니라, 궁극적으로는 중국에 대한 정치·경제적인 종속을 가중시킬 것이라고 주장하면서 강력히 반대하고 있다. 이들은 2010년 6월과 8월 ECFA의 체결 여부에 관한 국민투표안을 제출했지만, 대만 행정원의 국민투표심의위원회(公民投票審議委員會)는 이를 모두 기각시켰다. 결국 같은 해 8월 17일, 대만 입법원은 격론 끝에 ECFA 비준안을 정식 통과시켰지만, ECFA는 앞으로도 대만 내에서 상당 기간 동안 치열한 정치 쟁점으로 남을 전망이다.[82]

---

80 여기에는 2009년 12월 5일의 17개 현(縣)·시(市) 단체장 지방선거, 2010년 1월 9일과 2월 27일의 입법의원 보궐선거를 포함한다.

81 국민당 측 당선자 3명은 해당 특별시에서 현직 시장으로 재임 중이었기 때문에 실질적으로는 현상유지에 그친 것으로 평가할 수 있다. 반면 민진당은 대만 전체 인구의 59.6%를 차지하는 5대 직할시를 통틀어 총 49.8%의 득표율을 차지했다. 이는 국민당의 득표율 44.5%보다 5% 이상 높으며, 민진당이 창당 이후 지방선거에서 거둔 최대 득표율이라는 점에서 큰 의미를 갖는다. 이상민, "국민당, 시장선거 승리 … 득표율서 패배", 〈연합뉴스〉, 2010년 11월 28일자.

82 ECFA 비준안은 민진당 등 야당 입법의원들이 투표를 거부한 가운데, 국민당 소속의 입법의원 68명의 찬성으로 통과되었다. 민진당은 마잉주 정부가 국민투표 없이 중국과의

2012년 1월 14일 대만은 제13대 총통 선거, 입법의원 총선거를 동시에 실시했다. 선거 결과 국민당의 마잉주 현 총통이 51.6%의 득표율로 재선에 성공했다. 국민당은 입법위원 총선거에서도 전체 113석 가운데 과반수인 64석을 차지하는 승리를 거두었다. 이보다 3개월 앞선 2011년 10월 17일, 마잉주는 〈황금 10년의 국가 비전〉(黃金十年 國家願景)으로 명명된 주요 선거 공약의 구현을 위한 6대 '전면건설'(全面建設) 방안을 발표하면서 "국민적인 공감대가 형성되고, 양안 사이에 충분한 신뢰 관계가 구축된다면, 10년 내에 중국과 평화협정을 체결하는 방안을 검토할 수 있다."고 밝힌 바 있다. 재선 이후 중국과의 정치·외교·군사 문제를 의제로 하는 양안 대화, 협상에 본격적으로 나설 가능성을 공식 인정한 것이다.[83]

이로써 중국과 대만의 관계 정상화가 현재와 같은 경제·사회분야의 통합 심화 차원을 넘어서, 정치·외교·군사 분야에서의 신뢰구축, 갈등 해소, 그리고 이를 위한 구체적이고 실효성 있는 행동 및 조치를 도출하는 수준까지 진전될 가능성에 대한 기대는 더욱 높아질 전망이다. 하지만 이번 선거의 결과가 마잉주와 국민당 정부가 추구하는 중국과의 화해·협력정책에 관한 대만인들의 전폭적인 지지로 해석하는 것은 곤란하다. 비록 재선에 성공했지만 마잉주의 득표율은 4년 전의 첫 총통 선거보다 7% 하락했고, 입법의원 총선거에서도 국민당의 의석은 17석이 줄었다.

ECFA를 시행할 경우, 2012년 차기 총통 선거에서의 승리 및 재집권 이후 ECFA의 시행을 중지할 것임을 선언했다. 이상민, "中-대만 ECFA: 대만 국론분열 심각", 〈연합뉴스〉, 2010년 6월 29일자.

83 다만 마잉주는 "중국과 평화협정을 추진할 경우에도 먼저 국민투표를 통하여 승인 절차를 거칠 것이다. 평화협정안이 국민투표를 통과하지 못한다면, 정부도 이를 추진할 수 없다."고 밝혀 민진당과 대만 내부 일각의 비판에 해명했다. 한편 중국은 10월 26일 국무원 대만사무판공실의 양이(楊毅) 대변인 명의로 "양안이 대립 관계에서 벗어나 평화를 달성하는 것은 중화민족 전체의 이익에 부합하며, 양안 동포들의 공통된 소원."이라는 환영 입장을 밝혔다.

반면 민진당은 총통 선거의 패배에도 불구하고, 입법원의 의석수는 4년 전보다 13석이 늘어난 40석을 확보하며 약진했다. 이는 대만 내부의 여론이 중국과의 안정적인 양안관계 유지, 경제·사회적인 협력 증진의 필요성을 인정하면서도, 동시에 대만의 정치·외교적인 자주성을 약화시킬 수 있는 양안관계의 전면적, 급진적인 변화(특히 중국 주도의 평화체제 정립, 통일)를 원치 않고 있음을 반영한다.

03 양안분쟁과 주요 사건들

1. 1950~1960년대
2. 1990년대

| 1 | 1950~1960년대

(1) 구닝터우·다단다오 전투

1949년에 이르러 20년이 넘도록 계속된 국공내전이 공산당의 승리로 기울면서 국민당은 중국 본토에서 밀려나게 되었다. 새로이 중국 본토의 지배세력이 된 공산당은 승리의 여세를 몰아 국민당 정권의 나머지 세력들마저 제거하여 중국 통일을 완수하겠다는 강한 의욕을 나타냈다. 이를 위해서는 국민당 정권과 잔존 군사력이 후퇴한 대만을 장악해야만 했다. 이른바 '무력에 의한 대만 해방'을 전면에 내세운 것이다.

그 시작으로 1949년 10월 25일, 중국 공산군 2개 사단 소속의 병력 1만 7,000명이 700척이 넘는 함선을 타고 국민당군의 점유하에 있는 진먼다오 서쪽의 구닝터우(古寧頭) 해안으로 접근했다. 마오쩌둥이 중화인민공화국을 선포한 지 3주일 만에 감행된 것이었다. 공산군은 패전을 거듭하고 있는 국민당군의 사기가 극도로 꺾여 있으며, 손쉽게 진먼다오를 점령할 수 있을 것으로 낙관하고 있었다. 하지만 국민당군은 공산군이 침공하리라는 정보를 미리 입수한 상태였다. 그리하여 3개 사단 소속, 3만 5,000명 규모의 국민당군 병력이 해·공군의 지원을 받으면서 56시간 동안 공산군에 철저한 반격을 가하였다.

10월 28일까지 계속된 구닝터우 전투는 결국 국민당군의 승리로 끝났다. 공산군은 전사 8,000명과 포로 7,000명 등을 포함하여 거의 전멸에 가까운 인명손실을 입었고, 후퇴한 병력의 수는 불과 2,000명에 지나지 않았다. 승리를 거둔 국민당군 역시 전사 2,500명, 부상 3,300명에 달하는 인명피해가 발생했다.[1]

---

1   김행복·황원식·강창구, 1996, p. 436.

진먼다오를 시찰하는 장제스. 국공내전 이후 중국과 대만의 주요 무력분쟁이 벌어졌던 곳이다.

해를 넘긴 1950년 7월 26일, 중국 공산군은 다단다오(大膽島)에 대한 상륙작전을 감행했다. 앞서 국공 양측의 전투가 벌어졌던 구닝터우처럼, 다단다오 역시 진먼다오의 서쪽에 위치하고 있었다. 당시 다단다오를 침공한 공산군의 병력 규모는 약 1,000명으로 국민당군의 방어 부대를 2배 이상 압도했지만, 국민당군은 이에 아랑곳하지 않고 용전(勇戰)을 벌여 공산군에 막대한 인명손실을 입혔다.

국민당군과 공산군의 전투는 하루 동안 계속되었으며, 마침내 공산군은 700여 명의 병력을 잃고 다단다오에서 퇴각해야만 했다. 이로써 진먼다오에서 벌어진 2차례의 전투는 모두 국민당군의 승리로 끝났다. 비록 1950년 4월과 5월에 하이난다오, 저우산군다오를 공산군에게 빼앗겼지만, 국민당군은 구닝터우와 다단다오에서의 승리를 통해 대만을 효과적으로 방어하기 위한 전열을 재정비하는 계기를 마련했다. 뿐만 아니라 국공내전의 패배로 중국 본토를 잃으면서 급락했던 국민당군의 사기를 고양시키고, 공산군과의 대결에서 자신감을 회복할 수 있게 되었다.[2]

같은 시기 한반도에서 발발한 6·25전쟁 직후 미국은 대만 방위공약을 강화하기 시작했고, 중국이 내세우는 '무력에 의한 대만 해방'은 더욱 큰 어려움에 봉착했다. 하지만 중국과 대만 양안의 무력분쟁 자체가 중단되었던 것은 결코 아니었으며, 양측은 1954년 1월부터 14년 동안이나 대만해협 주변의 도서지역과 해역, 상공에서 크고 작은 치열한 전투를 벌였다.

주요 전장은 중국 본토와 약 10km 이내에 불과한 진먼다오, 마주다오를 비롯한 전방 도서지역이었다. 이들 두 섬은 비록 면적이 작았지만 장제스의 국민당 정권이 내세우고 있던 '본토수복'의 전진기지로서, 공수(攻守) 양면에서 대륙을 직접적으로 겨냥하는 군사 거점 역할을 할 수 있었기 때문이다.[3] 당시 진먼다오와 마주다오에 각각 4만 5,000명, 1만 3,000명이나 되는 대만군 병력이 배치되어 있었던 것도 이를 반영한 결과였다. 진먼·마주다오에 배치된 대만군 병력은 250km 떨어진 대만 본도의 수송선과 항공기를 통해 제공되는 무기, 탄약, 식료품에 의존해야만 했고, 그 과정에서 이를 저지하려는 중국군과 잦은 충돌을 빚었다.

(2) 제1·2차 대만해협 위기

진먼·마주다오를 둘러싼 중국, 대만의 여러 무력 충돌 가운데서도 특

---

2 서상문, "중국 國·共내전시기 金門전투와 그 역사적 의의", 『中國近現代史硏究』, 제22집(2004. 6).

3 특히 진먼다오는 중국에서 대만과 가장 가까운 샤먼(廈門)의 정면에 위치하고 있다. 그 결과 대만은 진먼다오를 통해 중국의 침공 움직임을 감시·차단하는 동시에, 중국 본토의 동남부 지역을 공략할 수 있게 된 것이다. 이는 연평도, 백령도를 비롯한 서해5도가 한국의 국가안보에서 차지하는 중요성과 매우 비슷하다. 서상문, 2004. 6.

히 규모가 컸던 것은 1954~1955년과 1958년에 각각 벌어진 2차례의 격전이었다. 이를 제1·2차 대만해협 위기라고 부른다. '제1차 대만해협 위기'는 저장 성과 가까운 이장산다오(一江山島), 다천다오(大陳島)를 겨냥한 중국군의 공격에서 비롯되었다. 우선 중국은 1954년 5월 15일 해군과 공군의 합동작전을 통해 이 두 섬 주변의 군소 도서지역을 차례로 점령하고, 7월과 9월에는 해안포대, 전투함정 기지를 각각 설치했다. 이에 대만의 해·공군도 긴급히 대응에 나섰지만, 전투 지역이 대만보다 중국 본토와 가까운 탓에 번번이 패퇴했다. 전황의 주도권이 중국에게 넘어간 것이다.

중국은 11월 1일부터 야포, 항공기 등을 동원하여 이장산다오와 다천다오에 대한 집중 공격을 개시했다.[4] 이들 두 섬의 주변 해역을 순찰하고 있던 대만 해군의 군함이 중국군 포병 부대와 해군 함정의 공격을 받고 침몰하기도 했다. 중국의 공격이 계속되자, 대만과 미국은 그해 12월 2일 〈중미공동방어조약〉을 체결하여 공식 동맹관계를 맺게 되었다.

하지만 중국은 해를 넘긴 1955년 1월 18일, 이장산다오를 대대적으로 습격했다. 이를 위해 7,000명의 중국군 병력과 함정 200척, 그리고 항공기 350대가 동원되었다. 800명에 불과했던 이장산다오의 대만군 방어부대는 해·공군의 지원을 받지 못하는 가운데서도 90시간 동안 저항하였고, 중국군에게 2,300여 명의 인명 손실을 입혔다. 하지만 병력 규모가 압도적으로 많은 중국군의 파상공세를 견디기에는 역부족이었다. 결국 대만군의 결사적인 분투에도 불구하고, 이장산다오는 1월 20일에 완전히 함락되었다.[5]

중국이 이장산다오를 점령하자 다천다오의 안전도 위태로워졌다. 이에 따라 대만군은 2월 6일부터 1주일 동안, 저장 성에서 마지막으로 남은

---

4   이진영, 1998, p. 202.
5   이진영, 1998, p. 203.

거점 지역인 다천다오에서도 철수했다. 당시 다천다오에서는 1만 4,000 명의 대만군 장병, 1만 6,000명의 주민들이 철수했으며, 이를 호위하기 위해 항공모함 6척을 포함한 미 해군 제7함대 소속 군함 100척이 다천다오 인근 해역에 투입되었다.[6] 2월 26일 중국은 다천다오를 완전히 점령했다.

비록 미국은 제1차 대만해협 위기 당시의 양안 무력충돌에서 대만을 직접적으로 지원하지는 않았지만, 일련의 준(準)군사조치들을 통해 대만 방위공약을 재확인했다. 1955년 1월 25일, 아이젠하워 미국 대통령은 대만해협 유사시 '중화민국이 관할하는 서태평양의 지역들'(Territories in the West Pacific under the jurisdiction of the Republic of China)까지 방어할 수 있는 권한을 부여하는 〈대만방위 결의안〉(Formosa Resolution)의 채택을 의회에 공식 요청했다. 미 의회는 1월 29일, 대만방위 결의안을 압도적인 표차로 통과시켰다. 이로써 미국은 중미공동방어조약에 명시된 대만 본도, 펑후다오뿐만 아니라, 진먼·마주다오에서 양안의 무력분쟁이 발생할 경우에도 대만해협으로 군사력을 동원할 수 있는 근거를 마련했다.

또한 미국은 다수의 신무기를 대만에 제공·배치하였다. 여기에는 제트엔진을 탑재한 당대 최신형 기종인 F-86 '세이버' 전투기와 이에 탑재되는 공대공미사일, 전술 핵무기를 발사할 수 있는 203mm 곡사포, TM-61 '마타도어' 미사일, 그리고 사거리 150km의 '나이키 허큘리스'[7] 지대공미사일 등이 포함되어 있었다.

1958년의 '제2차 대만해협 위기'에서는 양안의 무력충돌 규모가 더욱 확대되었다. 7월 말부터 중국과 대만의 전투기가 진먼다오 상공에서 공

---

6   이진영, 1998, p. 203.

7   나이키 허큘리스는 외형상 적 항공기를 요격하기 위한 지대공미사일이었지만, 핵탄두의 장착 능력도 겸비함으로써 유사시 203mm 곡사포, 마타도어 미사일과 더불어 중국 영토에 핵보복을 가하기 위한 공격용 무기로도 사용 가능했다.

중전을 전개한 것이 그 시작이었다. 8월 23일부터는 진먼다오에 대한 중국군의 포격이 본격화되었다. 중국군은 첫날인 8월 23일에 발사된 4만 1,000발을 시작으로 8월 25일에 3만 4,000발, 9월 7일에 5만 3,000발, 그리고 9월 11일에 6만 발의 포격을 가했다. 10월 6일까지 무려 44만 발 이상의 포탄이 진먼다오를 겨냥하여 연일 발사된 것이다.[8]

한편으로는 진먼다오 주변의 해역과 상공에서도 각각 18차례의 해전, 10차례의 공중전이 벌어졌다.[9] 진먼·마주다오 주민들은 긴급히 대만 본도로 대피했으며, 이 두 섬에 주둔하고 있던 대만군 장병들은 요새화된 참호에 은신하여 중국군의 포격을 피해야만 했다. 포격 5일째가 되던 8월 27일, 중국군은 진먼다오의 대만군 방어부대에 항복을 권고하기까지 했다.

그러나 중국군의 대규모 포격과 해전, 공중전은 진먼·마주다오에 대한 상륙, 침공으로 연결되지는 못했다. 3년 전에 점령한 이장산다오와는 달리, 이들 두 섬에는 총 5만 명이 넘는 대만군 병력이 주둔 중이었기 때문이다. 아직 충분한 규모의 해군력을 갖추지 못했던 중국이 대규모의 상륙작전을 시도하기에는 무리였다. 뿐만 아니라 대만군은 거듭되는 중국군의 포격을 뚫고 진먼·마주다오에 대한 해상보급을 계속 진행시켰으며, 거리상의 제약에도 불구하고 진먼·마주다오 주변의 해·공역에서 중국의 군함, 전투기들을 차례로 격파하는 전과를 거두었다.[10] 진먼·마주다오의 대만군 방어부대도 중국군 포병부대에 간헐적으로 반격을 가했다.

---

8   이진영, 1998, p. 205.

9   신승하, 2006, p. 258.

10   한 보기로 1958년 9월 2일 대만 해군의 초계함 3척은 진먼다오 남부 해역에서 중국 해군의 어뢰정 12척을 격침시켰으며, 9월 18일과 24일에는 대만 공군이 중국 전투기를 각각 5대, 11대 격추하는 승리를 거두었다. 이진영, 1998, p. 206.

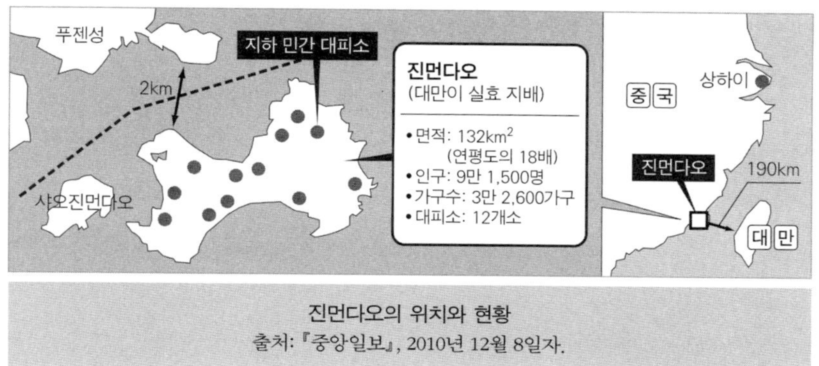

진먼다오의 위치와 현황
출처: 『중앙일보』, 2010년 12월 8일자.

여기에 미국이 아시아·태평양을 작전지역으로 관할하는 해군 제7함대를 대만에 긴급 투입시키면서 중국의 공세도 점차 위축되어 갔다. 결국 중국군은 포격 45일만인 10월 6일 돌연 1주일에 걸친 포격중지를 선언했고, 10월 12일에는 이를 다시 2주일로 연장했다. 그리고 중국군은 10월 25일을 기하여 진먼·마주다오에 대한 대규모 포격을 사실상 중단했다.[11] 이로써 대만군은 9년 전의 구닝터우·다단다오 전투에서 그러했듯이, 다시 한번 진먼·마주다오를 중국군의 공격으로부터 지켜낸 것이다.

2차례에 걸쳐 중국의 대규모 포격을 겪은 대만은 중국 본토와 가까운 전방 도서지역의 방어태세를 강화하는 데 많은 노력을 기울였다. 특히 중국 푸젠 성에서 불과 2km 이내에 위치하고 있으며, 국공내전 직후 10여 년 동안 중국의 집중적인 공격 대상이 되었던 진먼다오는 난공불락의 요새(要塞)로 탈바꿈했다. 총면적이 132km²(동서 20km, 남북 5~10km)에 달하는 섬 전체를 그물망처럼 연결하는 폭 1m, 높이 2m 지하 2~3층 구조의 지하통로, 참호를 구축한 것이다.[12] 이는 차량 2대가 교차 통행이 가능한

11　이진영, 1998, p. 207.

12　1961년부터 5년간 구축한 진먼다오 서남부의 디산(翟山) 수로는 길이 101m, 폭 6m, 높이 3.5m다. 동남부의 쓰웨이(四維) 수로는 길이가 790m에 이른다.

수준이다. 그 결과 진먼다오에는 소형 군함, 항공기를 수용할 수 있는 다수의 지하 군사기지가 설치되었다. 아울러 약 4만 명의 주민들이 상시 대피하여 일상생활을 할 수 있는 민간 대피시설도 2km 간격으로, 총 12개소에 걸쳐 구축되었다.[13]

이후 중국군은 이틀에 1차례씩, 홀수 날에만 상징적인 포격을 진먼다오에 가했을 뿐이었다. 1968년까지 10년 동안 중국이 진먼·마주다오를 겨냥하여 퍼부은 포격 규모는 총 91만 발(진먼다오 90만 발, 마주다오 1만 발)에 달했으며, 그 가운데 64만 발은 첫 1년 동안에 집중되었다.[14] 그리고 이것도 중국이 미국과 정식 외교관계를 수립한 1979년부터는 완전 중단되었다.

(3) 기타 분쟁들

1962년 대만해협에서는 다시금 양안 사이의 무력분쟁 위기가 조성되었다. 하지만 중국의 선제 도발이 원인이었던 그동안의 양안분쟁과는 달리, 이번에는 대만의 본토 침공 가능성에 따른 중국의 대응 과정에서 발생한 것이었다. 당시 중국에서는 1950년대 말 대약진 운동의 처참한 실패로 수많은 주민들이 굶어 죽거나, 중앙아시아와 홍콩 등지로 탈출하는 등 내부 불안정에 허덕이고 있었다. 또한 대외적으로는 1960년 1월 19일 〈미일 안전보장조약〉(美日安全保障條約)[15]의 체결로 미국과 일본의 군사동

---

13 2010년 11월 23일 북한의 연평도 포격 이후, 한국 정부는 연평도, 백령도 등지의 요새화를 본격적으로 검토, 추진하기 시작했다. 이에 따라 진먼다오가 서해5도 지역의 방어태세 강화를 위한 모범사례로서 주목받고 있다. 홍제성, "서북도서 요새화로 주목받는 금문도", 〈연합뉴스〉, 2010년 12월 10일자.

14 김행복·황원식·강창구, 1996, p. 437.

15 공식명칭은 〈일본과 미국의 상호협력 및 안전보장에 관한 조약〉(日本国とアメリカ合衆国との間の相互協力及び安全保障條約: *Treaty of Mutual Cooperation and Security*

맹 관계가 수립되었으며, 대만에서는 장제스가 1962년 구정(舊正) 연설을 통해 "우리 군은 본토를 수복하기 위한 반격 준비를 충분히 갖추었으며, 언제든지 이를 행동으로 옮길 능력이 있다."고 선언하였다. 이러한 일련의 사건들은 중국 공산정권의 위기의식을 고조시키기에 충분했다.

그 결과 1962년 6월부터 7개 사단 규모의 중국군 병력이 3주일 동안에 걸쳐 대만해협과 인접한 푸젠 성으로 동원되었다.[16] 당시 중국의 병력 동원은 대만이 본토를 침공할 가능성에 대비하기 위한 방어적인 목적과 동시에, 대만의 본토 침공 의지를 사전에 좌절시키려는 무력시위의 성격을 함께 나타낸 것이었다. 6월 말 미국은 존 M. 캐봇 주(駐)폴란드 대사를 통해 "대만의 중국 본토 침공을 지지하지 않을 것"이라고 중국에 전달했으며,[17] 존 F. 케네디 미국 대통령도 공식적으로 "대만해협에서의 무력 사용에 줄곧 반대한다."는 입장을 확인했다. 이후 중국은 푸젠 성에 투입했던 병력을 모두 철수시켰다.

중국과 대만의 해전 및 공중전은 주로 1957년과 1958년(제2차 대만해협 위기 당시), 1965년, 그리고 1966년에 집중적으로 벌어졌다.[18] 이 시기에 양측의 해·공군은 거의 매일 진먼·마주다오 주변을 비롯한 전방 지역에서 대치했다. 해전에서는 중국이 보다 많은 전과를 거두었다. 비록 대만 해군이 선체가 크고 무장수준이 높은 배수량 1,000톤 이상의 군함을 많이 보유했지만, 중국 해군은 선체 및 무장 규모가 작은 대신 항해속도를 비롯한 기동성에서 우위를 차지하는 소형 경비정, 어뢰정을 운용하여

---

between the United States and Japan)이다.

16   Allen S. Whiting, "China's Use of Force-1950-96, and Taiwan", *International Security*, Vol. 26, No. 2 (Fall 2001).

17   미국과 중국은 제1차 대만해협 위기 직후인 1955년부터 양측의 주(駐)폴란드 대사를 통한 연락·접촉을 유지하고 있었으며, 1958년의 제2차 대만해협 위기에도 폴란드 바르샤바에서 회담을 가진 바 있다.

18   김행복·황원식·강창구, 1996, p. 436.

승리할 수 있었던 것이다.

반면 공중전에서는 보다 우수한 전투기를 갖춘 대만 공군이 중국 공군을 제압했다. 특히 1958년 9월 24일에는 중국 동남부에서 정찰기를 호위 중이던 대만 공군의 미국제 F-86 전투기가 '사이드와인더' 공대공미사일을 발사하여 중국 공군의 소련제 MIG-15 전투기를 격추하는 전과를 올렸다. 이는 실전에서 공대공미사일로 항공기를 격추시킨 역사상 최초의 사례로 기록되었다. 1960년대 말까지 양안의 무력충돌로 인한 사상자 수는 가장 치열했던 1949년 10월 말의 구닝터우 전투를 제외하고서도 중국이 4,700명, 대만은 3,000명 가량에 이른다.[19]

|2| 1990년대

(1) 리덩후이의 미국 방문

덩샤오핑 중심의 온건 실용주의 세력이 집권한 1970년대 말을 기점으로, 중국은 기존의 '무력에 의한 대만 해방'에서 '평화공세' 성격의 양안통일정책으로 전환했다. 1979년부터 대만에 공식 제안한 3통·4류도 그 일환이었던 것이다. 하지만 대만은 '3불정책', '삼민주의에 의한 중국 통일'을 내세우며 중국이 내세우는 평화공세에 호응하기를 거부했다. 그러던 1988년 장징궈가 서거하고, 리덩후이가 후임 총통으로 취임하면서 비로소 양안관계에는 변화의 계기가 마련되기 시작했다. 중국과의 대륙정책을 관장 및 집행하기 위한 정부부처[20]를 설치하고, 법적·제도적 장

---

19 김행복·황원식·강창구, 1996, p. 438.

20 총통부 국가통일위원회, 행정원 대륙위원회를 뜻한다.

치[21]에 대한 제정·정비도 이루어진 것이다.

중국과의 양안대화를 실질적으로 수행할 목적으로 설립된 대만 해기회는 설립 1년 만인 1991년 3차례나 중국 본토를 방문하여 투자, 무역, 여행 등에 관한 실무 사항을 논의했다. 그해 12월에 발족한 중국 해협회는 1992년 1월 이후 교섭상대라고 할 수 있는 대만 해기회에 대륙 방문을 초청하였고, 해기회도 이를 받아들이면서 양안 간의 실질적인 공식 대화가 성사되었다. 해협회와 해기회는 1992년 3월과 10월, 이듬해 3월까지 베이징, 홍콩에서 3차례의 예비회담을 열었는데, 1992년 11월 양측은 역사적인 '1992 공동인식'(九二共識)을 도출해냈다. "양안 모두 '하나의 중국' 원칙에 합의하되, 그 해석과 표현방식은 각자의 방식대로 하도록 인정한다."는 것이 핵심 내용이었다.[22]

1993년과 1998년에는 해협회의 왕다오한(汪道涵) 회장과 해기회의 구전푸(辜振甫) 회장이 싱가포르, 상하이에서 각각 회담을 갖기도 했다.[23] 이는 국공내전 이후 양안의 최고위급 회담이었으며, 중국과 대만의 민간교류를 활성화하는 데 큰 기여를 했다. 하지만 1990년대 중반 대만해협에서는 다시금 정치·군사적 긴장이 고조되기 시작했다. '제3차 대만해협 위기'의 막이 오르는 순간이었다.

위기의 발단은 1995년 6월, 리덩후이 대만 총통의 미국 방문에서 비롯되었다. 당시 리덩후이는 자신의 모교(母校)인 미국 코넬대학교의 초청을 명분으로 미국에 입국(入國) 비자를 신청했으며, 그해 5월 미 상·하원은 리덩후이의 미국 방문을 허용할 것을 촉구하는 결의안을 압도적인 표차로 통과시켰다. 뒤이어 미 국무성도 리덩후이에게 입국 비자신청을 받아들였다. 이로써 리덩후이는 중화민국 정부가 대만으로 후퇴한 1949년

21　〈국가통일강령〉과 〈대만·대륙지구 인민관계조례〉를 뜻한다.

22　외교통상부, 2007, p. 43.

23　왕다오한, 구전푸 회장 두 사람의 이름을 따 '왕구회담'(汪辜會談)이라고도 불린다.

1995년 6월 미국 코넬대학교를 방문한 리덩후이. 제3차 대만해협 위기의 발단이 되었다.

이후 처음으로 미국을 방문하는 대만 총통으로 기록되었다.

리덩후이의 미국 방문은 6월 7~12일 사이에 이루어졌다. 가장 큰 주목을 받았던 일정은 6월 9일 코넬대학교를 방문하여 '대만의 민주화 경험'을 주제로 강연한 것이었다. 이 자리에서 리덩후이는 "이번 방문을 계기로 미국과 대만의 협력을 위한 새로운 기회가 열리길 기대한다."고 밝혔고, "일부에서는 대만이 외교적 고립에서 벗어나는 것이 불가능하다고 얘기하지만, 우리는 최선을 다해 세계 각국에 불가능한 것을 요구할 것"이라고 천명했다. 다른 나라들도 자신의 방문을 허용한 미국의 전례를 따르도록 호소한 것이다. 뿐만 아니라 중국과 대만 양안관계에 대해서는 "국제적으로 동등한 합법적인 2개의 체제가 공존하는 상태"라고 규정했으며, 양측을 각각 '대륙의 중화인민공화국'과 '대만의 중화민국'으로 표현하여 대만의 독자성을 강조했다.

외견상 리덩후이의 미국 방문은 '개인 차원의, 비공식적' 성격이었지만, 그 정치·외교적인 파장은 결코 무시할 수 없었다. 우선 1970년대의 UN 축출, 미국을 비롯한 세계 주요국가들과의 외교관계 단절로 국제사회에서 고립되어왔던 대만이 여전히 자주·독립적인 정치적 실체로서 건재하다는 점을 대내외에 과시하는 효과를 거두었다. 아울러 미국·일본·유럽을 위시한 세계 주요국가들과의 공식·비공식적인 관계 발전과 UN 등 국제기구 가입을 포함하는 대만의 국제지위 강화 및 회복을 본격화하는 계기가 될 수 있었다. 이는 리덩후이가 강조해온 무실·탄성외교의 지향점이기도 했다.[24] 그리고 대만 내부정치 측면에서는 1년 후에 있을 최초의 총통 직접선거에서 리덩후이와 국민당에 우호적인 여론을 이끌어낼 수 있는 가시적인 외교성과를 얻은 것이었다.

(2) 제3차 대만해협 위기

리덩후이의 미국 방문에 대한 중국의 반응은 즉각적이면서도 매우 냉담했다. 이미 중국 정부는 리덩후이가 미국을 방문하기 위한 입국 비자를 신청했을 당시부터 이를 강력히 반대한 바 있었다. 리덩후이의 미국 방문을 전후로 해서는 공산당 기관지인 『인민일보』(人民日報)와 신화통신 등 관영 언론매체를 통해 리덩후이를 "겉으로는 통일을 주장하지만 실질적으로는 분리 독립을 노리는(明統暗獨) 위선자", "음성적인 분열주의자(隱性臺獨)"라고 맹비난했다. 동시에 리덩후이에게 입국을 허가해준 미국에 대해서도 격렬한 논조로 규탄하면서, "상응하는 보복 조치를 취할 것"이라고 경고하였다. 이에 따라 중국 외교부는 6월 17일 리다오위(李道豫) 주미

---

24 실제로 대만 정부는 리덩후이 총통의 미국 방문 직후 롄잔 행정원장이 체코 등 동유럽 3개국을 순방하였고, 류성판(劉松藩) 입법원장도 UN을 방문하는 등 보다 적극적인 대외 행보를 이어나갔다. 홍순도, "중국·대만전쟁 가상 시나리오: 인해전술·작은 고추의 한판 승부", 『신동아』, 1995년 10월호.

(駐美) 중국대사를 본국으로 소환했다. 지난 1979년 중국이 미국과의 공식 외교관계를 수립한 이후 최초의 주미대사 소환이었다. 같은 해 7~8월 중으로 예정되어 있던 중국 해협회와 대만 해기회 사이의 부회장급 회담도 중국의 거부로 취소되었다.

중국의 반발은 대만을 직접 겨냥하는 무력(武力) 시위로까지 이어졌다. 먼저 7월 21~26일 사이의 기간 동안, 대만해협과 인접한 푸젠 성 이내의 중국 군사기지에서 다수의 탄도미사일이 시험 발사되었다. 당시 중국의 탄도미사일 시험발사는 대만 북서부의 150km 해상을 목표지점으로 삼아 이루어졌다. 1개월 후인 8월 15~25일에는 미사일과 함포의 실사격 훈련이 포함된 중국 해군의 대규모 해상 기동훈련이 실시되었다.

중국의 무력시위는 11월 중순에 펼쳐졌던 10일 일정의 대규모 상륙훈련으로 절정에 이르렀다. 푸젠 성 남부의 둥산다오(東山島)에서 실시된 이 훈련에는 장쩌민(江澤民) 중국 국가주석 겸 중앙군사위원회 주석이 참관했으며, 총 16만 명의 병력과 200척의 상륙함정, 그리고 100척의 기타 해군 함선들이 동원되었다.[25] 이는 중화인민공화국의 수립 이래 최대 규모의 육·해·공 합동훈련이었으며, 유사시 대만을 침공할 능력이 있음을 과시한 것이다.

당시 중국의 무력시위는 크게 2가지의 목적을 띠고 있었다. 첫째, 양안분쟁 발생의 책임을 리덩후이 대만 총통과 그의 독립 지향적인 대외정책에 전가시켜 대만 내부에서 독립 지지세력의 정치적 입지를 약화시키는 것이었다. 그리고 둘째, 미국에 대한 경고였다. 다시 말해서 미국이 대만의 독립, 또는 정치적 실체로서 국제지위 향상 및 회복을 지지하는 태도를 취할 경우, 중국은 이를 자신들의 민족 주권과 영토보존에 대한 직접적인 위협으로 규정하여 단호히 대처할 것임을 주지시키려는 의도였다.

---

25   Allen S. Whiting, Fall 2001.

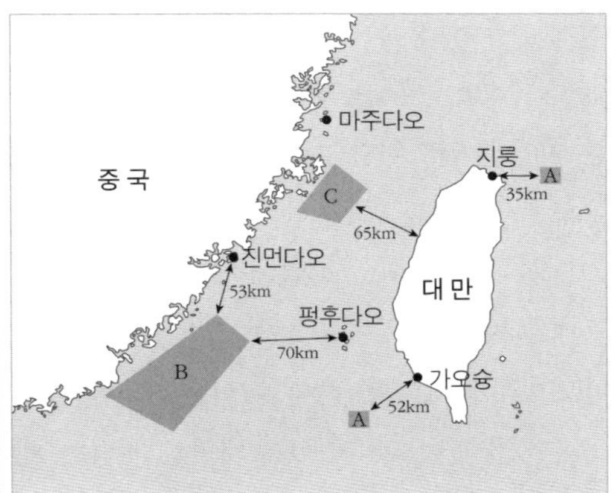

1996년 3월, 대만을 겨냥한 중국의 무력시위 상황도

A: 3월 8~15일 탄도미사일 시험 발사
B: 3월 12~20일 해군 실사격, 기동훈련
C: 3월 18~25일 합동 상륙훈련

중국의 잇따른 무력시위로 촉발된 양안분쟁 위기는 대만 내부에도 커다란 파장을 일으켰다. 리덩후이는 미국 방문을 계기로 대만 내부의 지지율이 60%까지 상승했지만, 중국이 대만 인근 해역으로 탄도미사일을 시험발사한 직후에는 40%대로 급락했다. 그해 12월 2일의 입법원 총선거에서도 리덩후이의 국민당은 전체 164석 가운데 과반수를 겨우 넘는 85석만을 차지하는 기대 이하의 성적을 거두었고, 득표율은 46%에 그쳤다. 이러한 결과는 중국에 의한 무력시위가 양안분쟁 가능성에 관한 대만인들의 불안심리를 크게 자극했음을 반영한 것이었다. 당시 대만 서점가에서는 '중국이 대만 최초의 총통 직접선거를 앞두고 전면 침공을 감행할 것'이라는 내용의 정랑핑(鄭浪平)의 소설 『1995년 윤8월』(一九九五閏八月)이 베스트셀러가 되기도 했다.

중국은 대만 역사상 최초의 총통 직접선거가 예정되어 있던 1996년 3월 다시금 군사적 위협의 수위를 높여 나갔다. 우선 제1단계로 중국은 3월 8~15일 사이의 1주일 동안 탄도미사일 발사훈련을 실시했다. 당시 중국에서 발사된 탄도미사일은 대만 북부의 지룽 항, 남부의 가오슝(高雄) 항에서 불과 약 30~50km밖에 떨어지지 않은 해역까지 도달했다. 비록 실제 탄두가 장착되지는 않았지만, 중국의 탄도미사일 발사는 대만 해운(海運)의 70% 이상을 차지하는 이들 양대 항구의 정상적인 기능 수행에 큰 지장을 일으켰다. 대만해협을 경유하는 다른 나라의 선박·항공기 운행도 차질을 빚었음은 물론이다.

이어서 3월 12~20일에는 중국 해군의 실사격, 기동훈련이 실시되었는데, 대만이 점유하고 있는 진먼·펑후다오 이남 해역에서 이루어졌다. 탄도미사일 발사훈련에 뒤이은 제2단계의 무력시위였다. 그리고 3월 18~25일에 이르러 중국은 대만을 겨냥한 마지막 제3단계 무력시위를 행동에 옮겼다. 푸젠 성 인근의 하이탄다오(海壇島)에서 육·해·공 합동 상륙훈련을 실시한 것이다.[26] 3월 23일로 예정되어 있던 대만 총통 선거를 앞두고 자신들의 침공 능력을 과시함으로써 대만을 겨냥한 정치·심리적 압박을 극대화하려는 의도였다.

대만 최초의 총통 선거 기간과 함께 이루어진, 총 3단계에 걸친 중국의 무력시위로 고조된 제3차 대만해협 위기는 당시 대만의 경제 활동을 크게 위축시켰다. 중국 탄도미사일의 공격 가능성에 고스란히 노출된 2대 항구, 즉 지룽·가오슝 항의 기능에 장애가 발생했을 뿐만 아니라, 주식시장과 부동산 가격이 폭락했으며, 외국인 투자는 감소한 것과 더불어 단기간 내에 대만에서의 자본유출이 크게 늘어났다.[27] 하지만 총통 선거 결과는 대만 투표자들의 과반수인 54%의 득표율을 얻은 리덩후이 총통의 압도적인 승리로 끝났다. 중국의 무력시위가 일시적으로 대만 내부에 동요를 일으켰지만, 결과적으로는 역효과를 빚었음이 증명된 것이다.

---

26   Allen S. Whiting, Fall 2001.

27   윤득현, "중 군사훈련 득실 반반", 『동아일보』, 1996년 3월 26일자.

(3) 양국론 논란

　1990년대 중반 이래 중국 공산정권은 대만 내부의 변화를 예의 주시하게 되었다. 대만에서는 장제스·장징궈 부자(父子) 총통으로 이어지는 국민당의 독주체제가 막을 내린 후 정치·사회적인 민주주의의 회복이 활기를 띠고 있었으며, 이 과정에서 대만 인구의 대다수를 차지하는 본성인들을 중심으로 '중국과의 통일'보다는 '대만 독립'을 지지하는 여론이 힘을 얻기 시작했기 때문이다. 중국은 대만의 분리 독립 주장에 극도의 경계감을 숨기지 않았으며, 1995년과 1996년 제3차 대만해협 위기를 촉발시켰던 각종 무력시위의 감행을 통해 이를 명백히 드러냈다.

　당시 중국은 분리 독립을 지지하는 대만 내부의 세력, 특히 리덩후이 대만 총통을 상대로 집중적인 공세를 퍼부었다. 본성인 출신으로는 사상 처음으로 총통에 취임하여 불통불독, 무실·탄성외교의 기치 아래, 대만의 자주·독립성을 강조하고 나선 리덩후이를 사실상의 분리 독립주의자로 인식했던 것이다. 심지어 리덩후이는 1999년 5월 출간된 자신의 저서 『대만의 주장』(臺灣的主張)에서 '7개 지역론'(七塊論)을 주장하여 중국의 반발을 일으켰다. 중국을 화베이(華北), 화난(華南), 둥베이(東北: 만주), 네이멍구(內蒙古), 신장(新疆), 티베트, 대만 등 고도의 자치권을 누리는 7개 지역으로 분할해야 한다는 주장이었다.

　리덩후이의 총통직 퇴임을 앞두고 있던 1999년, 한때나마 대만해협에서의 정치·군사적인 긴장을 고조시키는 사건이 일어났다. 그해 7월 13일 리덩후이가 독일 도이치 벨레(*Deutsche Welle*) 방송사와의 인터뷰에서 대만과 중국 양안관계를 '특수한 국가 대 국가의 관계'(特殊的國與國關係)라고 규정한 것이다.[28] 본래 이 개념은 냉전 시절 동독과 서독의 관계를 설

28　조철현, "대만총통 발언으로 중－대만 양안관계 갈등 증폭", 『세계일보』, 1999년 7월

명할 때 사용된 바 있다. 당시 리덩후이의 주장은 이른바 '양국론'(兩國論)
이라고 불리게 되었다.

　리덩후이의 양국론 발언 직후인 7월 20일 중국 외교부는 "대만이 중
국에서 분리하려는 '위험한 단계'에 접어들었다."고 언급하며 결코 묵과
하지 않을 것임을 경고하였다. 또한 중국은 리덩후이가 잔여 임기 중에
'대만 독립을 위한 결정적인 조치'를 취할 가능성을 막는다는 명분 아래
대만해협과 인접한 광둥, 푸젠 성에 배치된 주요 군 부대에 경계태세를
발령했고, 타 지역 병력 증원도 이어졌다. 8월에는 중국과 대만 양안의
해·공군력이 정면 대치하는 등 대만해협에는 1996년 3월 이후 3년 만에
군사적 긴장이 재현되었다.[29]

15일자.
29　이홍우, "팽팽한 兩岸 '충돌' 초긴장",『국민일보』, 1999년 8월 5일자.

1. 양안의 입장 비교

2. 평 가

3. 동아시아 지역질서 속의 대만

| 1 | 양안의 입장 비교

대만해협을 경계로 한 양안의 분쟁에 관한 중국, 대만 양측의 입장은 다음의 3가지 기준에서 살펴볼 수 있다. 첫째, 중국과 대만은 각자 양안관계의 현상(現狀)을 어떻게 평가하고 있는가? 둘째, 중국과 대만이 지향하는 '통일 중국'의 미래상과 비전(Vision)은 과연 무엇인가? 그리고 셋째, 중국과 대만은 어떠한 통일방식과 과정, 그리고 원칙을 지지하는가?

(1) 중 국

지난 1949년 이래 본토를 차지하고 있는 중국 공산정권은 줄곧 '하나의 중국' 원칙을 고수해왔으며, 이를 근거로 '대만은 중국 영토의 일부'라는 입장을 유지하고 있다. 중국 공산정권의 관점에서 대만은 하루빨리 조국(祖國)의 품으로 돌아와야 할 '일개 반란 · 분리지역'(叛離的一省)에 불과한 것이다. 이 점은 중국의 현행 〈중화인민공화국 헌법〉(中華人民共和國憲法), 그리고 지난 2005년 3월 제정된 〈반분열국가법〉에도 명시적으로 나타난다.

> "대만은 중화인민공화국의 신성한 영토의 일부분이다. 조국의 완전한 통일 대업을 달성하는 것은 대만에 거주하는 동포들을 포함한 모든 중국 인민의 신성한 책무다."[1]
>
> — 〈중화인민공화국 헌법〉 서언(序言) 중에서

"세계에는 오직 하나의 중국만이 존재하며, '하나의 중국'이란 대륙과 대

---

1 원문의 내용은 다음과 같다. "臺灣是中華人民共和國的神聖領土的一部分。完成統一祖國的大業是包括臺灣同胞在內的全中國人民的神聖職責。"

만 모두를 포함한다. 중국 주권과 영토의 통일성에 대한 분할은 용인할 수
없다. 중국 주권과 영토의 통일성을 지키는 것은 대만에 거주하는 동포들을
포함한 모든 중국 인민의 신성한 책무다. 대만은 중국의 일부분이다. 중국은
분리주의 세력들이 어떠한 명칭, 수단을 통해서든 대만을 중국에서 분열시
키려는 시도를 결코 용인하지 않을 것이다."[2]

- 〈반분열국가법〉 제2조

중국은 지난 60년 동안 계속되어온 양안의 정치·군사적인 대치상태
가 소위 '대만문제'에 그 기원을 두고 있다는 입장이다. 대만이 역사상으
로 중국 대륙의 불가분한 영토임에도 불구하고 1894년 청일전쟁 패전에
따른 일본의 대만 식민지화, 국공내전 직후 국민당 정권의 대만 후퇴, 그
리고 미국을 비롯한 외세의 개입 및 내정간섭 등으로 중국에 귀속되지 못
하면서 지금과 같은 양안분쟁이 계속되고 있다는 논리인 것이다.[3]

이에 따라 중국은 '하나의 중국' 원칙에 입각한 대만의 귀속, 즉 '대만
문제의 근본적 해결'만이 양안분쟁의 유일한 해결책이라고 주장한다. 중
국은 '하나의 중국' 원칙을 〈중화인민공화국 헌법〉과 양안관계 관련 법규
에 명시하고 있을 뿐만 아니라, 중화인민공화국이 중국을 대표하는 유일
합법정부라고 천명한 지난 1971년의 UN총회 결의안 2758호를 통해 국
제사회에서도 '하나의 중국' 원칙이 공인되었음을 역설하고 있다. 1992년
11월 해협회·해기회 예비회담을 통해 채택된 '1992 공동인식'의 중심내
용, 즉 "'하나의 중국' 문제에 관해서는 각자의 방식으로 표현한다."(一個中
國 各自表述) 가운데 '하나의 중국'이 포함된 것을 유독 강조하며 "대만도

---

2   원문의 내용은 다음과 같다. "世界上只有一個中國、大陸和臺灣同屬一個中國、中國的
主權和領土完整不容分割。維護國家主權和領土完整是包括臺灣同胞在內的全中國人民
的共同義務。臺灣是中國的一部分。國家絶不允許「臺獨」分裂勢力以任何名義、任何方
式把臺灣從中國分裂出去。"

3   문흥호, 1996, pp. 88-89.

'하나의 중국' 원칙에 동의한 것"이라는 해석을 내세운다. 그리고 "주권과 영토 통일성의 수호"를 '대만에 거주하는 동포들'(臺灣同胞在內)을 포함한 모든 중국 인민들의 신성한 책무로 규정함으로써 통일 또는 독립 여부에 관한 대만인들의 자결권은 인정할 수 없음을 명백히 하고 있다.

그렇다면 중국이 제시하는 '통일 중국'의 미래상은 무엇인가? 앞서 언급했듯이 중국의 양안관계 정책은 1970년대 말부터 '무력에 의한 대만 해방'에서 '대만문제의 평화적 해결'을 우선적으로 추구하는 방향으로 바뀌었으며, 그 과정에서 제시된 것이 바로 '일국양제'(一國兩制: One Country, Two Systems) 방안에 의한 통일이다. 일국양제 통일 방안은 1983년 6월 26일 덩샤오핑이 제시한 '조국통일 6개 원칙'[4]을 통해서 처음 구체적으로 제시되었고, 이후 1984년 6월 역시 덩샤오핑이 홍콩 기업인들과 접견한 자리에서 '하나의 국가, 두 개의 제도'(一個國家 兩種制度)라는 표현으로 다시금 언급한 것에서 그 유래를 두고 있다.

중국이 제시하는 일국양제 통일 방안은 '통일 중국'이라는 하나의 국가체제 안에서 대륙의 사회주의, 대만의 자본주의 제도가 공존하는 '양제공존'(兩制共存) 개념에 그 기초를 두고 있다. 통일 이후에도 대만이 사유재산과 기업의 소유권을 비롯한 기존의 경제·사회제도, 생활방식을 유지할 수 있음을 약속하여 중국과의 정치·경제적인 체제통합에 대한 대만인들의 불안심리를 최소화하고, 나아가 통일 과정에서 발생할 수 있는 대만의 정치·경제적 역량 손실을 최대한 방지함으로써 중국 주도의 통일방안에 대한 설득력을 높이겠다는 것이다.[5]

이를 위해 대만에 '특별행정구'(特別行政區: Special Administrative Region)의

---

4 덩샤오핑이 재미(在美) 중국학자 양리위(楊力宇)를 접견한 자리에서 나온 것인데, '덩샤오핑의 6개조'(鄧六條)라고도 불린다. 공식명칭은 '중국 대륙과 대만의 평화적인 통일을 위한 구상'(中國大陸和臺灣和平統一的設想)이다. 문흥호, 1996, p. 103.

5 문흥호, 2007, p. 92.

지위를 보장해준다는 것이 중국의 입장이다. 특별행정구는 "대만의 완전한 자치는 '두 개의 중국'을 뜻하므로 불가능하며, 일정한 한계를 갖는 자치권을 부여할 수 있다."는 덩샤오핑의 언급에 기원을 두고 있다. 중국은 지난 1982년부터 헌법에 '외교 및 국방을 제외한 다수의 경제·사회·문화적 행정기능에 관하여 자치권을 행사하는' 특별행정구의 설치에 관한 조항을 신설했으며, 1997년과 1999년 영국, 포르투갈에서 각각 귀속된 홍콩, 마카오를 특별행정구로 운영하고 있다. 이는 일국양제가 실현 가능하다는 점을 대내외에 과시하고, 궁극적으로는 대만도 일국양제 통일 방안을 수용하도록 설득하려는 의도에 따른 것이다.

중국의 일국양제 통일 방안에는 통일 이후 대만의 자본주의 제도가 효율적으로 유지될 수 있는 정치적 환경을 보장하도록 '고도의 자치권'(高度自治)을 부여하겠다는 내용도 포함되어 있다. 이를 위해 홍콩, 마카오는 물론 다른 성(省)이나 소수민족자치구(少數民族自治區)가 갖지 못하는 높은 수준의 자치권을 허용한다는 것이다. 여기에는 독립적인 행정권뿐만 아니라 입법 및 사법기관의 유지, 대륙에서의 군사·정부관리 파견 배제, 일정 수준의 대외관계 업무 처리권한, 그리고 독자적인 군대 보유 인정 등이 포함되어 있다. 이들 내용은 1983년 덩샤오핑의 '조국통일 6개 원칙', 1993년 중국 국무원 대만사무판공실이 발행한『대만문제와 중국의 통일』(臺灣問題與中國統一) 백서를 통해 구체화되었다.[6]

- 중국은 대만에 군사 및 정부요원을 파견하지 않는다.
- 중국은 대만이 독립적인 입법권과 현행 법률, 사법기구 유지를 보장한다.
- 중국은 대만의 독자적인 군대 보유도 허용한다.
- 중국은 대만의 대외 사무처리 권한을 계속 보장한다.

6 　문홍호, 2007, pp. 93-94.

- 중국은 대만이 대외적으로 '중국 대만'의 칭호를 사용하도록 한다.
- 중국은 대만이 외국으로부터의 무기 구입을 포함한 자위권 행사를 허용한다.

– 덩샤오핑의 '조국통일 6개 원칙' 중에서

- 대만은 행정관리권, 입법권, 사법권 및 최종적인 심사권(終審權)을 향유한다.
- 대만은 당(黨)·정(政)·군(軍)·경(警)·재정(財政) 등에 대한 자율적인 관리권을 향유한다.
- 대만은 외국과의 상무·문화협정 체결권 및 일정 수준의 대외 사무권한(外事權)을 향유한다.
- 대만은 독자적인 군대를 보유할 수 있으며, 대륙으로부터 군대와 행정관리를 파견하지 않는다.
- 특별행정구의 정부 및 대만 내의 각계 인사는 국가기구의 지도적 직책과 전국적인 사무관리 업무에 참여할 수 있다.

– 『대만문제와 중국의 통일』 백서 중에서

양안관계 정책의 기조가 '대만문제의 평화적 해결'로 바뀐 1970년대 말부터 중국은 대만과의 '평화적인 협상'(和平談判)을 통일 실현을 위한 최우선적인 방식으로 추구하고 있다. 양안의 정치·군사적인 적대관계를 종식하고, 평화적인 통일을 실현하기 위해서, '하나의 중국' 원칙을 전제로 중국과 대만 양측의 대표자들이 지속적으로 교류와 담판을 가져야 한다는 입장이다.[7] 1995년 1월 31일 장쩌민 당시 중국 국가주석이 발표한 '장쩌민의 8개항'(江八點)에는 이를 위한 구체적인 내용이 제시되고 있다.

- 중국은 평화통일을 위해 대만 당국과의 지속적인 대화, 담판을 추구할 것이다.
- 중국은 양안 경제협력과 교류 등을 적극적으로 추진하여 공동번영을 실

---

7   문홍호, 2007, p. 94.

현할 것이다.

- 대만 당국 지도자들의 대륙 방문, 본토 지도자의 대만 방문을 희망한다.

하지만 중국이 내세우는 '평화적인 협상을 통한 통일 실현'은 어디까지나 '하나의 중국' 원칙, 즉 본토의 공산정권을 중앙정부로 인정하는 가운데 대만은 지방정부로 귀속된다는 전제에 바탕을 둔 조건부 평화통일 방식이다. 만약 대만이 본토를 지배하고 있는 중국 공산정권의 우위를 인정하지 않고 대등한 정치적 실체로서의 지위를 고수하거나, 중국과의 통일을 명시적으로 거부 및 포기하고, 더 나아가 분리 독립을 추구한다면 중국은 이를 막기 위한 수단의 하나로서 군사력 동원을 결코 배제하지 않겠다는 입장을 거듭 천명하고 있다.[8] 이는 군사력 사용을 완전히 포기할 경우, 자칫 대만의 분리 독립 움직임과 가능성을 효과적으로 예방·통제할 수 있는 수단을 잃으면서 결과적으로 양안의 통일이 불가능해질 수 있다는 중국의 우려를 반영한 것이다.[9] 2005년 3월 제정된 〈반분열국가법〉에서도 '비평화적 수단과 조치'(非和平方式及其他必要措施)라는 이름으로 유사시 대만을 상대로 한 군사력 동원을 합법화한 바 있다.

- '하나의 중국' 원칙은 평화통일의 기초이자 전제다. 따라서 대만 독립이나 '하나의 중국, 하나의 대만', '두 개의 중국' 등 분열과 분치에 반대한다.
- '중국은 중국인과 싸우지 않는다'는 원칙을 견지하겠지만, 그것이 무력 사용의 포기를 의미하는 것은 아니다. 대만이 독립을 추진하거나 외세의 간

---

8 제3차 대만해협 위기 직후인 지난 1996년 12월, 중국공산당 중앙군사위원회의 장천(張震) 부주석은 중국 국방대학 세미나에서 '대만의 독립선언이나 독립을 위한 움직임', '외세의 대만 개입', '대만과 외국의 군사동맹', '대만의 반(反)중국 성향 외세동맹 가담', '대만의 독자적인 핵무기 개발이나 외국 핵무기의 반입', 그리고 '대만 내부의 정치적 불안정 및 내전' 등을 포함하는 대만공격 8개 조건을 발표하였다. 이듬해 9월 장쩌민이 제시한 대(對)대만 군사행동 9개 상황도 비슷한 내용을 담고 있다.

9 문홍호, 1996, p. 93.

섭에 대해서는 무력 사용을 포함, 단호히 대처할 것이다.

- '하나의 중국' 원칙은 결코 흔들리지 않을 것이다.
- 대만 분리주의 세력과의 타협은 있을 수 없다.

- 대만이 어떤 방식으로든 독립을 시도하거나, 대만의 독립을 야기할 수 있는 중대한 사건이 발생하고, 중국·대만 양안의 평화적인 통일 가능성이 완전히 사라질 경우, 중국은 국가 주권과 영토의 통일성을 수호하기 위해 필요한 비평화적 수단과 조치를 취할 수 있다. 국무원과 중앙군사위원회는 대만의 분리 독립을 저지하기 위한 비평화적 수단과 조치를 결정, 집행하며, 이를 전국인민대표대회 상무위원회에 즉각 보고해야 한다.

(2) 대 만

양안관계의 현상, '통일 중국'의 미래상, 통일의 실현방식과 원칙 등에 관한 대만의 입장은 지난 1991년 제정된 〈국가통일강령〉의 내용으로 포함된 ① 통일의 3대 목표, ② 통일의 4대 원칙, 그리고 ③ 3단계의 통일 실현과정 등으로 구체적으로 제시되고 있다.

우선 대만의 〈국가통일강령〉은 '대륙과 대만은 모두 중국의 영토이며, 국가의 통일 촉진은 중국인 공동의 책임이다.'라고 규정한다. 외견상으로는 중국과 마찬가지로 '하나의 중국' 원칙을 지지하는 것처럼 여겨질 수도 있는 대목이다. 그러나 이는 대륙의 중국 공산정권을 중앙정부로 인

---

10 〈반분열국가법〉의 제정을 앞둔 2005년 3월 4일, 후진타오가 중국 인민정치협상회의 제 10기 3차 회의에서 발표한 것으로 '장쩌민의 8개항' 이후 10년 만에 제시된 중국 국가주석의 양안관계 정책기조라는 점에서 주목을 받았다.

정하는 것을 전제로 하는, 중국 우위의 '하나의 중국' 원칙과는 정반대의 것이다. 오히려 현재의 중국이 대륙, 대만으로 각각 분리되어 있음을 명시함으로써 대만이 중국 본토와는 독립적인 통치권을 갖는 정치적 실체임을 부각시키려는 의도를 반영한다.[11]

요컨대 대만은 국공내전 이후 약 60년 동안 양안이 분리되어 서로 다른 정치·경제·사회체제를 유지해왔으며, 따라서 양측은 대등한 지위를 차지하는 독립적인 정치적 실체라는 인식을 나타내고 있다. "'하나의 중국' 문제에 관해서는 각자의 방식으로 표현한다."는 '1992 공동인식'의 내용이 자신들을 독립된 정치적 실체로 인정했다고 해석하는 것도 같은 맥락이다. 이 점에서 대만은 양안분쟁의 기원이 '대만문제', 즉 대만의 중국 귀속 거부에 있다는 중국 측의 주장에 동의하지 않으며, 양안에는 오직 '중국 문제'만이 존재한다는 입장이다.

중국 공산정권이 '통일 중국'의 미래상으로 '일국양제'를 제시하는 반면, 대만은 '일국양구'(一國兩區: One Country, Two Regions)[12]를 지향하고 있다. 다분히 중국과 대만 양안을 각자 독립적인 정치적 실체로 인식하는 대만의 양안관계 현상 인식에 그 바탕을 둔 것이다. 아무리 중국이 대만에 여러 분야에 걸친 고도의 자치권을 보장한다고 해도, 대륙이 관할하는 일개 지역으로 편입되는 특별행정구의 지위는 중앙정부(즉 중국 공산정권)의 정책 변화에 따라 언제든지 변경될 수 있다는 점에서 좀처럼 수용하기 어렵다는 것이 대만 측의 우려다. 때문에 대만이 제시하는 일국양구 통일 방안은 대륙의 사회주의, 대만의 자본주의 제도가 주종(主從) 혹은 중앙

---

11   다시 말해서 '하나의 중국'이라는 표현 대신에 '대륙과 대만 모두 중국의 영토'라는 우회적인 표현을 사용하여 중국으로부터 통일을 회피한다는 비난의 여지를 없애면서, 대만 스스로의 독자성을 강조하겠다는 취지인 것이다. 문흥호, 2007, p. 102.

12   1980년대 말 대만 내부에서 제기된 '일국양부'(一國兩府: One Country, Two Governments) 개념을 변형·발전시킨 것으로 '2개의 정부'라는 개념이 중국으로부터 큰 반발을 야기할 수 있다는 점을 고려하여 현재의 '일국양구'로 바뀌었다.

대(對)지방이라는 불균형적인 관계로 공존하는 것이 아니라 독자적인 통치지역, 통치권을 갖고 있는 2개의 대등한 정치적 실체가 공존함을 주장한다.[13]

아울러 대만 〈국가통일강령〉은 통일의 목표를 '민주(民主), 자유(自由), 균부(均富)에 바탕을 둔 통일 중국'이라고 규정하고 있다. 이는 '통일 중국'이 정치적 민주화, 경제적 자유화, 그리고 사회적 다원화를 수용함으로써 대만이 지향하는 정치·경제·사회적 제도 및 가치들과 합치될 수 있어야 하며, 대만의 기존 정치·경제·사회제도가 대륙의 중국 공산정권에 편입되는 방식의 통일은 받아들일 수 없다는 점을 나타내고 있다.[14]

대만 〈국가통일강령〉이 제시하는 통일과정은 3단계로 나뉜다.[15] 첫 번째는 '교류와 호혜' 단계다. 이는 양안이 상대 측을 대등한 정치적 실체로서 인정하고, 양안의 교류질서와 규범을 확립하면서 상호교류를 위한 중개기구를 설치하고, 민간교류를 증대하는 단계다. 두 번째는 '상호 신뢰구축과 협력' 단계다. 여기서는 양안의 3통을 실시하고, 양안이 정부 차원에서 대등한 접촉창구를 설치하며, 양안 상호 협력하에서 국제기구 및 활동에 참여하며, 지도급의 고위인사 상호방문을 통해 통일협상을 위해 유리한 여건을 조성한다. 마지막으로 세 번째는 '통일협상' 단계다. 양안이 평화적인 통일의 협상을 위한 공식 기구를 설치하고, 양안 주민들의 의지를 받들어 정치적 민주, 경제적 자유, 사회적 공평 등의 원칙 아래 중국의 통일을 완성하는 것이 궁극적인 목표다.

한편으로 대만은 위와 같은 3단계에 걸친 통일을 실현하는 과정에서 관철되어야 할 3가지의 원칙들을 제시하고 있다. 첫째, 대만이 대륙의 중국 공산정권과 대등한 정치적 실체로서 인정받아야 한다. 둘째, '통일 중

---

13 문홍호, 2007, p. 103.
14 문홍호, 1996, p. 114.
15 문홍호, 2007, pp. 98-100.

국'의 정치·경제·사회적 제도 및 가치들은 대만이 지향하는 것과 부합해야 한다. 그리고 셋째, 양안의 통일은 평화적 수단을 통해서만 이루어져야 한다. 대만이 과거 장제스 정권 시절부터 계속되어온 '본토수복' 노선을 지난 1990년대 초에 포기한 이상, 중국 역시 대만에 대한 군사력 사용의 가능성을 배제함으로써 양안 간 상호 신뢰의 계기를 마련해야 한다는 주장이다. 이들 내용은 대만 〈국가통일강령〉, 지난 1995년 4월 리덩후이 당시 대만 총통이 '장쩌민의 8개항'을 반박하기 위해 제시한 '리덩후이의 6개조'(李六條)에도 포함된다. 중국이 이들 원칙을 수용하지 않는 이상, 통일을 위한 중국과의 본격적인 정치협상에 나서기 곤란하다는 것이 대만의 입장이다.

- 중국의 통일은 모든 국민들의 복지에 바탕을 두어야 한다.
- 중국의 통일은 중화문화의 발전, 인간 존엄성의 수호, 기본적인 인권의 보장, 민주와 법치의 실천에 부합해야 한다.
- 중국의 통일은 그 시기와 방식에 있어서 대만 지역 주민들의 권익, 안전, 복지를 존중하고, 이성·평화·대등·호혜의 원칙 아래에 단계적으로 실현되어야 한다.

－〈국가통일강령〉 중에서

- 양안은 각자의 통치영역이 분리되어 있다는 현실에 입각하여 통일을 추구해야 한다.
- 양안은 동등한 입장에서, 공동으로 국제조직에 참여하고, 양측 지도자는 국제회의에서 자연스럽게 회동해야 한다.
- 양안은 평화적인 방식을 통해 일체의 분쟁해결을 모색해야 한다.

－'리덩후이의 6개조' 중에서[16]

---

16 외교통상부, 2007, p. 47.

| 2 | 평 가

(1) 중국이 대만을 포기하지 못하는 이유

국공내전이 종식된 지 60년째가 되는 오늘날, 양안 간의 세력 경쟁은 중국의 명백한 우위로 기울어져 있다. 세계 1위와 3위를 자랑하는 13억 이상의 인구, 영토 규모뿐만 아니라 20여 년 동안 계속되어온 고도 경제성장을 바탕으로 이룩한 세계 3위의 경제력, 총병력 220만 명이 넘는 세계 최대 규모의 군사력, 그리고 UN 안전보장이사회의 5대 상임이사국으로 대표되는 정치·외교적 지위 등은 모두 대만을 압도하고 있다. 대만이 과거 장제스 정권 시절의 숙원이었던 '본토수복'을 1990년대 이후 폐기한 것은 대만조차 중국과의 경쟁에서 자신들의 열세를 인정했음을 반증한다.

그렇다면 과연 중국이 외견상으로 더 이상 자신과 대등한 경쟁상대 또는 위협이 되지 못할 정도로 세력이 약화된 대만의 분리 독립, 심지어는 국제사회에서 독자적인 정치적 실체로 인정받으려는 가능성이나 시도조차 필사적으로 막으려는 이유는 무엇인가? 이는 다음의 3가지 배경을 바탕으로 하고 있다.

첫째, 역사상의 경험이다. 중국은 지난 19세기 말 아편전쟁, 청일전쟁을 비롯한 제국주의 세력의 침탈 과정에서 영토 일부를 조차(租借: 한 나라가 다른 나라의 땅의 일부를 빌려서 일정 기간 사용권과 통치권을 행사하는 것)라는 명목으로 내어주었고, 이는 제국주의 세력들이 중국에서의 직접적인 정치·경제·군사적인 영향력을 확대할 수 있는 거점을 제공해주는 결과를 가져왔다. 중국이 20세기 전반까지 제국주의 세력에 의한 반(半) 식민지 상태를 면치 못했던 이유도 여기에서 비롯되었다. 이러한 경험은 중국인들에게 '영토 분열은 외세의 침탈을 용이하게 만들어 국가의 안전과 주권에 대한 심각한 위협을 초래한다.'는 인식을 광범위하게 심어주었으며, 더 나아가 '영토의 통일성 수호'를 민족 통합과 자주, 자긍심이라는 민족주의(民族主義)적인 당위성과 연결시키고 있는 것이다.

대만과의 통일, 분리 독립 저지 여부도 중국에는 단순한 민족주의 감정 차원을 넘어 국가안보와 직결되는 현실적인 문제로 인식되기에 충분한 사안이다. 만약 대만이 독립 주권국가의 지위를 얻는다면 자연스럽게 다른 나라와 동맹 또는 그에 준하는 정치·외교·군사상의 협력관계를 맺을 권리를 얻게 될 것이다. 이 경우 대만해협 유사시 UN을 통한 국제사회의 집단안보(集團安保: Collective Security), 대만과의 안보공약 이행 등을 명분으로 외부의 군사적 개입이 정당화될 수 있다. 뿐만 아니라 대만의 요청으로 평시부터 외국의 군사력이 대만에 배치·주둔하는 것도 가능해진다. 중국 본토와 대만 사이의 거리가 불과 180km 정도에 불과하다는 점을 고려할 때, 이는 중국을 겨냥하는 직접적인 군사 위협으로 인식되기에 충분하다.

둘째, 중국 내부 소수민족 문제와의 연관성 때문이다. 중국은 대만과는 별개로, 지난 수십 년 동안 분리 독립을 지향하는 일부 소수민족과 갈등을 빚어온 바 있다. 오늘날 중국 내에는 대다수인 한족을 제외하고서도 55개의 소수민족들이 거주한다.[17] 비록 숫자상으로는 약 1억 1,360만 명으로 중국 인구에서는 불과 8.4%만을 차지하고 있지만, 이들 소수민족의 거주지역은 중국 영토 전체의 64%나 된다.[18] 특히 2만 2,000km에 달하는 중국의 육지 국경선 가운데 90%인 1만 9,000km가 소수민족 거주지역

---

17 중국은 자신들의 국가적 통일성을 대내외에 과시하기 위해 한족을 주체로 하여 이들 55개 소수민족을 포괄하는 소위 '중화민족'(中華民族)이라는 새로운 민족개념을 내세우고 있다.

18 여기에는 소수민족 자치구(自治區) 5개, 자치주(自治州) 30개, 자치현(自治縣) 120개, 그리고 자치향(自治鄕) 1,256개 등을 포함한다. 이지용, "중국 소수민족 문제 현황분석", 『주요국제문제분석』(서울: 외교안보연구원, 2011. 9. 28).

중국의 주요 소수민족 현황
출처: 『동아일보』, 2011년 6월 1일자.

에 걸쳐 있으며, 국경지역의 경우 약 2,200만 명의 인구 절반 이상이 소수
민족이다.

주목해야 할 점은 해당 지역에 거주하는 소수민족들은 주로 조선족,
몽골족, 카자흐족, 키르기스족, 타지크족 등 중국 인접국가(예: 한반도, 몽골,
러시아, 중앙아시아 등)에도 다수 거주하는 이른바 과계민족(跨界民族)이라는
사실이다. 만약 해당 소수민족이 중국에서 분리 독립하거나, 인접국의 영
향권 아래에 들어간다면 중국은 내부 분열 및 국경 불안정 때문에 심각한
대내외적 안보 위협에 직면할 위험성이 높아진다. 이에 따라 중국은 소수
민족 문제를 안정적인 국경 유지 차원에서 엄중하게 다루고 있는 것이다.

그 가운데서도 중국 서남부 시창(西藏: 인도와 인접) 자치구의 티베트, 서
북부 신장(新疆: 카자흐스탄, 키르기스스탄, 타지키스탄 등과 인접) 자치구의 위구르

족을 비롯한 일부 소수민족은 역사상으로 한족과는 다른 고유의 문화 · 종교를 유지해왔기 때문에 중국에서 분리 독립을 추구해왔으며, 이에 중국이 무력을 동원한 강경 진압으로 대응하는 갈등이 수십 년 동안 지속되고 있다.[19] 중국이 대만의 분리 독립 가능성을 경계하는 것도 그 연장선상에서 비롯된 것이다. 대만이 중국에서 독립된 주권국가가 될 경우 자국 내 소수민족의 분리 독립 움직임을 정당화시키는 데 직간접적인 파급효과를 일으키고, 그 결과 국가통합 및 안보에 치명적인 위협이 발생할 수 있기 때문이다.

그리고 셋째, 중국의 국가이익에서 점차 그 비중이 확대되고 있는 해양력(海洋力: Sea Power)의 중요성이다.[20] 일반적으로 중국은 세계 3위의 영토 면적, 2만km가 넘는 육지 국경선을 통해 14개국과 접하는 대륙국가로 인식되기 쉽지만, 그에 못지않게 해양국가로서의 특징도 상당 부분 갖추고 있다. 우선 중국 대륙은 압록강 입구로부터 남쪽으로 서해, 동중국해, 남중국해로 연결되는 1만 8,000km 길이의 해안선을 보유하며, 도서지역 해안선까지 포함할 경우 3만 2,000km로 연장된다. 또한 중국은 6,000개에 달하는 크고 작은 섬을 보유하고 있는데, 그 면적은 약 8만km^{2}에 이른다.[21] 그리고 약 470만km^{2}나 되는 중국의 자연수역 가운데 지난 1994년

---

19 티베트는 1950년 10월 압도적인 군사력을 앞세운 중국의 침공으로 1개월 만에 무력 점령당했으며, 티베트의 신정(神政) 지도자인 제14대 달라이라마는 1959년부터 인도로 망명하여 독립운동을 계속하고 있다. 위구르족은 1944년 동(東)투르키스탄 공화국을 세웠으나 중화인민공화국이 선포된 1949년 중국에 병합된 후, 1955년부터 현재의 신장 자치구가 이어져 오고 있다. 양측과 중국 당국과의 분쟁이 발생한 가장 최근의 사례는 티베트가 2008년 3월, 위구르족은 2011년 7월에 있었다. 이헌진, "中, 56개 민족의 용광로? … 갈등 뿌리 깊은 화약고!", 『동아일보』, 2011년 6월 1일자.

20 일반적으로 해양력이란 '자국이 추구하는 이익, 목적을 달성하기 위해 바다를 통제, 사용할 수 있는 총체적인 국가역량'으로 정의되며, 해군에 의한 군사력뿐만 아니라 조선(造船), 어업(漁業), 해운(海運), 해양자원 개발 등을 포함하는 포괄적인 개념이다. 중국에서는 주로 '해권'(海權)이라는 용어로 표현된다.

21 다만 이 통계는 대만을 중국 영토로 포함했을 경우를 전제로 한 것이다. 대만을 제외하

발효된 UN 해양법협약(UNCLOS: United Nations Convention on the Law of the Sea)을 통해 인정되는 관할해역 면적은 약 300만km²이다.[22]

자연적·지리적인 환경뿐만이 아니다. 경제성장에 따른 대외교역과 국내소비, 그리고 산업생산 등의 확대로 중국은 점차 석유와 천연가스를 비롯한 주요 에너지자원의 자체 수요가 큰 폭으로 늘어나고 있다. 지난 2004년 기준으로 중국의 에너지자원 소비량은 전 세계의 12.1%로 24%인 미국의 뒤를 잇는 세계 2위에 올랐다. 특히 석유의 경우 중국은 1993년부터 석유 순수입국으로 전환되었고, 석유 대외의존도는 2000년 20%대에서 현재 40%로 급증했다. 현재 추세대로라면 2010년 50%, 2020년에는 80% 수준까지 올라갈 것이라는 전망이다.[23] 이는 바다를 통해 이루어지는 무역·운송에 대한 의존도를 높이는 결과로 나타난다. 오늘날 중국 대외무역의 85% 이상이 해로를 통해 이루어지고 있다는 점은 그 단적인 예다.

그리고 중국 경제를 주도하는 신흥 대도시들의 상당수는 동중국해, 남중국해와 인접하는 연해도시(沿海都市)다. 국제적인 금융 중심도시이기도 한 홍콩과 상하이, 지난 1980년대 이후 경제특구(經濟特區)로 지정되어 중국 경제성장의 견인차 역할을 하는 광둥 성의 선전(深圳), 주하이(珠海), 푸젠 성의 샤먼(廈門) 등이 모두 연안 지역에 위치하고 있다. 그 결과 오늘날 중국 전체인구의 41%, 도시의 51%, GDP의 70%, 외국인 직접투자(FDI: Foreign Direct Investment)의 84%, 그리고 수출활동의 90%가 해안선에서 200km 이내의 연해(沿海) 지역에 집중되어 있을 정도다.[24] 따라서 중

고 중국이 관할하는 섬들 가운데 가장 큰 것은 남중국해의 하이난다오다. 이정태, 『신중국의 해권과 해양영토』(서울: 대왕사, 2005), p. 20.

22 이정태, 2005, p. 20.

23 Brian Bremner et al, "Asia's Great Oil Hunt", *BusinessWeek*, November 15, 2004.

24 You Ji, "China's Naval Strategy and Transformation" in Lawrence W. Prabhakar, Joshua H. Ho, and Sam Bateman eds, *The Evolving Maritime Balance of Power in the*

국은 이들 지역을 수도 베이징에 버금가는 우선적인 방어 대상으로 삼아야 할 입장인 것이다.

요컨대 중국은 대륙국가인 동시에 해양국가로서의 지리적 특성, 급속한 경제성장의 지속에 따른 대외의존도의 증대, 그리고 연안지역에 위치한 주요 대도시들의 방위 필요성 부각 등을 근거로 이전보다 해양력의 가치를 높이 평가하는 추세에 있다. 이 점에서 동중국해와 남중국해를 연결하는 길목 역할을 하는 대만을 통제·장악하는 것은 중국이 안정적으로 해양력을 확보 및 행사하는 데 매우 중요한 것이다.

(2) '사실상의 국가' 대만은 있다

그러나 한편으로는, 위와 같은 중국 측의 입장에도 불구하고 '정치적 실체로서의 대만'의 존재가 엄연한 사실이라는 점을 결코 간과해서는 안 된다. 비록 대만의 중화민국 정부가 1971년의 UN총회 결의안 2758호 채택 이후 지난 30여 년 동안 국제법상의 주권을 인정받는 '법적인(*De Jure*) 국가'로서의 지위는 잃은 상태지만, 중국의 정치·경제·군사적 지배권 밖에서 독자적인 영토와 인구, 무력을 보유하고 있다는 점에서 '사실상의 (*De Facto*) 국가'라고 할 수 있기 때문이다.

실제로 대만은 총면적 3만 6,191km²의 영토, 2,300만 명 이상의 인구를 갖추었을 뿐만 아니라 세계 23위인 4,230억 달러(2010년 기준)의 총 GDP 규모, 세계 5위인 약 4,000억 달러(2011년 8월 기준)의 외환보유고를 자랑하는 동아시아의 대표적인 신흥 경제성장국(NIEs: Newly Industrialized Economies)이다. 또한 세계 16위에 해당하는 약 30만 명 규모의 정규군도 보유 중이다. 그리고 1990년대 이후 제도화된 민주적인 선거, 2차례의 평

Asia-Pacific (Hackensack, NJ: World Scientific Publishing Company, 2006), p. 74.

높이 509m(세계 2위)의 타이베이 101 국제금융센터 빌딩. 대만의 경제발전을 상징한다.

화적·수평적 정권교체 실현은 경제뿐만 아니라 정치·사회적 민주주의 측면에서도 대만의 역동성을 과시하는 증거로 손꼽힌다. 이는 지난 60년 동안 공산당 우위의 1당 지배체제가 계속되고 있는 중국 본토와 명백하게 대조를 이룬다.

이러한 '사실상의 국가'로서 대만의 지위는 국제사회에서도 인정되고 있다. 비록 대만의 중화민국 정부를 승인한 공식 수교국가는 23개국뿐이지만,[25] 중국과의 수교를 위해 대만과 단교한 세계 60개국(아시아 12개국, 유럽 22개국, 아랍·아프리카 11개국, 미국, 캐나다, 중남미 9개국, 오세아니아 4개국)에 경

---

25 구체적으로는 아프리카의 4개국(부르키나파소, 감비아, 스와질랜드, 상투메 프린시페), 오세아니아의 6개국(키리바시, 나우루, 솔로몬제도, 마셜제도, 팔라우, 투발루), 중남미의 12개국(도미니카 공화국, 엘살바도르, 온두라스, 니카라과, 파나마, 파라과이, 과테말라 등), 그리고 바티칸 등이다. 모두 국제사회에서 그 존재와 영향력이 극히 미약한 군소(群小)국가들이며, 이는 외교적으로 고립 상태를 면치 못하고 있는 대만의 지위를 단적으로 나타내고 있다.

제·문화대표부(經濟文化代表處)를 설치하고, 무역을 비롯한 경제·사회·
문화적 교류를 유지하는 등의 비공식적인 관계를 지속하고 있다. 이는 중
국이 내세우는 '하나의 중국' 원칙을 지지한다는 것을 전제로 중국과 외교
관계를 수립한 국가들조차도, '대만은 중국 영토의 일부'라는 중국 측의
주장을 완전히 받아들이지는 않고 있음을 반증한다. 그리고 대만은 2006
년 11월 말을 기준으로 세계무역기구(WTO), 아시아·태평양 경제협력체
(APEC), 아시아개발은행(ADB), 국제올림픽위원회(IOC)를 비롯한 46개의
정부 간 국제기구,[26] 2,065개의 국제 비정부기구(NGO: Non-Govern-mental
Organization) 회원으로 활동 중이다.

이처럼 대만은 1949년 국공내전의 종식 이후, 대륙의 중화인민공화
국과는 별개의 영토와 인구를 관할하며, 별개의 정치·경제질서를 유지
해왔다. 다시 말해서 중국 본토와 대만은 '중앙정부 대 지방'의 관계가 아
니라 정치·경제·사회적으로 확연히 구별되는, 2개의 대등한 정치적 실
체로서 공존하고 있다. 이것이 바로 양안관계의 '현상'(現狀)인 것이다. 만
약 대만이 분리 독립을 추구한다고 해도, 그것은 지난 60년 동안 지속되
어온 중국과 대만 양측의 정치·외교·군사적인 분리 상태를 국제법상으
로 고착화하는 것일 뿐, 본질적으로는 현상타파라고 할 수 없다. 오히려
대만 정부와 2,300만 대만인들의 자주적인 의지 및 선택과는 무관하게,
중국이 일방적으로 자신들의 우위를 전제로 하는 '하나의 중국' 원칙에
입각한 통일을 요구·강요하고, 이를 관철하기 위해 군사력을 포함한 비

---

26 해당 기구들은 회원 자격을 주권국가로만 한정하지 않는다는 점에서 대만의 가입을 허
    용하고 있으며, UN 및 관련 산하기구를 비롯한 주권국가 대상의 국제기구 회원 가입은
    '하나의 중국' 원칙을 내세우는 중국의 외교적 압력으로 인해 철저히 봉쇄되고 있다. 회
    원 가입이 가능한 경우에도 '대만', '중화민국'이 아닌 '중화 타이베이'(中華臺北: Chinese
    Taipei), '대만·평후·진먼·마주 개별관세영역'(臺灣·澎湖·金門·馬祖 個別關稅領
    域: Separate Customs Territory of Taiwan, Penghu, Kinmen and Matsu)이라는 명칭을
    사용한다. 외교통상부, 2007, pp. 62-63.

평화적 수단을 동원하는 것이야말로 양안관계에서의 진정한 '현상타파'
인 것이다.

| 3 | 동아시아 지역질서 속의 대만

(1) 아시아 · 태평양 지정학과 대만

태평양의 총면적은 지구 표면 전체의 1/3에 해당하는 1억 8,000km²
나 되며, 그 주변으로는 동북 · 동남아시아, 남북미, 오세아니아 등지의
30여 개 국가들과 인접한다. 이들 환태평양(環太平洋: Pacific Rim) 지역 국가
의 다수는 공통적으로 인구분포 수준이 높고, 대외무역 중심의 활발한 경
제성장을 구가하고 있다. 그리고 환태평양 지역은 정규군 병력 규모를 기
준으로 세계 6대[27] 군사대국들이 위치할 뿐만 아니라, 지난 10년 동안 세
계에서 군사비 지출 증대가 가장 빨리 이루어지고 있는 지역 가운데 하나
다.[28] 모두 환태평양 지역이 세계 정치 · 경제 · 군사 분야에서 차지하는
비중을 반증하고 있다.

그렇다면 이처럼 큰 중요성을 갖는 환태평양 지역에서 과연 대만이
놓여 있는 지리적 입지는 어떠한가? 또한 그에 따른 지정학적 함의는 어
떻게 평가할 수 있는 것일까?

지리적으로 대만은 태평양의 북서쪽에 위치하고 있다. 먼저 서쪽으로

---

27 중국, 미국, 러시아, 북한, 인도, 한국을 뜻한다.

28 지난 1998~2007년 사이에 아시아 · 태평양 지역의 군사비 지출규모는 52%가 증가했는
데, 이는 세계 최대 군사비 지출국인 미국이 포함된 남북미 그리고 아랍 지역이 같은 기
간 동안 기록한 63%, 62% 다음으로 높은 것이다. SIPRI, *SIPRI Yearbook 2008:
Armaments, Disarmament, and International Security* (Oxford University, 2008), p. 176.

는 푸젠·광둥 성을 비롯한 중국 동남부와 약 180km 너비의 대만해협을 사이로 대치하며, 동쪽으로는 태평양과 직접 연결된다. 또한 북쪽으로는 동중국해를 통해 오키나와(沖繩), 일본, 쿠릴 열도, 그리고 알류샨 열도로 이어진다. 그리고 남쪽으로는 남중국해를 경유하여 동남아시아의 필리핀, 인도네시아 군도 해역, 말라카·순다·롬보크 해협까지 연결된다.

이 가운데서도 남중국해는 인도양과 태평양을 연결하는 국제 해상운송 및 무역의 핵심경로라는 점에서 그 중요성이 매우 크다. 특히 말라카 해협의 경우 300톤급의 선박이 하루에 200척, 매년 6만 척 이상 통과하고 있을 정도다. 이는 세계 해상운송의 20~25%에 해당하는 규모이며, 그 가운데는 동북아시아로 수송되는 석유의 80%도 포함되어 있다.[29] 뿐만 아니라 남중국해의 남부 해상에 위치하는 면적 약 73만km^{2}의 남사군도 (南沙群島)에는 최대 300억 톤(약 2,200억 배럴, 세계 4위) 규모의 막대한 석유가 매장되어 있는 것으로 평가된다. 때문에 이 지역의 해저유전 개발, 영유권을 둘러싼 중국과 동남아시아 국가들 사이의 외교·군사적인 대립이 계속되고 있는 상황이다.[30] 특히 중국은 1992년 2월 25일 남사군도를 비롯한 남중국해 전체를 영토, 영해로 포함시키는 〈중화인민공화국 영해법〉(中華人民共和國領海及毗連區法)을 통과시킨 바 있다.

지난 1970~1980년대 말 사이의 약 10년 동안 남중국해에서는 양대 초강대국인 미국, 소련이 각각 필리핀의 수빅 만(灣)과 루손 섬, 베트남의 캄란 만에 해군 및 공군기지를 설치하며 팽팽하게 대치했다. 하지만 냉전

29　Joshua H. Ho, "The Security of Sea Lanes in Southeast Asia", *Asian Survey*, Vol. 46, No. 4 (July/August 2006).

30　현재 남사군도에 대한 영유권을 주장하고 있는 국가는 중국과 대만, 베트남, 필리핀, 말레이시아, 그리고 브루나이 등 6개국이다. 이 가운데 베트남이 가장 많은 24개의 도서 및 환초(環礁)를 점령하고 있으며, 중국은 11개, 필리핀은 9개, 말레이시아는 6개, 그리고 대만은 1개를 점령 중이다. 박경일 편저, 『세계 안보의 관점과 전략』(서울: 창조문화, 2009), pp. 194-197.

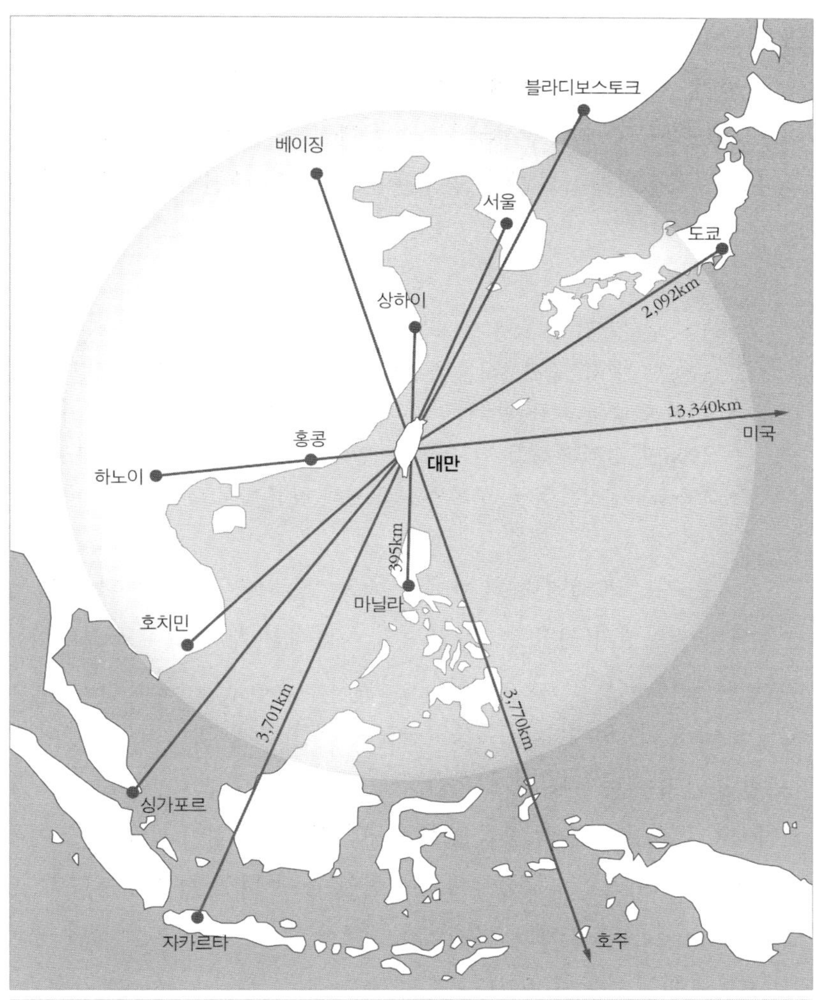

아시아 · 태평양 지역에서 대만이 차지하는 지정학적 위치

출처: Gary Klintworth, New Taiwan, *New China: Taiwan's Changing Role in the Asia-Pacific Region* (New York: St Martins Press, 1995), p. 9.

이 종식되면서 미소 양국은 동남아시아에 주둔하던 해 · 공군력을 철수시 켰으며, 남중국해는 '힘의 공백'(Power Vacuum) 상태에 놓였다.[31] 이에 따라 동남아시아 국가들보다 국력이 월등하게 우세한 중국이 남중국해에 대한 정치·군사적인 영향력을 급속히 강화시킬 가능성이 제기되고 있다. 1990년대를 전후로 남사군도를 비롯한 남중국해에서 중국과 주변 동남아시아 국가들 사이의 해양 영유권 분쟁이 빈번해진 것도 이러한 우려를 뒷받침한다.[32]

- 1988년: 중국·베트남 해군, '존슨 환초'에서 해상교전
- 1995년: 중국, 필리핀이 영유권을 주장하던 '미스치프 환초' 점령
- 1997년: 중국·필리핀 해군, 파나타 및 코타 섬 주변에서 한때 무력대치
- 1998년: 필리핀 해군, 남사군도 주변에서 조업 중이던 중국 어부 체포
- 1999년: 필리핀 해군, 중국 어선을 영해 침범 혐의로 격침

중국은 지난 2002년 11월 아세안(ASEAN: 동남아시아 국가연합)과 함께 남중국해에서 항행의 자유 보장, 분쟁의 평화적인 해결 원칙을 포함하는 〈남중국해 행동선언〉(Declaration on Conduct of Parties in the South China Sea)을 채택한 바 있다. 하지만 이는 당사국들에 대한 강제적인 의무 규정이 없는 '선언'일 뿐이며, 때문에 그동안 남중국해에서 계속되어 온 중국과 동남아시아 국가들의 무력 충돌을 예방하기에는 실효성이 부족하다. 이에 동남아시아 국가들은 〈남중국해 행동선언〉을 보다 구속력이 강화된 '행동규범'(Code of Conduct)으로 격상하는 방안을 추진 중이다. 그러나 중국은 "남중국해에 관하여 이론(異論)의 여지가 없는 주권을 확보하고 있다."는 입장 아래, 〈남중국해 행동선언〉의 행동규범 격상 요구에 부정적인 태도를 견지하고 있다. 한마디로 남중국해 문제를 국제화, 다자화하는 것

---

31   소련은 1989년, 미국은 1992년에 각각 베트남과 필리핀에서 해·공군 부대를 철수시켰다. 양승윤·황규희 등, 『동남아–중국관계론』(서울: 한국외국어대학교 출판부, 2003), pp. 341-342.

32   유철종, 『동아시아 국제관계와 영토분쟁』(서울: 삼우사, 2006), pp. 372-380.

이 '중국의 주권을 침해(侵害)하는 부당한 내정간섭'이라는 논리다.

경제적 측면에서 대만과 그 주변의 해·공역은 인도양에서 남중국해 또는 동중국해를 거쳐서 태평양으로 나아가려는 선박 및 항공기가 반드시 통과해야 하는 핵심 항로에 해당하며, 이들의 안전 여부와 직결되는 위치를 점유하고 있다. 대만 주변을 경유하는 민간 상선, 항공기가 매일 800~900대에 이른다는 것은 그 단적인 사례다.[33] 한국과 일본, 중국, 그리고 다수의 동남아시아 국가들이 사용하는 주요 해상교통로(SLOC: Sea Lane/Line of Communication) 역시 대만과 주변 해·공역의 안전 여부와 결코 무관하지 않다. 한국, 일본으로 수송되는 석유의 70% 이상이 대만과 필리핀 사이의 바시 해협과 대만해협을 경유하고 있을 정도다.[34]

군사적 측면에서도 대만의 지리적 위치는 매우 중요하다. 대만 동부 해안을 통해 연결되는 서태평양 해역 내에는 미국령 괌(Guam), 마리아나 제도(Mariana Islands. 사이판, 티니안 섬 포함)가 들어 있다. 이들은 지난 1898년의 미국·스페인 전쟁에서 미국이 승리한 이후 전통적으로 미 해군의 관할해역이었으며, 특히 괌은 태평양 내에서도 미 해·공군의 대표적인 주력기지 역할을 하고 있다. 그리고 미국의 해·공군력이 동아시아와 인도양, 혹은 아랍 지역으로 증원되기 위해 최우선적으로 통과해야 하는 관문(關門), 입구에 해당하는 것도 바로 서태평양이다.[35] 따라서 대만과 주변 해·공역에서의 안정 문제는 '동아시아 지역의 균형자'를 자처하는 미국이 서태평양으로의 군사력 투입을 원활하게 수행할 수 있느냐의 여부를 좌우하고 있는 것이다.

---

33 國防部 國防報告書 編纂委員會, 『中華民國九十五年 國防報告書』(臺北: 黎明文化公司, 2006), p. 42.

34 Chen Pi-Chao, "The Security Environment in East Asia", *Taipei Times*, September 12, 2003.

35 박경일 편저, 2009, pp. 362-363.

(2) 침몰하지 않는 항공모함

요컨대 대만은 동아시아 지역에서 일본과 더불어, '심장지역'에 해당하는 중국 본토를 견제하기 위한 '해안 도서지역'의 기능을 담당하는 지정학적 가치를 갖는다. 특히 대만은 중국 본토에서 불과 약 180km 이내에 위치하고 있으므로 중국의 정치·군사적 영향력이 대륙을 넘어 태평양을 비롯한 대양으로 확대되는 것을 직접적으로 저지·견제하는 데 적합한 것이다. 이른바 '침몰하지 않는 항공모함'(不沈航母: Unsinkable Aircraft Carrier)이라고 할 수 있다.[36]

그 반대로 만약 대만이 중국의 점령·지배 아래에 놓인다면, 중국은 대륙과 자국 연안해역을 넘어서 태평양을 비롯한 대양(大洋)으로의 정치·군사적인 세력 팽창을 추구할 수 있는 발판을 얻게 될 것이다. 이러한 시각은 중국 내부의 문헌에서도 드러나고 있다.[37]

> "만약 대만이 조국의 품으로 돌아오지 않는다면, 중국은 외부세계로 진출하는 데 큰 장애가 생길 것이며, 그로 인해 바다에서의 국가역량을 충분히 발전 및 활용하지 못할 뿐만 아니라, 스스로의 힘을 외부로 확대시키는 데 심각한 제약을 받게 될 것이다. 이 경우 중국은 '해상봉쇄' 상태의 국가로 전락한다."
>
> — 원종렌(溫宗仁) 상장(上將), 중국 군사과학원 정치위원,
> 〈대공보〉(大公報), 2005년 3월 10일자 중에서

---

36 전쟁에서 적국을 겨냥한 대규모의 병력, 무기들을 수용하며, 군사력 동원의 거점으로 사용될 수 있는 도서 지역을 지칭하는 용어다. 제2차 세계대전 당시 영국이 유럽대륙 탈환을 위한 전초기지 역할을 했던 것에서 유래했으며, 실제로 더글라스 맥아더 미 육군 원수는 대만을 중국에 대한 '침몰하지 않는 항공모함'이라고 지칭한 바 있다. James Holmes and Toshi Yoshihara, "Command of the Sea with Chinese Characteristics", *Orbis*, Vol. 49, No. 4 (Fall 2005).

37 Alan M. Wachman, *Why Taiwan?: Geostrategic Rationales for China's Territorial Integrity* (Palo Alto, CA: Stanford University Press, 2007), p. 118.

　　"대만을 손에 넣는다면, 태평양은 중국이 동쪽으로 나아갈 수 있도록 해주는 관문이 될 것이다. 대만의 전략적인 중요성은 아무리 강조해도 지나치지 않다."

— 〈해방군보〉(解放軍報), 2004년 1월 2일자 중에서

　　대만이 중국의 일개 지역 및 영토로 편입되어 군사기지화될 경우, 중국은 동중국해와 남중국해, 그리고 서태평양을 향하여 전방위적으로 해·공군력을 투입할 수 있는 거점을 차지하는 효과를 기대할 수 있다. 그 결과 북쪽으로는 오키나와를 비롯한 일본 남서부 해역, 남쪽으로는 동남아시아 주변해역, 그리고 동쪽으로는 서태평양 일대가 중국의 군사적인 영향권 아래에 놓일 것이다. 이는 해당 수역을 경유하는 각국의 해상교통로, 특히 한국과 일본, 동남아시아 국가들의 해상운송이 중국 해·공군의 활동에 따른 직접적인 봉쇄 및 차단 위협에 노출될 수 있음을 뜻한다. 아울러 동아시아 지역으로의 미국 군사력 투입도 이전보다 강화된 중국의 군사적인 견제, 저지에 직면할 수밖에 없다.[38]

　　이처럼 중국이 대만을 병합함으로써 얻는 지정학적 효과는 주변 동아시아 국가들을 압도하는 동시에, 그동안 미국이 차지해온 역내 세력우위와 영향력을 현저하게 약화시키는 결과로 이어질 수 있다. 동아시아 지역 내에서 중국의 정치·경제·군사상의 지역 패권을 보장함과 동시에, 미국에 대한 세력전이를 촉발시키는 계기를 마련하기에 충분하다. 요컨대 중국과 대만 양안의 군사력 균형, 그리고 이에 따른 대만해협의 정치·군사적인 안정 여부는 동아시아에서 중국의 지역 패권 및 세력전이가 현실화되느냐를 판가름하는 시금석이 될 것이다.

38　김재엽, "대만해협의 군사력 균형 재평가", 『新亞細亞』, 통권 제53호(2007년 겨울).

중국과 대만의 군사력 현황

1. 중국 인민해방군
2. 대만군

| 1 | 중국 인민해방군

(1) 역사와 지휘통제구조

지난 1927년 8월 1일, 마오쩌둥을 위시한 중국공산당은 장시(江西) 성 난창(南昌)에서 주로 농민 출신이 다수였던 공산당원들에게 소총 각 1자루씩만을 지급한 채, 장제스의 국민당 정권에 맞서는 '난창봉기'를 일으켰다. 중국공산당은 이들을 기반으로 홍군(紅軍)이라는 무장조직을 정식 창설하였고, 홍군은 제2차 세계대전이 종결된 후 국공내전이 재개된 1947년부터 인민해방군(人民解放軍: People's Liberation Army)이라는 현재의 명칭으로 바뀌었다. 오늘날 중국 인민해방군은 80년이 넘는 역사와 더불어, 무려 218만 5,000명의 병력 규모를 자랑하는 세계 최대의 정규군으로 성장했다.

공산당이 절대적 우위를 차지하는 1당 지배체제의 특성상, 중국에서 군사력이란 단순히 국가 방위를 위한 것일 뿐만 아니라 정권의 창출·유지·수호를 물리력으로 뒷받침하는 '정치적 통치력의 근간' 역할을 한다. 다시 말해서 인민해방군은 '중화인민공화국의 국군(國軍)'으로서보다는, '중국공산당의 당군(黨軍)'으로서의 성격이 보다 강한 것이다.[1] 인민해방군에 대한 군 통수권(統帥權)을 행사하는 기관도 중앙정부에 해당하는 중국 국무원 소속의 국방부(國防部)가 아닌, 중국공산당 중앙군사위원회(中央軍事委員會)다.[2]

---

1   "정치권력은 총구(銃口)로부터 나온다."(槍杆子裡面出政權)는 마오쩌둥의 명언은 국가보다 당(黨)의 무장력으로서 인민해방군의 성격을 잘 드러낸다. 이는 인민해방군의 창설이 과거 국민당 정권과의 무장투쟁, 즉 국공내전에서 유래한 것이기 때문이다.

2   헌법상으로는 1983년 설립된 국가 차원의 '중화인민공화국 중앙군사위원회'가 인민해방군을 지휘통제하는 군 통수기관이지만, 이 기구는 주석, 부주석, 위원 등 구성원의 대다수가 '중국공산당 중앙군사위원회'의 직위를 겸직하고 있다. 공산당 중앙군사위원회

중국 인민해방군의 지휘통제 구조
출처:『중앙일보』, 2007년 10월 2일자.

중국 인민해방군의 사령부는 4개의 기능별 총부(總部)로 구성되며, 이들 4개 총부는 공산당 중앙군사위원회의 지시를 받아 각 군에 대한 지휘감독 기능을 수행한다.3 첫째, 총참모부(總參謀部)는 육·해·공의 주요 전투부대들에 대한 군사관련 업무를 관장하는 지휘통제 기구로서 군사력의 건설, 실전운용 등의 활동을 조직 및 지휘한다. 총참모부 예하에는 작전, 정보, 훈련, 군무, 동원 등을 담당하는 실무부서를 운영한다. 둘째, 총정

를 중국의 실질적인 군 통수기관으로 평가하는 이유가 바로 여기에 있는 것이다. 또한 그 수장인 중앙군사위원회 주석은 군 통수권을 행사하는 당사자라는 점에서 중국의 실질적인 최고지도자(黨和國家最高領導人)로 인정받고 있다. 지난 1980년대에 국가주석, 공산당 총서기가 아니었던 덩샤오핑이 대내외적으로 중국 최고의 권력자가 될 수 있었던 것도 중앙군사위원회 주석(재임기간 1981~1989년)의 직책 덕분이었다. 외교통상부, 2008, p. 65.

3 성채기·황재호 등,『2009 동북아 군사력과 전략동향』(서울: 한국국방연구원, 2010), pp. 174-175.

치부(總政治部)는 군 내부 정치사상 및 공산당의 당무(黨務) 활동을 지도·감독·전개하며, 예하에 조직간부·선전·보위 등의 부서를 운영한다. 셋째, 총후근부(總後勤部)는 각 군사력의 군수물자 및 비전투 지원 업무를 담당한다. 예하에는 군수, 의무, 군사교통·수송, 물자, 의류 재무, 회계 감사 등의 부서를 운영한다. 그리고 넷째, 총장비부(總裝備部)는 각 군의 무기 및 장비류의 관리·발전에 관한 업무를 담당한다. 각 군의 병과(兵科)별 조달, 연구개발, 공용장비지원, 정비, 종합기획 등을 담당하는 실무 부서를 총장비부 예하에서 운영한다.

중국 인민해방군은 육·해·공군을 비롯한 주요 전투부대들을 전국의 각 지역별로 나누어 지휘·통제하는 군구(軍區) 체제를 채택하고 있다. 각 군구는 국가의 행정구역, 지리적인 위치, 실전에서의 작전공간[4] 범위, 그리고 작전임무 성격 등을 기준으로 설정되며, 해당 지역 이내의 모든 육·해·공 전투력과 비전투 지원부대, 그리고 국내 치안유지를 위한 준(準) 군사조직들을 지휘하는 권한을 갖는다. 현재 선양(瀋陽), 베이징(北京), 지난(濟南), 난징(南京), 광저우(廣州), 청두(成都), 그리고 란저우(蘭州)의 7개 군구가 운영되고 있다.[5]

선양군구는 만주를 포함한 중국 동북부를 관할하며, 한반도 및 러시아 극동지역의 국경 지대와 인접한다. 베이징군구는 수도 베이징과 주변 지역에 대한 방어를 담당하고 있어서 규모가 가장 크고, 주요 정부요인 경호 임무까지 수행하는 것이 특징이다. 지난군구는 산둥(山東)반도 일대를 중심으로 배치되어 있으며, 수도 베이징의 방어를 위한 전초기지이면서 유사시 주변 군구에 대한 전투력 증원을 제공하는 전략 예비부대 역할을 한다.

---

4   이를 군사용어로는 전구(戰區: Military Theatre)라고 부른다.
5   성채기·황재호 등, 2010, pp. 176-178.

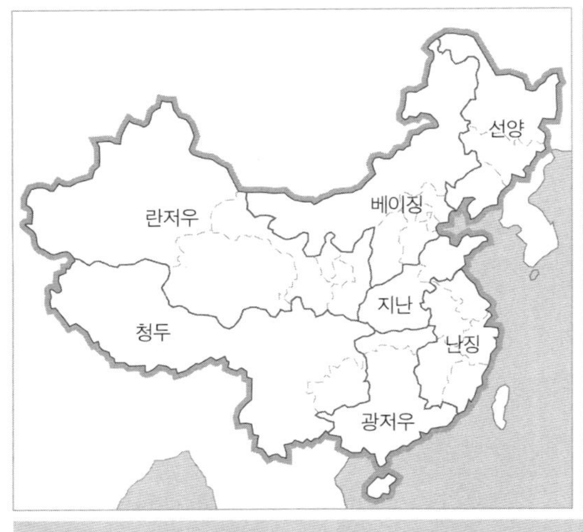

중국 인민해방군 7대 군구
출처: 『중앙일보』, 2007년 10월 2일자.

난징군구는 동중국해와 인접한 장시·푸젠 성을 중심으로, 중국 동부 지역 일대의 군사력을 관할한다. 광저우군구는 남중국해, 베트남 국경지역에 걸친 중국 남부에 대한 방어 임무를 담당하며, 홍콩과 마카오 주둔 병력의 지휘도 책임지고 있다. 청두군구는 인도차이나, 미얀마, 인도, 파키스탄 등의 여러 나라들과 국경을 접하고 있는 중국 서남부 지역 방어를 담당하며, 반세기 이상 중국과의 분쟁이 계속되고 있는 티베트도 관할 중이다. 그리고 란저우군구는 중국 서북부에서 몽골 및 중앙아시아와의 국경지역 방어, 위구르족의 신장 자치구에 대한 관할 등을 담당한다.

(2) 육 군

중국 육군은 인민해방군의 모체이며, 오늘날까지도 160만 명의 병력을 보유하는 최대 규모의 군종이다. 별도의 육군 사령부는 없으며, 인민해방군 총참모부가 실질적인 육군 사령부의 역할을 하고 있다. 예하 전투 부대들은 군단급인 약 4~9만 명 내외 규모의 집단군(集團軍: Group Army), 약 1만 2,000~1만 5,000명 규모의 사단, 약 3,000~4,000명 규모의 여단, 그리고 연대 등을 주요 부대단위로 편성된다. 각 집단군은 2~3개 보병 · 기계화 보병사단, 각 1개씩의 기갑사단(혹은 여단), 포병여단, 방공여단을 보유하며, 군구마다 2~3개의 집단군이 배치되는 것이 일반적이다.[6]

1990년대부터는 육군 전력현대화 계획의 일환으로 각 군구별로 1개 씩의 집단군 또는 여단 · 사단을 '쾌속반응부대'(快速反應部隊)로 지정, 소규 모의 국지적 무력분쟁에 신속하게 투입할 수 있도록 하고 있다.[7] 중국 육 군의 주요부대, 그리고 보유 무기의 현황 등은 다음과 같다.[8]

① 부대현황

- 집단군: 18개
- 사단: 41개(보병 20개, 기갑 9개, 기계화 보병 5개, 산악보병 2개, 상륙 2개, 포병 3개)
- 여단: 75개(보병 21개, 기갑 9개, 기계화 보병 5개, 산악보병 2개, 상륙 1개, 포병 16 개, 방공 21개)
- 연대: 40여 개(독립보병 7개, 연안방어 9개, 공병 15개, 항공 10~15개)

② 보유무기 수량

- 탱크: 7,660여 대

---

6   성채기 · 황재호 등, 2010, p. 176.

7   이들 쾌속반응부대는 타 부대들보다 우수한 화력, 기동력을 갖춘 신형 탱크, 장갑차, 대 포 등을 우선적으로 지급받고 있다. 그 결과 집단군급의 경우 약 1주일, 여단 및 사단급 은 수시간에서 3일 이내에 주요 분쟁지역으로 투입이 가능하다. 현재 중국 육군의 쾌속 반응부대는 집단군급이 2개(선양군구, 베이징군구 소속 각 1개)이며, 여단 · 사단급은 6 개(지난군구 소속 2개, 난징군구 및 광저우군구, 청두군구, 란저우군구 소속 각 1개)다. '권두부대'(拳頭部隊)라고도 불린다. IISS, *Military Balance 2009* (London: Routledge, 2009), pp. 382-383.

8   IISS, 2009, pp. 382-383.

- 경(輕)탱크: 1,000대
- 장갑차: 4,500여 대(보병전투용 1,000대, 병력수송용 3,500여 대)
- 대포: 1만 7,700문(견인포 1만 4,000문, 자주포 1,200문, 다연장로켓포 2,400문)
- 대전차미사일: 7,200기
- 대공포: 7,700여 문
- 단거리 지대공미사일: 290기
- 헬기: 411대(공격 48대, 수송 88대, 병력기동 268대, 수색구조 7대)

(3) 해 군

총 25만 5,000명의 병력을 보유한 중국 해군은 수상전투함과 잠수함, 상륙함, 비전투 지원함정, 항공기, 그리고 상륙부대를 비롯한 주요 전투력을 해군사령부 예하의 3개 해역함대로 편성하고 있다. 서해를 관할하는 북해함대(北海艦隊), 동중국해를 관할하는 동해함대(東海艦隊), 그리고 남중국해를 관할하는 남해함대(南海艦隊)가 바로 그들이다. 지휘계통상으로 북해함대와 동해함대, 남해함대는 각각 지난군구, 난징군구, 그리고 광저우군구의 작전지휘 아래에 놓인다.

각 해역함대는 20척 내외의 잠수함, 300척 내외의 수상전투함정들로 구성되며, 3개의 수상전투함 전단, 2개의 잠수함 전단, 1개의 기뢰함정 전단, 그리고 1개 이상의 상륙함 전단을 갖추고 있다. 또한 2~3개 비행사단 소속의 전투 및 비전투 항공기를 운용한다.[9] 이들과는 별도로 2개 여단, 약 1만 명 규모의 상륙부대인 해군 육전대(海軍陸戰隊)[10]도 보유하고

9　여기서 1개 비행사단은 2~3개 비행연대를 보유하며, 1개 비행연대는 25~30대의 항공기를 보유한다. 즉 1개 항공사단은 약 80~100대의 항공기를 운용하는 것이다. 성채기·황재호 등, 2010, p. 179.

10　다른 나라의 해병대(海兵隊)에 해당하는 부대다. 중국과 일본에서는 해군 소속의 보병, 상륙작전 전문부대를 '육전대'(陸戰隊)로 통칭하고 있다.

있다. 중국 해군의 주요 단위부대, 그리고 보유 무기의 현황 등은 다음과
같다.[11]

① 부대현황

- 수상전투함 전단: 9개
- 잠수함 전단: 6개
- 상륙함 전단: 5개(북해함대 1개, 동해 · 남해함대 각 2개)
- 비행사단: 8개(북해함대 2개, 동해함대 3개, 남해함대 3개)
- 비행연대: 20개(폭격기 3개, 전투기 9개, 수송기 2개, 기타 6개)
- 상륙여단: 2개

② 보유무기 수량

- 잠수함: 65척(핵추진 9척, 재래식 56척)
- 구축함: 26척
- 호위함: 49척
- 미사일정: 77척
- 연안경비정: 170척
- 기뢰함정: 69척
- 상륙함: 84척
- 소형 상륙정: 160척
- 지원함정: 204척
- 항공기: 437대(전투기 222대, 폭격기 50대, 정찰기 13대, 수송기 66대, 해상초계기 8
  대, 헬기 78대)

---

11 IISS, 2009, pp. 384-385; Stephen Saunders, *Jane's Fighting Ships 2008-2009* (Surray,
UK: Jane's Information Group, 2008), pp. 119-147.

(4) 공 군

중국 공군은 30~33만 명의 병력을 보유하고 있는, 인민해방군 내에서 육군 다음으로 규모가 큰 군종이다. 공군 사령부 예하에는 전투기, 폭격기, 지상 공격기, 수송기 등의 기종별 비행사단, 그리고 중·장거리 지대공미사일을 운용하는 지상 방공부대가 편성되며, 육군과 마찬가지로 7개 군구별로 나뉘어 해당 군구의 작전지휘를 받는다.[12]

이들과는 별도로 공군 사령부 직속의 공수군단 1개가, 육군의 쾌속반응부대처럼 소규모의 국지적 무력분쟁에 긴급히 동원·투입될 수 있는 신속대응부대(Rapid Reaction Unit)로 운용되고 있다. 중국 공군의 주요 단위부대, 그리고 보유 무기의 현황 등은 다음과 같다.[13]

① 부대현황

- 비행사단: 28개(전투기 19개, 폭격기 3개, 지상 공격기 3개, 수송기 3개)
- 비행연대: 82개(전투기 53개, 폭격기 5개, 지상 공격기 8개, 정찰기 5개, 수송기 4개, 공중 조기경보통제기 2개, 공중급유기 1개, 기타 4개)
- 방공사단: 3개
- 방공여단: 9개
- 공수군단: 1개(공수사단 3개 보유)

② 보유무기 수량

- 전투기: 1,420여 대
- 폭격기: 82대
- 지상 공격기: 192대
- 수송기: 296대

---

12   성채기·황재호 등, 2010, p. 180.
13   IISS, 2009, pp. 386-387.

- 정찰기: 120대
- 공중 조기경보통제기: 4대 이상
- 전자전기: 9대
- 공중급유기: 18대
- 헬기: 80대
- 중·장거리 지대공미사일: 1,578기

(5) 제2포병

중국 제2포병(第二砲兵)은 육·해·공군과는 별도의 군종으로, 다양한 종류의 탄도미사일을 보유 및 운용함으로써 평시 전쟁억지에 핵심적 역할을 담당하고, 전시에는 외부 적대세력을 상대로 신속하고 강력한 보복 임무를 수행하는 '전략 미사일군(軍)'이다. 5대 핵보유국으로서 중국의 정치·군사적 위상을 국내외적으로 대표하는 군종인 것이다.

제2포병 소속의 병력 규모는 총 10만 명 이상으로 알려지며, 중국 인민해방군 내에서도 가장 우수한 인력 및 과학기술 작전 수단을 보유한 정예부대로 평가받고 있다. 제2포병은 예하에 탄도미사일여단 18개, 미사일 발사기지 70여 개를 지휘통제하며, 이들은 베이징군구를 제외한 6개 군구에 분산되어 배치 중이다.[14] 제2포병이 운용하는 탄도미사일은 ① 사거리 1,000km 미만의 단거리 탄도미사일(SRBM: Short Range Ballistic Missile), ② 사거리 1,000~3,000km 내외의 준(準)중거리 탄도미사일(MRBM: Medium Range Ballistic Missile), ③ 사거리 3,000~5,000km 내외의 중거리 탄도미사일(IRBM: Intermediate Range Ballistic Missile), ④ 사거리 5,000km 이상의 대륙간 탄도미사일(ICBM: Inter-Continental Ballistic Missile)을 망라한다. 중국 제2포병이 관할하는 주요 단위부대, 그리고 보유 무기의 현황 등은 다음과 같다.[15]

---

14 성채기·황재호 등, 2010, p. 181.

① 부대현황

- SRBM 여단: 6개
- MRBM 및 IRBM 여단: 5개
- ICBM 여단: 7개

② 보유무기 수량

- SRBM: 725기
- MRBM 및 IRBM: 47기(잠수함 발사형 12기 포함)
- ICBM: 46기

|2| 대만군

(1) 역사와 지휘통제구조

중화민국 정부의 정규군은 중국공산당과의 제1차 국공합작이 성사된 이듬해인 1925년, 쑨원이 군벌 세력을 진압하기 위해 창설한 국민혁명군(國民革命軍, 통칭 국민당군)을 기원으로 한다. 이후 국공내전 기간 중이었던 1947년부터 현재의 명칭인 중화민국 국군(中華民國國軍, 이하 대만군)으로 호칭되고 있다. 한때 대만군은 최대 60~80만 명을 상회하는 대규모의 병력을 보유했지만,[16] 최근 10여 년 동안 계속되어온 군 개혁정책의 결과로 과거의 절반 이하 수준인 29만 명으로 대폭 감축하였다.

대만의 국방지도체계는 행정원 소속인 국방부의 수장, 즉 국방부장(國防部長)이 군령(軍令) 및 군정(軍政)에서의 최고권한을 행사하는 형태를

---

15 IISS, 2009, p. 383.
16 김병륜, "세계의 군대: 〈62〉 대만군", 『국방일보』, 2006년 11월 13일자.

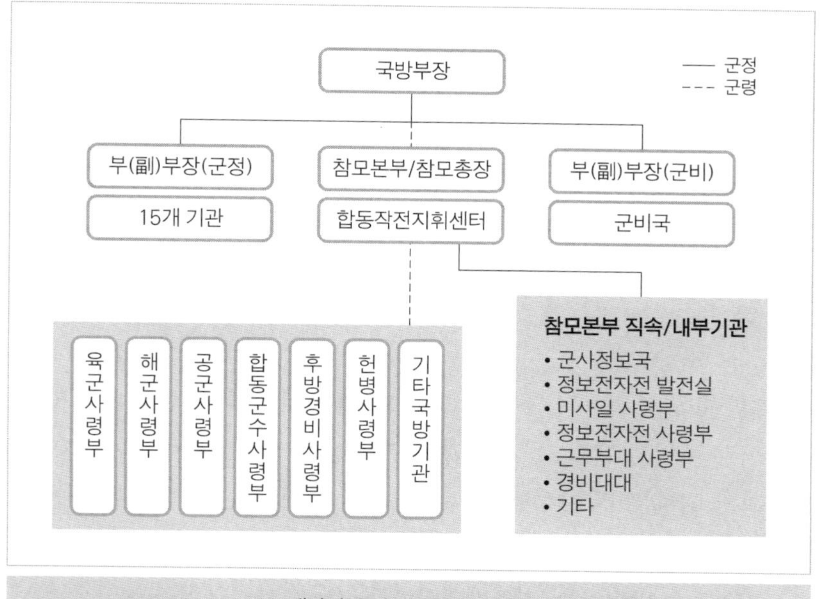

대만의 국방지도체계 구조도
출처: 공군본부, 『외국 군 구조편람 2007』(대전: 공군본부, 2007), p. 349.

채택하고 있다.[17] 군령 기능의 경우 대만군의 최고위 장성(將星)인 참모총장(參謀總長)이 국방부장의 지휘를 받으며, 군정 기능은 2명의 부(副)부장이 주요 사령부를 비롯한 국방부의 주요 직속기관과 군비국(軍備局: 무기획득, 방위산업, 연구개발 등을 담당)을 각각 관할한다.[18]

과거 대만군은 참모총장이 각 군 사령부를 경유, 예하의 육·해·공 전투부대에게 지시를 하달하는 지휘통제 방식을 유지했다. 그러나 실전에서의 보다 신속한 의사결정·임무수행을 위한 지휘단계 간소화의 필요

---

17 군사 분야에서 군령이란 '전·평시에 주요 전투부대들을 지휘 통제하는 작전 관련 기능'이다. 군정은 기획, 예산, 회계, 교육·훈련, 연구개발, 군용장비 획득, 인사, 감찰, 대외 군사협력을 비롯하여 "군사력의 건설 및 관리, 육성에 관한 기능"을 뜻한다.
18 공군본부, 『외국 군 구조편람 2007』(대전: 공군본부, 2007), p. 349.

성이 제기되면서 오늘날에는 참모총장이 대만군 참모본부(參謀本部) 내의 합동작전지휘센터(聯合作戰指揮中心)를 통해서 3군의 주요 전투사령부를 직접 작전통제하도록 바뀌었다.[19] 그 결과 육·해·공군 사령부는 실전에서의 지휘통제 책임으로부터 벗어나 군수지원, 기획, 예하 부대 전투태세의 유지 및 발전, 교육·훈련 등을 주로 담당하게 되었다.

(2) 육 군

대만 육군은 총 병력규모가 20만 명인 대만군 최대의 군종이다. 대만 육군의 전투력은 크게 3가지 범주로 분류될 수 있다. 첫째, 대만 본도를 방어하기 위한 주력 전투부대들이다. 특히 핵심전력인 3개(제6, 제8, 제10) 군단은 각각 북부와 중부, 남부의 방어를 담당한다.[20] 둘째, 4개의 주요 도서지역들을 방어하는 '지역방위사령부'(防衛指揮部)다. 이들은 중국 본토와 가까운 진먼(金門)·마주(馬祖), 대만 서부의 평후(澎湖), 대만 동부의 화둥(花東)으로 나뉜다. 그리고 셋째, 헬기 중심으로 편성되는 육군 소속 항공부대와 특수전부대를 통합 운용하는 '항공특전사령부'(航空特戰指揮部)다.

최근 수년 동안 대만 육군은 보다 신속한 병력동원, 작전 투입을 위해 주요 단위부대들의 규모를 사단급에서 여단급으로 재편하고 있다. 이들 가운데 일부는 4개 지역방위사령부 소속으로 진먼·마주다오를 비롯한 전방 도서지역에 분산 배치 중이다. 대만 육군의 주요부대, 그리고 보유

---

19 군사 분야에서 합동(合同: Joint)이란 "동일한 작전목적의 달성을 위해, 육·해·공군을 비롯한 2개 이상의 서로 다른 군종들이, 동일한 작전공간 및 시간대 이내에서 함께 작전을 수행하는 것"을 뜻한다. 중국어권에서는 비슷한 의미로 연합(聯合)이라는 용어를 사용한다. 國防部 國防報告書 編纂委員會, 2006, p. 143.

20 제6군단은 대만 북부의 타오위안(桃園), 제8군단은 대만 남부의 치산(旗山), 그리고 제10군단은 대만 중부의 타이중(臺中)에 각각 배치되어 있다. Giles Ebbutt and James C. O'Halloran, *Jan's World Armies 2006* (Surray, UK: Jane's Information Group, 2006), p. 707.

무기의 현황 등은 다음과 같다.[21]

① 부대현황

- 군단: 3개
- 여단: 41개(보병 28개, 기갑 5개, 기계화 보병 1개, 차량화 보병 3개, 항공 3개, 특수전 1개)

② 보유무기 수량

- 탱크: 926여 대
- 경(輕)탱크: 905대
- 장갑차: 1,175대(보병전투용 225대, 병력수송용 950대)
- 대포: 1,815문(견인포 1,060문, 자주포 405문, 다연장로켓포 300문)
- 대전차미사일: 1,060기
- 대공포: 400문
- 단거리 지대공미사일: 76기
- 휴대용 지대공미사일: 465기
- 헬기: 220대(공격 101대, 수송 및 병력기동 89대, 훈련 30대)

(3) 해 군

오늘날 대만 해군은 총 4만 5,000명의 병력을 보유하고 있다. 대만 본도와 전방 도서지역을 비롯한 다수의 섬으로 영토가 구성되는 지리적인 특성 때문에, 해군력은 대만의 국방·군사전략에서 매우 중요한 비중을 차지한다. 만약 중국이 대만을 겨냥하여 군사적 침공을 감행할 경우, 침공하는 중국의 군사력을 영토 밖에서 저지하거나 최대한 약화시킴으로써 지상에서 대만 육군의 방어 부담을 최소화시키는 데 기여할 수 있기 때문

---

21 IISS, 2009, p. 410.

이다.

대만 해군은 주력 수상전투함들을 보유한 4개[22] 해역함대를 중심으로 상륙, 기뢰전, 연안경비, 항공 등의 각 기능별 함대전단을 편성하고 있다. 아울러 도서지역 방어와 상륙작전을 위해 3개 여단 소속, 총 1만 5,000명 병력의 해군 육전대도 보유 중이다. 대만 해군의 주요 단위부대, 그리고 보유 무기의 현황은 다음과 같다.[23]

① 부대현황

- 해역함대: 4개
- 기능별 함대: 2개(상륙함, 기뢰함정)
- 기능별 전단: 3개(항공 2개, 미사일정 1개)
- 기능별 전대: 1개(잠수함)
- 상륙여단: 3개

② 보유무기 수량

- 잠수함: 4척(훈련용 2척 포함)
- 구축함: 4척
- 호위함: 22척
- 미사일정: 62척
- 연안경비정: 8척
- 기뢰함정: 12척
- 상륙함: 19척
- 소형 상륙정: 290척
- 지원함정: 11척

---

22 대만 해군의 4개 해역함대는 동쪽으로 쑤아오(蘇澳: 제168함대), 서쪽으로 펑후다오의 일부인 마공(馬公: 제146함대), 남쪽으로 주오잉(左營: 제124함대), 그리고 북쪽으로 지룽(基隆: 제131함대)에 각각 배치되어 있다. Stephen Saunders, 2008, p. 770.

23 IISS, 2009, pp. 410-411; Stephen Saunders, 2008, pp. 770-779.

- 항공기: 62대(해상초계기 32대, 헬기 30대)
- 상륙용 장갑차: 204대

(4) 공 군

대만 공군의 병력 규모는 약 4만 5,000명으로 해군과 비슷한 수준이다. 대만 영토와 대만해협 상공에서의 세력 우세를 달성하는 것을 우선적인 임무로 삼고 있으며, 해군과 더불어 유사시에 중국의 군사력이 대만 본도를 직접적으로 위협하지 못하도록 격퇴하는 데 핵심 역할을 수행한다.

대만 공군은 전투기와 지상 공격기가 주축을 이루는 '전투비행단',[24] 수송기나 헬기를 비롯한 각종 비전투 지원기를 보유하는 '혼성비행단', 그리고 중·장거리 지대공미사일을 운용하는 '방공포병사령부' 등으로 구성된다. 대만 공군의 주요 단위부대, 그리고 보유 무기의 현황 등은 다음과 같다.[25]

① 부대현황
- 비행단: 7개(전투 6개, 혼성 1개)
- 비행대대: 24개(전투기 17개, 정찰기 1개, 전자전기 1개, 공중 조기경보기 1개, 헬기 2개, 수송기 2개)
- 방공전대: 2개
- 방공대대: 6개

② 보유무기 수량
- 전투기: 420대

---

24 대만 공군의 전투비행단은 일반적으로 2~4개의 비행대대로 구성되며, 1개 비행대대는 20~24대의 전투기, 혹은 지상 공격기를 보유하고 있다. 공군본부, 2007, p. 352.
25 IISS, 2009, pp. 411-412.

- 지상 공격기: 22대
- 수송기: 39대
- 정찰기: 8대
- 전자전기: 2대
- 공중 조기경보기: 6대
- 헬기: 35대
- 중·장거리 지대공미사일: 수백 기

(5) 기 타

육·해·공군과 더불어 탄도미사일을 보유·운용하는 전략 미사일군(즉 제2포병)을 별도 군종으로 편성하는 중국 인민해방군과는 달리, 대만군은 전통적인 육·해·공 3개의 군종만으로 구성된다. 다만 이들 3개 군종과 대등하거나, 그에 준하는 지위를 차지하는 기능별 사령부를 설치·편성하고 있다. 국방부가 직접 관할하는 '합동군수사령부'(聯合後勤司令部), '후방경비사령부'(後備司令部), '헌병사령부'(憲兵司令部), 그리고 대만군 참모본부의 직속 합동부대인 '정보·전자전사령부'(資電作戰指揮部)와 '미사일사령부'(飛彈指揮部)가 여기에 해당한다.[26]

합동군수사령부는 육·해·공 3군에 대한 각종 군용물자의 보급·지원기능을 통합적으로 수행한다. 이를 위해 대만 본도의 5개 지역, 중국 본토와 인접한 진먼·마주다오까지 총 7개의 지역별 지원사령부를 설치하고 있는 것이 특징이다. 후방경비사령부는 총 165만 7,000여 명(육군 150만 명, 해군 6만 7,000명, 공군 9만 명)에 달하는 대만 예비전력을 지휘·통제하여 유사시 중국의 대만 침공에 맞서는 최후의 보루 역할을 한다.[27] 전

---

26 國防部 國防報告書 編纂委員會, 『中華民國九十七年 國防報告書』(臺北: 黎明文化公司, 2008), pp. 148-156.

27 IISS, 2009, p. 410.

력 편성은 3개의 지역별 경비사령부를 주축으로, 다시 시(市)·현(縣) 단위의 경비부대와 연안, 도시지역 방어를 위한 여단 또는 대대급 예비부대로 나뉜다.[28]

헌병사령부는 약 1만 6,000명 규모의 헌병(憲兵)을 지휘통제하고 있다. 경(輕)무장과 신속 기동능력을 바탕으로 폭동 진압을 비롯한 국내 치안유지, 국가 핵심시설 방어, 그리고 대(對)테러리즘 관련 군사임무를 수행한다. 이 점에서 군 내부의 기강 및 보안유지 등에 관한 활동으로 국한되는 다른 나라의 헌병보다 임무수행 범위가 넓은 것이 특징이다.

정보·전자전사령부는 전·평시에 대만군의 원활한 임무수행을 뒷받침하기 위해 군용 통신(通信), 정보수집, 전자(電子) 자산들과 이들로 구성되는 정보통신 체계의 방어 및 유지를 담당한다. 이를 위해서 사령부 내에 대대급의 정보·전자전 수행부대와 지원부대, 훈련센터를 운용하고 있다. 그리고 미사일사령부는 중국의 군사적 침공을 대만 영토 외부에서 저지·격퇴하기 위한 핵심전력으로서 해·공군력과 더불어 사거리 50~100km 이상의 중·장거리 미사일을 보다 적극적으로 운용할 필요성에 따라 지난 2004년 육군 미사일사령부를 모체로 창설되었다.[29] 현재 ① 연안지역 방어를 위한 지대함미사일 부대, ② 중·장거리 지대공미사일 부대가 미사일사령부의 관할 아래에 있다.

---

28 國防部 國防報告書 編纂委員會, 2008, p. 151.

29 Giles Ebbutt and James C. O'Halloran, 2006, p. 705.

06 양안 군사력 균형의 현황 평가

1. 점령능력

2. 제해·제공권 확보능력

3. 타격능력

4. 외부 개입능력

5. 소결론

만약 중국이 대만을 겨냥하여 군사력을 동원한다면, 그 양상은 어떠한 형태를 나타낼 것인가? 이 질문에 대한 대만과 각국 정부당국, 전문가들의 평가는 크게 4가지의 가능성으로 나뉜다.[1]

첫째, '무력시위'(軍事威懾: Military Intimidation)다. 이는 대만해협 인근에서 벌어지는 중국 인민해방군의 군사활동 빈도 증가, 해당 지역 이내의 전투부대 이동 및 전진 배치, 대규모 기동훈련이나 화력시범의 실시, 대만 주변 해·공역으로의 군사력 접근 시도[2], 그리고 심리전(心理戰)의 일환으로 양안 간의 군사적 충돌 가능성 및 의도를 강력히 암시하는 중국 관영 언론매체들의 보도 및 선전 집중 등을 포함한다. 대만 내부의 불안 심리를 가중시키고, 대만 정부와 대만인들의 사기를 약화시키는 것이 목적이다. 지난 1995년과 1996년의 제3차 대만해협 위기 당시의 사례가 대표적이다.

둘째, '봉쇄'(封鎖: Blockade)다. 중국이 해·공군력을 동원하여 대만의 주요 항구나 해상·공중 항로의 사용을 차단·교란하는 것을 뜻한다. 특정한 일부 항구나 항로만을 대상으로 하는 '부분적인 봉쇄' 또는 대만 주변의 해·공역 일대를 비행 및 항해금지구역으로 선포한 후 대규모의 기뢰부설까지 실시하며 지속적이면서 전(全)방위적으로 이루어지는 '전면 봉쇄'로 구분될 수 있다. 이는 대외무역을 비롯한 대만의 경제활동을 마비시키고, 대내외적인 생존 여건을 불리하게 만들어 대만으로 하여금 중국에게 유리한 통일 협상, 조건을 수용하도록 강요하기 위한 것이다.

셋째, '제한 공격'(關鍵目標飽和攻擊: Limited Attack)이다. 탄도미사일을 비

---

1   國防部 國防報告書 編纂委員會, 2008, p. 74.

2   대만은 지난 1951년부터 대만 서부에서 60해리 떨어진 대만해협의 중간선[일명 해협중선(海峽中線)]을 따라 일부 공역을 비행금지구역으로 설정하고 있다. 이 점에서 해협중선은 대만 방공식별구역(ADIZ: Air Defence Identification Zone)의 경계선 역할을 하고 있는 것이다. 때문에 만약 중국이 공군력을 동원하여 대만에 무력시위를 감행한다면, 해협중선과 방공식별구역을 겨냥한 공중 침범으로 이어질 가능성이 매우 높다.

롯하여 지상·해상·공중에 배치될 수 있는 중국 인민해방군의 다양한 화력 수단들을 동원하여 대만의 정치·경제·군사적인 핵심시설 또는 상징적인 표적 일부에 대한 물리적인 파괴와 살상을 가하고, 점차 그 강도를 높이는 것이다. 중국 특수부대가 대만의 일부 지역에 대한 기습적인 침투·점령을 시도할 가능성도 있다. 비록 전면적인 침공은 아니지만, 중국에 대항하기 위한 대만의 총체적인 전쟁 수행능력과 지휘통제 체계, 저항 의지를 약화시키는 결과를 발생시킬 수 있다. 이를 통해서 중국 인민해방군의 본격적인 대만 침공이 성공적으로 실시되는 데 결정적인 여건을 조성하거나, 그 이전에 대만의 항복을 이끌어 낸다는 것이다.

그리고 넷째, '전면 침공'[登島(臺灣)作戰: Full-Scale Invasion]이다. 우선 중국 본토와 가까운 진먼·마주다오를 점령하고, 다음으로 펑후다오를 차지하여 본격적인 대만 침공을 위한 거점으로 삼는다. 마지막 단계로 중국은 대규모의 상륙작전을 중심으로, 육·해·공군 병력을 총동원하는 가운데 대만군의 저항을 완전히 제압하고, 대만 전 지역에 대한 무력 점령을 완료한다. 여기서는 외부 세력의 군사 개입이 대만해협으로 전개되기 이전에 신속하게 대만을 병합하는 것이 중국의 최우선적인 목적이다.

오늘날 중국과 대만 양안의 군사력 균형 여부는 위와 같은 중국의 군사적인 적대행위와 현상타파 시도 가능성에 맞서, 과연 대만이 성공적으로 스스로를 방어해낼 수 있느냐에 따라 결정된다고 해도 과언이 아닐 것이다. 쉽게 말하자면 "중국의 대만 침공이 성공할 수 있는가?"라는 질문에 대한 답이라고 할 수 있다.

| 1 | 점령능력

(1) 중국 육군의 허와 실

점령능력을 판단하기 위한 가장 기본적인 평가대상은 분쟁 당사국 사이의 지상전력 규모, 좀 더 구체적으로는 육군 소속 장병들과 단위부대, 그리고 보유무기의 수량이다. 이 부분에서는 비교 자체가 무의미할 정도로 중국 인민해방군이 대만군을 압도하고 있다. 육군 병력의 규모에서 중국 인민해방군이 무려 160만 명의 병력을 보유한 반면, 대만 육군은 불과 20만 명에 지나지 않기 때문이다. 8 : 1로 단연 중국의 우세다.

중국의 양적 우위는 주요 지상전 무기의 수량에서도 확연히 나타나고 있다. 우선 탱크는 소형 경(輕)탱크까지 포함하여 8,660여 대를 보유한 중국이 1,820대 가량에 불과한 대만보다 4.7배 이상 많다. 장갑차 역시 중국의 것이 4,500대 이상으로 대만의 1,175대를 3.8배나 앞선다. 대포의 경우는 그 격차가 더욱 커서 중국은 1만 7,700문, 대만은 1,815문으로 중국이 9.75배의 압도적인 우세를 차지하고 있다.

다만 중국 인민해방군의 병력이 7개 군구별로 나뉘어 배치되고 있다는 점을 고려한다면, 위와 같은 중국의 거대한 육군 병력 전체가 대만 침공만을 위해서 동원될 가능성은 매우 희박하다. 그러므로 중국 인민해방군 내에서 대만과의 군사적 대결에 최우선적으로 투입될 수 있는 병력을 대상으로 평가하는 것이 중국의 대만 점령능력 여부를 보다 정확하게 판가름할 것이다. 여기에는 대만해협과 인접한 중국 동남부를 관할하는 난징군구 소속 군사력을 중심으로, 그 주변에 해당하는 지난군구 및 광저우군구 소속의 군사력 일부가 포함되어야 한다.

대만해협 유사시 중국 인민해방군의 주력이 될 것으로 평가받는 난징군구에는 3개(제1·12·31) 집단군을 주축으로 하는 약 25만 명의 육군 병력이 배치되어 있다. 예하 전투부대는 여단 12개(보병 5개, 상륙 1개, 포병 3개, 방공 3개)와 사단 5개(보병 2개, 기갑 1개, 상륙 1개)로 나뉜다.[3] 주변의 지난군구, 광저우군구 소속 부대까지 증원될 경우, 중국 인민해방군이 대만 침공에 동원할 수 있는 육군 병력의 규모는 40만 명 이상으로 확대될 수 있다. 이는 8개 집단군 소속의 여단 24개(보병 11개, 기계화 보병 1개, 기갑 3개, 포병 6개, 상륙 3개)와 사단 18개(보병 6개, 기계화 보병 1개, 기갑 4개, 포병 2개, 공수 3개, 상륙 2개), 그리고 이들이 보유하는 탱크 3,100대, 대포 3,400문 등을 포함하는 거대한 전력이다.[4] 이 정도의 전력만으로도 중국 인민해방군은 대만 육군을 병력 규모에서 2배 이상, 탱크는 약 1.7배, 그리고 대포는 약 1.8배 앞선다.

하지만 중국 인민해방군의 이러한 양적 우위는 질적 측면에서 드러나는 여러 문제점들 때문에 크게 상쇄되고 있다. 그 가운데 첫 번째는 지상 기동전력을 구성하는 주력 무기인 탱크, 장갑차의 성능 및 기술수준의 낙후성이다.[5] 중국 인민해방군이 보유한 탱크 7,600여 대 중에서 대다수인 5,000대에 달하는 Type-59 탱크는 구(舊) 소련의 T-54/55 탱크를 모방하여 개발해낸 것으로 지난 1958~1980년 사이에 생산되었다. 주요 무장으로는 구경 100mm 주포, 7.62mm 기관총을 탑재하며, 장갑 두께는 100mm다. 그리고 최고 주행속도 시속 50km와 항속거리 450km(외부 연료 탱크를 탑재할 경우 600km로 연장 가능), 엔진출력 520마력(馬力)의 기동성을 발

---

3   IISS, 2009, p. 382

4   Office of the Secretary of Defense, *Military and Security Developments Involving the People's Republic of China 2010* (Washington D.C: U.S. Department of Defense, 2010), p. 60.

5   중국 육군의 주력 지상 기동무기와 성능에 관해서는 Christopher F. Foss, *Jane's Armour and Artillery 2009-2010* (Surray, UK: Jane's Information Group, 2009), pp. 4-17, 183-186, 294-305를 참고.

중국 육군의 숫자상 주력 무기인 Type-59 탱크(왼쪽)와 YW-531 장갑차(오른쪽)

휘한다. 이는 1960년대의 기술력을 바탕으로 한 것이며, 처음 개발된 이후 30여 년이 훨씬 지난 오늘날의 전장 조건에서는 화력과 기동력, 생존성 모두 뒤떨어지는 수준이다.

중국 인민해방군의 탱크들 가운데 비교적 신형으로 평가받는 것은 1980년대 말 이후부터 개발·생산 중인 Type-96/99 탱크 1,300여 대다. 이들은 125mm 주포와 반응·복합장갑,[6] 출력 1,000마력 이상의 엔진, 그리고 전자·통신기술을 적용한 신형 사격통제장치 등을 탑재함으로써 미국과 러시아, 유럽 등 주요 군사선진국들의 주력 탱크에 버금가는 화력과 기동력, 생존성을 갖춘다. 그러나 이들은 7대 군구별로 불과 1개씩 지정되어 있는 군단 및 여단·사단급의 쾌속반응부대를 대상으로 배치되고 있다. 때문에 대만해협 유사시 중국이 동원할 수 있는 지상 기동전력에서의 비중도 소수에 그칠 것으로 평가된다.

기계화 보병 부대의 주축인 장갑차는 어떠한가? 현재 중국은 4,500대가 넘는 장갑차를 보유하고 있는데, 77% 이상을 차지하는 3,500대가 병

---

6   반응장갑(Reactive Armour)은 탱크 차체에 약한 폭발력을 발생시키는 소재를 부착하여 적 포탄의 파괴효과를 약화시키는 기능을 한다. 복합장갑(Composite Armour)은 기존의 금속 대신 플라스틱, 유리섬유, 세라믹, 티타늄 등의 특수소재를 사용하여 적 포탄의 관통력을 저하시킴으로써 탱크의 생존성을 강화하는 효과를 낸다.

력수송용 장갑차(APC: Armoured Personnel Carrier)다. APC는 기동 과정에서 차량에 탑승한 보병 부대원(1대당 10명 내외)들을 방어하는 기능에 초점을 맞춘 것이 특징이며, 때문에 자체 무장은 10mm급 기관총으로 제한된다. 장갑 방호력도 적의 소구경 총탄 정도만을 막을 수 있는 10~15mm 정도에 지나지 않는다. 약 30~50mm급 이상의 기관포나 대전차미사일 등을 탑재하여 소형 탱크 수준의 전투력을 발휘할 수 있는 보병전투용 장갑차(IFV: Infantry Fighting Vehicle)와 비교할 때, 치열한 전투가 벌어지는 전방 지대에서 탱크와 함께 기동 작전을 수행하기에는 화력, 생존성 측면에서 모두 부적합한 것이다.

(2) 상륙·공중수송 능력의 문제

그뿐만이 아니다. 중국과 대만은 너비 180km의 대만해협에 의해서 지리적으로 분리되어 있다. 따라서 중국이 군사력을 통해 대만을 점령하기 위해서는 단순히 대만을 능가하는 규모, 전투력의 육군 병력을 갖추는 것과 더불어, 해당 병력들을 바다와 하늘을 건너 이동시킬 수 있는 운반 수단을 갖춰야만 하는 것이다. 여기에 해당하는 것이 ① 바다를 통한 상륙작전을 위한 상륙함정, ② 하늘을 통한 공수 및 공중강습 작전 수행을 위한 수송용 항공기다.

중국 인민해방군 가운데서도 대만 점령을 위한 선봉(先鋒)부대의 주력은 수송기, 헬기로 이동하는 공수·공중강습부대보다는 상륙함정에 탑승하여 바다를 건넌 후 연안지역을 점령하는 상륙부대가 될 것이다. 항공기보다는 해군 함선에 의한 병력수송 규모가 훨씬 많으므로 대규모의 후속 증원부대 수용을 위한 교두보를 확보하는 데 적합하기 때문이다. 현재 중국 인민해방군에서 상륙작전을 수행할 수 있는 부대는 육군 소속의 상륙사단 2개과 상륙여단 1개, 그리고 해군육전대 소속의 2개 여

중국 인민해방군의 상륙 모습. 중국의 대만 침공이 전면전쟁으로 확대될 경우 현실화될 수 있는 장면이다.

단을 포함한다.[7]

총 4만 명에 달하는 이들 육군과 해군육전대 소속 상륙부대 병력의 수송을 담당할 중국 해군의 상륙함정 수는 총 244척이다. 1척당 150~250명 규모의 중대급 부대 또는 10대 이하의 탱크, 지상 차량을 이동시킬 정도의 수송능력을 갖춘 것이 특징이다. 만약 중국이 대만 침공을 위해 이들을 총동원한다면, 이론상으로는 단 1차례의 상륙작전만으로도 1개 군단급인 3~5만 명 이상의 인민해방군 병력을 대만에 투입할 수 있다.

그러나 중국 해군이 보유한 상륙함정의 과반수인 160척은 선체 배수량(排水量: Displacement)이 100톤 내외에 불과한 소형 상륙정(LC: Landing Craft)이다. 대륙과 인접한 진먼다오, 마주다오를 겨냥한 기습 상륙작전은 가능

7 　중국 육군이 운용하는 상륙부대 가운데 사단과 여단 각 1개는 난징군구 소속이며, 나머지 1개 상륙사단은 광저우군구 소속이다. 그리고 2개의 중국 해군육전대 여단은 광저우군구 소속인 남해함대 예하 부대로 편성되어 있다.

중국 해군의 상륙함들. 대다수가 연안 접안식으로 상륙 과정에서의 생존성이 취약하다.

하겠지만, 너비 100km를 훨씬 넘는 대만해협을 건너 대만 침공에 투입되는 것은 사실상 불가능하다. 따라서 중국 해군이 대만을 침공할 경우 실질적으로 동원할 수 있는 상륙 수단은 배수량 1,000~4,000톤 사이의 중형 상륙함(LSM/T: Landing Ship Medium/Tank) 80여 척으로 제한된다. 이 경우 단 1차례의 상륙작전으로 대만에 상륙시킬 수 있는 인민해방군 병력의 최대 규모도 1개 사단급인 1만 4,000명 정도로 줄어들 것으로 평가된다.[8]

중국 해군이 운용하는 상륙함 80여 척은 '유하이'(玉海: 만재배수량 799톤)급 13척, '유리앙'(玉連: 만재배수량 1,100톤)급 31척, '윤슈'(運輸: 배수량 1,460톤)급 10척, '유덩'(玉登: 만재배수량 1,850톤)급 1척, '유칸'(玉坎: 배수량 3,110톤)급 7척, 그리고 '유팅'(玉亭: 배수량 3,770톤)-I/II급 20척 등으로 구성된다.[9] 이들 가운데 북해함대 소속은 9척에 불과한 반면, 동해함대에는 20여 척의

---

8   다만 중국이 민간 수송선박까지 동원할 경우, 상륙 가능한 인민해방군 병력의 규모는 3배 이상 증가할 것으로 평가된다. Bernard D. Cole and Valérie Niquet, "Amphibious Capabilities" in Steve Tsang eds, *If China Attacks Taiwan: Military Strategy, Politics and Economics* (New York: Routledge, 2006), p. 152.

9   Stephen Saunders, 2008, pp. 145-147.

상륙함을 배치하여 대만해협 유사시 최우선적으로 동원될 전망이다. 가장 많은 50여 척의 상륙함을 보유한 남해함대 역시 지리적으로 대만 침공을 위한 상륙작전 지원·증원을 제공할 수 있는 위치에 있다.

하지만 이들의 상륙작전 수행 능력도 큰 한계를 안고 있다. 첫째, 중국 해군의 중형 상륙함 80여 척은 공통적으로 연안 접안식(Ship-to-Shore) 상륙을 전제로 설계되어 있다. 다시 말해 해안과 최대한 가까운 거리로 접근하여 상륙부대의 병력, 차량, 물자를 직접 내려놓거나, 해안 근처에서 수륙양용 기능의 탱크 및 장갑차, 소형 상륙정을 발진시키는 방식인 것이다. 일반적으로 상륙을 시도하려는 해안 지역은 적 군사력에 의해 점유되어 있는 상태이며, 이를 위해 레이더를 비롯한 정보수집용 자산이나 기관총, 해안포, 대함미사일 등의 지대함(地對艦) 화력, 그리고 각종 방어수단(예: 철조망, 지뢰, 인공 장애물)을 통해 요새화된 경우가 많다. 이는 대만도 예외가 아니어서 진먼·마주다오, 펑후다오, 북부의 지룽, 남부의 가오슝과 주오잉(左營), 그리고 동부의 화롄(花蓮) 등 6개 지역에 지대함미사일부대를 배치·운용하고 있다.[10]

때문에 중국 인민해방군은 대만 해안에서의 상륙을 감행할 경우 대만군이 미리 구축해 놓은 연안방어용 화력, 대(對)기동 방어수단, 그리고 증원되어 오는 지상 전력 등 때문에 방어권 이내에 직접적으로 노출될 위험성이 매우 높다. 이는 상륙작전의 수행 과정에서 불가피하게 병력 손실의 규모를 증가시킬 것이며, 그만큼 상륙작전 자체의 성공 여부에도 부정적인 영향을 줄 수밖에 없다.

둘째, 중국 해군의 상륙함은 선체 규모가 배수량 1,000~4,000톤 이내로 제한되어 1척당 수송할 수 있는 병력이 중대급인 약 100~200명의 소규모에 머물러 있다. 이에 따라 중국 인민해방군은 대만의 해안지역에

10　Stephen Saunders, 2008, p. 770.

교두보를 확보하는 데 필요한 대규모의 상륙부대를 투입하기까지 많은 시간이 요구될 것이며, 상륙작전 초기에 대만군의 방어를 제압할 수 있는 병력을 충분히 상륙시키기에 큰 어려움을 겪을 것이다.[11]

수송기를 통한 공수부대 투입은 상륙작전에 비하면 많은 병력을 적 영토에 침투시키기 어렵다. 대신 상대적으로 방어태세가 취약한 측·후방지역을 기습적으로 점령함으로써 정치·심리적인 충격 효과를 극대화하고, 적 방어력의 분산을 강요하는 등 간접적으로 적 영토에 대한 점령능력 확보에 기여할 수 있다. 하지만 여기서도 중국 인민해방군의 한계는 분명하게 나타난다. 현재 중국은 제15 공수군단 소속의 공수부대원 총 3만 5,000여 명(3개 공수사단 포함)을 편성 중이지만,[12] 유사시 이들을 대만으로 침투시키는 데 필요한 수송기의 기동·탑재능력이 제한적이기 때문이다.

중국 공군이 보유한 수송기는 총 296대나 되지만, 과반수인 170대가 러시아의 AN-2 '콜트'를 바탕으로 한 소형 수송기 Y-5다. 항속거리가 1,025km로 이론상으로는 중국 본토에서 충분히 대만까지 비행할 수 있지만, 수송능력은 1대당 병력 10명 내외의 소규모에 불과하다. 때문에 두 번째로 많은, 대당 약 20~30명의 인원을 탑승시킬 수 있는 41대의 Y-7

---

11   대조적으로 미국과 유럽을 비롯한 군사 선진국들은 1990년대 이래 '초수평선(OTH: Over The Horizon) 상륙작전'이라는 상륙전 수행개념을 채택하고 있다. 이는 적 해안지역에 구축된 감시, 화력범위 밖의 해역에서 장거리·고속기동이 가능한 헬기, 공기부양정(LCAC: Landing Craft Air Cushion)을 통해 상륙부대 병력을 직접 상륙 목표지점까지 이동시키거나, 무장 항공기를 출격시켜 적 해안의 방어요새를 제압하는 것을 뜻한다. 이를 위해 항공기와 공기부양정, 그리고 1척당 1,000명 내외의 대대·연대급 병력을 탑재, 수송할 수 있는 배수량 2~3만 톤급의 상륙모함(LHA/D: Landing Helicopter Assault/Dock)이 사용된다.

12   제15 공수군단은 편제상 중국 공군 소속이며, 육군의 쾌속반응부대와 더불어 주요 제한·국지분쟁에 가장 먼저 투입될 수 있는 신속대응부대다. 보유무기는 휴대용 대(對)전차무기, 박격포, 그리고 공중 투하가 가능한 소형 고(高)기동차량과 경(輕)장갑차 등을 포함한다.

중국 인민해방군의 공수부대 병력(위쪽)과 주력 수송수단인 Y-7 수송기(아래쪽)

(러시아제 AN-24/26 '코크'를 바탕으로 제작) 중형 수송기가 공수부대 동원을 위한 중국 공군의 실질적인 주력 수송수단으로 운용될 전망이다. 현재 중국은 대만해협 인근 지역에 40대의 수송기를 배치하고 있으며,[13] 실전에서 2~3개 여단, 즉 6,000~8,000명 내외 규모의 공수부대 병력을 수송할 수 있는 것으로 평가받는다.[14]

(3) 대만 육군의 방어능력

아울러 중국 인민해방군의 상륙 및 공중침투에 맞서 대만군이 차지하고 있는 방어상의 이점도 고려해야 할 것이다. 지난 1990년대부터 계속되어온 국방개혁의 결과로 대만 육군은 병력 1만 명 이상 규모의 사단급

---

13   Office of the Secretary of Defense, 2010, p. 62.

14   Richard C. Bush and Michael O'Hanlon, *A War Like No Other: The Truth about China's Challenge To America*(Hoboken, NJ: John Wiley & Sons, 2007), p. 194.

대만 육군의 CM-11/12 탱크 (위쪽)와 AH-1W '수퍼 코브라' 공격헬기(아래쪽). 대만해협 유사시 중국의 침공을 저지하는 데 핵심적인 역할을 수행할 것이다.

전투부대를 없애고, 대부분의 전투부대를 병력 5,000~8,000명 내외의 여단급으로 경량화시켰다.[15] 현재 대만 육군은 5개의 기갑여단, 1개의 기계화 보병여단, 3개의 차량화 보병여단, 그리고 3개의 항공여단[16] 등을 중심으로 구성되는 지상·항공 기동전력을 유사시 상륙·공중침투를 통한 중국 인민해방군의 침공에 맞서 최우선적으로 투입될 수 있는 핵심전력, 즉 '타격부대'(打擊旅: Striking Force)로 편성하고 있다.

이들 부대가 보유한 탱크, 장갑차 등의 주요 무기는 1970~1980년대

---

15   Wendell Minnick, "Country Briefing: Taiwan-Identity Crisis", *Jane's Defence Weekly*, June 30, 2004.

16   대만 육군의 항공전력으로는 경보병 수송을 위한 미국제 UH-1 '휴이' 기동헬기 80대, CH-47 '치누크' 대형 기동헬기 9대, 그리고 대전차 공격기능을 갖춘 미국제 AH-1W '수퍼 코브라' 공격헬기와 OH-58 '워리어' 정찰·공격헬기 등이 있다. 각 항공여단의 병력 규모는 2,000명이다. Arthur S. Ding and Alexander Huang, "Taiwan's Military in the 21st Century: Redefinition and Reorganization" in Larry M. Wortzel eds, *The Chinese Armed Forces in the 21st Century* (Darby, PA: Diane Publishing Co, 1999), p. 276.

기술로 개발되었으며, 군사 선진국들의 동급 무기에 비해서는 무장능력이 상당히 뒤떨어져 있다.[17] 하지만 기술적으로 크게 낙후되어 있는 중국의 지상 기동무기에 맞서 전투를 수행하고, 격퇴하기에는 충분한 수준이다. 405문의 자주포, 300여 문의 다연장로켓포를 비롯한 대만 육군의 자주(自走: Self-propelled)식 포병전력도 중국 인민해방군의 침공을 저지·격퇴하기 위한 화력지원 임무를 수행할 수 있다. 이 외에도 후방경비사령부의 지휘를 받는 보병여단 28개가 예비전력으로 동원 가능하다.

그리고 대만군은 자신들의 영토 내에서 방어 작전을 수행해야 하는 입장이다. 따라서 병력 증원과 군수물자의 수송 등을 위해서 요구되는 보급로를 크게 단축시키는 데 매우 유리하다. 대만의 동서(東西) 방향 거리가 최대 143km, 남북(南北) 방향으로는 385km에 그칠 정도로 짧다는 점도 이를 뒷받침한다. 반면 중국은 대만 해안지역에 인민해방군 병력을 상륙시키기 위해 '상륙함 출항 → 상륙 → 귀환 → 병력·물자의 적재(積載) → 재출항'의 과정을 반복할 수밖에 없다.[18] 이러한 '내선(內線: Internal Line)의 이점'은 대만군이 중국 인민해방군보다 신속하게 병력을 전장공간으로 투입, 증원할 수 있도록 기여할 것이다.

|2| 제해·제공권 확보능력

'제해·제공권 확보능력'은 중국·대만 양안의 군사력 균형을 평가할 때, 최우선적으로 고려되어야 할 요소임에 틀림없다. 이는 바다를 통해

---

17   Bernard D. Cole, *Taiwan's Security: History and Prospects* (New York: Routledge, 2006), pp. 95-97.

18   Richard C. Bush and Michael O'Hanlon, 2007, p. 191.

자연적으로 분리되어 있는 중국과 대만 양측의 지리적인 특징에서 비롯된 것이다. 아무리 중국이 대만보다 압도적인 규모의 군사력을 보유하고 있다고 해도, 이들을 대만해협 너머의 대만 영토로 이동시킬 수 없는 이상 결코 대만을 군사적으로 장악할 수 없다. 앞서 살펴본 '점령능력'에서 핵심적인 비중을 차지하는 상륙 및 항공수송 기능의 성패도 제해·제공권의 확보 여부에 따라서 좌우될 것이다.

다시 말해서 양안 군사력 균형의 향방은 '중국 또는 대만 가운데 누가 대만해협과 그 주변의 바다, 하늘에 대한 통제권을 차지할 것인가?'에서 결정지어질 것이라고 해도 과언이 아니다. 이 점에서 '제해·제공권 확보 능력'은 중국과 대만 양안의 군사력 균형 전체를 좌우하는 핵심 사항인 동시에, 전제조건이라고 할 수 있다.

(1) 제해권

장병 개개인이 직접적인 전투력 요소의 역할을 하는 육군과는 달리, 해군은 각 군함들을 기준으로 전투력을 구성한다. 따라서 해군력과 이를 바탕으로 하는 제해권 확보능력 평가는 해군 소속 장병들의 숫자가 아닌, 비교대상이 되는 국가들 사이의 전투함정 수량을 평가하는 데서 시작될 수밖에 없다.

해군력을 구성하는 가장 대표적인 세력은 역시 바다 위에서 임무를 수행하는 수상전투함정이다. 이를 기준으로 한 규모에서도 중국은 대만보다 압도적으로 우세하다. 오늘날 중국 해군이 보유하고 있는 수상전투함정의 수량은 총 322척이나 된다. 구체적으로는 배수량 1,000톤 이하의 소형 전투함정 247척(연안경비정 170척, 미사일정 77척)이며, 배수량 2,000~4,000톤 내외의 호위함 49척, 그리고 배수량 4,000~5,000톤 이상의 구축함 26척으로 나뉜다.

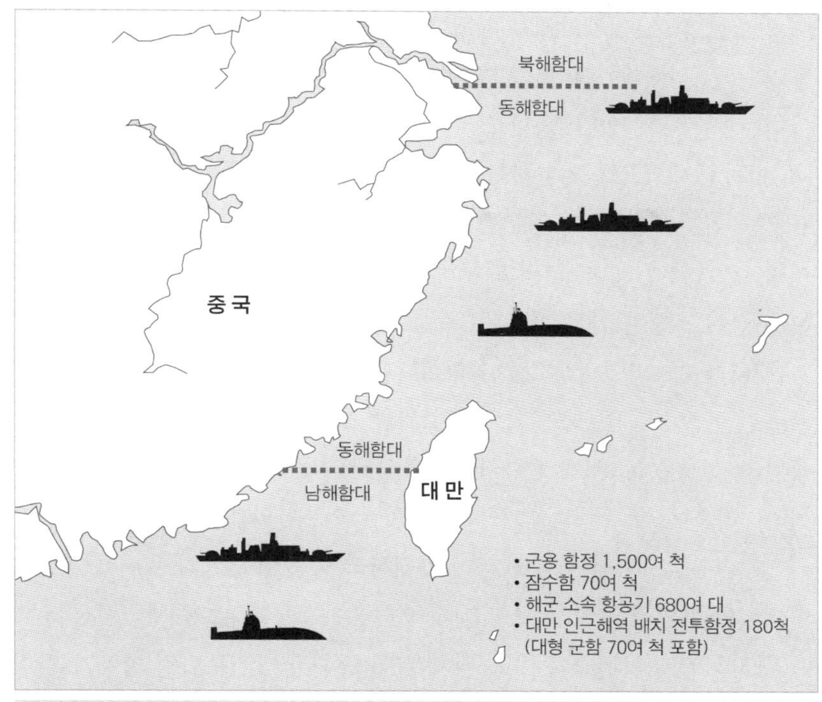

대만해협의 중국 해군력 현황

출처: 國防部 國防報告書 編纂委員會, 『中華民國九十五年 國防報告書』(臺北: 黎明文化公司, 2006), p. 62

3개의 각 해역함대에 배치되고 있는 수상전투함정의 규모는 어떠한가? 우선 북해함대에는 7척의 구축함, 4척의 호위함이 배치 중이다. 대만해협 유사시 중국 해군력의 주력 역할을 담당하게 될 동해함대는 9척의 구축함, 27척의 호위함을 보유하고 있다. 이는 3개 해역함대 가운데서도 가장 큰 규모이며, 중국의 해군력에서 동해함대가 얼마나 큰 중요성을 차지하는가를 반증한다. 남해함대는 동해함대 다음으로 규모가 큰 10척의 구축함, 18척의 호위함을 운용한다.[19] 이는 남해함대가 '남중국해와 주변해역의 관할'이라는 1차적인 임무 외에도, 대만해협 해상에서 무력분쟁이 발생할 경우, 동해함대를 지원하는 증원전력 역할을 수행할 수 있도록 하기 위한 것이다. 그리고 다수의 소형 전투함정들이 3개 해역함대별로 나뉘어 배치되고 있다.

이처럼 대규모를 자랑하는 중국의 해군력과 맞서야 하는 대만 해군의 규모는 어떠한가? 소형 전투함정의 수는 70척(연안경비정 8척, 미사일정 62척)이며, 호위함이 22척, 그리고 구축함은 4척을 보유하고 있을 뿐이다. 전투 수행이 가능한 함선 전체를 기준으로 중국의 해군력 규모는 대만의 약 3.4배나 된다. 비교대상을 호위함이나 구축함을 비롯한 중·대형 전투함으로 제한시킨다고 해도, 중국은 호위함 수량에서 대만보다 약 2.2배, 구축함의 수량은 6.5배에 달한다. 대만 해군의 중·대형 전투함 모두를 합산하더라도 중국 동해함대가 보유한 동급 전투함의 72%에 불과하다.

그렇다면 이처럼 중국 해군이 차지하고 있는 규모상의 우위가 대만해협에서의 제해권 확보를 보장할 수 있는가? 그렇지 않다. 해군력의 우열은 단순히 전투함정들의 수량 격차뿐만이 아니라, 전투함정 자체가 발휘하는 성능의 질적 수준에서 더욱 결정적으로 드러나기 때문이다. 여기에는 각 전투함정들의 선체 규모, 기동능력, 그리고 탑재되는 무장의 성능 등이 종합적으로 포함된다.

이러한 질적 평가를 적용할 때, 중국이 차지하고 있는 해군력의 압도적인 양적 우위는 상당 수준 그 가치를 잃는다. 가장 먼저 지적되는 점은 중국 해군이 보유한 수상전투함정의 76%가 넘는 연안경비정, 미사일정 등이 대만해협에서 중국 해군의 제해권 확보에 기여할 여지가 매우 희박하다는 것이다. 90여 척의 '하이난'(海南: 배수량 375톤)급 쾌속정, 35척의 '상하이'(上海: 만재배수량 134톤)급 경비정, 25척의 '하이칭'(海情: 만재배수량 478톤)급 경비정, 그리고 40척의 '호우베이'(紅稗: 배수량 220톤)급 신형 미사일정

---

19 Stephen Saunders, 2008, pp. 119-147

등은 30노트 내외의 빠른 항해가 가능할 정도로 기동성이 매우 우수하다. 그러나 이들은 모두 배수량이 1,000톤에 크게 못 미치는 소형 선체이므로 너비가 100km를 훨씬 넘는 대만해협을 건너 파도나 악천후 속에서 해전을 수행하기에는 부적합하다. 탑재 가능한 무장의 종류도 사거리 10km 이하의 구경 30/50mm급 소형 함포, 기관총, 그리고 사거리 50km 이하의 단거리 대함미사일 정도만을 운용할 수 있을 정도로 제한적이다.

요컨대 해당 전투함정들은 지상에서 화력, 정보수집 또는 보급 등을 지원받을 수 있는 연안해역에서의 근거리 초계, 경비활동과 같은 임무에는 적합하지만, 대만해협의 제해권을 확보하기 위한 원거리 항해 및 해전의 수행은 거의 기대하기 어려울 것으로 평가된다. 따라서 중국 해군이 대만해협 유사시 실질적으로 투입할 수 있는 전투력은 총 75척의 중·대형 전투함, 즉 49척의 호위함과 26척의 구축함으로 그 범위가 크게 축소될 것이다.

중국 해군의 중·대형 전투함들 역시 기술적인 낙후성을 면치 못하고 있는 것이 실상이다. 현재 수적으로 중국의 주력 수상전투함은 호위함의 경우 전체 약 59%를 차지하는 29척의 '장후'(江滬: 배수량 1,425톤)급 호위함, 그리고 구축함은 전체 50%인 13척의 '루다'(旅大: 배수량 3,250톤)급 구축함이다. 이들은 대다수가 지난 1970년대에 건조되었을 뿐만 아니라, 무장 및 감시, 전투체계도 구 소련으로부터 도입되었던 1950년대 수준의 기술을 적용시킨 구식 군함이다.[20] 때문에 오늘날의 기준으로는 효과적인 해전을 수행하기에 화력, 생존성이 크게 부족하다는 평가를 받는다. 이를 좀 더 구체적으로 살펴보면 다음과 같다.

우선 장후급 호위함, 루다급 구축함의 주요 대함(對艦: Anti-ship) 무장은 사거리 20~30km 이내의 100/130mm 함포 각 2문, 그리고 사거리 40~

---

20 김덕기, 『21세기 중국해군』(서울: 한국해양전략연구소, 2000), pp. 301-302.

중국 해군의 다수를 차지하는 장후급 호위함(위쪽)과 루다급 구축함(아래쪽). 기술적으로 크게 구식화되어 있다.

80km의 HY-2 '실크웜' 대함미사일이다. 실크웜은 구 소련의 SS-N-2 '스틱스'[21] 대함미사일을 중국에서 모방·생산한 것이며 탄두중량이 0.5톤을 넘을 정도로 큰 파괴력을 갖는다. 하지만 정확성이 떨어지고, '씨 스키밍'(Sea Skimming)[22] 기능이 없어서 비행·유도과정에서 적 군함의 레이더에 쉽게 탐지·추적되어 요격될 가능성이 높다. 때문에 실제 해전에서 이들 두 군함의 대함 교전범위는 수십km 이내의 근거리로 제한받게 될 것이다.

그뿐만이 아니다. 대공(對空: Anti-Air) 무장의 경우 장후급 호위함, 루다

---

21 지난 1967년 이집트 해군이 이스라엘의 구축함 '에일라트'를 격침시키는 데 사용되었다. 이는 해전에서 대함미사일이 군함을 격침시킨 첫 사례로서 세계적인 주목을 받았다.

22 대함미사일이 발사된 후 적에 의해 탐지·요격될 가능성을 최소화시키기 위해, 적 군함으로 접근하는 중간 비행 및 유도과정에서 해수면에서 약 50m 이하의 낮은 고도로 비행하는 기술을 뜻한다. 오늘날 세계 주요국가들의 해군에서 운용하는 대함미사일은 대부분 씨 스키밍 기능을 보유하고 있다.

급 구축함은 사거리가 10km에도 못 미치는 37/57mm 대공포만을 갖추고 있다. 이 점에서 오늘날 해군 전투함정들의 최대 위협이라고 할 수 있는 적의 항공기, 대함미사일의 공격에서 큰 취약성을 드러내고 있는 것이다.

이에 따라 중국 해군은 지난 1990년대에 이르러 장후급 호위함, 루다급 구축함에서 지적된 대함, 대공 교전능력의 기술적인 한계를 소폭 개선시킨 신형 군함들을 전력화했다. 바로 14척의 '장웨이'(江衛: 만재배수량 2,250톤)급[23] 호위함, 2척의 '루후'(旅滬: 만재배수량 4,600톤)급 구축함, 그리고 1척의 '루하이'(旅海: 만재배수량 6,000톤)급 구축함이었다. 이들 군함은 중국이 지난 1980년대 프랑스제 대함미사일 '엑조세'를 바탕으로 개발한, 씨스키밍 기능을 갖춘 YJ-1/8 계열 대함미사일을 탑재하여 대함 교전능력에서 상당 수준의 발전을 이룬 것으로 평가된다.[24] 다만 해당 군함에 탑재되는 감시, 전투체계는 기존 구형 군함들의 것에 비하여 가시적인 발전을 이루지 못하고 있으며, 때문에 신형 대함미사일의 운용에 필요한 표적정보 제공이 어렵다는 것이 약점이다.[25]

아울러 대공포에 의존했던 장후급 호위함, 루다급 구축함과는 달리 장웨이급 호위함과 루후 · 루하이급 구축함은 6/8연발 다연장 발사대를 통해 탑재 · 운용되는 HQ-7/61[26] 함대공미사일을 탑재, 대공 교전능력

---

23 1991~1994년 사이에 차례로 전력화된 초기형(일명 장웨이-I급) 4척, 그리고 1998~2005년 사이에 전력화된 개량형(일명 장웨이-II급) 10척으로 각각 구분된다.

24 프랑스제 엑조세 대함미사일은 사거리가 약 80km로 지난 1982년 포클랜드 전쟁에서 아르헨티나 군에 의해 사용되었는데, 당시 영국 해군의 구축함, 수송선 각 1척씩을 격침시키는 전과를 올려 대함미사일의 군사적 가치를 재확인시켰다. 중국의 YJ-1과 YJ-8 계열 대함미사일의 사거리는 각각 40km, 80~120km 이상으로 알려져 있다. Malcolm Fuller, *Jane's Naval Weapon Systems 2009*(Surray, UK: Jane's Information Group, 2009), pp. 274-276.

25 김덕기, 2000, p. 303.

26 프랑스제 단거리 지대공/함대공미사일 '크로탈'을 모방하여 중국이 자체 개발 · 생산한 것이다.

을 향상시켰다. 그러나 사거리가 10km 내외에 불과하여 해당 군함을 방어하기 위한 근거리 교전만이 가능할 뿐이며, 선체 정면에 단 1대의 발사대만을 설치하는 형태를 채택하고 있다. 때문에 다양한 방향에서 접근하는 적의 항공기, 대함미사일을 요격하기에는 부적합하다. 사거리 약 50~100km의 장거리 함대공미사일을 탑재하는 아군 군함 또는 공군 전투기 등에 의한 방공 지원을 제공받지 못할 경우, 중국 영토에서 100km 이상 떨어진 대만해협에서 해전을 수행하기에는 생존성 측면에서 크게 불리할 것이다.

대만 해군은 과거 냉전 시절 미 해군에서 퇴역한 중형 수상전투함을 도입·운용함으로써 중국의 위협에 맞서 왔다. 이들은 7척의 '루더로우'(배수량 1,740톤)급 호위함, 3척의 '버클리'(배수량 1,740톤)급 호위함, 4척의 '플레처'(배수량 2,500톤)급 호위함, 2척의 '알랜 M 섬너'(배수량 3,500톤)급 구축함, 그리고 14척의 '기어링'(배수량 3,400톤)급 구축함을 포함한다. 1990년대부터는 '광화'(光華: 영광스러운 중국)라는 사업명으로 노후화된 구식 군함들을 대체하는 신형 수상전투함의 도입이 차례로 진행되었다.[27]

오늘날 대만 해군의 주력 군함은 다음과 같이 구분된다.

첫째, 미국의 '올리버 해저드 페리'급 호위함을 면허생산 방식으로 대만에서 건조한 8척의 '청궁'(成功: 배수량 2,750톤)급[28] 호위함이다. 둘째, 미 해군에서 퇴역한 후 개량작업을 거쳐 대만으로 인도된 8척의 '녹스'(배수량 3,011톤)급 호위함이다. 셋째, 6척의 프랑스제 '라파예트'(만재배수량 3,800톤)급 호위함이다. 그리고 넷째, 역시 미 해군에서 퇴역하면서 대만으로 이양된 4척의 '키드'(배수량 6,950톤)급 구축함이다.[29]

---

27 Bernard D. Cole, 2006, p. 121.

28 과거 대만을 근거지로 청 황조에 저항했던 정씨 왕조의 시조 정청궁의 이름에서 따온 명칭이다.

29 녹스급 호위함과 라파예트급 호위함, 그리고 키드급 구축함은 대만 내에서 각각 '치양'

대만 해군의 청궁급 호위함(왼쪽 위), 라
파예트급 호위함(오른쪽 위), 키드급 구
축함(아래쪽)

    함포와 단거리 대함미사일, 그리고 대공포 등의 구식화된 대함·대공
무장에 의존하는 중국 해군의 주력 군함들과는 달리, 대만 해군의 수상전
투함은 대다수가 균형잡힌 전투력을 보유하고 있는 것으로 평가받는다.
우선 중국의 주요 군함들을 직접 공격하기 위한 대함 무장으로는 녹스급
호위함과 키드급 구축함이 사거리 100km를 넘는 미국제 RGM-84 '하푼'
대함미사일을 탑재하며, 청궁급·라파예트급 호위함은 이와 동급의 성능
을 발휘하는 자국산 '슝펑'(雄風) 2호 대함미사일을 운용한다. 두 대함미사
일 모두 씨 스키밍 기능을 갖추어 장후급 호위함, 루다급 구축함을 비롯
한 중국 해군 주력 군함들의 취약한 함대공 교전능력을 효과적으로 무력
화할 수 있다. 또한 사거리가 중국의 구식 HY-2 대함미사일보다 2배 이
상이므로 장후급 호위함, 루다급 구축함의 함포·대함미사일 공격 범위
밖에서 대함 교전을 수행할 수 있다는 우위를 차지한다.

(濟陽)급, '캉딩'(康定)급, 그리고 '지룽'(基隆)급으로 호칭되고 있다. Stephen Saunders,
2008, pp. 131-132, 772-775.

대만 해군의 기술적 우위는 함대공 교전능력에서도 확인될 수 있다. 청궁급·녹스급 호위함은 사거리 40km 이상의 미국제 SM-1MR 중거리 함대공미사일, 키드급 구축함은 최대사거리가 100km 내외로 연장된 SM-2 장거리 함대공미사일을 각각 탑재하여 해당 군함의 자체 방어뿐만 아니라 해전을 수행하는 해역 이내의 타 군함들에 대한 방공지원까지 제공 가능하다.[30] 이를 '함대방공' 기능이라고 한다. 아울러 26척의 대만 호위함과 구축함은 모두 미국제 '팔랑크스' 20mm 단거리 속사기관포를 근접 방어무기체계(CIWS: Close-In Weapon System)로서 1척당 1~2문씩 탑재하고 있다. CIWS는 적의 항공기와 대함미사일을 함대공미사일로 요격하는 데 실패할 경우, 해당 군함의 근거리에서 대공 표적을 파괴하는 최후 방어수단의 역할을 한다.

그리고 대만 해군은 대만해협 유사시 대만 본도, 펑후다오를 비롯한 자신들의 영토 주변에서 방어작전을 수행해야 하는 입장이다. 따라서 호위함급 이상의 중·대형 수상전투함뿐만 아니라, 연안 해역에서 주로 임무를 수행하는 배수량 1,000톤 미만의 소형 전투함정의 투입도 충분히 가능하다. 대만해협을 건너 중국 본토부터 100km 이상의 거리를 항해할 수 있는 중·대형 수상전투함으로 동원 대상이 제한되는 중국 해군과 비교할 때, 분명 방어상의 이점를 제공하는 효과를 갖는다. 특히 대만 해군이 보유한 70척의 소형 전투함정들 가운데 12척의 '진장'(錦江: 만재배수량 680톤)급 미사일정, 47척의 '하이우'(海鷗: 만재배수량 47톤)급 쾌속정을 비롯한 60여 척이 대함미사일[31] 운용 능력을 갖추어 대만 해역을 침공하는 중

---

30 다만 라파예트급 호위함은 사거리가 10km에도 못 미치는 미국제 '씨 차파렐' 단거리 함대공미사일을 탑재하여 대공 방어능력이 매우 취약한 것으로 평가된다.

31 대만 해군의 소형 전투함정들은 대부분 이스라엘제 '가브리엘' 단거리 대함미사일을 바탕으로 개발된, 사거리 40km 이하의 자국산 슝펑 1호 대함미사일을 탑재한다. 최근에는 이보다 사거리가 연장된, 중·대형 전투함에 주로 탑재되고 있는 사거리 100km 이상의 슝펑 2호 대함미사일을 운용하는 소형 전투함정의 수가 늘어나는 추세다.

중국 해군의 송급 재래식 잠수
함(위쪽)과 한급 핵추진 잠수
함(아래쪽)

국 해군의 주력 군함들을 상대로 일정 수준의 견제력을 발휘할 수 있을 것으로 기대된다.

그렇다면 잠수함 전력은 어떠한가? 오늘날 중국 해군은 핵추진 잠수함 9척, 디젤기관을 비롯한 재래식 추진방식의 잠수함 56척을 포함하여 총 65척의 잠수함을 보유 중이다. 미국, 러시아에 이어 세계 3위를 차지하는 규모다. 각 해역함대별로는 북해함대가 17척 이상(핵추진 잠수함 4척 포함), 동해함대는 10여 척, 그리고 남해함대가 20척 이상(핵추진 잠수함 5척 포함)의 잠수함을 각각 운용한다.[32]

앞서 살펴본 수상전투함들과 마찬가지로, 중국 해군의 잠수함 역시 그 거대한 양적 규모에 비하여 기술적인 수준은 높은 평가를 받지 못하고 있다. 양적으로 주력의 지위를 차지하는 19척의 '밍'(明: 수중배수량 2,113톤)급[33] 재래식 잠수함과 이를 개량한 13척의 '송'(宋: 수중배수량 2,250톤)급 재

Malcolm Fuller, 2009, pp. 331-332.

32　Stephen Saunders, 2008, pp. 131-132, 120-125.

래식 잠수함, 그리고 4척의 '한'(漢: 수중배수량 5,550톤)급 핵추진 잠수함은 사거리 15km의 533mm 어뢰, 사거리 40km 이하인 YJ-8 대함미사일, 기뢰 등의 무장을 탑재하여 역시 원거리에서 적 군함을 공격할 수 있는 능력이 크게 뒤떨어진다. 또한 중국 해군이 보유한 잠수함의 대다수는 1970~1980년대의 기술 수준으로 건조되었으며, 항해 과정에서 큰 소음을 발생시키는 것이 약점이다. 이는 잠수함이 발휘하는 최대의 기술적 이점인 '은밀성'을 저하시켜 적 해군력에 대한 기습 효과·생존성 등을 약화시키는 문제를 발생시킬 수 있다.

이 점에서 중국 해군의 잠수함 전력은 원해(遠海)에서의 해전 수행보다는 주로 자국 영토 인근의 연안해역을 대상으로 하는 정찰, 초계, 방어 등의 수세적인 임무에 적합한 것으로 평가된다. 다만 해저에서 임무를 수행하여 좀처럼 그 존재가 노출되지 않는 잠수함의 특성상, 대만해협과 주변의 주요 해상교통로에 대한 민간 수송선단 습격, 봉쇄, 기뢰부설 등을 통해 대만의 해상 경제활동을 마비·교란시킬 가능성은 충분하다.

대만 해군은 단 4척의 잠수함을 보유하고 있어서 중국보다 절대적으로 불리하다. 지난 1980년대에 도입된 2척의 '하이룽'(海龍: 수중배수량 2,660톤)급 재래식 잠수함은 사거리 12km의 533mm 어뢰를 탑재하며, 향후 미국제 하푼이나 자국산 슝펑 2호 대함미사일을 운용할 수 있도록 개량한다는 계획이다. 나머지 2척은 미국제 '구피'(수중배수량 2,420톤)급 재래식 잠수함인데, 제2차 세계대전 말인 1944~1945년에 건조된 구식함이다. 때문에 실제 무기로서의 역할보다는 훈련용으로 쓰이고 있다.

이처럼 양적·질적으로 극히 부족한 잠수함 전력을 지원하기 위해, 대

---

33 지난 1960년대부터 도입된 구 소련제 '로미오'(수중배수량 1,830톤)급 재래식 잠수함을 모방하여 중국에서 자체 건조한 잠수함이다. 현재 중국 해군은 노후화된 다수의 로미오급 재래식 잠수함을 순차적으로 퇴역시키고 있으며, 현재 7척 내외의 수량만이 훈련용으로 운용되고 있다.

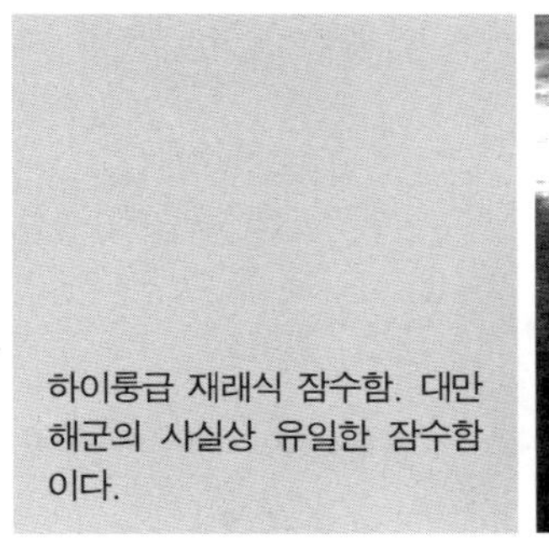

하이룽급 재래식 잠수함. 대만 해군의 사실상 유일한 잠수함 이다.

만 해군은 주로 중·대형 수상전투함의 자체적인 대잠(對潛: Anti-submarine) 교전능력 또는 지상기지에서 운용하는 해상초계기에 의존하고 있다. 대만 해군의 중·대형 수상전투함 26척은 모두 1척당 1대 이상의 대잠 교전용 헬기를 탑재할 수 있다. 이들은 청궁급·라파예트급 호위함, 키드급 구축함에 탑재되는 S-70 '썬더호크' 중형 헬기 21대, 그리고 녹스급 호위함에서 운용하는 500MD 소형 헬기 9대로 각각 나뉜다. 녹스급 호위함의 경우 약 10km 밖의 적 잠수함을 향해 어뢰를 장착·발사할 수 있는 애스록(ASROC: Anti-Submarine ROCket) 대잠로켓을 운용한다.

각 수상전투함의 자체 방어를 넘어서는 광범위한 해역에 걸쳐 적 잠수함을 추적·공격하는 임무는 32대의 미국제 S-2 '트래커' 해상초계기가 담당하고 있다. 잠수함 탐지 및 추적용 장비와 어뢰 2발, 폭뢰, 127mm 로켓포, 그리고 슝펑 2호 대함미사일 등을 탑재하지만, 항공모함 이착륙용으로 설계된 중소형 기종이어서 비행 범위가 제한적이다. 너비 약 180km의 대만해협 일대를 범위로 대잠 추적, 소탕 임무를 수행하기에는 부적합한 것이다. 뿐만 아니라 S-2 해상초계기는 미 해군에서 퇴역한 지 10여 년 만인 지난 1980년대 말에 이양받은 구식 기종이다.[34] 때문에 대

---

34 S-2 해상초계기는 미 해군이 1954년 처음으로 도입했으며, 미국에서는 1976년 퇴역했

만 해군이 실제 운용하고 있는 S-2 해상초계기의 규모는 보유수량의 극
소수에 불과하다.

(2) 제공권

해군력을 구성하는 기본 단위가 수상전투함과 잠수함을 비롯한 개별
군함, 그리고 이들이 운용하는 대함·대공·대잠 무장이라면, 공군력을
구성하는 것은 공대공·공대지 임무 수행을 위해 무장한 항공기(예: 전투
기, 공격기, 폭격기)들이다. 특히 직접적으로 제공권을 확보하기 위해 공중초
계, 요격, 공중전 등의 임무를 담당하는 전투기의 비중이 크다.

오늘날 중국 공군은 1,420여 대의 전투기를 보유하고 있으며, 이는 공
대공·공대지 임무 수행능력을 겸비하는 전폭기 및 지상 공격기 283대를
포함한다. 82대에 달하는 폭격기도 대만해협 유사시 동원될 수 있는 항
공전력으로 손꼽힌다. 그 가운데 대만해협과 가장 인접한 난징군구 소속
으로는 3개 전투사단(9개 전투기연대 포함), 1개 폭격사단(2개 폭격연대 포함),
1개 공격사단(2개 공격연대 포함)을 편성 중이다. 이와 더불어 지난군구에
2개 전투사단(6개 전투기연대 포함)과 1개 공격사단(2개 공격연대 포함)을, 그리
고 광저우군구에 4개 전투사단(10개 전투기연대 포함)과 1개 폭격사단(2개 폭
격연대 포함)을 배치하여 대만을 겨냥한 난징군구의 항공작전을 지원할 수
있도록 하고 있다.[35]

요컨대 중국 공군은 총 66개의 전투·폭격·공격연대 가운데 절반이
나 되는 33개 비행연대를 대만 침공에 동원할 수 있는 태세를 갖추고 있는
것이다. 항공기 규모를 기준으로는 중국 공군의 전투용 항공기 약 700대

다. Bernard D. Cole, 2006, p. 129.

35 IISS, 2009, p. 386.

대만해협의 중국 공군력 현황
출처: 國防部 國防報告書 編纂委員會, 2006, p. 60.

가 대만해협에서 600해리(1,080km) 이내에 배치 중이며, 그 가운데 150대
는 불과 250해리(450km) 이내 거리에 전진배치되어 있다.[36] 연료 재급유
를 받지 않고 대만해협과 주변 상공으로 투입 가능할 정도로 전진배치된
항공기의 수는 490대(전투기 330대, 폭격 · 공격기 160대 포함)에 달한다.[37]

반면 대만 공군은 총 442대(전투기 292대, 전폭기 128대, 지상 공격기 22대 포
함)의 전투용 항공기만을 보유하고 있을 뿐이다. 중국 공군의 전투기 보
유수량 전체의 약 31%에 불과하며, 대만해협 유사시 동원이 가능하도록
전진배치되어 있는 중국 전투 · 폭격 · 공격기보다도 적다.

하지만 앞서 살펴본 중국과 대만 양측의 해군력 비교 · 평가에서 나타
났듯이, 제공권 확보능력 역시 항공기의 양적 우세만으로 보장되는 것이

36　國防部 國防報告書 編纂委員會, 2006, p. 60.

37　Office of the Secretary of Defense, 2010, p. 62.

아니다. 특히 음속 이상의 속도로 비행과 교전이 이루어지는 공중전의 기술적인 특성을 고려할 때, 항공기의 비행성능이나 탑재되는 주요 무장의 기술적인 우열, 그리고 적 항공기의 위치와 움직임을 신속·정확하게 인지할 수 있는 정보수집 능력은 제공권 확보능력의 평가에서 필수불가결한 사항이 아닐 수 없다. 그리고 여기서도 중국의 양적 우세는 대만의 질적 우세를 통해 상당 수준 그 가치가 약화된다.

중국 공군이 대만을 압도하는 수준의 많은 항공기를 보유하고 있음에도 불구하고, 제공권 확보능력에서 낮은 평가를 받을 수밖에 없는 이유는 항공기와 탑재 무장의 기술적인 낙후성 때문이다. 1,400대가 넘는 중국 공군의 전투기와 전폭·공격기들 가운데 절대다수인 1,056대는 1960~1980년대 사이에 개발·양산된 제2·3세대 기종이다.[38] 504대의 J-7 전투기와 432대의 J-8 전투기, 그리고 120대의 Q-5 지상 공격기가 바로 그들이다.

단일기종으로는 중국 공군에서 가장 많이 운용되고 있는 제2세대 J-7 전투기는 지난 1960년대에 구 소련제 MIG-21 '피시베드' 전투기를 모방하여 개발, 1970년대 말부터 양산되기 시작했다. J-7은 비행속도가 마하 2로 기체 자체의 기동성은 우수한 편이지만, 무장 탑재규모가 2톤 이하로 제한되므로 원거리를 대상으로 하는 공대공 임무 투입은 현실적으로 곤란하다. 탑재 가능한 무장의 종류도 30mm 기관포, 55/90mm 로켓포, 사거리 약 15km의 자국산 PL-2/5/7 단거리 공대공미사일, 그리고 정밀유도 기능이 없는 공대지 일반폭탄 등이 고작일 뿐이다. 특히 공중전에서의 주요 무장인 PL-5/7 단거리 공대공미사일은 적 전투기의 기체 뒤쪽 배기구(Afterburner)에서 방출되는 열(熱)의 적외선(IR: Infra-Red) 신호만을 감

---

38 전투기의 세대별 구분과 특징에 관해서는 임상민, 『전투기의 이해-상』(서울: 이지북, 2005), pp. 70-75를 참고.

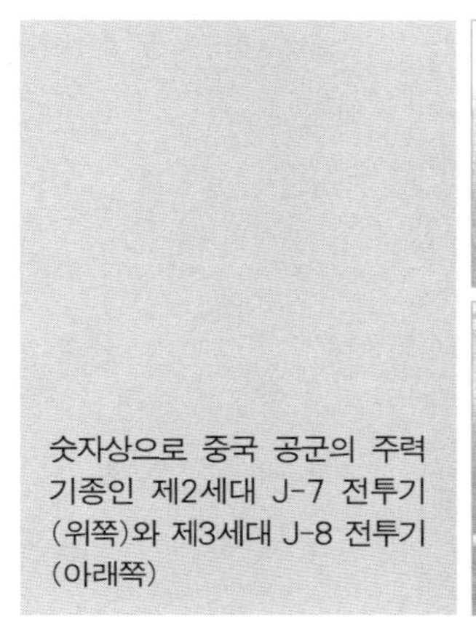

숫자상으로 중국 공군의 주력 기종인 제2세대 J-7 전투기 (위쪽)와 제3세대 J-8 전투기 (아래쪽)

지, 추적할 수 있어서 실전에서의 활용 능력에 더욱 큰 제약을 받는다.

Q-5 지상 공격기는 J-7보다도 기술적으로 뒤떨어지는 구 소련제 MIG-19 '파머'[39] 전투기를 바탕으로 개발된 것이다. 최고 비행속도와 항속거리, 작전 행동반경 등의 기동능력은 J-7과 대동소이하다. 공중전보다는 지상 공격임무에 특화된 기종이어서 공대지 작전능력에 초점을 두어 설계되었지만, 무장 탑재규모는 J-7과 같은 2톤 이내로 제한된다. 운용 가능한 무기는 정밀유도 기능이 거의 없는, 단거리 교전을 위한 로켓포와 일반폭탄 정도만을 탑재할 수 있을 뿐이다. 이는 중국 영토 이내에서 육군에 대한 화력지원을 제공하는 근접항공지원(CAS: Close Air Support) 임무를 수행하기 위한 것이며, 대만해협과 그 주변의 공역에서 대만 해군의 주력 군함을 공격하는 공대함(空對艦: Air-to-Ship) 교전이나 대만 영토를 겨냥한 장거리 타격임무의 수행은 거의 기대하기 어렵다.

J-8 전투기는 MIG-19/21보다 기술적으로 한 단계 앞선 제3세대 전

39　중국 공군은 MIG-19를 바탕으로 자체 개발한 J-6 전투기도 대량으로 배치한 바 있다. 현재 J-6은 노후 기종으로서 대다수가 도태되었으며, 남아 있는 기체들도 전투기보다는 정찰기나 훈련기 등의 비(非)전투용으로 운용되고 있을 뿐이다.

투기이며, 역시 구 소련제인 MIG-23 '플로거'를 바탕으로 하여 중국이 자체 개발한 후, 1984년부터 본격 생산 및 배치가 이루어졌다. 최고 비행속도는 마하 2.2에 달하며, 무장 탑재규모가 J-7과 Q-5의 2배를 넘는 4.5톤으로 확대된 것이 특징이다. 특히 적 전투기의 모든 방향에서 방출되는 적외선 신호를 감지, 추적하여 유도될 수 있는 사거리 15km의 자국산 PL-8 단거리 공대공미사일, 사거리 50~80km의 러시아제 AA-10 '알라모' 중거리 공대공미사일의 탑재 기능을 갖추어 공중전 수행능력을 크게 향상시켰다. 다만 AA-10은 발사 이후 조종사가 전투기에 탑재된 레이더를 통해 미사일의 표적이 되는 적 항공기를 직접 지정, 명중할 때까지 유도를 시켜야 하는 반(半) 자동 유도방식(Semi-Active Guidance)을 채택하고 있다. 이는 공중전에서 해당 전투기가 보다 자유롭게 임무를 수행하는 데 제약이 될 뿐만 아니라, 자칫 전투기의 생존성에도 위협이 될 수 있다.[40]

대만 공군은 국공내전 직후 본토에서 패퇴, 6·25전쟁을 계기로 이루어진 미국과의 동맹 강화를 통해 꾸준하게 성장했으며, 1950~1960년대 사이에는 중국 동남부 지역에서 중국 공군과 여러 차례의 공중전을 치르기도 했다. 냉전 시절 제1세대 전투기인 미국제 F-100 '수퍼 세이버', 제2세대 전투기인 F-104 '스타파이터'와 F-5 '타이거'를 주력 기종으로 운용했던 대만 공군은 1990년대부터 이들을 대체할 신형 제4세대 전투기의 도입을 의욕적으로 진행시켜 나갔다. 146대의 미국제 F-16A/B(일명 블록 20) '파이팅 팰콘', 57대의 프랑스제 '미라지-2000', 그리고 128대의 자국산 '징궈'(經國)호가 대표적이다.[41]

F-16A/B 전투기는 지난 1982년 6월 이스라엘의 레바논 침공 당시 이

---

40 다시 말해서 반자동 유도방식의 중거리 공대공미사일을 유도하기 위해 특정 공역에서 계속 체공하고 있는 동안, 다른 적 전투기의 공격에 노출되면서도 이를 회피하기 어려운 상황에 놓일 수 있는 것이다.

41 Bernard D. Cole, 2006, pp. 106-109.

대만 공군의 F-16A/B 전투기(왼쪽 위), 미라지-2000 전투기(오른쪽 위), 징궈호 전폭기(아래쪽). 모두 제4세대 전투기들이다.

스라엘 공군이 3일 동안 공중전을 통해 시리아의 구 소련제 MIG-21/23 전투기 40여 대를 격추시켜 전 세계적으로 그 우수성을 입증받은 기종이다. 비행속도는 최고 마하 2에 달하며, 작전 행동반경이 900km 이상, 항속거리는 최대 3,900km(외부연료탱크 장착 기준)일 정도로 기동성이 뛰어나다. 아울러 사거리 10km 이상의 미국제 AIM-9 '사이드와인더' 단거리 공대공미사일, 사거리 50km 이상의 AIM-7 '스패로우'와 AIM-120 '암람'(AMRAAM: Advanced Medium Range Air-to-Air Missile) 중거리 공대공미사일, 사거리 25km의 AGM-65 '매버릭' 단거리 공대지미사일, 그리고 AGM-84 '하푼' 공대함미사일 등을 포함하는 매우 다양한 공대공·공대지 무장을 탑재할 수 있다. 무장 탑재규모는 5톤 이상으로 중국 공군의 J-7과 J-8 전투기, Q-5 지상 공격기를 능가한다.

미라지-2000 전투기는 최고 비행속도가 마하 2.2이며, 항속거리 1,850km로 기동할 수 있다. 본래 공대공 무장뿐만 아니라 공대함 및 공대지미사일, 정밀 유도폭탄까지 탑재할 수 있는 다목적 전투기(Multirole Fighter)로 개발된 기종이지만, 대만 공군의 것은 공중전 수행 능력만을 갖춘 요격기로 운용되고 있다. 주요 공대공 무장은 사거리 15km의 프랑스제 R550 '매직-II' 단거리 공대공미사일, 그리고 최대사거리 60km의 프랑스제 '미카' 중거리 공대공미사일로 각각 나뉜다.

징궈호는 지난 1980년대 초 대만 공군이 기존의 구형 기종들을 대체하기 위해 미국에서 F-16, F-20 '타이거샤크'[42] 전투기 등을 도입하려 했으나 성사되지 못하자, 장징궈 당시 총통의 명령으로 착수된 '국산방위전투기'(IDF: Indigenous Defense Fighter) 사업에 따라 자체 개발한 전폭기다. 대만은 1989년 징궈호 시제기의 첫 비행을 성공시켰으며, 1995년부터는 본격적인 전력화에 착수했다.[43] 이는 미국이나 러시아, 유럽 이외의 후발 공업국가에서 전투기를 독자적으로 개발해낸 대표적인 사례로 손꼽힌다.

징궈호는 최고 비행속도가 마하 1.8, 항속거리는 1,500km로 F-16A/B와 미라지-2000보다는 기동성이 떨어지는 편이다. 대신 F-16A/B 전투기에 필적할 정도로 다양한, 3톤이 넘는 규모의 무장 탑재능력을 갖추어 기동성 측면에서의 약점을 상당 수준 보완하고 있다. 공대공 무장으로는 미국제 사이드와인더 단거리 공대공미사일과 더불어 사거리 15km의 자국산 '톈첸'(天劍) 1호 단거리 공대공미사일, 사거리 60km 이상의 톈첸 2호 중거리 공대공미사일을 탑재한다. 공대지 무장의 경우 미국제 AGM-65 단거리 공대지미사일, 사거리 약 100km의 자국산 슝펑 2호 공대함미사일, 그리고 각종 정밀 유도폭탄 등을 운용할 수 있다.

이들 F-16A/B와 미라지-2000, 그리고 징궈호는 대만 공군이 보유한 440여 대의 전투용 항공기에서 약 75%의 비중을 차지한다. 다시 말해서

---

42 F-5 전투기의 제작사인 노스롭 사(社)가 F-5의 성능을 대폭 개량시킨 기종으로 1982년 첫 비행이 이루어졌으나, 1986년에 개발 계획이 취소되었다.

43 '징궈'라는 기체 명칭은 대만의 자국산 전투기 개발을 지시한 장징궈 당시 총통을 기념하기 위해 붙여졌다. 당초 대만은 총 250여 대의 징궈호를 양산할 계획하였지만, 1996년부터 미국제 F-16A/B 150대가 직도입되기 시작하면서 본래 계획의 절반 수준인 130대로 축소했다.

89대의 F-5[44] 전투기와 22대의 AT-3 '쓰창'(自强) 지상 공격기를 제외한 대만 공군의 전투·전폭기들은 ① 적 항공기의 모든 방향에서 방출되는 적외선 신호를 감지, 추적하여 유도될 수 있는 전방위(全方位) 단거리 공대공미사일과, ② 가시거리 밖(BVR: Beyond Visual Range) 교전을 위한 사거리 50km 이상의 중거리 공대공미사일의 탑재 및 운용능력을 공통적으로 갖추고 있다. 특히 F-16A/B의 암람, 미라지 2000의 미카, 그리고 징궈호의 톈쳰 2호 중거리 공대공미사일은 모두 사격 직후에도 미사일 내부에 탑재된 탐지, 추적장치를 통해 스스로 적 항공기를 공격할 수 있는 자동 유도방식(Active Guidance)[45]을 채택한 것이 특징이다. 이는 반자동 유도방식이 적용된 중국 공군의 AA-10 중거리 공대공미사일보다 기술적으로 우수한 것이다. 그 결과 대만 공군은 BVR 교전 능력에서의 우위를 통해 양적으로 압도적인 우세를 차지하고 있는 중국 공군보다 더욱 효과적이고, 안전하게 공중전을 수행할 수 있을 것으로 평가된다.

제공권 확보능력에서 대만이 중국에 대해 우위를 차지할 수 있는 또 하나의 요인은 공중 조기경보(AEW: Airborne Early Warning) 기능이다. 여기서 핵심적인 역할을 수행하는 것이 지난 1990년대 중반 이후 대만 공군에서 운용하고 있는 6대의 미국제 E-2 '호크아이' 공중 조기경보기다.[46] E-2 공중 조기경보기는 기체 상부에 설치된 AN/APS-145 광역감시 레이더를 통해 반경 200~250km(특정 방향의 경우 550km) 이내에서 활동하는 항공기, 미사일, 선박을 실시간으로 감시하며, 2,000개가 넘는 공중 표적

---

44 F-5 전투기의 무장능력은 20mm 기관포와 사이드와인더, 톈쳰 1호 단거리 공대공미사일 등의 근거리 교전용으로 제한되어 있다.

45 자동 유도방식의 중거리 공대공미사일을 운용하는 전투기는 미사일을 발사한 후 곧바로 해당 공역에서 이탈, 다른 공역으로 기동하여 새로운 임무를 수행할 수 있다. 이 점에서 '사격 후 망각'(Fire & Forget)이라는 용어로도 알려져 있다.

46 대만 공군은 1995년 처음으로 4대의 E-2 공중 조기경보기를 도입했으며, 2004년 2대를 추가 도입한 바 있다.

대만 공군의 E-2 공중 조기경
보기. 공중전에서의 정보우위
를 제공하는 역할을 수행한다.

을 동시에 탐지·식별·추적할 수 있고, 그 가운데 40개의 표적에 대한
요격 임무를 통제한다. 특히 저공으로 침투 비행하는 적 항공기에 대한
정보수집에 있어서 지상배치형 레이더보다 유리하다.[47]

그 결과 대만 공군은 E-2 공중 조기경보기의 공중 감시능력을 통해
대만해협과 주변 공역의 대부분을 범위로 중국 공군기들의 움직임을 파
악하고, 이를 바탕으로 방어 작전의 수행에 필요한 시간과 공간으로 공군
력을 동원할 수 있는 능력을 갖추고 있는 것이다. 이러한 정보우위가 대
만 공군의 주력 전투기들이 탑재하는 주요 무장의 기술적인 우위와 결합
된다면, 대만은 중국보다 훨씬 유리한 조건에서 신속하고 안전하게 공중
전을 수행할 수 있는 이점을 차지할 것으로 평가된다. 그만큼 중국이 대
만해협에서의 제공권을 확보하는 데 장애를 가할 것임은 물론이다.

---

47 전파는 빛과 마찬가지로 직진만이 가능하며, 때문에 지상기지에 배치되는 방공 레이
더는 수평선 너머에 위치하는 표적을 탐지하는 데 운용상의 제약을 받는다. 공중 조기
경보기는 지상 방공기지에 설치되는 것과 유사한 공중감시용 레이더를 항공기에 탑재
시킨 형태이므로 필요에 따라 고도를 자유롭게 조절할 수 있다. 이를 통해 지상 방공
기지보다 먼 거리에서 접근해오는 적의 공중표적도 효과적으로 식별·추적하는 데 유
리하다.

| 3 | 타격능력

(1) 대만을 노리는 중국의 탄도미사일

오늘날 양안의 군사력 균형 여부를 평가할 때, 중국이 대만보다 양적·질적인 측면에서 모두 우위를 차지하고 있는 분야는 타격능력이다. 이 점은 지난 1995년과 1996년 사이의 제3차 대만해협 위기 당시에 중국이 대만을 상대로 실시한 다수의 탄도미사일 시험발사, 그리고 이에 따른 대만 내부의 정치·경제·사회적인 동요 현상을 통해 입증된 바 있다.

중국 제2포병이 보유·운용하고 있는 탄도미사일의 대다수는 사거리 500~1,000km 이하의 SRBM이다. 사거리 1,000~5,000km를 넘는 MRBM과 IRBM, 그리고 ICBM급의 장거리 탄도미사일 100여 기가 베이징군구를 제외한 6개 주요 군구에 나뉘어 배치되고 있는 반면, SRBM 운용을 담당하는 탄도미사일 부대들은 거의 모두 대만해협과 가까운 푸젠·저장·광둥 성 등지에 집중되어 있다.[48] 즉 난징군구를 중심으로 지난군구, 광저우군구에도 일부 부대를 배치하는 형태인 것이다.

중국의 SRBM 배치 수량도 제3차 대만해협 위기가 고조되었던 1996년 190기였지만, 이후 그 규모가 해마다 급증하고 있다. 지난 1998년 중국은 대만해협 인근에 SRBM 290기를 배치했으며, 2000년에는 400기, 2002년에는 490기, 2004년에는 610기, 그리고 2006년에는 780기까지 확대시켰다.[49] 현재는 1,000기 이상의 중국 SRBM이 대만을 겨냥하여 실전배치 중인 것으로 파악되고 있다. 발사대를 기준으로 할 경우에도 210~

---

48 Richard D. Fisher Jr., "Strait Shooter: PLA Expands and Upgrades Missile Arsenal", *Jane's Intelligence Review*, November 2008.

49 國防部 國防報告書 編纂委員會, 2006, p. 59.

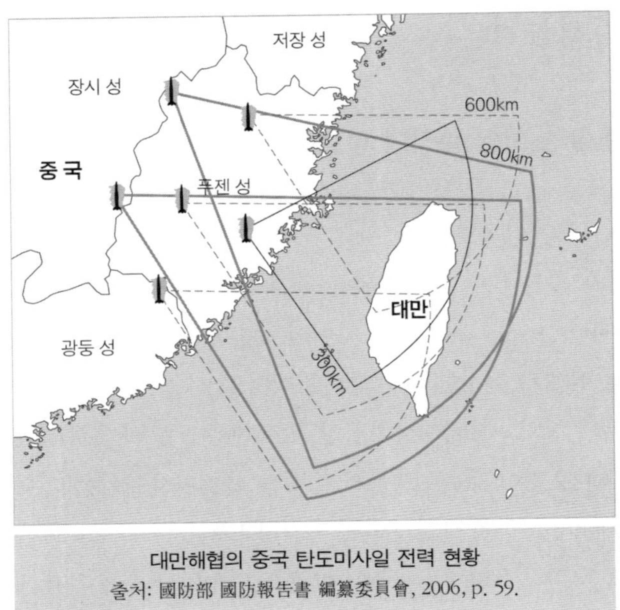

대만해협의 중국 탄도미사일 전력 현황
출처: 國防部 國防報告書 編纂委員會, 2006, p. 59.

250대에 달하는 대규모다.[50]

대만을 겨냥하고 있는 중국 제2포병의 SRBM 주력은 '둥펑'(東風) 11/15호 탄도미사일로 양분된다. 그 가운데서도 수적으로 가장 많은 것은 500기(발사대 기준 120~140대)의 둥펑 11호 탄도미사일이며, 4개 미사일여단이 운용하고 있다. 둥펑 15호 탄도미사일은 이보다 적은 225기(발사대 기준 90~110대)가 실전배치 중이다. 운용은 2개 미사일여단이 담당한다. 지난 1995년과 1996년 중국이 대만해협과 그 주변 해역을 겨냥한 시험발사에 동원했던 탄도미사일도 바로 둥펑 15호였다.

둥펑 11/15호 탄도미사일의 사거리는 각각 300km, 600km 이상이다. 대만해협의 평균 너비가 180km 정도에 불과하다는 점을 고려할 때, 중국

---

50 Office of the Secretary of Defense, 2010, p. 66.

중국 제2포병의 둥펑 11호(왼쪽)와 둥펑 15호 탄도미사일(오른쪽)

동남부에서 배치될 경우 대만 영토의 대부분을 공격권 이내에 포함시킬 수 있다. 뿐만 아니라 둥펑 11/15호는 차량 형태의 이동식발사대(TEL: Transporter-Erector-Launcher)에 탑재되어 실전에서 높은 기동성을 발휘한다. 발사 이전의 준비 과정뿐만 아니라 발사 직후에도 신속히 이동함으로써 적의 감시, 선제·보복타격에 노출될 가능성을 낮추어 생존성을 높일 수 있는 것이다. 그리고 SS-1 '스커드'를 비롯하여 액체연료를 추진제로 사용하는 동급의 구 소련제 SRBM급 탄도미사일과는 달리,[51] 고체연료를 사용하여 발사 준비에 필요한 소요시간이 15~30분 이내에 불과하다. 이는 중국이 대만해협 유사시 개전 초반부터 탄도미사일을 통해, 대규모의 화력을 집중시켜 대만의 물리적 방어역량과 심리적 저항의지를 단기간 내에 와해시키는 효과를 거둘 수 있도록 기여할 것이다.

다만 중국의 둥펑 11/15호 탄도미사일은 미국, 러시아 등의 군사선진

---

51 사거리 300~500km의 스커드 탄도미사일은 지난 1980년대의 이란-이라크 전쟁, 1991년의 제1차 걸프전쟁 당시 이라크군이 대량으로 운용한 바 있으며, 지금도 다수의 아랍 국가와 북한 등지에서 보유하고 있다. 스커드 탄도미사일은 액체연료를 추진제로 사용하여 발사 이전에 수 시간 동안 연료를 주입해야 하는 것이 특징이며, 적의 감시 및 선제 타격 가능성에 취약해지는 단점을 야기한다.

국들과 비교할 때, 기술적으로 낙후된 구형 유도장치를 탑재하여 정확성이 낮다는 것이 약점으로 지적된다. 원형공산오차(CEP: Circular Error Probable)를 기준으로 한 이들 두 미사일의 오차범위가 최대 600m를 넘는다는 점이 그 증거다.[52] 이처럼 낮은 수준의 정확성으로는 대도시를 비롯한 인구밀집지역을 공격하여 대만인들과 대만 정치지도층의 심리적 불안과 저항의지를 약화시킬 수는 있지만, 주요 정치 · 경제 · 군사적 핵심시설을 무력화시키기 위한 정밀타격에는 부적합하다.

(2) 대만의 대응 능력

위와 같이 거대한 중국의 탄도미사일 위협에 직면하고 있는 가운데, 대만은 다분히 방어적인 성격의 수단에 의존하는 실정이다. 지난 1991년의 제1차 걸프전쟁 당시 이라크의 스커드 탄도미사일 요격을 성공시켜 세계적인 주목을 받았던 미국제 MIM−104 '패트리어트'(PAC-2) 장거리 지대공미사일을 도입했으며, 이에 필적할 정도의 성능을 갖춘 사거리 150km, 최대운용고도 30km 이상의 자국산 지대공미사일 '톈궁'(天弓) 1/2호를 개발한 바 있다.

현재 대만 공군은 수도 타이베이를 중심으로 방공포대 3개(200기) 규모의 PAC−2, 그리고 대만 북부의 지룽, 남부의 가오슝, 펑후다오 등지에 방공포대 6개(500기) 규모의 톈궁 계열 중 · 장거리 지대공미사일을 배치 및 운용하고 있다.[53] 하지만 이들 두 지대공미사일은 기본적으로 대(對)항

---

52 원형공산오차란 다수의 폭탄 또는 미사일이 발사될 경우, 그 가운데 절반 이상이 명중하는 원의 반경을 가리킨다. 예를 들어 10발의 폭탄이나 미사일을 사용하여 과반수가 명중한 범위를 원형으로, 그리고 그 반경이 5m로 나타난다면 원형공산오차는 5m로 기록되는 것이다.

53 James C. O'Halloran, *Jane's Land-Based Air Defence 2009-2010* (Surray, UK: Jane's Information Group, 2009), p. 394.

대만 공군의 패트리어트(PAC-2. 왼쪽)와 텐궁 2호 지대공미사일(오른쪽)

공기 요격 임무에 초점을 두고 설계되었기 때문에 탄도미사일에 대한 요격 기능은 제한적이다. 1,000기가 넘는 중국 탄도미사일의 위협을 효과적으로 방어하기에는 양적·질적으로 크게 부족한 것이다.

이론상으로 대만군이 중국 영토를 겨냥한 지상 공격임무를 수행할 수 있는 방법은 다목적 전투기, 전폭기에 의한 공대지 타격 정도가 가능할 것이다. 이 경우 공대지미사일이나 사거리 약 100km의 공대함미사일 또는 정밀 유도폭탄을 탑재 및 운용하는 대만 공군의 F-16A/B, 그리고 징궈호가 동원될 수 있다. 그러나 이들은 중국 영토로 침투하는 과정에서 양적으로 훨씬 우세한 중국 공군의 전투기들과 맞서야 하는 불리한 조건을 강요받게 될 것이다. 뿐만 아니라 대만군은 1,500여 기 규모의 중·장거리 지대공미사일과 방공 레이더 등으로 무장한 중국의 지상 방공전력을 무력화하는 대공제압(SEAD: Suppression of Enemy Air Defenses) 임무에 필요한 지원수단도 갖추지 못하고 있다. 요컨대 대만 공군의 전력은 대만해협에서의 제공권을 확보하기 위한 방어적인 임무를 넘어, 중국 영토를 직접 공격할 수 있을 정도의 능력은 거의 기대하기 어려울 것으로 평가된다.

| 4 | 외부 개입능력

(1) 미국

만약 대만해협에서 중국과 대만의 군사적 분쟁이 현실화될 경우, 어느 나라가 가장 먼저 정치·군사적인 개입에 나설 것인가? 바로 미국이다. 이 점은 미국의 동아시아 및 태평양 지역 전략에서 대만이 차지하고 있는 유·무형적인 가치, 〈대만관계법〉을 통한 미국의 비공식적인 대만 방위공약 유지, 그리고 유사시 대만해협으로 동원될 수 있는 아시아·태평양 지역의 미군 전력 등을 통해서 입증될 수 있다.

지난 1970년대 초부터 미국은 정치·이념적인 차이에도 불구하고, '공동의 적' 소련을 견제한다는 전략적 이해관계를 공유한다는 점에서 중국과 협력관계를 유지해왔다. 1980년대에 들어서 중국이 덩샤오핑 중심의 온건 실용주의 세력이 주도하는 적극적인 경제 개혁·개방정책에 나선 것도 미국과의 협력을 발전·강화시키는 요인이었다. 이에 따라 미국은 1980년대까지만 해도 중국과 고위급 장교 및 외교·안보 분야 민간관료 사이의 협상 진행, 소련의 군사력에 대한 지속적인 정보 교환과 공유, 그리고 무기판매를 포함하는 안보 협력관계를 유지했다.[54]

하지만 냉전이 막을 내리면서 미국과 중국 두 나라의 관계는 점차 대립, 경쟁의 양상이 부각되기 시작했다. 1989년 베를린 장벽의 붕괴로 대표되는 동유럽 공산주의 정권들의 몰락, 1991년 구 소련의 해체로 미국이 중국과의 전면적인 협력관계를 지속할 동기가 크게 약화된 것이다.[55] 뿐만 아니라 중국의 폭발적인 경제성장과 국력 신장이 전 세계적으로 주

---

54 서진영, 1997, pp. 411-412.
55 서진영, 2006, p. 175.

목을 받으면서 미국은 중국을 냉전 이후 자신들의 초강대국 지위를 위협할 수 있는 '전략적 경쟁자'(Strategic Competitor)로 인식하기 시작했다.[56] 1980년대 말 이후 벌어진 일련의 사건들도 미국 내에서 중국 위협론을 확산시키는 계기가 되었다.

- 1989년 6월: 천안문(天安門) 사태
- 1996년 3월: 제3차 대만해협 위기
- 1999년 5월: 중국의 미국 핵무기 기술 탈취사건 폭로[57]
- 2001년 4월: 남중국해 상공에서 미·중 양국의 군용 항공기 충돌[58]

냉전시대가 종식된 1990년대부터 미국은 '유일 초강대국'의 위상을 차지하게 되었고, 이제 미국 외교안보정책의 최우선적인 과제는 자국의 패권적인 지위에 도전할 수 있는 잠재적인 도전·경쟁국가의 등장을 예방·저지하는 것으로 바뀌었다. 현재의 세계질서 구도, 특히 동아시아 지역질서 내에서 미국의 도전·경쟁국가가 될 수 있는 나라는 중국뿐이다. 이는 최근 10여 년 이상 지속되고 있는 중국의 급속한 국력신장뿐만 아니라 반(反)패권주의·다극화를 내세우는 중국의 외교노선, 그리고 중국

---

56 David Shambaugh, "Sino-American Strategic Relations: From Partners to Competitors", *Survival*, Vol. 42, No. 1 (Spring 2000).

57 중국이 지난 1980~1990년대 사이에 미국의 주요 핵무기 개발기술 상당수를 비밀리에 탈취하였으며, 이로 인해 중국과 미국의 핵무기 기술 격차가 크게 줄어들어 미국 안보에 심각한 위협을 야기했다는 주장이 제기된 사건이다. 크리스토퍼 콕스 미 하원의원이 주도한 미 의회 내부의 조사위원회는 1999년 5월 25일 관련 내용들을 담은 일명 〈콕스 보고서〉를 공개하여 대내외적으로 큰 파장을 일으켰다.

58 지난 2001년 4월 1일, 남중국해 인근 해역 상공에서 미 해군의 EP-3 정찰기 1대가 요격을 위해 근접비행을 시도한 중국 공군의 J-8 전투기 1대와 공중 충돌한 사건이다. 이로 인해 J-8 전투기의 조종사 1명이 실종되었고, EP-3 정찰기는 하이난다오에 비상 착륙한 후 탑승한 미 해군장병 24명과 함께 중국에 억류되었다. 중국은 미국 정부의 공식사과 직후, 사건발생 10일 만에 EP-3 정찰기에 탑승했던 미 해군 장병들을 석방했으며, 3개월 후에는 EP-3 정찰기를 분해하여 수송기에 적재한 형태로 미국에 넘겨주었다.

공산당 주도의 1당 지배체제로 대표되는 중국과 미국의 정치체제·이념 적인 이질성에서 비롯된 것이다. 군사적으로는 지난 2006년 2월, 발표된 미 국방성의 2006년도판『4개년 국방검토보고서』(QDR: Quadrennial Defense Review)에 등장하는 다음의 내용을 통해 중국에 대한 경계 의식을 드러내고 있다.[59]

"중국은 기존 또는 신흥 강대국들 가운데 미국과 군사적으로 경쟁할 수 있는 잠재력이 가장 높은 국가이며, 미국의 전통적인 군사력 우위를 약화시킬 정도의 교란적인 군사기술을 갖춰나가고 있다. (…) 중국은 군사 부문에 대규모의 투자를 계속하고 있으며, 특히 중국은 국경 너머로 세력을 투사할 수 있는 능력을 개선하기 위한 전략적인 성격의 무기, 역량 확보에 집중하는 중이다. (…) 군사력의 현대화에 관한 중국의 동기와 의사결정, 그리고 이를 뒷받침하는 핵심적인 역량은 외부 세계에 거의 알려지지 않고 있다. (…) 중국의 군사력 현대화는 지난 1990년대 중반 중앙지도층이 대만 유사사태에 대비하기 위한 군사적 대안의 발전을 요구하면서 가속화되었다. 중국 군사력의 증강 속도와 범위는 이미 지역 전체의 군사적인 균형을 위협하는 수준이다. (…) 이들 군사력은 중국 대륙의 내부뿐만 아니라 아시아 내의 광대한 전구(戰區)까지 영향권 내에 두면서 이 지역에서 주둔 및 활동하는 미국 군사력의 지속적인 작전수행 능력에 큰 도전으로 작용할 것이다."

그렇다면 미국의 대(對)중국 견제에서 대만은 어떠한 가치를 갖는가? 첫째, 지리적인 거점으로서의 가치다. 앞서 설명했듯이, 대만과 중국 본토는 불과 200km 미만의 거리에 위치하고 있다. 동아시아·태평양 지역에서 미국의 동맹국인 한국, 일본, 호주보다도 가깝다. 무엇보다 대만은 북쪽으로 오키나와를 비롯한 일본 서남부 해역, 남쪽으로 동남아시아 주

---

59 U.S. Department of Defense, *Quadrennial Defense Review Report*(Washington D.C: U.S. Department of Defense, February 6, 2006), pp. 29-30.

변해역, 그리고 동쪽으로 서태평양 일대와 연결되는 위치를 차지한다. 미국으로서는 동아시아와 인도양 또는 아랍 지역으로의 해·공군력 증원을 위한 관문을 확보하고, 괌과 마리아나 제도를 비롯한 서태평양 일대의 주요 군사기지들에 대한 효과적인 방어를 보장하는 동시에, 중국의 정치·군사적 영향력이 자국 영토를 위시한 대륙을 넘어 주변 해양지역까지 확대되는 것을 저지하기 위해 '중국의 지배로부터 자유로운 정치적 실체'로서 대만의 존속을 필요로 하는 입장이다.

둘째, 동아시아 지역에서 대만이 갖는 정치·이념적인 상징성에 따른 가치도 무시할 수 없다. 대만은 미국의 동맹국인 한국, 일본과 더불어 동아시아에서 정치적 민주주의와 자유 시장경제의 동시 발전을 이룩한 대표적인 사례다. 이는 60년 이상 계속되고 있는 공산당의 1당 지배체제, 1989년 6월의 천안문 사태 유혈진압을 비롯한 인권 문제로 미국과 대립하고 있는 중국 본토와 극명한 대조를 이룬다. 미국에게 대만의 존재는 동아시아의 대표적 민주주의 일원을 방어·지원한다는 도의적인 책임과 더불어, "중국에서도 민주주의가 가능하다."는 점을 증명하는 상징으로서 중국에 대한 정치·외교적 압력수단이 될 수 있는 것이다.[60]

물론 미국은 지난 1979년, 중국과 외교관계를 수립하기 위해 대만과 단교했기 때문에 한국, 일본과 같은 군사동맹 수준의 공식적인 안보·방위공약을 제공할 수 없다. 그 대신 미국은 중국과의 국교수립 직후에 제정된 〈대만관계법〉을 통해, 비공식적으로 대만에 일정 수준의 외교·군사적인 지원을 제공할 수 있도록 하고 있다. 〈대만관계법〉의 핵심 조항이라고 할 수 있는 제2조에 '비평화적인 수단에 의해 대만의 장래를 결정하려는 어떠한 시도도 서태평양 지역의 평화와 안전에 관한 위협인 동시

---

60 Shelley Rigger, *Why Taiwan Matters: Small Island, Global Powerhouse* (Lanham, MA: Rowman & Littlefield, 2011), pp. 174-175.

에 미국에 대한 중대한 우려사항으로 규정한다.', '대만인들의 안보, 사회,
경제체제를 위태롭게 할 수 있는 무력 및 여타의 강압적 수단에 맞설 수
있는 미국의 능력을 유지한다.', 그리고 '대만이 자체 방어능력을 유지하
는 데 충분한 방위물자 및 용역을 제공한다.' 등의 내용을 명시한 것이 그
본보기다.

미국의 대만 방어의지와 능력이 구체적으로 나타났던 대표적인 사례
는 지난 1996년 3월, 대만 최초의 총통 직접선거 기간 중국의 무력시위로
촉발된 제3차 대만해협 위기였다.[61] 당시 미국은 중국의 탄도미사일 발
사훈련 기간부터 미 해군 태평양함대 소속의 항공모함 '인디펜던스'를 중
심으로 수상전투함 4척(구축함 2척, 순양함 및 호위함 각 1척 포함)이 포함된 1개
해군 항공모함 전투단(CVBG: Carrier Vehicle Battle Group)[62]을 대만해협과 가
까운 공해(公海)상에 배치시켰다. 중국이 펑후다오 인근에서의 해군 기동
훈련 방침을 발표하자 3월 11일에는 페르시아 만에 배치 중이던 항공모
함 '니미츠'를 대만해협으로 이동시켰고, 역시 수상전투함 4척이 포함된
동급의 항공모함 전투단도 합류했다.

이러한 미국의 대응은 중국이 대만을 겨냥한 대규모의 합동 상륙훈련
을 실시했던 직후인 1995년 12월, 해군 항공모함 1척이 대만해협을 경유,
통과하는 정도로 소극적인 경고를 보냈던 것에 비하면 매우 강경했다. 미
국은 2개의 해군 항공모함 전투단을 대만해협 인근에 동시 배치함으로써
자신들의 대만 방위공약이 말뿐이 아닌 실천으로 이어질 수 있음을 중국
에 보여주었던 것이다. 제3차 대만해협 위기 당시 미국의 신속하고 과감
한 군사적 대응은 잇따른 군사적 긴장 고조에도 불구하고 중국의 집중적
인 비난 대상이었던 리덩후이가 대만 총통선거에서 승리하고, 중국의 무

---

61   Allen S. Whiting, Fall 2001.

62   최근에는 항공모함 타격단(CSG: Carrier Strike Group)이라고도 불린다.

력시위에 따른 강압 효과를 상쇄시키는 데 크게 공헌했다.

현재 아시아·태평양 지역에 배치되어 있는 미국 군사력의 핵심은 단연 해군과 공군이며, 이들은 미군의 6대 지역별 전투사령부 가운데 하나인 태평양사령부(PACOM)의 지휘 아래에 있다.[63] 먼저 해군 전력은 미 태평양함대가 관할하는 2개(제3·7함대) 함대와 그 예하에 배치되는 다수의 항공모함 전투단을 중심으로 이루어진다. 이들이 보유하고 있는 전력의 현황은 다음과 같다.[64]

- 핵추진 잠수함: 35척
- 항공모함: 4척 이상
- 수상전투함: 52척(순양함 13척, 구축함 24척, 호위함 15척)
- 상륙함: 15척
- 해상초계기: 77대
- 헬기: 200대

일반적으로 미 해군의 1개 항공모함 전투단은 '니미츠'(배수량 약 10만톤)급 핵추진 항공모함 1척을 중심으로 구축함급 이상의 수상전투함 3~5척, 핵추진 공격잠수함(SSN) 2척, 그리고 소수의 군수지원함(AOE) 등으로 구성된다. 1척의 니미츠급 항공모함은 전투기 및 해상초계기, 헬기, 비전투 지원기 등을 통틀어서 1개 전투비행단 규모에 해당하는 80여 대의 항공기를 탑재할 수 있다.

뿐만 아니라 미 해군 수상전투함의 주력이라고 할 수 있는 '타이콘데

63　미군의 나머지 5대 지역별 전투사령부는 미국의 본토 방어를 담당하는 북부사령부(NORTHCOM), 중남미를 관할하는 남부사령부(SOUTHCOM), 남아시아와 아랍 지역을 관할하는 중부사령부(CENTCOM), 유럽을 관할하는 유럽사령부(EUCOM), 그리고 지난 2008년 신설된 아프리카사령부(AFRICOM)가 있다. 공군본부, 2007, p. 41.

64　공군본부, 2007, p. 61.

미 해군의 항공모함 전투단. 대만해협 유사시 미국이 투입할 수 있는 군사력의 핵심이 될 것이다.

로가'(만재배수량 9,600톤)급 순양함과 '알레이버크'(만재배수량 약 8,000톤)급 구축함은 고성능의 '이지스'(Aegis) 전투체계를 탑재하여 수십 개의 해상, 항공 표적에 대한 동시탐지 및 추적, 그리고 교전 임무를 수행할 수 있는 것이 특징이다. 이를 위해 두 군함은 감시범위가 반경 약 500km에 달하는 AN/SPY-1 위상배열레이더, 그리고 1척당 100기 내외의 대함, 대잠, 대지공격용 유도무기를 동시에 탑재 및 운용하는 수직발사대(VLS: Vertical Launching System)를 갖추고 있다. 미 해군 잠수함의 대다수를 차지하는 '로스앤젤레스'(수중배수량 6,900톤)급 핵추진 공격잠수함은 일반적인 어뢰, 대함미사일뿐만 아니라 최대사거리 3,000km의 BGM-109 '토마호크'[65] 지상공격용 순항미사일(LACM: Land Attack Cruise Missile)도 탑재 가능하다. 기동능력과 각종 무장의 탑재규모 및 성능 측면에서 중국 해군의 구식 군함

---

65 1991년 제1차 걸프전쟁 이후 미국이 개입한 주요 군사분쟁에서 다수 사용되고 있는 대표적인 지상공격용 정밀유도무기다. 알레이버크급 이지스구축함과 타이콘데로가 이지스순양함에서도 탑재 · 운용 가능하다.

들을 압도하는 수준이다.

　공군력의 경우, 미국은 아시아·태평양 지역에 4개(제5·7·11·13) 지역공군 사령부를 설치하고 있다. 이들은 각각 한국과 일본, 하와이, 알래스카, 그리고 괌 등지에 9개(전투비행단 5개 포함) 비행단 규모로 배치 중이다. 이들이 보유하고 있는 항공기의 수량은 다음과 같다.[66]

- 전투·공격기: 264대
- 해군 소속 전투기: 363대(항공모함 탑재)
- 수송기: 37대
- 공중급유기: 31대
- 공중 조기경보통제기: 4대
- 헬기: 11대

　미 공군의 주력 전투기종인 F-15 '이글'과 F-16 '파이팅 팰콘', 그리고 해군 항공모함 탑재기 F/A-18 '호넷'은 모두 1980년대 이후 개발된 이래 1991년 제1차 걸프전쟁을 비롯한 여러 차례의 실전을 통해 그 성능을 입증받은 우수한 제4세대 전투기들로서 중국 공군의 기존 전투기들을 크게 상회하는 전투력, 기술적인 우위를 자랑한다. 또한 미 공군은 B-52 '스트라토 포트리스', B-1 '랜서', 그리고 적의 레이더에 포착되지 않는 스텔스(Stealth) 기능을 갖춘 B-2 '스피리트'를 비롯한 무장탑재량 20~30톤, 최대 항속거리 10,000km 이상의 장거리 전략폭격기를 지상 공격에 동원할 수도 있다.

　이처럼 미국이 유사시에 대만해협으로 동원할 수 있는 해·공군력은 그 규모와 전투력의 질적 측면에서 모두 중국에 의한 해상, 공중으로부터의 대만 침공을 제압하기에 충분한 수준이다. 특히 미국은 지상공격용 순

66　공군본부, 2007, pp. 59-61.

항미사일, 항공모함 탑재기, 전투·폭격기 등을 통해 대만이 중국보다 절대적으로 부족한 타격능력의 격차를 해소하는 데 큰 기여를 할 것으로 평가된다. 따라서 개전 초반에 대만군이 해·공군력의 질적 우위를 최대한 발휘하여 중국 인민해방군의 제해권 및 제공권 장악을 막아내고, 영토 점령을 최대한 지연시킬 수 있다면, 이후 증원되는 미군과의 반격을 통해 중국의 침공을 격퇴할 수 있을 것이다.

하지만 대만을 지원하기 위한 미국의 군사적인 개입능력에도 약점은 있다. 바로 '지리상의 거리 문제'(Tyranny of Distance)다. 대만해협 유사시 가장 먼저 투입될 수 있는 미군 병력은 일본의 제7함대, 제5공군이다. 제7함대 소속 군함은 대만해협에서 약 2,000km 떨어진 일본 요코스카(橫須賀), 사세보(佐世保)에 배치 중인데, 그 규모는 항공모함 1척, 순양함 2척, 구축함 7척, 그리고 상륙함 4척 등을 포함한 1개 항공모함 전투단이다.[67] 제5공군의 주력 기지인 오키나와는 대만해협과 640km 거리에 위치하여 상대적으로 가깝지만, 보유 전력은 전투기 50여 대와 공중 조기경보통제기 2대, 수송기 22대, 헬기 32대에 그친다.[68] 이들은 동아시아와 태평양에서 작전을 수행하는 미국의 해·공군력 가운데 약 20~30% 수준에 불과하다.

반면 하와이, 알래스카는 대만해협에서 7,000~8,000km 이상 떨어져 있으며, 미국 본토까지의 거리는 무려 1만 1,000km를 넘는다. 해군력을 기준으로 할 때, 대만해협으로의 병력 증원에 적어도 2~3주일, 길게는 1개월 이상 시일이 소요되는 거리인 것이다. 따라서 대만해협에서 군사적 충돌이 발생할 경우, 초기에는 미 해·공군 증원전력의 질적 우위가 중국 인민해방군의 양적 우위를 상쇄하는 데 상당한 어려움을 겪을 것으

67　IISS, 2009, p. 43.
68　IISS, 2009, p. 43.

로 평가된다.[69]

이 점에서 최근 미국이 태평양 지역, 특히 괌을 중심으로 해·공군력의 배치 규모를 확대하고 있는 것은 주목할 만한 현상이다. 우선 미 해군은 괌에 배치되는 핵추진 공격잠수함의 수를 기존의 로스앤젤레스급 3척에 2척을 추가한다는 방침이다. 미 공군도 현재 운용되고 있는 다수의 폭격기들과 더불어 신형 장거리 전폭기 48대, 공중급유기 10여 대를 괌의 공군기지에 상시 배치시킨다는 계획을 진행 중이다.[70] 괌에서 대만해협까지는 약 3,000km 떨어져 있는데, 이는 항공기의 경우 3시간, 군함으로는 3일 이내에 도달할 수 있는 거리다. 미국 본토에서 해·공군력을 동원하는 경우보다 대응시간을 획기적으로 단축시키는 효과를 거둘 수 있다. 요컨대 괌에서의 미 해·공군력 배치 증대는 아시아·태평양 지역에서 미국의 군사적인 신속대응 능력을 강화시킬 전망이며, 대만해협 유사시 미국의 군사적 개입능력에도 큰 영향을 줄 것이다.

(2) 일 본

미국 이외에 대만해협 유사시 군사적인 개입에 나설 가능성이 있는 또 다른 국가는 일본이다. 만약 대만이 중국에 병합되어 군사기지화될 경우, 일본도 그에 따른 안보위협에 직접적으로 노출될 수밖에 없기 때문이다. 먼저 대만과 지리적으로 가까운 동중국해 이내의 일본 남서부 도서지역들, 구체적으로는 오키나와 및 현재 일본의 점유 아래에 있는 센카쿠

---

69 Roger Cliff, "The Implication of Chinese Military Modernization for U.S. Force Posture in a Taiwan Conflict" in Michael D. Swaine eds, *Assessing the Threat: The Chinese Military and Taiwan's Security*(Washington D.C: Carnegie Endowment for International Peace, 2007), pp. 287-288.

70 이장훈, "괌, 미국의 동북아 새 군사 허브 기지로",『주간조선』, 2006년 11월 14일호.

(尖閣)[71] 열도가 중국 해·공군의 활동에서 이전보다 취약해질 것이다. 또한 무역·에너지자원(예: 석유, 천연가스) 수송을 위해 인도양과 말라카 해협, 남중국해, 그리고 동중국해를 경유하도록 되어있는 일본의 해상교통로 역시 대만에 배치되는 중국의 해·공군력에 의해 차단 및 봉쇄당할 우려가 높아진다.[72] 따라서 일본도 미국 못지않게 중국과 대만 양측의 정치·군사적 분쟁 여부에 상당한 이해관계를 갖는 입장이다.

다만 일본은 제2차 세계대전 이후 자국 영토의 방어 이외의 목적에는 무력을 사용하지 않는다는 '전수방위'(專守防衛) 개념의 방위전략을 채택하고 있으므로, 사실상의 군대 역할을 수행하고 있는 자위대(自衛隊)를 단독으로 대만해협에서의 무력분쟁에 투입할 가능성은 희박하다. 따라서 미일동맹(美日同盟)의 범주 내에서, 유사시 대만해협으로 투입되는 미국 군사력에 대한 지원을 통하여, 간접적으로 개입하는 방식을 선택할 것으로 전망된다. 그 근거로 제시될 수 있는 것이 일본의 1981년 '1,000해리 해상교통로 방위구상', 그리고 1997년 〈미일 신(新)방위협력지침〉(일명 신(新) 가이드라인)의 채택이다.

1,000해리 해상교통로 방위구상은 냉전 말기인 지난 1981년 5월 스즈키 젠코(鈴木善幸) 일본 수상과 로널드 레이건 미국 대통령의 정상회담 및 공동 기자회견을 통해 처음 공개된 바 있다. 그 내용은 도쿄(東京)에서 남동쪽으로 대만 동북부 해역까지, 남서쪽으로 마리아나 제도까지 이르는 폭 150~240해리, 길이 1,000해리에 걸친 해상항로 방어를 일본이 전담한

---

71 동중국해의 남서쪽이며, 대만과 오키나와 제도 사이에 위치한다. 지난 1895년 청일전쟁 이후 일본에 할양되었으며, 제2차 세계대전 이후 오키나와 제도와 함께 미국의 점유 아래에 있다가 1972년부터 다시 일본에 귀속되었다. 중국에서는 댜오위다오(釣漁島)라는 명칭으로 불리며, 최대 1,000억 배럴의 석유와 천연가스 매장 가능성으로 인해 일본과 중국, 대만의 영유권 분쟁이 계속되고 있다. 박경일 편저, 2009, pp. 190-191.

72 Denny Roy, "The Sources and Limits of Sino-Japanese Tensions", *Survival*, Vol. 47, No. 2 (Summer 2005).

일본 해상자위대의 기동. 대만해협 유사시 일본도 '미국에 대한 지원' 형식으로 간접적인 군사 개입을 시도할 가능성이 있다.

다는 것이었다. 당시 미국의 레이건 행정부는 1979년 소련의 아프가니스 탄 침공을 계기로 아랍, 인도양 지역에서 소련과의 군사적 충돌 가능성이 높아졌다고 인식하고 있었다. 이에 미국은 아랍, 인도양으로 투입되는 자국 군사력의 안전을 확보하기 위해 극동지역에 배치된 소련 군사력이 태평양으로 진출하는 것을 저지해야 할 필요성이 절실했고, 일본이 극동지역에서 대(對)소련 해·공역 방어임무를 담당하도록 요구했던 것이다.[73]

그리하여 일본 자위대가 제3함대를 비롯한 미국의 해·공군력이 동아시아, 인도양, 아랍 지역으로 원활하게 투입·전개될 수 있도록 태평양의 관문 해역을 엄호하는 역할을 맡게 되었다. 오늘날 일본이 '공고'(金剛:

---

73   이후 스즈키의 후임 수상으로 취임한 나카소네 야스히로(中曾根康弘)는 1983년 "일본 열도의 불침 항공모함(不沈空母)화"를 선언하며 미국의 대(對)소련 군사견제 분담 요구에 적극 호응했다. 배정호, 『일본의 국가전략과 안보전략』(파주: 나남, 2006), pp. 155-163.

배수량 7,500톤)급 이지스구축함 4척을 포함한 32척 규모의 호위함대(護衛艦隊),[74] F-15J[75] 전투기로 대표되는 세계 정상급의 해·공군력을 보유하게 된 배경도 ① 1,000해리 해상교통로 방위구상과, ② 극동지역에서의 대(對)소련 해·공역 방어임무 전담을 뒷받침할 수 있는 군사력 확보에 따른 것이다.

1997년 9월 23일에는 미일 양국의 외무·국방장관이 참가하는 미일 안전보장협의위원회(安全保障協議委員會)에서 양국의 평시 및 유사시 방위태세 유지, 발전에 관한 협력방안을 총 3개 기능, 9개 분야, 40개 항목에 걸쳐 구체화시킨 〈미일 신(新)방위협력지침〉이 확정되었다. 이는 지난 1978년 제정되었던 종전의 〈미일 방위협력지침〉(일명 가이드라인)과 비교할 때, 2가지 측면에서 두드러진 차이를 나타내고 있었다.[76] 첫째, 미일 방위협력의 중점이 종전의 '일본 유사' 및 '극동 유사'에서 '일본의 안전에 중대한 영향을 미칠 수 있는 일본 주변 유사'로 바뀌었다. 둘째, '일본 주변 유사'의 범위를 지리적 개념이 아닌 사태의 성질에 따라 파악되는 상황적 개념으로 규정하고 있다.

이로써 일본은 자국 영토가 외부 세력의 직접적인 공격 위협을 받지 않는 경우에도, '미국의 군사활동에 대한 지원 제공'의 형식으로 한반도와 중국 또는 대만해협에서 발생하는 정치·군사적 분쟁에 자위대를 파견할 수 있게 된 것이다. 대만해협 유사시 일본 자위대가 수행할 군사 임

---

74 일본 해상자위대(海上自衛隊)의 호위함대는 8척 규모의 전단급 호위대군(護衛隊群) 4개를 보유하며, 각 호위대군은 기함(旗艦)인 헬기구축함(DDH. 헬기 3대 탑재) 1척, 중·장거리 함대공미사일을 탑재하는 방공구축함(DDG) 2척, 그리고 일반구축함(DD. 헬기 1대 탑재) 5척으로 구성된다. 때문에 8·8함대라는 별칭으로도 불린다.

75 미국제 F-15 전투기를 일본 내에서 면허생산한 기종으로 1980년대 중반부터 일본 항공자위대(航空自衛隊)의 주력 기종으로 운용하고 있다. 현재 150여 대가 각 전투부대에서 실전배치 중이며, 훈련 및 연구개발 목적으로 운용하는 것까지 포함할 경우 총 203대에 달한다.

76 배정호, 2006, p. 221.

무는 주로 동중국해와 '1,000해리 해상교통로 방위구상'의 적용 범위인 태평양 북서해역에서의 기뢰 제거,[77] 대(對)잠수함 작전,[78] 호송(護送), 수색 및 구조, 그리고 미군에 대한 각종 비전투 활동(예: 군수물자 보급·수송, 의료지원) 등의 간접적인 지원 역할에 집중될 전망이다.

| 5 | 소결론

　지금까지 이번 장에서 논의한 내용들을 요약하자면 다음과 같다. 첫째, 중국의 지상 전력은 병력과 보유무기의 규모에서 대만을 크게 압도하고 있지만, 대만 영토를 무력으로 병합하기 위해 요구되는 '점령능력'은 제한적인 수준에 머물러 있다. 이는 중국 지상 기동전력의 기술적인 낙후성, 중국 해군의 상륙함정을 비롯한 해상·항공수단의 병력수송 능력 부족, 그리고 대만군이 차지하고 있는 방어상의 이점에서 비롯된다.

　둘째, '제해·제공권 확보능력'에서도 중국보다는 대만이 보다 유리한 입지를 차지하는 것으로 평가할 수 있다. 이는 중국의 해·공군이 거대한 규모에도 불구하고 기술적으로 매우 낙후된 구식 연안전투함정, 제2·3세대 전투기들을 주로 보유하는 반면에, 대만 해군과 공군은 보다 균형

77　일본 해상자위대에서 기뢰제거 임무를 담당하는 부대는 소해대군(掃海隊群)이다. 소해대군은 총 20여 척의 소해함정을 보유하고 있는데, 특히 2척의 '우라가'(浦賀: 배수량 5,700톤)급 소해모함은 1척당 1대의 MH-53 '씨 드래곤' 소해헬기를 탑재, 신속하고 안전한 기뢰제거 임무를 수행할 수 있다.

78　해상자위대는 총 18척(훈련용 2척 포함)의 재래식 추진 잠수함과 더불어 80여 대의 미국제 P-3 '오라이언' 해상초계기를 보유하고 있다. P-3 해상초계기는 항속거리가 9,000km에 달할 뿐만 아니라, 어뢰 및 대함미사일을 운용할 수 있어서 반경 1,000해리 이상의 넓은 해역을 대상으로 하는 대(對)잠수함 추적, 소탕임무에 매우 효과적인 것이 특징이다. 최근에는 P-3보다 작전범위가 대폭 확대된 XP-1 차기 해상초계기의 개발·양산이 추진되고 있다.

잡힌 임무 수행능력을 갖춘 중·대형 군함과 제4세대 전투기 중심의 전력을 갖추어 중국과의 양적 열세를 상쇄하고 있기 때문이다. 그 결과 중국은 대만과의 무력충돌이 발생할 경우 대만해협과 주변 해·공역에 대한 통제권을 장악하는 데 커다란 어려움을 겪을 수 있으며, 유사시 대만 영토를 점령하려는 시도 역시 심각한 타격을 입게 될 것이다.

셋째, '타격능력'의 경우, 중국은 대만보다 명실상부하게 우위를 차지하고 있다. 중국 동남부 지역에 집중 배치되어 있는 1,000기 이상의 둥펑 11/15호 탄도미사일은 대만 영토 전체를 공격권 내에 포함시키는 사거리 300~600km의 SRBM이며, 유사시 대규모의 물리적 파괴·살상뿐만 아니라 대만의 정치·군사 지도층, 주민들에게 공포, 불안심리를 강요할 수 있다. 이에 비해 대만군은 탄도미사일 요격을 위한 방공 전력이 양적·질적으로 크게 부족하며, 중국 영토를 겨냥하여 보복을 가할 수 있는 군사적 대응수단이 없다시피 한 실정이다.

그리고 넷째, '외부 개입능력'은 지난 1979년 중국과의 수교 이후에도 〈대만관계법〉을 통해, 대만에 비공식적인 방위공약 제공을 시사하고 있는 미국의 군사적 개입 가능성이 주목받고 있다. 유사시 아시아·태평양 지역에서 대만해협으로 증원될 수 있는 미국의 해·공군력은 그 규모와 전투력 측면에서 모두 중국의 대만 침공을 제압할 수 있으며, 특히 중국에 대한 대만군의 타격능력 부족 문제를 크게 해결해줄 것으로 평가된다. 일본 역시 미일동맹의 범주 내에서, '미국에 대한 군사적 지원 제공'이라는 명분 아래 대만해협에서의 정치·군사적 충돌에 간접적으로 개입할 가능성이 있다.

요컨대 현 시점에서 대만해협의 군사력 균형은 공격자 측에 해당하는 중국보다는, 방어자의 입장에 있는 대만에 유리한 방향으로 유지되고 있는 것으로 평가할 수 있다. 이는 중국 군사력의 압도적인 양적 우위가 대만을 겨냥한 점령능력으로 충분히 구현되지 못하고 있으며, 이마저도 대만의 제해·제공권 확보능력의 우위, 그리고 미국 주도의 외부 개입능력 때문에 상쇄되고 있기 때문이다. 현재로서는 중국이 둥펑 11/15호 탄도 미사일에 의한 타격능력의 우위를 앞세워 대만의 행동 및 의지를 제약하고, 정치·외교적인 강압을 시도하는 것은 가능하다. 하지만 대만 영토를 군사적으로 점령하기에는 여전히 부족하다는 평가를 면하기가 어려울 것이다.

07 중국의 군사력 현대화

1. 중국 군사전략의 변화
2. 급증하는 군사비 지출
3. 군사력 현대화의 주요 동향

제6장에서 살펴보았듯이, 그동안 중국·대만 양안의 군사력 균형은 대만에게 보다 유리한 양상으로 형성·유지되어온 것으로 평가할 수 있다. 이는 대만군의 질적 전투력(특히 해·공군력) 우세, 미국에 의한 외부 개입능력이 중국 인민해방군의 압도적인 병력규모 및 타격능력 우위를 대폭 상쇄시켜왔기 때문이다. 하지만 지난 1990년대 이후 나타나고 있는 일련의 변화를 계기로, 대만해협의 군사력 균형 평가에 관한 기존의 평가를 재검토해야 할 필요성이 제기되고 있다. 그 가운데서도 특히 주목되는 현상은 바로 중국이 급속한 경제성장과 함께 진행시키고 있는 군사력의 현대화 추세다.

| 1 | 중국 군사전략의 변화

지난 1949년 중화인민공화국의 수립 이후, 중국 인민해방군의 군사전략과 군사력 건설은 '인민전쟁'(人民戰爭)의 대비, 수행에 초점을 두어왔다. 인민전쟁이란 국공내전 시절인 지난 1930년대 마오쩌둥이 확립한 유격전(遊擊戰)에 기원을 둔 전쟁 유형이며, 중국의 거대 인구와 광활한 영토 면적의 효용을 극대화하여 외부세력의 침략에 대응한다는 발상이었다. 인민전쟁의 대비, 수행을 위한 인민해방군의 핵심 군사전략 개념은 '유적심입'(誘敵深入)이었다. 전쟁이 일어날 경우 적군과의 직접 교전을 회피하면서 자국 영토로 후퇴하여 적을 내륙지역으로 깊숙이 유인한 후, 게릴라전 형태의 비정규전 및 장기·지구전(持久戰)을 통해 영토 내부에서 저항함으로써 적의 침공을 격퇴한다는 것이다.[1] 이는 중국보다 국력이 우세

1 　김태호, "중국의 '군사적 부상': 2000년 이후 전력증강 추이 및 지역적 함의", 『국방정책연구』, 통권 73호(2006년 가을).

한 강대국(예: 미국, 소련)의 중국 대륙침공을 전제로 한 전략이었으며, 중국 군사력의 기술적인 열세를 압도적인 병력 규모와 지형상의 이점으로 극복하겠다는 발상이었다.

이에 따라 중국 인민해방군은 1949년 공산정권의 대륙 석권 이후에도 수백만 명 이상의 대규모 병력을 유지하였으며, 국공내전 시절의 게릴라 부대와 큰 차이가 없는 낮은 기술수준의 무기를 다수 보유하는 형태의 군사력 구조를 채택했다. 물론 당시의 중국이 군사력의 정규화(正規化), 현대화(現代化)에 전혀 무관심했던 것은 아니다. 1950년대에는 '항미원조'를 명분으로 참전했던 6·25전쟁에서의 경험으로 미국과의 군사적 기술격차 문제가 제기되었고, 소련의 대규모 군사원조를 통해 다수의 탱크와 군함, 전투기 등을 제공받아 인민해방군은 비교적 빠른 속도로 무장을 정규화할 수 있었다.[2]

그러나 중국 군사력의 현대화를 위한 노력은 1950년대 이후의 여러 국내외적 장애로 20년이 넘도록 침체를 면치 못했다. 먼저 인민해방군의 정규화·현대화를 지지하는 대표적 인물이었던 펑더화이(彭德懷) 국방부장이 1959년 마오쩌둥과의 정치적 갈등으로 물러났다.[3] 1960년대 문화대혁명으로 인한 중국의 정치·경제·사회적 혼란은 중국의 군사력 발전에도 심각한 악영향을 주었다. 군사 분야에서조차 정규화, 현대화보다는 공산당과 마오쩌둥에 대한 정치·이념적인 충성, 즉 '혁명화'(革命化)가 강

---

2   황병무, 『新中國軍事論』(서울: 법문사, 1992), pp. 482-483.

3   펑더화이는 6·25전쟁 당시 한반도에 참전한 중국 인민지원군(人民支援軍)의 총사령관
     이었으며, 1954년 중국의 초대 국방부장으로 취임하여 소련군을 모방한 군사력의 정규
     화·현대화를 적극 추진했다. 하지만 1959년 대약진 운동의 실패를 비판한 것이 마오쩌
     둥과 그의 측근들로부터 역공당하면서 모든 공직에서 물러났다. 1960년대 문화대혁명
     시기에는 홍위병들의 공격대상이 되어 폭행, 공개적인 모욕을 당하는 수모를 겪다가
     1974년 별세했다. 이후 1978년 덩샤오핑이 집권하면서 비로소 펑더화이는 생전의 누명
     을 벗고, 명예를 회복할 수 있었다. 이진영, 1998, pp. 262-264.

조되면서 1930~1940년대의 보병 위주, 유격전 수준의 군사전략을 벗어 나지 못했기 때문이다. 여기에 공산주의 노선 차이를 둘러싼 소련과의 대 립이 국경에서의 직접적인 무력충돌로 악화되었던 것도 '강대국과의 전 면전쟁 대비'를 전제로 하는, 인민전쟁에 입각한 군사전략의 유지를 정당 화시켰다.

그러나 1979년 2~3월 발생한 베트남과의 중월전쟁(中越戰爭)을 계기 로, 중국은 인민전쟁의 대비, 수행을 위한 기존 군사전략의 한계를 더 이 상 부정할 수 없게 되었다. 본래 중국은 1950년대의 대(對)프랑스 독립전 쟁, 1960~1970년대의 베트남전쟁에서 북베트남 공산정권에 무조건적인 군사적 지원을 제공하는 등 베트남과 우호관계를 지속해왔다. 하지만 1975년 베트남전쟁이 종식된 이후 중국은 1,347km에 걸친 지상국경의 획정 문제, 남중국해에서의 도서(島嶼) 영유권 분쟁, 베트남의 친(親)소련 노선 강화,4 그리고 베트남 내부의 중국계 화교(華僑)에 대한 박해 등의 문 제로 베트남과 갈등을 빚기 시작했다. 특히 1979년 1월 친(親)중국 성향 이었던 캄보디아의 크메르 루주(Khmer Rouge)5 정권이 베트남의 전면 침 공으로 붕괴되면서 중국과 베트남 양국의 관계는 급속하게 악화되었다. 결국 중국은 베트남이 캄보디아를 점령한 지 1개월 만인 1979년 2월 17일 을 기하여 베트남과의 국경지대에 집결하고 있던 인민해방군 12개 사단

4　　베트남은 1978년 8월부터 소련의 군사고문, 무기를 도입하기 시작했고, 같은 해 11월 에는 소련과 군사동맹 성격의 〈베트남–소련 우호합작조약〉을 체결하였다. 이후 1979 년부터는 남중국해로 연결되는 베트남 캄란 만(灣)에 소련 해군의 군함이 주둔하게 되 었다.

5　　폴 포트(본명 살로트 사)를 중심으로 결성된 캄보디아 공산당이다. 1967년부터 중국의 지원 아래 반(反)정부 지하활동을 펼쳤으며, 1975년 4월 캄보디아의 정권을 장악한 후 마오쩌둥 사상과 중국 문화대혁명에서 착안한 극단적인 공산주의 사회 건설을 강요하 며 100만 명 이상의 주민들을 인민재판, 고문, 강제노역 등으로 학살했다. 1978년 12월, 베트남이 '친(親) 베트남 인사 박해'를 구실로 25만 명 규모의 병력으로 캄보디아를 침공 하면서 실각했다.

1979년 베트남과의 중월전쟁 당시 중국 인민해방군의 모습. 이 전쟁에서 인민전쟁의 대비, 수행에 치중해 온 중국의 군사적 낙후성이 여실히 드러났다.

을 동원, 베트남을 침공하기 시작했다.

중국 인민해방군은 개전 2주일째가 되던 3월 6일 중국-베트남 국경에서 30km 이남에 위치한 란손을 점령했고, 그곳의 모든 건물들을 무차별적으로 파괴하는 '징벌' 조치를 실행했다. 이후 중국은 '전쟁 목적의 달성'을 발표하며 병력 철수를 선언하였고, 3월 15일에는 철수가 완료되었다. 약 1개월 동안 계속된 이 전쟁에서 중국과 베트남 양국은 모두 4,000~5,000명이 넘는 전사자를 잃었으며, 부상자의 수는 전사자의 2~3배에 달하였다.[6] 외견상의 전쟁 결과는 중국의 승리처럼 여겨질 수도 있지만, 실상은 그렇지 못했다. 오히려 이 전쟁을 계기로 중국의 군사적 낙후성이 여지없이 드러났기 때문이다.

중월전쟁 당시 중국 인민해방군은 20만 명 이상의 병력을 동원했지만, 인명손실의 규모는 그 절반 규모에 불과한 약 10만 명의 베트남군과

6　전쟁 직후 중국과 베트남은 상대 측의 병력 4만 명 이상을 섬멸(전사, 부상, 귀순, 전투능력 상실 포함)했다고 공식 발표했지만, 이는 과장된 내용이라는 평가가 우세하다. 김행복 · 황원식 · 강창구, 1996, p. 663.

비슷한 수준이었다. 더구나 베트남군은 정규군보다 국경수비대, 민병대 등 예비전력이 대다수를 차지하고 있었다.[7] 인민해방군은 여전히 국공내전, 6·25전쟁에서처럼 대규모의 보병부대를 앞세워 돌격하는 인해전술(人海戰術)에 의존했다. 그러나 이러한 인민해방군의 전술은 산악지대가 많은 베트남 북부의 지형, 10여 년 동안 프랑스, 미국과의 전쟁으로 단련되었을 뿐만 아니라 상당 수준의 무장[8]까지 갖춘 베트남군의 효과적인 방어에 부딪혔다. 인민해방군은 지상 부대의 기동력, 무장의 질적 수준, 통신, 보급·수송기능에서 수많은 문제점을 드러냈을 뿐만 아니라, 보병과 포병, 그리고 기갑·기계화 보병 부대 사이의 제병(諸兵) 협동작전에서도 미숙함을 드러냈다.[9] 이는 전쟁 과정에서 중국이 다수의 병력손실을 입는 직접적인 원인이 되고 말았다.

요컨대 중국은 중월전쟁에서 2배 이상의 병력규모 우위에도 불구하고 우월한 전투력을 발휘하지 못한 채, 필요 이상으로 많은 인적·물적 희생이 발생하는 졸전을 치렀던 것이다. 종전(終戰) 이후 베트남이 중국 인민해방군에 대하여 "압도적인 병력과 화력을 갖추었지만 기동력이 약하고, 구식 무기와 장비를 보유한 데 지나지 않는 시대에 뒤떨어진 군대", "전쟁경험이 없고, 근대전쟁이 요구하는 수준에 이르지 못한 군대"라고 혹평했을 정도였다.[10]

중월전쟁에서 드러난 군사적인 실패는 중국의 정치·군사지도자들이

---

7 당시 베트남은 정규군 병력의 다수를 캄보디아 침공, 점령에 투입한 상태였기 때문에 중국과의 전쟁에서는 예비전력을 주력으로 동원해야만 했다. 이진영, 1998, p. 225.

8 전쟁 당시 베트남군은 베트남전쟁 시절 미군, 구(舊) 남베트남군으로부터 노획한 장갑차와 지상공격용 항공기, 통신장비까지 보유하고 있었다. 특히 베트남군은 미국제 M-113 장갑차를 다수 운용하여 보병부대의 기동 능력에서 중국 인민해방군을 크게 능가했고, 이를 통해 효과적인 방어작전을 펼칠 수 있었던 것이다. 김행복·황원식·강창구, 1996, p. 662.

9 황병무, 1992, p. 117.

10 이진영, 1998, p. 228.

인민전쟁의 대비, 수행에 치중했던 기존 군사전략의 실효성을 재검토하
는 계기를 제공했다. 마오쩌둥의 사후 중국 최고권력자로 등극한 덩샤오
핑도 그 가운데 한명이었다.[11] 그리하여 1985년 5~6월에 개최된 공산당
중앙군사위원회 확대회의에서는 중국이 대비, 지향해야 할 새로운 전쟁
유형으로 '유한국부전쟁'(有限局部戰爭)[12]이 제시되었다. 강대국의 침공으
로 인한 전면전쟁을 전제로 하는 인민전쟁과는 달리, 유한국부전쟁은 주
변 국가들을 주요 대상으로 하는 제한적 수준의 국지전쟁에 초점을 맞추
었다는 것이 최대 특징이다.[13] 그렇다면 중국이 유한국부전쟁의 수행, 대
비를 강조하게 된 배경은 무엇이었는가?

첫째, 자국의 외교안보 환경에 관한 인식변화를 들 수 있다. 마오쩌둥
시절인 1950~1970년대까지만 해도, 중국의 정치지도층은 이른바 '전쟁
불가피론'(不可避論)을 신봉하고 있었다. 미국과 소련으로 대표되는 자본
주의, 공산주의 양대 진영 사이의 또 다른 세계대전은 필연적이며, 따라
서 중국의 군사전략과 군사력 건설은 강대국과의 전면전쟁에 대비하는
데 초점을 맞춰야 한다는 것이 전쟁 불가피론의 골자였다.[14] 이러한 전쟁
불가피론은 중국이 인민전쟁을 대비, 수행하기 위한 유적심입 전략 개념,
그리고 이를 뒷받침할 수 있는 대규모의 병력을 유지하는 사상적인 배경

---

11 덩샤오핑은 중월전쟁 당시 인민해방군의 총참모장을 겸하고 있었으며, "베트남에게 교
   훈을 가르쳐야 한다."(給越南一個敎訓)고 역설하며 베트남에 대한 무력 침공을 주도했
   다. 때문에 덩샤오핑은 전쟁 과정에서 드러난 인민해방군의 무기 및 전술의 낙후성, 그
   리고 이들의 개혁 필요성을 절실히 깨닫게 되었다. Harlan W. Jencks, "China's
   "Punitive" War on Vietnam: A Military Assessment", *Asian Survey*, Vol. 19, No.
   8(August 1979); Xiaoming Zhang, "China's 1979 War with Vietnam: A Reassessment",
   The China Quarterly, No. 184(December 2005).
12 '현대적 조건하의 인민전쟁'(現代的條件下的人民戰爭)이라고도 불린다.
13 김흥규, "중국의 신군사전략 및 군사력 변화와 지역안보", 『주요국제문제분석』(서울: 외
   교안보연구원, 2005년 9월 7일).
14 황병무, 1992, p. 40.

인민해방군을 사열하는 덩샤오핑. 1980년대 이후 중국의 군사전략은 전면전쟁보다 제한적 국지전쟁에 대비하는 방향으로 전환되기 시작했다.

이 되었다.

그러나 덩샤오핑이 집권한 1980년대에 들어서서, 중국은 기존의 전쟁 불가피론을 철회했다. 당시 중국은 냉전 이래 오랫동안 정치·이념적으로 적대세력이었던 미국과 1979년 국교를 정상화했고, 1980년대에 들어서는 경제개발·성장의 기치 아래 적극적인 대외개방 정책을 실천에 옮기기 시작하고 있었다. 또한 상호확증파괴(MAD: Mutual Assured Destruction)라고 불리는 미국과 소련의 핵 군사력 균형, 국제경제의 상호 의존관계 심화, 신생 독립국가들(일명 제3세계)의 국제 세력화, 그리고 강대국 내부의 반핵(反核)·평화 여론 강화도 세계대전의 발생을 억제하는 요인으로 등장했다.[15] 이러한 관점은 1985년 6월 4일, 공산당 중앙군사위원회 확대회의에서 나온 덩샤오핑의 발언 내용에도 잘 드러난다.

---

15   황병무, 1992, pp. 47-48.

"과거 우리는 전쟁이 불가피할 뿐만 아니라, 임박했다고 여겼다. (…) 하지만 오늘날에는 세계 평화를 유지하기 위한 역량이 전쟁을 일으킬 수 있는 역량보다도 증대되었다. (…) 그 결과 우리는 앞으로 상당기간 동안 대규모의 세계대전은 일어나지 않을 것이며, 세계 평화를 지키는 것은 희망이 있다는 결론을 얻을 수 있다."[16]

이에 따라 중국의 정치지도층은 강대국의 침공에 의한, 대규모의 전쟁이 일어날 가능성이 과거 어느 때보다 희박해졌다고 평가했던 것이다. 그 대신 앞으로 중국이 직면하게 될 군사분쟁은 국경 및 인접지역에서, 정치·외교적 개입이나 경제문제(예: 자원개발), 인종·종교적 갈등을 비롯한 다양한 원인과 강도(强度: Intensity), 그리고 제한적인 목적 및 범위에 걸쳐 발생할 것이라는 전망이 보다 우세해졌다.

둘째, 인민전쟁의 대비, 수행을 뒷받침할 국력부담의 문제를 더 이상 외면할 수 없었다. 앞서 지적되었듯이 인민전쟁은 장기간에 걸쳐 수행되는 소모전 방식의 전면전쟁을 전제로 한 것이며, 자연스럽게 인구와 국가 경제력의 총동원을 요구했다. 이는 중국의 경제수준이 매우 낮았던 1950~1960년대에서는 적용될 수 있었지만, 대외개방과 시장경제 도입을 통한 경제성장·개발에 주력하고 있던 1980년대의 중국으로서는 좀처럼 감당하기 어려운 문제였다. 때문에 국가경제 전반의 부담을 줄일 수 있는 군사전략을 도입·채택할 필요성이 절실해진 것이다.

그리고 셋째, 중국의 국가안보에서 국경지대와 연안 지역이 차지하는 비중이 점차 늘어났던 점도 간과할 수 없다. 1980년대 이후 중국의 대외개방, 경제개발이 주로 동남부의 연안 지역에 집중되면서 이들 지역은 경

---

16 원문의 내용은 다음과 같다. "過去我們的觀點一直是戰爭不可避免、而且迫在眉睫。(…) 但是世界和平力量的增長超過戰爭力量的增長。(…) 由此得出結論、在較長時間內不發生大規模的世界戰爭是有可能的、維護世界和平是有希望的"。鄧小平, 1993, pp. 126-127.

제뿐만 아니라 국가전략 전체 차원에서 중국의 핵심으로 떠오르게 되었고, 안보·국방 측면에서도 높은 우선순위를 차지하기 시작했다. 그 결과 중국은 기존의 인민전쟁과 이를 전제로 한 유적심입 전략 개념이 표방하는 '적의 영토침공 용인', '영토 내부에서의 장기 저항'으로 야기될 수 있는 영토 및 경제적인 손실을 감당하기가 더욱 어려워졌다. 유한국부전쟁이 강조된 1980년대 이후, 인민해방군이 유적심입 전략 개념을 철회한 것은 이를 반영한 결과였다.[17]

1991년 1~2월의 제1차 걸프전쟁은 중국의 정치·군사지도자들에게 다시 한 번 충격을 주었다. 세계 4위의 규모를 자랑하던 이라크군이 최첨단의 항공력, 정보수집 자산, 그리고 정밀유도무기를 앞세운 미국 주도 다국적군의 공격으로 불과 6주일 만에 무력화된 것은 첨단 군사기술이 전쟁의 양상을 얼마나 큰 폭으로 바꿔놓을 수 있는지를 입증하기에 충분했다. 그 후 1년 동안 중국 내에서는 군사과학 및 이론 분야에 관하여 2만 건이 넘는 보고서, 700여 권의 전문서적이 새로 발간될 정도로 제1차 걸프전쟁에 관한 자체적인 연구·평가가 활발히 이루어졌다.[18] 제1차 걸프전쟁 직후에 나온 다음의 언급들은 군사력의 과학화·첨단화 필요성에 대한 중국 내부의 인식을 잘 드러내고 있다.[19]

"이번 페르시아 만(灣)에서의 전쟁은 현대전이 첨단 과학전이며, 낙후된 기술로는 승산이 없음을 보여주었다. 그러므로 중국은 국가를 보위하기 위

---

17 특히 인민해방군의 군사과학원(軍事科學院) 원장이었던 쑹쉬룬(宋時輪) 상장은 1980년 9월 "경제건설의 진전으로 중·대도시가 국방에서 차지하는 비중이 커지는 상황에서 유적심입 전략 개념을 고수해서는 안 되며, 국경에서 반드시 적을 저지해야 한다."고 주장하며 공산당 중앙군사위원회에 유적심입 전략 개념의 폐기를 촉구했다. 하도형, "중국 국방정책의 평가와 전망: 방어적인가, 공세적인가?", 이동률 편저, 『중국의 미래를 말하다』(서울: 동아시아연구원, 2011), pp. 198-199.

18 김병륜, "세계의 군대: 〈30〉 중국군 군사변혁", 『국방일보』, 2006년 3월 6일자.

19 오규열, 『중국군사론』(서울: 지영사, 2000), p. 98.

해 과학과 기술을 중시하고, 인재를 양성하여 군 현대화의 대계를 조속히 완
성해야 한다."

– 장쩌민 중국 국가주석, 1991년 3월 17일 연설 중에서

"현대전의 승패는 병력의 수에 따라서 결정되는 것이 아니라 무기의 질
(質)에 의해서 결정된다. 현대전에서 종합 전투력에 가장 큰 영향을 미치는
것은 군사력의 질(質)이며, 비록 병력의 수가 변하지 않더라도 질(質)이 제고
된다면 종합적인 전투력은 상대적으로 향상될 수 있다."

–『해방군보』, 1991년 11월 22일자 중에서

그 결과 1993년 이후부터는 유한국부전쟁에 첨단 군사기술, 장비의
운용을 전쟁 수행의 주요환경으로 규정하는 내용을 추가시킨 '고(高)기술
조건하의 국부전쟁'(高技術條件下的局部戰爭)이 강조되기 시작했다. 뒤이어
중국공산당 중앙군사위원회는 1993~1995년 사이를 고(高)기술 조건하의
국부전쟁의 대비, 수행에 필요한 전술 훈련기간으로 설정했으며, 1996년
에는 그 결과를 바탕으로 새로운 〈군사훈련대강〉(軍事訓練大綱)을 발표했
다.[20] 이후에도 중국은 수차례의 대규모 합동군사훈련을 통해 육·해·
공군의 장거리, 신속대응 기동능력을 강화, 발전시키는 데 주력하고 있다.
2005년 8월 18~25일 러시아와 공동으로 실시한 '평화사명(和平使命)
2005',[21] 2009년 8월 11일부터 2개월 일정으로 진행된 '과월(跨越) 2009'[22]

---

20 김태호, 2006년 가을.

21 평화사명 2005 훈련은 중국 산둥반도에서 실시되었으며, 중국과 러시아 양국에서 총 1
   만명 규모의 병력이 참가했다. 또한 훈련 내용에는 상륙, 공수부대 침투, 해상봉쇄, 미
   사일 사격 등의 공세적인 작전이 포함되었으며, 양국의 주력 군함과 전투기들도 동원되
   었다. 황재호, "중·러 합동군사훈련의 전략적 의미",『週刊國防論壇』, 2005년 10월 24
   일호.

22 과월 2009 훈련은 중국 인민해방군의 7개 군구 가운데 선양, 지난, 광저우, 란저우 4개
   군구에서 각 1개 사단, 총 5만 명 규모의 육군 병력, 그리고 다수의 공군 및 육군 소속 항
   공기가 참가했다. 당시 훈련에 동원된 부대들의 총 기동거리는 5만km나 되었다.
   Dennis J. Blasko, "PLA Exercises March Toward Trans-Regional Joint Training", *China*

등이 대표적이다.

유한국부전쟁과 고(高)기술 조건하의 국부전쟁은 모두 중국 영토 내부가 아니라 국경, 혹은 그와 인접하는 해 · 공역을 포함하는 영토 주변의 외부 지역에서 전쟁을 수행한다는 데 공통점이 있다. 영토 내부에서 장기간 저항하는 방어 위주의, 수세적인 유적심입 전략 개념을 강조했던 인민전쟁과 비교할 때, 군사전략상의 적극적 · 공세적인 성격이 강화되었다고 평가할 수 있다. 이에 따라 중국은 보병보다 신속대응 임무를 위해 기계화 · 차량화된 지상 부대, 영토 외부로의 원거리 신속투입이 가능한 해 · 공군이 높은 우선순위를 차지하는 형태의 군사력을 건설, 확보할 필요성이 절실해졌다.

| 2 | 급증하는 군사비 지출

특정 국가정책의 중요도 및 우선순위에 관한 정부의 의지를 구체적으로 반영하는 것은 바로 국가적인 차원에서 이루어지는 물질적 · 금전적인 뒷받침, 즉 예산(豫算: Budget)이다. 적정 수준의 재원(財源)이 보장되지 않고서는, 어떠한 국가정책이나 사업도 순조롭게 진행될 수 없기 때문이다. 따라서 1990년대 이후 중국이 군사력의 현대화에 부여하는 정책적인 의지를 평가하기 위해서는 해당 기간 동안에 이루어진 중국의 군사 부문 예산 지출에 관하여 검토 · 분석해야 할 필요성이 있는 것이다.

1980년대까지만 해도 중국의 국가 재정(財政)에서 군사 분야에 대한 예산 배분은 큰 비중을 차지하지 못했다. 당시 중국은 1950~1960년대의 대약진 운동, 문화대혁명으로 대표되는 극좌(極左) 모험주의적인 사회주

Brief, Vol. 9, Issue 22, (The Jamestown Foundation: November 4, 2009).

의 개혁의 후유증에 따른 경제·사회적인 낙후성을 벗어나는 것을 가장
시급한 국가적 과업으로 인식했다. 덩샤오핑을 비롯한 중국의 지도층은
'선(先) 경제, 후(後) 국방의 건설'이라는 기치 아래 대외개방과 시장경제
도입을 통한 경제성장·개발에 최우선적인 국가적 노력을 기울였다. 이
는 덩샤오핑이 1985년 6월 4일, 공산당 중앙군사위원회 확대회의에서 발
언한 다음의 내용에도 나타나고 있다.

> "4개의 현대화 과업 사이에는 분명 우선순위가 존재한다. 국민경제의 기
> 초가 튼튼해야 군 장비의 진정한 현대화가 실현될 수 있는 것이다. 따라서
> 우리 군은 앞으로 몇 년 동안 좀 더 인내해야 한다."[23]

때문에 군사 부문을 위한 지출은 우선순위가 밀려날 수밖에 없었다.
그 증거로 1982~1988년 사이에 중국의 공식 국방예산은 연평균 약
4.45% 증가하는 데 그쳤다.[24] 이는 같은 기간 동안의 중국 GDP 연평균
증가율 17.56%, 정부재정 연평균 증가율 약 13.98%를 크게 하회하는 수
준이었다. 요컨대 1980년대까지만 해도 중국은 군사 부문에 대한 재원
배분을 실질적으로는 큰 폭으로 감축했던 것이다.

중국이 군사비 지출의 증액을 본격화한 것은 장쩌민이 덩샤오핑의
뒤를 이어 집권한 1980년대 말부터였다.[25] 1989년도의 공식 국방예산을

---

23 원문의 내용은 다음과 같다. "四化總得有先有后。軍隊裝備真正現代化、隻有國民經濟
    建立了比較好的基礎才有可能。所以、我們要忍耐幾年。", 鄧小平, 1993, p. 128.

24 中華人民共和國國務院新聞辦公室, 『2008年 中國的國防』(北京: 中華人民共和國國務院
    新聞辦公室, 2009), p. 93.

25 중일전쟁과 국공내전에서 군사 지도자로 참전했던 마오쩌둥, 덩샤오핑과는 달리, 장쩌
    민은 군 경력이 없는 행정관료 출신이었다. 이 점에서 장쩌민은 군사비 지출의 증대를
    통해 중국 군사력의 현대화 촉진과 동시에, 군부의 정치적 지지를 얻고자 했던 것이다.
    김영문, "毛澤東 사후 중국 군 현대화와 정치적 역할의 상관관계", 『中蘇研究』, 제26권,
    제2호(2002년 8월).

단위: 위안(元), %

연 도	국방예산	증가율	연 도	국방예산	증가율
1990	290억 3,100만	15.45	1999	1,076억 4,000만	15.16
1991	330억 3,100만	13.78	2000	1,207억 5,400만	12.18
1992	377억 8,600만	14.40	2001	1,442억 400만	19.42
1993	425억 8,000만	12.69	2002	1,707억 7,800만	18.43
1994	550억 7,100만	29.34	2003	1,907억 8,700만	17.16
1995	636억 7,200만	15.62	2004	2,200억 100만	15.31
1996	720억 600만	13.09	2005	2,474억 9,600만	12.50
1997	812억 5,700만	12.85	2006	2,979억 3,800만	20.38
1998	934억 7,000만	15.03	2007	3,554억 9,100만	19.32

출처: 中華人民共和國國務院新聞辦公室, 『2008年 中國的國防』(北京: 中華人民共和國國務院新聞辦公室, 2009), p. 93.

전년 대비 15.35% 인상된 251억 4,700만 위안(元)으로 확정한 것이 그 시작이다. 이후 중국의 공식 국방예산은 20년이 넘도록 평균 10%가 넘는 증가율을 기록할 정도의 대폭적인 증액을 지속해나갔다. 구체적으로 1990~1999년 사이에 연평균 15.74%가 인상되었으며, 2000년부터 지난 2007년까지는 국방예산의 연평균 증가율이 16.84%를 기록했다.[26]

1990년대 이래 중국의 국방예산 상승폭은 매년 같은 기간 동안의 GDP 연간 증가율을 훨씬 상회하고 있으며, 2000년 이후에는 정부재정의 연간 증가율까지 앞지를 정도가 되었다. 가장 최근인 2011년 3월 4일 중국 전국인민대표대회에서 총 6,011억 위안의 2011년도 국방예산이 발표된 바 있다. 전년 대비 약 12.7%가 인상된 것이다.[27] 이로써 중국 국방예산

---

26 중국은 입법기관인 전국인민대표대회의 연례 회기인 매년 3월 재정부장의 보고를 통해 해당연도의 국방예산을 발표하고 있다. 中華人民共和國國務院新聞辦公室, 2009, p. 93.

27 1년 전 발표된 중국의 2010년도 국방예산은 총 5,321억 1,500만 위안이었으며, 이 가운데 중앙정부의 지출액은 5,185억 7,700만 위안이다. 이는 전년 대비 7.5% 상승한 것이

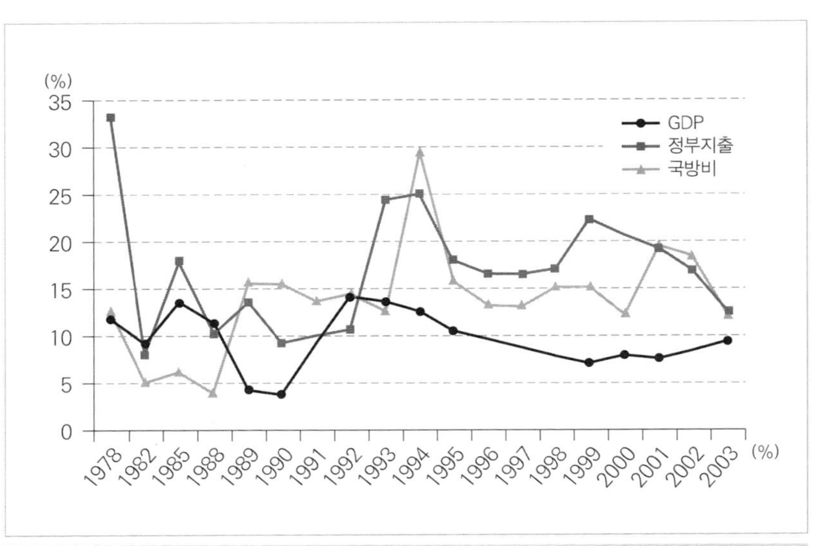

중국의 연도별 GDP, 정부지출 및 국방비 증가율 비교
출처: 김흥규, "중국의 신군사전략 및 군사력 변화와 지역안보", 『주요국제문제분석』(서울: 외교안보연구원, 2005. 9. 7)

은 22년 사이에 무려 23배가 넘는 규모로 확대되었고, 같은 기간 동안 연평균 10% 이상의 증가율을 유지하게 되었다.

하지만 중국의 군사 부문 지출에 관한 분석·평가는 중국 정부의 공식 국방예산 차원을 넘어서는 문제다. 이는 중국 국방예산을 구성하는 항목이 다른 나라들의 군사비 개념과는 다르고, 전반적으로 투명성이 결여되어 있다는 점에서 비롯된 것이다. 우선 중국이 발표하는 공식 국방예산에서는 총액 규모만이 나올 뿐, '방위력 개선'이나 '경상운영', '병력유지' 등의 세부적인 항목별 내역을 밝히지 않는다. 무엇보다도 중국의 공식 국방

었으며, 중국 국방예산의 증가율이 21년 만에 처음 10% 미만을 기록했다는 점에서 국제적인 주목을 받았다. 하지만 중국이 1년 만에 국방예산 증가율을 다시 10% 이상으로 높이면서 중국의 군비지출 확대를 둘러싼 국제사회의 우려는 가중될 전망이다. 신삼호, "中, 올해 국방예산 102조 원 … 12.7%↑", 〈연합뉴스〉, 2011년 3월 4일자.

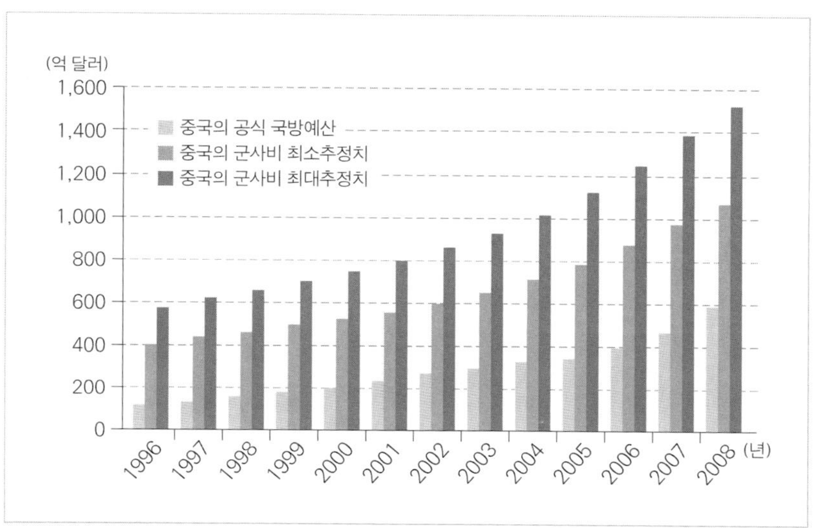

1996~2008년 중국의 공식 국방예산과 실제 군사비 지출액의 최소 · 최대추정치 비교
출처: Office of the Secretary of Defense, *Military Power of the People's Republic of China 2009*
(Washington D.C: U.S. Department of Defense, 2009), p. 32.

예산에 포함되는 비용은 보급물자, 식량, 장병들의 수당 · 급료, 소모품, 그리고 연료 및 행정 부문 비용 등을 비롯한 소모적인 성격의 지출이다.[28] 군사력의 실제적인 증강과 직결되는 신규 무기 도입, 첨단 군사기술의 연구개발(R&D: Research and Development)에 해당하는 예산은 '국력건설 행정비'와 '교육 및 과학기술' 등을 관할하는 타 정부 부처들의 예산에 은닉되어 편성하고 있다. 뿐만 아니라 중국 인민해방군은 각 부대의 지역특성, 부대성격에 따른 비공개 영농 및 기업활동과 같은 자체 영리사업에 의한 수익금, 대외 무기수출 대금 등을 통해서도 군사비를 조달하고 있다.

이러한 점들을 고려한다면, 중국의 실제 군사 부문 지출 규모는 공식적으로 발표되는 국방예산을 수배 이상에 달할 것이라는 평가가 지배적

---

28 외교통상부, 2008, p. 71.

이다. 예를 들어 미 국방성과 CIA를 비롯한 미국 및 유럽의 정부부처, 그리고 민간 연구기관들은 중국이 매년 공식 국방예산 발표액수보다 2~3배가 넘는 비용을 군사비로 지출하는 것으로 추정하고 있다.[29] 특히 스웨덴의 스톡홀름 국제평화연구소(SIPRI), 영국의 IISS는 중국의 군사비 지출규모가 이미 미국의 뒤를 잇는 세계 2위, 일본을 앞지르는 아시아 1위라고 평가한다.[30]

구매력평가지수(PPP)를 적용할 경우, 중국의 실질적인 군사 부문 지출 규모는 더욱 커진다. 한 보기로 SIPRI의 2008년도판 『군비·군축, 국제안보』(*Armaments, Disarmament, and International Security*) 연감은 중국의 2007년도 군사비 지출이 일반적인 시장환율(MER: Market Exchange Rate)을 기준으로는 583억 달러이며, PPP를 적용할 경우 2.4배가 넘는 1,400억 달러에 달한다고 평가했다.[31] 이는 러시아(788억 달러)의 1.78배, 영국(547억 달러)의 2.56배, 프랑스(479억 달러)의 2.92배, 일본(370억 달러)의 3.78배, 그리고 한국(294억 달러)의 4.76배에 해당하는 액수다. 이와 같은 군사비 지출 증액은 중국이 군사력을 현대화하는 데 요구되는 신무기의 확보, 첨단기술의 개발 등을 뒷받침하는 가장 중요한 물적 기반이 될 것임에 분명하다.

|3| 군사력 현대화의 주요 동향

1980년대 중국의 군사력 정비는 주로 병력의 감축, 군사교육·훈련의 강화, 군사전략·전술의 개선 및 발전, 그리고 부대·지휘구조의 조정

---

29 홍제성, "中 국방예산 증액에 국제사회 우려", 〈연합뉴스〉, 2009년 3월 4일자.

30 SIPRI, *SIPRI Yearbook 2009: Armaments, Disarmament, and International Security*(Oxford University, 2009), p. 182; IISS, 2009, p. 449.

31 SIPRI, 2008, p. 178.

을 비롯한 효율성의 제고 성격이 강했다. 경제성장·개발이 중국 국가정책의 최우선적인 과제로 부각되면서 군사 부문에 대해서는 충분한 재원배분이 이루어질 수 없었고, 때문에 저비용·점진적인 방법을 통한 기존 군사력의 합리화가 우선적으로 실시되었던 것이다. 먼저 1985~1987년 사이에 중국 인민해방군은 100만 명의 병력을 감축하는 대대적인 감군(減軍)을 단행했다.[32] 이에 따라 1980년대 초 475만 명이나 되었던 인민해방군의 병력 규모는 320만 명으로 대폭 축소되었다. 11개의 군구는 1985년 6월부터 현재의 7개로 줄었으며, 육군 집단군의 수도 36개에서 24개로 감소했다. 1988년 3월까지는 인민해방군의 단위부대 4,054개가 해체되었고, 대부분 비전투부대였다.

이후 중국 인민해방군은 2차례에 걸쳐 추가로 병력 감축을 실시했다. 1997년 9월 제15차 중국공산당 전국대표대회(全國代表大會)에서 '향후 3년 이내에 병력 50만 명 감축' 방침이 채택되면서 1999년 말까지 인민해방군 육군 19%, 해군 11.6%, 그리고 공군 11%에 해당하는 감군이 이루어졌다. 그 결과 인민해방군의 병력 규모는 300만 명에서 250만 명으로 줄었다. 가장 최근에는 2003~2005년 사이의 기간 동안 병력 20만 명을 감축하여 현재와 같은 230만 명 이하 규모의 병력이 유지되고 있다.[33] 2차례의 추가 감군으로 육군 집단군 6개가 해체되어 현재 중국 인민해방군의 집단군은 모두 18개이며, 각 군구별 집단군의 수는 종전의 4~6개에서 3개 이내로 축소되었다.

1990년대에 들어서자 중국은 비로소 군사력의 현대화를 본격화하기 시작했다. 이는 고(高)기술 조건하의 국부전쟁 전략의 채택, 연평균 10% 이상의 대대적인 군사비 지출 증액과 시기를 같이하고 있다. 특히 주목해

---

32 이 시기에 감축된 인민해방군 병력의 상당수는 중국 국내치안을 주 임무로 하는 준(準) 군사조직 '인민무장경찰'(人民武裝警察)로 이전되었다. 외교통상부, 2008, p. 70.

33 외교통상부, 2008, p. 72.

야 할 점은 중국이 그동안의 육군 중심주의에서 탈피하여 해군, 공군을 대상으로 하는 군사력 현대화를 적극적으로 진행시키고 있다는 사실이다. 이제부터 그 구체적인 내용들을 설명·평가하고자 한다.

(1) 대양(大洋)으로 나아가는 중국 해군

전통적으로 중국 해군의 주요 임무는 지상 영토와 가까운 연안 해역을 방어함으로써 바다를 통한 외부세력의 영토 침공을 저지하는 것이었다. 1960년대까지만 해도 중국 해군은 전투함정들을 섬과 어선(漁船) 선단 사이에 매복시키고, 밤을 이용하는 기습 및 교란작전을 통해 적의 해상침공을 격퇴하는 '바다에서의 인민전쟁'(海上人民戰爭) 개념에 입각한 전략을 채택했다.[34] 말하자면 게릴라전을 해전의 수행방식에 그대로 적용시키려 했던 것이다. 이를 위해 중국 해군은 주로 고속공격에 유리하지만, 원거리 항해와 대규모의 무장탑재가 어려운 소형 경비함정, 어뢰정, 잠수함정 중심의 전력을 보유했으며, 1970년대에야 비로소 호위함 및 구축함급의 중·대형 수상전투함을 갖출 수 있었다.

중국 해군은 1980년대 초부터 류화칭(劉華淸) 제독의 진두지휘 아래 본격적인 성장·발전의 기틀을 마련하였다. 류화칭은 1954~1958년 소련 보로실로프 해군사관학교에서 해군 지휘과정을 수료했으며, 유학시절 소련의 대표적인 해군전략 권위자 세르게이 고르시코프[35] 제독의 지도를 받았다. 1982~1988년에는 중국 해군 총사령관으로 재직했고, 이후에도

---

34 김덕기, 2000, p. 71.

35 고르시코프는 1956년부터 1985년까지 30여 년 동안 소련 해군 총사령관으로 재직, 소련 해군이 미 해군을 능가하는 세계 최대의 해군으로 성장하는 데 결정적인 기여를 해 낸 인물이다. 또한 『국가의 해양력』(Морская Мощь Государства)을 비롯한 다수의 해군 관련 저서와 논문을 발표했다. 이 점에서 오늘날 고르시코프는 미국의 마한과 더불어 대표적인 해양전략 이론·사상가로 평가받고 있다.

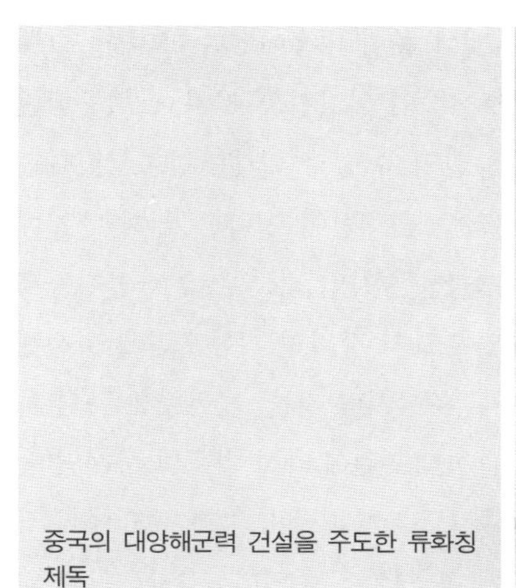

중국의 대양해군력 건설을 주도한 류화칭
제독

중앙군사위원회 부주석(1989~1997)과 공산당 중앙정치국 상무위원(1992~1997) 등의 요직을 역임하며 중국 해군의 현대화, 대양해군력 건설 방향을 제시 및 정립하는 데 크게 기여했다. 특히 그는 "중국의 경제 현대화 추진을 뒷받침하기 위해 해군은 아시아·태평양 지역에서 해양강국으로 성장하는 데 요구되는 역사적인 책임을 져야 한다. 그렇지 않는다면 중국은 새로운 기술혁명의 시대에 뒤떨어지면서 새로운 역사로부터 뒤처지게 될 것"이라고 주장했다.[36] 중국 해군이 기존의 연안, 도서지역 방어에 치중했던 소극적인 역할을 넘어서 보다 광범위한 해역을 대상으로 중국의 해양권익을 방어, 관철할 수 있어야 함을 강조한 것이었다.

이러한 배경에서 등장한 것이 중국 해군의 '근해방어'(近海防禦) 전략이었다. '근해방어' 전략은 류화칭이 해군 총사령관으로 취임한 직후인 1982년 5월에 개최된 해양전략 회의에서 처음 제시되었는데, 중국 해군이 연안지역을 벗어나는 수백 해리 밖의 원거리 해역에서도 작전을 수행

---

36 김덕기, 2000, pp. 93-94.

할 수 있는 능력을 갖추어야 한다는 것이 중심 내용이었다.[37] 이는 그동안 '연안·도서지역 방어를 통한 외부세력의 해상침공 저지'에 치중했던 중국 해군의 임무를 '대양에서의 해양권익 수호'로 확대·강화시켰다는 점에서 큰 의미를 갖는다. 1986년부터는 근해방어 전략을 실제 해전에 적용하기 위한 노력의 일환으로 다수의 전투함정, 해군 소속 항공기들을 포함한 합동함대가 참가하는 서태평양으로의 장거리 기동훈련을 실시했다.[38] 이는 중국 해군이 상징적인 초계, 도서지역 정찰, 시험항해 등의 차원을 넘어 전투 목적의 장거리 기동 및 함대훈련에 나선 최초의 사례였다.

1980년대 이후 중국의 정치·군사지도층이 해군력 강화 필요성에 적극 공감했던 점도 중국 해군의 발전에 큰 영향을 주었다. 덩샤오핑을 위시한 중국 지도자들은 중국이 지난 19세기 포함외교(砲艦外交: Gunboat Diplomacy)를 앞세운 서양 제국주의 세력의 침탈, 청일전쟁 패배를 비롯한 역사상의 굴욕을 겪고, 국공내전의 승리로 대륙을 석권한 후에도 끝내 대만을 장악하지 못했던 것이 해군력의 부족 때문이었다는 사실을 잘 알고 있었다.[39] 아울러 중국의 경제성장·개발 과정에서 국가경제의 새로운 핵심으로 급성장한 동남부 연안지역에 대한 효과적인 방어, 그리고 해상교통로와 해저자원 개발을 비롯한 원해(遠海)에서의 해양권익 확보 필요성

---

37 류화칭이 제시한 '근해'(近海)는 연안과 대양 사이의 중간 범위에 해당하며, 구체적으로는 중국 본토의 해안선으로부터 약 200해리 이내에 달하는 해역을 뜻한다. 김덕기, 2000, pp. 94-95, 105.

38 중국 해군의 첫 번째 장거리 함대기동훈련은 1986년 5월 북해함대의 구축함과 잠수함, 지원함정, 폭격기로 구성된 합동함대가 일본 남쪽의 오스미해협(大隅海峽)을 통과하며 함대함·함대공·공대함·대(對)잠수함 교전, 상륙작전 훈련을 실시하는 방식으로 실시되었다. 1987년 5월에는 동해함대 주도로 구성된 합동함대가 일본 오키나와 남부의 미야코해협(宮古海峽)을 통과한 후 10일 동안 태평양에서 해상훈련을 실시했고, 남해함대는 같은 시기에 함정 7척을 경비 및 해양조사 목적으로 남중국해에 파견했다. 김덕기, 2000, pp. 97-98.

39 이재형, 『중국의 해양전략』(서울: 황금알, 2007), p. 101.

이 새롭게 제기되면서 대양작전의 수행이 가능한 해군력이 필요하다는 인식은 더욱 확산되었다.

이러한 맥락에서 중국은 1985년 영토 내부에서의 전면전쟁보다 영토 주변지역에서 벌어지는 제한·국지전쟁을 전제로 하는 유한국부전쟁의 대비, 수행을 강조하기 시작했다. 1990년대부터는 첨단 군사기술의 영향을 보다 강조하는 고(高)기술 조건하의 국부전쟁에 중국 군사전략, 군사력 건설의 초점이 맞춰지고 있다. 그 결과 인민해방군은 영토 외부에서 작전을 수행할 수 있는, 기술집약적인 군사력을 요구하게 되었고, 류화칭이 주창한 근해방어 전략의 정당성을 뒷받침하는 역할을 했다. 또한 2004년도판 『중국 국방백서』(中國的國防)에는 중국의 국가안보 기본목표에 '분열 저지'(制止分裂), '통일 촉진'(促進統一), '외부 침략으로부터의 대비·방어'(防備和抵抗侵略), '국가발전 이익의 보호'(維護國家發展利益) 등과 더불어 '국가주권과 영토 보전, 그리고 해양권익의 수호'(捍衛國家主權, 領土完整和海洋權益)가 명시되었다.[40] 이는 중국이 국가안보 차원에서 해양관할권의 확대·강화를 추구할 것임을 공식화했다는 점에서 큰 의미를 갖는다. 중국 해군에게 남은 과제는 원해(遠海)에서의 작전을 보다 효과적으로 수행하기 위한 신형 무기들을 개발, 확보하는 것이었다.

그 시작으로 중국 해군은 러시아제 '소브레메니'(배수량 6,200톤)급 구축함 4척을 도입하였다.[41] 소브레메니급은 만재배수량이 무려 7,940톤으로 중국 해군의 기존 수상전투함들보다 훨씬 대형화된 선체를 갖춘 것이 특징이다. 주요무장 역시 최대사거리 200km 이상의 SS-N-22 '모스키트' 대함미사일, 사거리 25km의 SA-N-7 중거리 함대공미사일, 30mm CIWS

---

40 권태영 등, 『동북아 전략균형 2005』(서울: 한국전략문제연구소, 2005), pp. 205-206.
41 중국 해군은 러시아 해군이 보유하고 있던 2척의 소브레메니급 구축함을 1999~2000년에 처음으로 도입했으며, 2005~2006년에는 2척을 추가 도입했다. Stephen Saunders, 2008, p. 127.

모스키트 초음속 대함미사일을 발사하는 소브레메니급 구축함. 중국 해군력 현대화의 신호탄이 되었다.

등을 탑재하여 기존의 중국 해군 주력함들을 능가하는 성능을 보유한다. 특히 1척당 8기를 탑재하는 모스키트 대함미사일은 마하 2.5의 초음속비행 기능을 통해 적 군함을 신속하게 공격할 수 있다. 음속 이하의 속도로 비행하는 일반적인 대함미사일보다 적 군함의 함대공 요격능력을 무력화시키는 데 유리하고, 대함 공격의 성공 가능성을 크게 높인다는 점에서 큰 의미를 갖는 것이다.

소브레메니급 구축함의 도입을 시작으로, 중국 해군은 1990년대 말 이후 고성능의 중·대형 수상전투함들을 차례로 전력화하였다. 주목할 점은 이들 신형 수상전투함의 대다수가 중국의 자체 건조를 통해 확보되고 있다는 사실이다. 2004~2005년 4척의 '루양'(旅洋: 만재배수량 7,000톤)-I/II급 구축함이 취역했고, 2006~2007년에는 2척의 '루저우'(旅洲: 만재배수량 7,000톤)급 구축함도 전력화되었다. 이들 가운데 가장 먼저 전력화된 2척의 루양-I급 구축함은 사거리 150km의 자국산 YJ-83 대함미사일을 1척당 16기씩 탑재하며, 함대공 무장으로는 사거리 35km의 러시아제 SA-N

중국이 자체 건조한 루양-I/II
급 구축함(위쪽)과 장카이급
호위함(아래쪽)

-12 중거리 함대공미사일, 30mm CIWS 등을 갖추고 있다. 전반적으로 소브레메니급을 모방한 형태의 수상전투함이라고 평가할 수 있다.

반면 각 2척의 루양-II급, 루저우급 구축함은 중국 해군이 종전까지 갖추지 못했던 함대방공 수준의 장거리 함대공 교전능력 확보에 초점을 둔 것이 특징이다. 루양-II급 구축함이 운용하는 자국산 HHQ-9 함대공 미사일은 러시아제 SA-N-6[42] 함대공미사일의 기술을 적용한 것으로 사 거리가 100km나 된다. 뿐만 아니라 미국, 러시아, 유럽 등 주요 군사선진 국들의 주요 군함들과 마찬가지로 48기 규모의 VLS를 통해서 탑재·운 용되며, 수백km 떨어진 다수의 적 해상·공중 표적들을 동시에 탐지· 추적하는 위상배열(Phased Array) 방식의 고성능 방공레이더를 갖추고 있 다. 루저우급 구축함은 사거리 150km의 러시아제 SA-N-20 장거리 함

---

42 러시아의 SA-10 장거리 지대공미사일을 해군용으로 개조한 것이다.

대공미사일 48기를 역시 VLS에서 탑재·운용하며, 위상배열 방공레이더를 보유한다. 그 결과 이론상으로는 미 해군의 이지스구축함과 필적할 정도의 동시·원거리 함대공 교전능력을 발휘할 수 있는 것으로 평가된다.[43]

그리고 2005년부터는 6척 이상의 '장카이'(江凱: 배수량 3,500톤)급 호위함이 건조 및 취역 중에 있다. 이들 가운데 처음 건조된 초기형 2척은 기존 동급함들보다 선체가 대형화되었지만, 과거의 장웨이급 호위함과 루후급·루하이급 구축함처럼 선체 정면의 8연발 발사대 1개에 탑재, 운용되는 사거리 13km의 HQ-7 단거리 함대공미사일만을 갖추어 함대공 교전능력이 부족했다. 하지만 2007년부터 전력화되고 있는 약 4척의 개량형 장카이급은 사거리가 42km에 달하는 자국산 HHQ-16 중거리 함대공미사일을 32기 규모의 VLS에서 탑재·운용한다. 때문에 연안 지역을 벗어난 원해에서도 임무를 수행하는 데 유리하다.

이처럼 최근 10여 년 동안 중국 해군이 전력화하고 있는 16척 이상의 신형 수상전투함들은 기존의 구형 함들보다 대형화된 선체, 고성능의 무장 탑재능력을 갖추어 그동안 대표적인 약점으로 평가받았던 원거리 대함·대공 교전능력을 크게 향상시킨 것이 공통적인 특징이다. 이는 연안 지역에서 수백 해리 이상 떨어진 원해(遠海)에서 수상전투함의 전투력과 생존성을 강화하고, 그 결과 중국 해군이 보다 효과적으로 대양작전을 수행할 수 있도록 크게 기여할 것으로 전망된다.

잠수함 전력의 현대화도 활발히 진행되고 있다. 우선 중국 해군은 소브레메니급 구축함보다 수년 앞선 1995~1999년, 4척의 '킬로'(수중배수량 3,076톤)급 재래식 잠수함을 역시 러시아에서 직도입했다. 킬로급은 지난 1980년대 구 소련 해군이 해군기지 및 항구 인근해역에서의 대함, 대잠 교전과 수중 초계임무를 위해 개발했으며, '바다의 블랙홀'(Black Hole in the

---

43 김병륜, "'세계 패권' 미 해군에 맞선 중국 해군의 급성장", 『신동아』, 2007년 12월호.

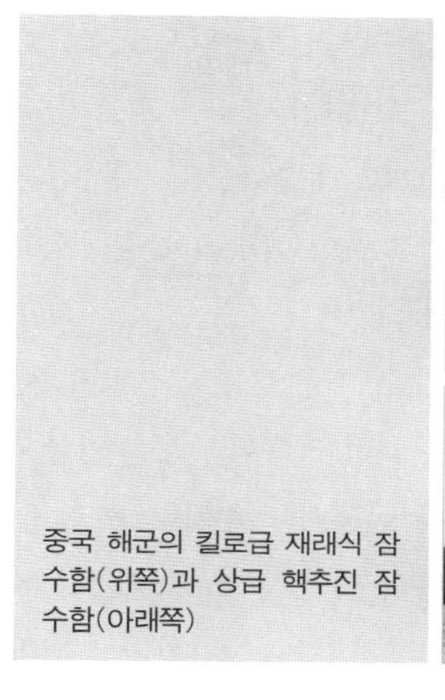

중국 해군의 킬로급 재래식 잠
수함(위쪽)과 상급 핵추진 잠
수함(아래쪽)

Ocean)이라는 별명이 붙을 정도로 항해정숙성이 우수하다.[44] 주요 무장으로는 발사관 6문에서 발사되는 사거리 15km 이상의 유도어뢰, 사거리 180km의 SS-N-27 '클럽' 대함미사일 등을 탑재한다. 특히 클럽 대함미사일은 소브레메니급 구축함의 모스키트 대함미사일처럼 마하 2 이상의 초음속비행 기능을 갖추어 매우 치명적인 전투력을 발휘할 수 있다.

중국 해군은 킬로급 재래식 잠수함의 추가 확보를 결정하였고, 2005~2006년 사이에 8척 규모의 직도입을 완료했다. 이로써 중국 해군의 킬로급 보유수량은 12척으로 늘어났다. 뿐만 아니라 중국은 2000년 이후 신형 잠수함의 자체개발 및 건조에도 착수, 가시적인 성과를 거두고 있다. 지난 2004년에 처음으로 그 존재가 확인된 '위안'(元, 배수량 2,600톤)급 재래식 잠수함은 선체구조 및 무장 탑재능력 등에서 킬로급에 필적할 만한 성능을 갖추도록 개발되었으며, 현재까지 2척 이상이 건조된 것으로 알려

---

44 Lyle Goldstein and William Murray, "Undersea Dragons: China's Maturing Submarine Force", *International Security*, Vol. 28, No. 4 (Spring 2004).

진다. 2006년부터는 노후화된 한급 핵추진 잠수함의 후속함으로 '상'(商, 수중배수량 6,000톤)급 핵추진 잠수함을 전력화하고 있다. 상급은 기존의 어뢰뿐만 아니라 사거리 약 100km의 자국산 YJ-82 대함미사일, 지상공격 순항미사일 등을 탑재하여 미국, 러시아 해군의 주력 핵추진 공격잠수함에 버금가는 전투력을 보유했다는 평가를 받는다.[45]

이들 신형 잠수함은 선체의 규모, 설계 기술, 항해정숙성, 그리고 탑재무장의 성능 측면에서 그동안 중국 해군의 주력 잠수함이었던 밍급·송급 재래식 잠수함, 한급 핵추진 잠수함보다 월등히 우수하다.[46] 그 결과 중국 해군 잠수함의 임무수행 범위는 기존의 연안 방어, 초계뿐만 아니라 원해(遠海)에서의 대함·대잠 전투, 적 해군기지와 주요 항구에 대한 봉쇄를 포함하는 보다 공세적인 성격의 임무까지 확대될 수 있을 것이다.

(2) 중국 공군의 비상(飛上)

공군은 지난 20세기 초 제1차 세계대전에서 처음 등장했으며, 이후 빠른 속도로 기존의 육·해군과 더불어 전쟁을 주도하는 핵심적인 군사력으로 자리 잡게 되었다. 항공기를 통해 2차원인 육지와 바다의 물리적인 제약을 손쉽게 '뛰어넘을' 수 있고, 이들 공간으로 직접 연결되는 3차원 성격의 공간, 즉 하늘을 사용 및 통제하는 능력이야말로 전쟁에서의 승리를 위한 최우선적인 조건이 된 것이다. 무엇보다 짧은 시간 이내에 수십·수백km 이상의 원거리에서 임무 수행이 가능할 정도의 신속 기동

---

45 중국 해군은 상급보다 항해정숙성이 더욱 향상된 신형 핵추진 잠수함(일명 Type 095)을 개발, 오는 2015년부터 실전배치한다는 계획이다. William Matthews, "China's Subs Getting Quieter", *Defense News*, November 30, 2009.

46 Ronald O'Rourke, "China Naval Modernization: Implications for U.S. Navy Capabilities-Background and Issues for Congress", *CRS Report for Congress*, RL33153 (November 23, 2009).

능력은 육군과 해군이 따라갈 수 없는 공군만의 강점이다.

중국 인민해방군도 1980년대 이래 유한국부전쟁, 고(高)기술 조건하의 국부전쟁의 대비, 수행을 역설하면서 영토 내부보다는 국경 주변지역을 비롯한 영토 외부에서 벌어지는 제한·국지전쟁 수행에 적합한 군사력을 확보해야 한다는 필요성에 주목했다. 특히 1991년 제1차 걸프전쟁 당시 공군력의 우세가 미국 주도 다국적군의 압도적인 승리에 결정적인 역할을 했다는 사실은 앞으로의 첨단 기술전쟁에서 공군력이 발휘하는 군사적인 가치와 중요성을 더욱 부각시키는 계기가 되었다.

앞서 살펴본 해군력의 현대화 과정과 마찬가지로, 중국은 공군력의 재정비 및 현대화에서도 초기에는 자체개발보다 외국제 무기의 직도입에 크게 의존했다. 지난 1990년대 초부터 러시아제 SU-27 '플랭커' 전투기를 도입하게 된 것이 그 시작이었다. SU-27은 최고 비행속도 마하 2.3, 작전 행동반경 1,500km, 항속거리 3,790km의 높은 기동성으로 비행할 수 있다. 뿐만 아니라 전방위 열추적 기능 및 고(高)기동성을 갖춘 사거리 20km의 AA-11 '아처' 단거리 공대공미사일, 자동 유도방식을 적용한 사거리 80km 이상의 AA-12 '애더' 장거리 공대공미사일 등의 고성능 유도 무기들을 대당 8톤이나 탑재·운용한다. 다수의 제2·3세대 전투기만을 보유해온 중국 공군이 진정한 의미에서의 BVR 교전능력을 갖춘 제4세대 전투기를 확보하게 된 것이다.

중국 공군은 3차례에 걸쳐 SU-27 전투기 총 76대를 러시아에서 직접 도입했다. 먼저 1991~1992년 사이에 SU-27 26대가 도입되었고 1995~1996년에는 24대, 그리고 2000~2002년에 28대를 도입한 것이다.[47] 1998년부터는 J-11이라는 제식명칭으로 SU-27을 중국 내에서 면허생

---

47 Paul Jackson, *Jane's All the World's Aircraft 2009-2010* (Surray, UK: Jane's Information Group, 2009), p. 511.

중국 공군의 러시아제 SU-27
전투기(위쪽)와 SU-30MKK
전폭기(아래쪽)

산하기 시작했다. 그 결과 중국은 2007년까지 약 100대의 J-11을 양산·전력화한 것으로 알려진다. 최근에는 단순히 러시아에서 SU-27의 부품을 도입, 조립하는 수준을 넘어 중국이 독자적으로 설계, 개발한 엔진과 레이더, 무장 등을 탑재하는 '중국형 SU-27' J-11B 전폭기를 생산·전력화하기 시작했다. 공중전만을 위한 요격기로 운용되는 기존 SU-27와는 달리, J-11B는 유도폭탄과 공대지·공대함미사일의 탑재·운용능력까지 갖추어 보다 다양한 임무수행이 가능하다.

그뿐만이 아니다. 2000~2004년에는 SU-27을 기반으로 개발된 러시아제 SU-30MKK 전폭기가 중국 공군에 도입·전력화되었다. SU-30MKK는 SU-27과 동급의 기동성, 공대공 무장 탑재·운용능력과 더불어 사거리 100km 이상의 AS-17 '크립톤',[48] AS-18 '카주' 장거리 대함미사일, 레

---

48 개량형 AS-17 대함미사일은 110km 이상의 사거리, 초음속 비행기능을 갖추고 있다. 이는 SU-30MKK 전폭기가 중국 해군의 소브레메니급 구축함, 킬로급 재래식 잠수함과 더불어 초음속 대함미사일의 주요 탑재수단으로 운용될 수 있음을 뜻한다.

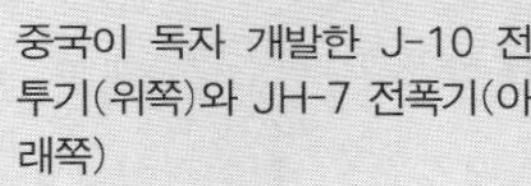
중국이 독자 개발한 J-10 전
투기(위쪽)와 JH-7 전폭기(아
래쪽)

이저 및 광학장치를 통해 유도되는 KAB-500 유도폭탄 등 최대 8톤의 공
대지·공대함 무장을 탑재할 수 있는 강력한 전폭기다. 현재 중국의 SU-
30MKK 보유수량은 총 100대(중국 해군 항공단 소속 24대 포함)에 달한다.

270대가 넘는 SU-27/30 계열 전투기의 도입은 중국 공군의 원거리
작전, 공대공·공대지(함) 임무 수행능력을 급속도로 향상시키는 계기가
되었다. 그동안 중국 영토 내부에서의 방공, 육군을 위한 단거리 화력지
원 정도만이 가능했던 수준을 넘어, 영토에서 수십, 수백km 벗어난 해·
공역에서도 효과적으로 전투를 수행할 수 있는 능력을 확보하게 되었기
때문이다. 더 나아가 중국은 최근 자체적으로 제4세대 전투기를 개발·
양산하는 성과까지 거두고 있다. 2000년대 초·중반부터 전력화되기 시
작한 J-10 전투기, JH-7 전폭기가 그 대표적인 사례다.[49]

J-10은 비행속도 마하 1.85, 작전 행동반경 555km, 항속거리 1,850km

---

49 Robert Hewson, "Chinese Airpower Reaps Benefits of Long Road to Self-sufficiency",
   Jane's International Defence Review, October 2007.

로 기동하며, 무장 탑재규모는 4.5톤에 달한다. 외형상의 성능은 러시아제 SU-27/30 계열보다 부족한 중·소형 전투기인 것이다. 하지만 전(前) 방향에서의 열추적 기능을 통해 적 항공기를 공격할 수 있는 자국산 PL-8 단거리 공대공미사일, 자동 유도방식을 적용한 사거리 약 50~70km의 자국산 PL-12 중거리 공대공미사일, YJ-8/9 계열의 공대함·공대지미사일, 그리고 일반 및 유도폭탄 등 다양한 종류의 무장을 탑재, 운용한다. 그 결과 공중에서의 BVR 교전뿐만 아니라 지상, 해상표적에 대한 공격 임무까지 효과적으로 수행할 수 있는 능력을 겸비한다.

이 점에서 J-10은 대만 공군에서도 주력기로 운용 중인 미국제 F-16 전투기와 동급 내지 이상의 성능을 갖춘 것으로 평가받고 있다. 현재까지 중국 공군은 총 80여 대의 J-10 전투기를 실전 배치한 것으로 알려진다. 향후 J-10은 양적으로 중국 공군의 주력 기종인 구형 J-7/8 전투기를 직접적으로 대체하기 위해서 추가 생산될 가능성이 매우 높으며, 그 규모는 수백 대에 달할 것으로 전망된다.

JH-7 전폭기는 노후화된 Q-5 공격기의 후속 기종으로 개발되었다. 비행속도는 마하 2 미만이지만, 작전 행동반경 1,650km에 항속거리 3,650km로 비행할 정도의 장거리 기동능력을 갖추고 있다. 아울러 최대 사거리가 150km를 넘는 자국산 KD-88 공대지미사일과 YJ-82 공대함 미사일, 각종 유도폭탄을 비롯한 6.5톤 규모의 무장을 탑재하여 원거리 에서의 대지·대함 공격능력이 우수하다. 대신 공대공 교전능력은 사거 리 15km 내외의 PL-5/8 단거리 공대공미사일에 의존하고 있다. 현재 JH-7은 중국 공군과 중국 해군 항공단에 각각 70, 80여 대가 실전 배치 되고 있다.

중국의 공군력 현대화는 신형 전투기를 도입·개발하는 것으로 국한 되지 않는다. 새로이 전력화되는 전투기들의 임무 수행능력을 극대화하 기 위한 비전투 지원기를 확보하는 노력도 적극적으로 진행되고 있다. 여

중국 공군의 HY-6 공중급유
기(위쪽)와 러시아제 IL-76
대형 수송기(아래쪽)

기에 해당하는 항공기는 중·대형 수송기와 공중급유기, 그리고 공중 조
기경보통제기(AEW&C: Airborne Early Warning & Control) 등으로 나뉜다.

2004년부터 도입되고 있는 러시아제 IL-76 '캔디드' 대형 수송기는
항속거리가 6,700km에 이르며, 대당 45~50톤의 화물을 운송할 수 있다.
이는 200명 이상의 무장병력 또는 대포 및 군용차량 등을 적재하고, 연료
재급유 없이 24시간 이내에 중국 전 지역과 주변 국가로 이동할 수 있는
정도의 수송능력이다. 따라서 IL-76의 도입 및 전력화는 중국 공군의 장
거리 수송능력, 특히 대규모의 공수부대를 보다 원거리로 신속히 투입시
킬 수 있는 능력을 큰 폭으로 발전시킬 전망이다. 현재 중국 공군은 18대
의 IL-76 수송기를 보유하고 있으며, 앞으로 최대 30대를 추가 도입한다
는 계획이다.

공중급유 능력은 전투기를 비롯한 주요 항공기들의 체공 시간을 증대
시킴으로써 출격 이후에도 보다 오랫동안, 보다 넓은 범위를 대상으로 작
전을 수행할 수 있도록 지원하는 효과를 발휘한다. 때문에 공군력을 지속
적으로, 원거리에 걸쳐 투사(投射)하기 위한 대표적인 기능으로 평가된다.

중국 공군은 지난 1994년부터 자국산 H-6 중형 폭격기를 개조한 HY-6 공중급유기를 운용 중이며,[50] 현재 10대를 보유하고 있다. 하지만 HY-6의 공중급유 대상 기종은 자국산인 J-8과 J-10 전투기로 국한되며, 가장 전투력이 우수한 러시아제 SU-27/30 계열 전투기에 대해서는 공중급유를 실시할 수 없다는 것이 단점이다. 이에 따라 중국 공군은 IL-76 대형 수송기를 기반으로 개발된 러시아제 IL-78 '마이다스' 공중급유기 8대를 도입, SU-27/30 계열 전투기의 기동능력을 뒷받침할 예정이다.

지난 2003년부터는 '쿵징(空警)-2000'으로 명명된 공중 조기경보통제기를 개발, 현재 4대가 실전배치 중이다. 쿵징-2000은 러시아제 IL-76 대형 수송기의 기체 상부에 중국이 자체 개발한 공중감시용 레이더를 탑재했으며,[51] 최대 800km 이내의 공역을 비행하는 적 표적 60~100개를 동시에 탐지·추적할 수 있는 것으로 알려진다. 뿐만 아니라 적 공군력의 활동에 관한 정보를 수집하는 데 머물지 않고, 이를 바탕으로 아군 전투기에 직접 임무수행을 위한 지휘통제를 실시하는 '하늘의 관제탑' 역할까지 담당한다. 이러한 쿵징-2000의 성능은 대만 공군의 미국제 E-2 공중 조기경보기를 능가하며, 이론상으로 미 공군의 E-3 AWACS, 러시아 공군의 A-50 '메인스테이' 공중 조기경보통제기와 대등한 수준이라는 평가를 받는다. 대만 공군의 E-2 공중 조기경보기와 동급에 해당하는 '쿵징-200' 공중 조기경보기도 중국 해군 항공단 소속으로 개발 및 전력화되고 있다.

---

50 Gabe Collins, "Air Time: Increasing China's Aerial Ranges", *Jane's Intelligence Review*, July 2008.

51 중국은 1990년대부터 러시아, 이스라엘로부터 공중 조기경보통제기 탑재를 위한 공중 감시용 레이더의 개발 기술을 도입하려 했지만, 미국의 강력한 반대 때문에 성과를 거두지 못한 바 있다.

| 4 | 소결론

1980년대 이래 중국은 공식적으로 '후발제인(後發制人) 원칙에 입각한 적극방어(積極防禦)'를 군사전략으로 채택한다는 입장을 견지하고 있다.[52] 다시 말해서 "먼저 공격하지는 않되, 일단 적이 침범을 하면 적극적·주도적인 행동으로 반드시 격퇴, 응징한다."는 것이다. 그러나 오늘날 중국이 실제로 지향하는 군사전략의 성격은 방어보다 공격이 우세한 양상을 나타내고 있다. 왜냐하면 중국은 외부 세력의 군사적인 침범뿐만 아니라, 정치·외교적인 적대 행위까지 '선제공격'으로 규정하기 때문이다. 이 점은 인민해방군 군사과학원에서 출간한 군사교재 내용에도 드러난다.[53]

> "정치·전략적인 '첫 번째 발포'(第一槍)와 전술적인 '첫 번째 발포'는 서로 구별되어야 한다. 한 나라가 타국의 영토와 영해를 침범한 것뿐만 아니라, 종교적 극단주의와 민족 분열주의, 테러리즘 등을 통한 국가 주권에의 도전도 모두 정치·전략적으로 '첫 번째 발포'한 것으로 볼 수 있다. 이에 상대방은 자위권과 반격의 권리를 갖게 되며, 언제 어디서 어떠한 수단으로 반격을 할 것인가는 전략적 정책결정자의 판단에 달려있다. 일단 누군가 타국의 주권, 영토보전을 침범한다면, 그는 상대방에게 전술상의 '첫 번째 발포'를 행사할 권리를 허용하는 것과 다름없다."

요컨대 중국은 국경 및 주변지역에서 자신들의 전략적인 이익에 어긋나는 외교·군사적인 사건이 발생한다면, 비록 자국 영토가 직접적인 침범을 받지 않은 경우에도, 이를 근거로 타국에 대한 군사력의 선제적인 사용을 단행할 수 있다고 강변한다. 지난 1950년 6·25전쟁 참전, 1979

52　중국 군사전략 개념의 변천에 관해서는 박창희, "21세기 전략환경 변화와 중국의 군사전략",『中蘇硏究』, 통권 119호(2008년 가을)를 참고.

53　軍事科學院戰略硏究部,『戰略學』(北京: 軍事科學出版社, 2001), pp. 453-454

년 중월전쟁의 발발, 그리고 1995~1996년 대만을 겨냥한 일련의 무력시위도 이러한 논리의 연장선상에 있다. 주변 국가들의 입장에서 볼 때, 중국의 이러한 '적극방어' 군사전략은 결코 '방어'가 아니며, 일방주의적인 동시에 공격 지향적인 전략으로 받아들여질 수밖에 없다.

같은 맥락에서 지난 20여 년 동안 중국이 지속해 온 해·공군력 중심의 군사력 현대화가 시사하는 바는 매우 크다. 중국 해·공군력의 급속한 성장, 발전은 중국이 외부 세력의 침범을 영토권 밖에서 억지 및 격퇴하는 것을 넘어, 자신들의 정치·외교적인 의지를 강요하거나 동아시아 지역에서의 지도적 위상을 유지, 강화하려는 공세적·팽창적인 목적을 위해 군사력을 동원할 수 있는 능력도 크게 향상시킬 것이기 때문이다.

이처럼 중국은 최근 약 20년 동안 해·공군력 중심의 군사력 현대화를 통해 내륙을 넘어 자국 영토의 주변 및 외부 지역까지 효과적으로 군사력을 동원·투입할 수 있는 능력을 확대·강화하고 있다. 중국 해·공군력의 급속한 성장과 발전은 중국이 외부 세력의 군사적 위협을 영토권 밖에서 억지 및 격퇴하는 방어적인 목적뿐만 아니라, 자신들의 정치·군사적인 의지를 대내외적으로 강요하거나 동아시아 지역에서의 지도적 위상을 유지, 강화하려는 공세적·적극적인 목적을 위해서도 군사력을 동원할 수 있는 능력을 크게 향상시킬 것으로 전망된다.

Chapter

08

대만의 방위력 개선 노력과 문제점들

1. 대만의 국방개혁
2. 방위력 개선의 장애 요인들
3. 내부 정쟁(政爭)의 부정적 영향

| 1 | 대만의 국방개혁

1949년 국공내전에서 공산당이 승리를 거둔 직후, 대만으로 후퇴한 국민당군 병력의 규모는 총 80만 명에 달했다. 장제스와 국민당 정권은 '본토수복'을 대만의 최우선적인 국가 과제로 내세웠고, 이에 따라 대만군은 중국 대륙을 재탈환하기 위한 군사력의 건설 및 군사전략의 수립·발전에 주력하게 되었다. 이른바 '공세작전'(攻勢作戰) 전략의 시대였다. 본토수복을 실현하는 데 유리한 대내외적 조건이 마련될 경우 해·공군력의 지원을 동반한 대규모의 상륙작전을 실시하고, 본토에서 중국 인민해방군을 격멸한다는 것이 당시 대만군의 기본 전략이었다.[1]

1950~1960년대에 걸쳐 본토수복을 지향하는 공세작전 전략이 채택되면서 대만군은 중국 대륙으로의 침공, 군사적인 점령 임무를 수행할 지상전력 위주의 병력 구조를 갖추어나갔다. 이를 위해 육군과 해군육전대(상륙작전 담당)를 중심으로 하는 전력 확충이 이루어졌다. 특히 중국 대륙과 인접한 진먼·마주다오에는 최대 10만 명 이상의 병력을 배치하여 본토수복을 위한 전진기지 역할을 담당하도록 했다. 대조적으로 해군과 공군에 대한 전력 강화는 낮은 우선순위를 차지했는데, 이는 미국과의 군사동맹을 통해 제7함대를 주축으로 하는 미 해·공군력의 지원을 보장받을 수 있다는 기대 때문이었다.

1970년대에 들어서자 공세작전 전략은 급속도로 실효성이 떨어지게 되었다. 중국이 미국과의 관계를 개선하고, UN 안전보장이사회 상임이사국의 지위를 차지하면서 국제적인 지위가 강화되었던 반면, 대만은 국제사회에서 급속도로 고립되는 위기에 직면했기 때문이다. 특히 1979년 미국·중국의 국교정상화로 인한 미국과의 외교, 군사동맹 관계 단절은

---

1   國防部 國防報告書 編纂委員會, 2006, p. 92.

대만에게 큰 충격을 주었다. 이제 '본토수복'은 실현 가능성이 극히 낮은 희망사항으로 전락해버린 것이다. 변화된 대내외적인 정치·외교환경을 반영하는 안보, 군사전략의 수립이 절실해졌다.

그 결과 장징궈의 집권 기간이었던 1970~1980년대에는 '공수일체'(攻守一體) 전략이 대만의 새로운 군사전략 개념으로 자리 잡았다. 중국 대륙을 겨냥하는 침공, 점령에 치중했던 데서 벗어나 대만을 방어하기 위한 군사력의 배치 및 정비태세를 강화하고, 동시에 공세적인 군사 임무를 수행할 수 있는 능력을 유지·발전시킨다는 내용이었다.[2] 표면적으로는 공격과 방어 양측의 균형을 지향하고 있지만, 이는 '본토수복'을 내부적인 구호로나마 유지하려는 국민당 정권의 정치적인 필요 때문이었다.

공격 임무의 내용, 성격도 '중국 대륙의 점령'보다는 '중국의 연안 및 주변지역에 대한 상륙, 특수전, 육·해·공 타격'을 실시하여 중국이 대만을 침공하려는 시도를 무력화하는 데 주안점을 두고 있다.[3] 다시 말해서 군사작전의 형태는 공격이지만, 그 목적은 어디까지나 방어의 연장선상에서 이루어지도록 되어 있었던 것이다. 공수일체 전략의 채택은 대만 군사전략의 초점이 공격에서 방어로 전환되는 계기가 되었다는 점에서 큰 의미를 갖는다.

1990년대의 대만은 군사전략에서 방어적인 성격을 보다 강화시켰다. 이는 1980년대 말부터 집권한 리덩후이가 본토수복을 공식적으로 포기하고, 중국 공산정권의 대륙 지배를 인정한 것에서 비롯되었다. 40년이 넘도록 유지되어온 본토수복 노선의 폐기는 대만이 중국에 대한 선제(先

2 　한 보기로 1982년 쑹창즈(宋長志) 대만 국방부장은 입법원에서 "오늘날 방어는 미래의 공격을 위한 것이다. 수세전략 아래에서 언제든지 공세를 취할 수 있는 준비를 해야 한다."고 밝힌 바 있다. 이는 공수일체 전략이 단기적으로 대만 방어에 초점을 두는 가운데, 중·장기적으로는 중국에 대한 공세적인 군사작전의 가능성을 포함시키는 것임을 나타낸다. 庫桂生, 『臺灣軍事力量透析』(北京: 國防大學出版社, 2000), p. 16.

3 　庫桂生, 2000, pp. 16-17.

制)・공세적인 군사작전을 배제하고, 전적으로 방어 위주의 군사전략을 수립, 개발하는 근거를 마련하였다. 그 결과 등장한 것이 바로 '수세방위'(守勢防衛) 전략이었다.[4]

대만의 수세방위 전략은 2개의 핵심 개념으로 구성되고 있다. 그 가운데 첫째는 '방위고수, 유효억지'(防衛固守 有效嚇阻) 개념이다. 전자는 중국의 위협이나 침공에서 대만이 통제 및 점유하고 있는 일체의 공간(즉 영토와 영해, 영공)을 포기하지 않고, 반드시 방어하겠다는 정치・군사적인 의지를 천명한 것으로 해석할 수 있다. 후자의 경우, 중국의 대만 침공 시도와 의지를 원천적으로 예방 및 저지할 수 있는 군사역량을 확보・유지・발전시킨다는 방침을 명시한 것이다.[5] '방위'를 '전쟁 억지'보다 앞서 제시하여 유사시 대만의 군사전략이 방어적인 성격에 중점을 둘 것임을 강조하고, 전쟁 억지를 위한 군사수단도 보복(報復: Retaliation)보다는 거부(拒否: Denial)에 주로 의존할 것이라는 점을 알 수 있다.

둘째는 '전략지구, 전술속결'(戰略持久 戰術速決) 개념이다.[6] 이는 대만군이 실전 차원에서 수세방위 전략을 구현하기 위한 기본지침에 해당한다. 전자는 중・장기적으로 중국의 침략을 예방하기 위한 전쟁 억지태세를 유지한다는 것이다. 그리고 후자는 단기적으로 전쟁 억지가 실패할 경우, 최대한 신속하게 중국의 군사적 침공을 격퇴해야 한다는 의미라고 할 수 있다.

이들 '방위고수, 유효억지'와 '전략지구, 전술속결' 개념에 입각한 대만군의 수세방위 전략은 총 4단계로 나뉘어 적용・실행된다.[7] 제1단계는

---

4   대만은 지난 1994년도판 『대만 국방백서』(中華民國 國防報告書)에서 처음 공식적으로 '수세방위' 전략을 명시한 바 있다.

5   Michael D. Swaine, *Taiwan's National Security, Defense Policy, and Weapons Procurement Processes* (Santa Monica, CA: RAND, 1999), pp. 52-53.

6   國防部 國防報告書 編纂委員會, 2006, p. 93.

7   Michael D. Swaine, 1999, p. 53.

중국 인민해방군의 상륙을 저지·격퇴하기 위한 대만 육군의 해안방어 훈련

대만 방어의 최전선이라고 할 수 있는 진먼·마주다오를 비롯한 전방 도서지역에서 중국의 침공을 저지하는 것이다. 제2단계는 대만해협에 대한 제해·제공권을 확보하는 것이다. 제3단계는 중국 인민해방군의 대만 연안지역 상륙을 저지·제압하는 것이다. 마지막으로 제4단계는 대만 내륙에서 중국 인민해방군의 침공에 저항하고, 궁극적으로는 이를 격퇴하는 것이다.[8]

여기서 가장 높은 우선순위를 차지하는 임무가 바로 중국의 군사력을 대만 영토 외곽에서 저지·격퇴하는 '제해·제공권 확보'(制海·制空), 그리고 '상륙 저지'(反登陸) 작전이다.[9] 말하자면 대만의 '수세방위' 전략이 성

8　이 경우 대만 방어의 성공 여부는 대만군이 서부 평야지역을 사수하느냐에 따라 결정될 전망이다. 이 지역은 길이 372km의 제1고속도로[일명 중산(中山) 고속도로]를 통해 남북으로 연결되며, 제1고속도로가 중국 인민해방군에 장악될 경우 대만 전 지역으로 손쉽게 접근·기동할 수 있기 때문이다.

9　한때 대만군 내부에서는 수세방위 전략을 구현하는 데 요구되는 군사력 건설의 우선순

공하느냐의 여부는 이들 2개의 군사임무에 달려 있다고 해도 과언이 아닌 것이다. 이에 따라 대만군은 과거 공세작전 전략에서 강조되었던 영토점령, 상륙을 위한 대규모의 지상 전력 위주에서 신속대응 능력이 뛰어난 해·공군과 경량화된 지상 기동부대를 주축으로 병력 구조를 재편성해야 할 필요성이 커졌다. '정예화된, 작지만 강한(精·小·强) 군사력'의 건설을 추구하게 된 것이다.

이에 따라 1993년 8월, 대만 국방부는 총 3단계에 걸친 〈10개년 병력 정예화·간소화 방안〉(十年兵力精簡方案)을 발표했다. 대만 육·해·공군의 병력구조와 비율을 재조정하고, 각 군 내부에서 서로 중복되는 기구 및 부서를 통폐합하며, 상부 지휘계통과 하부 부대구조를 축소·단순화함으로써 군사력 운용의 효율성과 정예화를 촉진한다는 것이 목적이었다. 여기에는 병력 규모의 감축, 각 실전부대 구조의 재편성도 포함되어 있었다.

당초 대만 국방당국은 〈10개년 병력 정예화·간소화 방안〉의 실행을 구체화시키기 위해 '중원안'(中原案)이라는 급진적인 군 구조개편을 계획한 바 있다. 해군 출신인 류허치엔(劉和謙) 참모총장의 주도 아래 마련된 '중원안'의 주요 내용은 각 군 본부의 해체, 지역별 사령부의 신설, 참모총장 직속의 3군 통합 작전사령부 창설 등을 포함하고 있었다. 그러나 이 계획은 육군을 중심으로 하는 대만군 내부의 반발에 부딪혀 중단되고 말았다. 이후 1995년에 취임한 육군 출신 뤄번리(羅本立) 후임 참모총장은 개혁의 강도를 낮추되, 전반적인 기조는 유지하는 '정실안'(精實案)을 채택

위를 두고 육·해·공군 사이의 논쟁이 벌어지기도 했다. 대만 해군과 공군은 영토의 안전을 최대한 보장하기 위해 대만해협에서 효과적으로 제해·제공권을 확보할 수 있도록 해·공군력의 중점적인 강화를 요구했던 반면, 대만 육군은 "제해·제공권의 확보는 그 특성상 장기적으로 지속될 수 없다."는 점을 들어서 연안 지역에서의 결정적인 지상전을 통해 중국 인민해방군의 상륙을 제압할 수 있는 강력한 지상 전력이 필요하다고 주장했던 것이다. Arthur S. Ding and Alexander Huang, 1999, p. 281.

대만 육군(왼쪽)과 해군육전
대(오른쪽). 대만은 1990년대
이후 국방개혁을 통해 지상 전
력의 규모를 중점적으로 감축
하고 있다.

했으며, 1996년 12월 리덩후이 총통의 승인을 받았다.[10] 이에 따라 1990
년대 초반을 기준으로 45만 3,000명에 달했던 대만군의 병력 규모는
2001년까지 38만 5,000명으로 대폭 감축되었다.[11]

2004년부터 시작된 대만의 새로운 군 조직개혁안, 즉 '정진안'(精進案)
에서는 38만 5,000명의 대만군 병력규모를 2006년 말까지 4만 5,000명,
그리고 2012년까지는 4만 명을 추가 감축하여 총 30만 명을 유지한다는
목표를 제시하고 있다.[12] 하지만 의무 복무기간의 단축, 모병제의 도입
확대가 본격 시행되면서 대만은 당초 계획보다 빠른 속도의 감군(減軍)을

10　Arthur S. Ding and Alexander Huang, 1999, pp. 268-273.

11　Michael S. Chase, "Defense Reform in Taiwan: Problems and Prospects", *Asian Survey*
　　Vol. 45, No. 3 (May/June 2005).

12　Michael S. Chase, May/June 2005.

달성하였다.[13] 오늘날 대만군은 육·해·공 3군 소속의 전투부대를 기준으로 약 27만 명의 병력만을 보유하고 있을 뿐이다.

이 과정에서 가장 집중적으로 감군(減軍)이 이루어졌던 대상은 육군과 해군육전대를 비롯한 지상전력이었다. 대만 군사전략의 초점이 '본토수복'에서 '대만 방어'로 바뀌면서 상륙, 점령 임무를 수행할 대규모의 보병이 차지하는 비중이 크게 줄어들었기 때문이다. 병력 규모가 30만 명을 상회했던 대만 육군은 현재 10여 년 전의 2/3에 불과한 20만 명의 병력만을 보유하고 있을 뿐이다. 한때 미 해병대에 이어 세계 2위의 규모를 자랑했던 3개 상륙사단 소속, 병력 3만 명의 대만 해군육전대도 지금은 3개 상륙여단 소속의 병력 1만 5,000명으로 축소되었다.

그리고 장제스의 국민당 정권 시절 '본토수복을 위한 전진기지' 역할을 할 것으로 기대되었던 진먼·마주다오의 주둔 병력도 소수의 연대급 수비부대(守備隊)를 보유하는 5,000~7,000명 내외로 크게 감축되고 있다.[14] 중국의 탄도미사일이 새로운 군사위협으로 부각되면서 이들 전방 도서지역이 대만 방어에서 차지하는 가치가 종전보다 약화되었다는 점을 반영한 것이다.

---

13 대만은 2003년부터 징병제와 모병제를 병행 중이며, 2010년 1월 기준으로 지원병이 전체 병력의 60%를 차지하고 있다. 의무 복무기간도 지난 2005년의 20개월에서 2007년 14개월, 2008년 12개월로 단계적인 단축이 이루어지고 있다. 궁극적으로는 종래의 절반 수준인 10개월까지 단축될 예정이다. 조헌주·황유성, "대만 내년 모병제 부분도입 … 의무복무기간도 절반으로",『동아일보』, 2004년 9월 26일자.

14 다만 대만군은 진먼·마주다오에 포병, 미사일, 장갑차 부대 등을 보강하여 중국의 침공 위협에 대비한다는 계획이다. 정주호, "대만, 최전방 진먼다오 병력 감축", 〈연합뉴스〉, 2007년 8월 1일자.

| 2 | 방위력 개선의 장애 요인들

자국의 안전을 보장하기 위한 방위적인 군사역량을 건설하고, 발전시키는 데 가장 중요한 활동은 바로 실전에서 군사임무를 수행할 병력을 무장시킬 수 있는 능력이다. 보다 구체적으로는 방위산업 육성, 무기의 획득, 그리고 군사 부문에 대한 재정적인 투자를 의미한다. 오늘날 대만은 세계 24위 규모의 경제력, 세계 4위의 외환보유고를 자랑하는 경제강국으로서 충분히 독자적인 방위력의 확보를 추구할 수 있는 물질적인 조건을 갖춘 것으로 평가된다. 대만이 최근 10여 년 동안 진행시켜 온 감군(減軍), 국방개혁도 "첨단화된 군사력 확충을 통해서 병력 규모의 축소에 따른 공백을 보완하고, 총체적인 군사력을 정예화한다."는 대전제에 따른 것이었다.

하지만 현재 대만의 방위력 개선 노력은 심각한 정체 상태에 놓여 있는 실정이다. 이는 자체 방위산업 역량의 한계, 정치·외교적 고립으로 인한 무기획득 경로의 제한, 지난 10여 년 동안 감소 추세를 벗어나지 못하고 있는 군사비 지출에 따른 것이다. 이를 좀 더 구체적으로 살펴보자.

(1) 제한받는 무기획득 경로

오늘날 대만 방위산업을 주도하는 기관은 크게 4곳으로 나뉜다.[15] 첫째, 대만 국방부 산하기관으로서 대만의 주요 자국산 무기를 연구, 개발하는 중산과학연구원(CSIST: 中山科學研究院)이다.[16] 둘째, 합동군수사령부

---

15 J. M. Jamaluddin, "Taiwan Developing a Sophisticated Defence and Aerospace Industry", *Asian Defence Journal*, July/August 2007.

16 1969년에 설립되었다. '중산'(中山)이라는 명칭은 중화민국의 국부(國父) 쑨원의 아호에서 유래했다.

소속으로 육군의 주요 무기들을 개발 및 생산하는 육군 병기정비개발센터(ORDC: 陸軍兵工整備發展中心)다. 셋째, 해군의 전투함정을 건조하는 국영(國營) 대만국제조선(CSBC: 臺灣國際造船)이다. 그리고 넷째, 역시 국영기업으로 공군의 군용 항공기들을 개발·생산하는 한상항공공업공사(AIDC: 漢翔航空工業股份有限公司)다. 이를 바탕으로 대만은 일정 수준의 독자적인 방위산업 기반을 구축하는 성과를 거두었으며, 특히 항공 분야에서는 초음속 전투기, 우수한 성능의 대함·대공 정밀유도무기를 독자 개발하여 신흥공업국들 가운데 단연 선두권의 기술력을 자랑한다.[17]

그러나 한편으로 대만의 방위산업은 여러 가지의 장애요인과 직면하고 있는 실정이다. 먼저 대만은 중소기업이 전체 사업체의 약 98.2%를 차지하는 전형적인 중소기업 주도형 경제·산업구조를 채택하고 있다. 전자·정보통신을 비롯한 경박단소(輕薄短小) 분야 산업에서는 유리하지만,[18] 조선(造船)과 철강, 자동차, 중공업 등의 중후장대(重厚長大) 분야 산업을 육성·발전시키기에는 불리한 것이다. 이는 방위산업의 성장, 활성화에 결정적인 취약점으로 작용할 수밖에 없다. 뿐만 아니라 자국산 무기체계의 개발·생산을 담당하는 사업체가 소수의 국영 기업으로 제한되면서 대만 방위산업은 낮은 수익성과 생산가동률을 면치 못하고 있다.[19]

그 결과 대만이 독자적으로 개발·생산할 수 있는 무기의 종류는 상당히 제한되어 있으며, 수량 측면에서도 대만군이 보유하고 있는 전체 무

17　임상민, "세계의 항공우주산업: (1) 대만",『航空宇宙』, 2004년 가을호.

18　대만에서 전자·정보통신 산업은 연평균 10%의 성장률을 기록하는 최대 수출산업이며, 컴퓨터 주변기기의 생산량은 세계 1위를 차지하고 있다. 외교통상부, 2007, pp. 92-93.

19　지난 2000년을 기준으로 대만국제조선(당시 명칭은 중국조선)은 1억 7,000만 달러의 영업 손실과 2억 2,500만 달러의 총부채를 기록했으며, 한상항공공업공사의 영업 손실액수는 6,000~8,500만 달러에 달했다. Richard A. Bitzinger, "The Eclipse of Taiwan's Defense Industry and Growing Dependencies on the United States for Advanced Armaments", *Issues & Studies*, Vol. 38, No. 1 (March 2002).

대만이 독자적으로 개발·생산한 CM-32 병력수송용 장갑차(위쪽)와 '하이우'급 쾌속정(아래쪽)

기들 가운데 소수를 차지하고 있을 뿐이다. 구체적으로는 육군의 탱크, 병력수송용 장갑차, 117/227mm 다연장로켓포, 그리고 해군의 소형 미사일정 등이다. 해·공군의 주력 무기라고 할 수 있는 중·대형 군함과 전투기들 가운데 대만 내에서 생산된 것은 청궁급 호위함, 징궈호 전폭기가 거의 유일하다.

따라서 대만은 자체적인 무기 개발·생산능력의 한계를 보완하기 위한 대안으로서 '외국산 무기의 직도입'을 적극 모색하지 않을 수 없는 입장이다. 그러나 여기에도 큰 문제점이 있다. 바로 대만의 군사력 강화·발전을 저지하려는 중국의 정치·외교적인 압력이다. 전통적으로 중국은 '하나의 중국' 원칙에 따라 대만을 자국 영토의 일부로 주장하고 있으며, 대만에 무기를 판매·제공하려는 일체의 시도 및 조치들을 '중국의 안보와 내정을 위협·침해하고, 통일을 방해하려는 행위'로 규정하여 해당 국가에 강력한 보복조치를 취할 것임을 천명해왔다. 이렇다 보니 세계의 주요 군사선진국, 특히 유럽 국가들은 이미 세계적인 강대국이자 거대

경제시장으로 떠오른 중국과의 관계 악화를 우려하여 대만의 무기제공 요청에 매우 소극적인 입장을 나타내고 있다.

한 보기로 대만은 지난 1986년 네덜란드에서 '즈바르드비스'(수중배수량 2,640톤)급 재래식 잠수함 2척을 도입했는데, 이것이 오늘날 대만 해군의 유일한 잠수함인 하이룽급이다. 이에 중국은 네덜란드의 잠수함 판매 결정이 이루어진 1981년 주(駐) 네덜란드 대사를 소환하고, 이후 3년 동안 네덜란드와의 외교관계를 격하하는 외교적 보복조치를 단행했다. 1992년 대만은 잠수함 전력의 규모를 6척으로 확대한다는 계획 아래 즈바르드비스급의 추가 제공을 요청했지만, 네덜란드는 이를 거절했다. '면허생산 방식의 자체 건조'를 희망하는 대만과 '건조 후 판매'를 주장하는 네덜란드 양측의 입장이 충돌했다는 것이 명목상의 이유였지만, 실제로는 중국과의 외교적 갈등이 재현되는 것을 우려한 네덜란드가 대만에 재래식 잠수함의 추가 제공 자체를 원치 않았기 때문이었다.

프랑스도 1980년대 말부터 1992년 사이에 6척의 라파예트급 호위함,[20] 총 60대 규모의 미라지-2000 전투기를 차례로 대만에 판매했다. 그러자 중국은 1992년 12월 미라지-2000의 대만 판매가 결정된 직후 광저우(廣州)의 프랑스 총영사관을 폐쇄했으며, 프랑스와 체결한 지하철 및 원자력발전소 등의 주요 건설 계약, 그리고 프랑스제 대형 항공기 12대의 구매계약도 전면 취소했다. 중국의 초강경 외교·경제보복에 직면한 프랑스는 결국 1년여 만인 1994년 1월, 중국과의 공동성명을 통해 "대만에 더 이상 무기를 판매하지 않겠다."고 발표했다.

오늘날 대만이 필요로 하는 무기를 제공할 수 있는 국가는 사실상 미

---

20 다만 프랑스는 중국의 반발을 의식하여 라파예트급 호위함에서 운용되는 각종 대함·대공무기의 판매를 거부하였고, 선체만을 건조하여 대만에 제공했다. 때문에 대만 해군은 자국산 슝펑 2호 대함미사일, 사거리 5km 미만의 미국제 '씨 차파렐' 단거리 함대공 미사일을 탑재하는 개량작업을 별도로 실시해야만 했다.

대만이 도입, 운용하고 있는 미국제 무기들

지상무기	• M-60 탱크 • 험비 전술기동차량	• AV-7A1 상륙장갑차 • M-109 자주포
항공무기	• F-16A/B 전투기 • E-2 공중 조기경보기 • AH-1W 공격헬기 • S-70 해상헬기	• C-130 중형 수송기 • CH-47 대형 기동헬기 • OH-58 정찰 · 공격헬기
해상무기	• 녹스급 호위함	• 키드급 구축함
유도무기	• TOW/재블린/헬파이어 대전차미사일 • 호크 지대공미사일 • 하푼 대함미사일 • AIM-9 단거리 공대공미사일 • 매버릭 공대지미사일	• 스팅어 휴대용 지대공미사일 • 패트리어트(PAC-2) 지대공미사일 • SM-1/2 함대공미사일 • AIM-7/120 중거리 공대공미사일

출처: Shirley A. Kan, "Taiwan: Major U.S. Arms Sales Since 1990", *CRS Report for Congress*, RL30957(February 16, 2010).

국밖에 없다. 1979년 미국이 중국과의 국교정상화를 위해 대만과 단교한 직후 미 의회가 제정한 〈대만관계법〉의 제2조 2항과 제3조 1항에는 각각 '대만에 방어용 무기를 제공한다.', 그리고 '대만이 자체 방어능력을 유지하는 데 충분한 방위물자 및 용역을 제공한다.'라고 명시되어 있다. 이를 근거로 미국은 지상 기동무기와 군함, 항공기, 유도무기 등 다양한 종류의 무기들을 지속적으로 대만에 판매하고 있는 것이다.

미 의회조사국(CRS: Congressional Research Service)이 발간한 자료에 따르면, 대만은 2001~2008년 사이의 8년 동안 총 76억 달러 금액의 무기를 미국에서 수입한 것으로 나타났다. 이는 같은 기간에 미국제 무기를 구매한 국가들 가운데서도 세계 4위, 아시아 1위에 해당하는 대규모다.[21] 가

---

21 2001~2008년 사이의 기간 동안 가장 많은 미국제 무기를 구매한 국가는 이집트(약 98억 달러)였으며, 2위는 이스라엘(약 90억 달러), 그리고 3위는 사우디아라비아(약 87억 달러)였다. Richard F. Grimmett, "U.S. Arms Sales: Agreements with and Deliveries to Major Clients, 2001-2008", *CRS Report for Congress*, R40959 (December 2, 2009).

장 최근인 2008년의 경우, 대만은 6억 달러 금액의 미국제 무기를 수입하여 세계 8위, 아시아 3위를 기록했다.

하지만 미국 역시 중국과의 관계를 고려하여 대만에 제공하는 무기의 범위를 '방어용 무기'(Arms of a Defensive Character)로 한정하고 있다. 이는 미국이 제공하는 무기의 종류가 대만의 군사적인 필요보다는, 미국의 정치·외교적인 판단과 의지, 그리고 상황에 따라 결정된다는 것을 뜻한다. 따라서 작전범위가 대만 영토와 주변의 해·공역을 넘어서거나, 중국 영토를 직접 공격하는 데 사용될 수 있는 수준의 미국제 무기가 대만에 제공될 가능성은 매우 희박할 것으로 전망된다. 그 증거로 미국은 지난 2001년부터 대만이 요구해온 GBU−31 공대지 합동직격탄(JDAM: Joint Direct Attack Munition), AGM−88 HARM(High-speed Anti-Radiation Missile) 공대지미사일의 판매를 줄곧 거부하고 있다.[22] 이들 무기가 공격적인 목적으로 사용될 우려가 있다는 점 때문이었다. 대만이 중국 탄도미사일의 해상 탐지 및 추적, 요격능력 확보를 위해 도입을 희망하고 있는 미국제 이지스구축함의 판매가 실현되지 못하고 있는 것도 같은 맥락이다.[23]

22　JDAM은 GPS(Global Positioning System) 위성항법체계를 통해 유도되어 표적을 오차 범위 10m 이내로 정확히 명중시킬 수 있으며, 2001년 아프가니스탄 공격과 2003년 제2차 걸프전쟁에서 미 공군이 대량 사용한 것으로 유명하다. HARM 공대지미사일은 지상배치 레이더에서 방사되는 전파를 탐지한 후, 레이더의 위치를 향하여 유도되어 파괴하는 대공제압용 무기다. 사거리는 100km 이상으로 적 지대공미사일의 요격 범위 밖에서 공격이 가능하다. Wendell Minnick, "U.S. Rejects Taiwan Request for HARM and JDAM Kits", *Jane's Defence Weekly*, January 18, 2006.

23　대만 해군이 키드급 구축함 4척을 도입하게 된 배경도 이지스구축함의 판매가 이루어지지 않은 데 따른 대안 마련의 필요성 때문이었다. 문일, "美, 대만에 이지스함 안 판다", 『국민일보』, 2001년 4월 24일자.

(2) 군사비 지출의 하향배분

　중국이 지난 1989년부터 군사비를 매년 10% 이상 증액하고 있는 것과는 대조적으로, 대만의 군사 부문 지출은 1990년대 중반 이래 실질적인 감소 추세에서 벗어나지 못하고 있다. 대만 국방예산은 1994~2009년 사이에 가장 많았던 경우가 129억 달러(2000년 4,029억 대만 달러), 가장 적었던 경우에는 75억 달러(2002년 2,604억 대만 달러)로 연평균 90억 625만 달러(2,828억 1,875만 대만 달러)였다. 지난 16년 동안 명목상으로는 약 23.29%가 증액되었지만, 연평균 인상률은 불과 1.43%에 지나지 않는다. 전년도보다 국방예산이 삭감된 경우도 7차례나 되었다.[24]

　대만의 거시경제 지표에서 군사비가 차지하는 비중도 큰 폭으로 하락했다. 먼저 국방예산의 GDP 대비 비율은 1990년대까지만 해도 3% 이상을 유지했지만, 1999년 이후에는 줄곧 3% 미만에 머물러 있다. 특히 2001년부터는 GDP에서 국방예산이 차지하는 비중이 매년 감소하면서 2006년에는 2.1%로 떨어지기도 했으나, 이듬해인 2007년 2.4%로 상승한 이후 2008년 2.5%, 그리고 2009년 2.7%로 회복되는 추세다. 정부 총지출 내에서의 국방예산 비율도 1999년 이후에는 단 1차례(2008)를 제외하고 매년 20%를 밑돌고 있다.[25]

　문제는 대만 군사비의 배분구조에서도 나타난다. 지난 1999~2008년 사이의 10년 동안 대만 국방예산에서 장병 인건비를 비롯한 '인원유지'(人員維持: Personal Maintenance), 군용장비 및 시설의 관리비용을 포함하는 '작업유지'(作業維持: Operational Maintenance) 부문 지출의 비중은 70% 내외를 차지하는 반면, 신무기의 획득 및 도입, 첨단 군사기술의 연구개발 등 방

24　Shirley A. Kan, "Taiwan: Major U.S. Arms Sales Since 1990", *CRS Report for Congress*, RL30957 (February 16, 2010).

25　Shirley A. Kan, February 16, 2010.

1994~2009년 대만의 국방예산

단위: 대만 달러, %

연 도	국방예산	전년대비 인상률	GDP 대비	정부 총지출 대비
1994	2,585억 (미화 98억 달러)	－	3.8	24.3
1995	2,523억 (미화 95억 달러)	−2.46	3.5	24.5
1996	2,583억 (미화 95억 달러)	2.38	3.4	22.8
1997	2,688억 (미화 94억 달러)	4.07	3.3	22.5
1998	2,748억 (미화 82억 달러)	2.23	3.2	22.4
1999	2,845억 (미화 88억 달러)	3.53	3.2	21.6
2000	4,029억 (미화 129억 달러)	41.62	2.9	17.4
2001	2,698억 (미화 80억 달러)	−49.33	2.9	16.5
2002	2,604억 (미화 75억 달러)	−3.01	2.7	16.4
2003	2,572억 (미화 76억 달러)	−1.24	2.6	15.5
2004	2,619억 (미화 78억 달러)	1.83	2.4	16.7
2005	2,585억 (미화 80억 달러)	−1.32	2.3	16.1
2006	2,525억 (미화 78억 달러)	−2.38	2.1	16.1
2007	3,049억 (미화 92억 달러)	20.75	2.4	18.7
2008	3,411억 (미화 105억 달러)	11.87	2.5	20.2
2009	3,187억 (미화 96억 달러)	−7.03	2.7	17.6

출처: Shirley A. Kan, February 16, 2010.

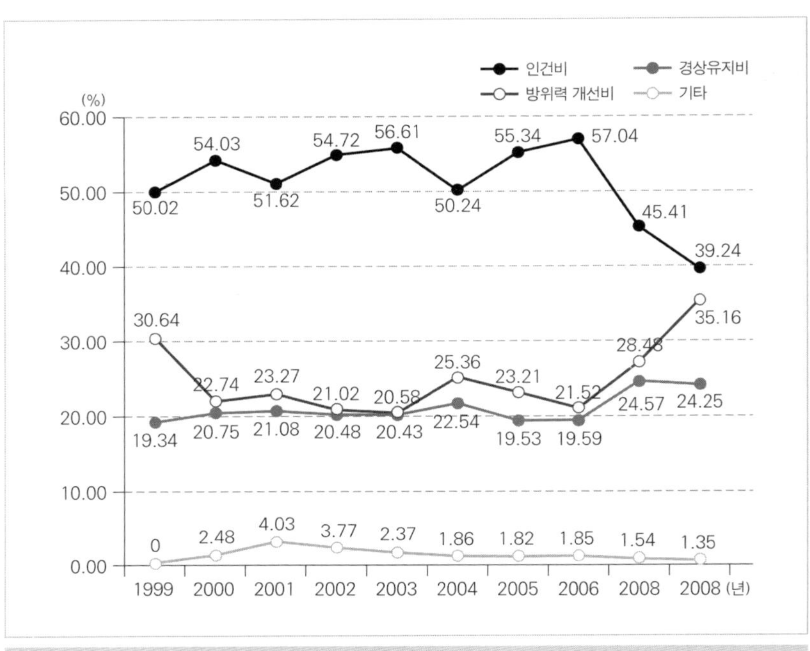

1999~2008년 대만 국방예산의 배분구조

출처: 國防部 國防報告書 編纂委員會, 『中華民國九十七年 國防報告書』(臺北: 黎明文化公司, 2008), p. 206.

위력 개선과 직결되는 '군사투자'(軍事投資: Military Investment) 부문 지출은 30% 이하에 그쳤던 것이다. 연평균 기준으로는 국방예산의 약 25.2%만이 군사투자에 쓰였을 뿐이었다.[26] 이와 같은 배분구조는 군사비 지출규모 자체의 감소와 더불어 대만의 방위력 개선을 위해 요구되는 재원 확보를 어렵게 만드는 요인이 되고 있다.

그렇다면 최근 10여 년 동안 대만에서 군사 부문 지출이 감소를 거듭해온 배경은 무엇이었는가? 우선 대만의 경제성장이 둔화되었다는 점을

---

26   國防部 國防報告書 編纂委員會, 2008, p. 206.

들 수 있다. 대만 경제는 지난 1986년과 1987년에 각각 11.64%, 12.74%의 성장률을 기록하여 절정에 올랐으나, 이후 점진적으로 성장세가 둔화되어 갔다. 심지어 2001년에는 경제성장률이 −2.22%까지 추락했는데, 이는 중화민국 정부가 대만으로 후퇴한 이래 최초의 마이너스 성장이었다. 1980~1990년대까지 약 1~2%대를 유지해온 실업률도 2001년부터는 4~5% 이상으로 높아졌다. 이는 ① 1990년대 이후 여타 신흥공업국들과의 국제경쟁 심화, ② 경제가 급성장하고 있는 중국 본토에 대한 투자가 증대되면서 심화되는 대만 내부의 산업·투자 공동화(空同化) 현상, ③ 대만 서비스산업의 노동력 수용 능력 약화 등에 그 원인을 두고 있다.[27]

뿐만 아니라 대만 정부재정의 건전성도 급속히 약화되었다. 대만에서 정치·사회적인 민주화가 가속화된 1990년대에 들어서 대만 정부는 대규모의 사회간접자본(SOC: Social Overhead Capital), 복지제도 확대를 위한 국책사업에 잇달아 착수했다. 이에 따라 1991~1997년 사이에 철도와 공항, 주택, 전력(電力)시설 등의 확충, 신(新) 성장산업의 육성 등을 골자로 하는 '국가건설 6개년 계획'(國家建設六年計劃)이 진행되었으며, 1995년에는 '전국민 건강보험'(全民健康保險) 제도가 도입되었다. 문제는 이들 국책사업을 뒷받침하기 위한 정부 재정지출의 규모가 급증하는 것과는 대조적으로, 세금을 비롯한 조세(租稅) 수입의 상승폭은 충분치 못했다는 점이었다. 이는 제도적 민주주의가 대만에 처음 도입되는 과정에서 그동안 권력을 장악해온 국민당, 신흥 정치세력으로 떠오른 민진당 등 여러 정당이 유권자들의 지지를 얻기 위해 경쟁적으로 각종 선심성 공약(예: 복지제도의 확대, 세금 감면)을 남발했기 때문이었다.[28]

그 결과 대만 정부는 지난 1989년부터 고질적인 재정적자를 면치 못

---

27 Chien-Hsun Chen, "Taiwan's Burgeoning Budget Deficit", *Asian Survey*, Vol. 45, No. 3(May/June 2005).

28 Chien-Hsun Chen, May/June 2005.

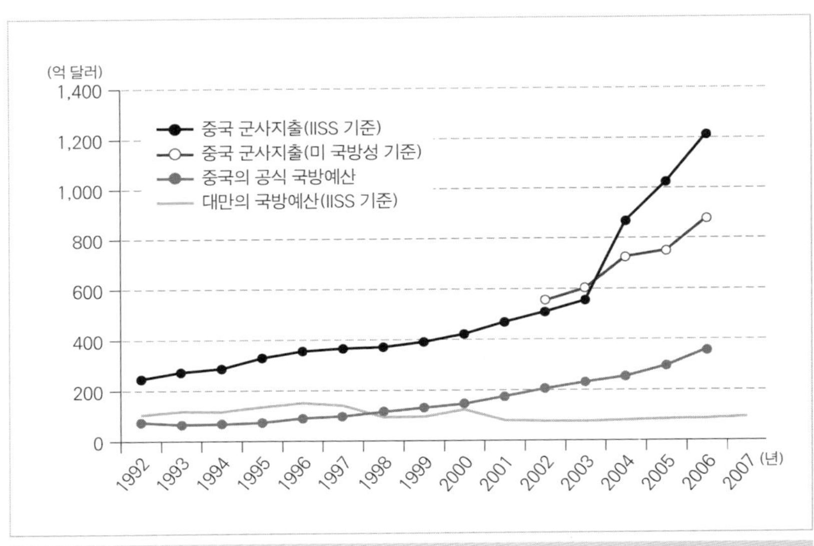

중국과 대만의 군사비 지출 비교
출처: Justin Logan and Ted G. Carpenter, "Taiwan's Defense Budget: How Taipei's Free Riding Risks War", *Policy Analysis* (CATO Institute: September 13, 2007).

하고 있는 실정이다. 유일한 예외는 리덩후이 총통 시절인 1998년, 609억 대만 달러 규모의 재정흑자를 기록했던 것뿐이다. 2003년 기준으로 대만의 정부채무 총액은 3조 1,698억 대만 달러에 달하며, 이는 대만 전체 GDP의 32.2%에 해당하는 규모다.[29] 결국 대만의 정치·사회적 민주화, 정부 재정 건전성의 약화 때문에 경제개발, 사회복지 부문에 비해서 상대적으로 정치적 부담이 적은 군사비 지출이 우선적인 삭감 대상으로 지목되었던 것이다.

이처럼 대만의 군사비 지출이 감소 추세를 좀처럼 벗어나지 못하면서, 중국과의 격차는 점차 증가하고 있다. SIPRI가 발표한 통계 자료에 따

---

29   Chien-Hsun Chen, May/June 2005.

르면, 대만의 군사비 지출규모(미화 달러 기준)는 1990~1995년까지만 해도 중국 군사비의 연평균 80% 이상을 유지했으나, 1996~1997년에는 70% 대로 하락했다.[30] 이후에도 양안 군사비 지출액의 격차는 급속히 확대되어 1999~2003년 사이에 각각 38.94%, 32.80%, 27.95%, 21.72%, 20.21% 까지 격감하기에 이르렀다. 그리고 지난 2004년부터는 대만의 군사비 지출규모가 줄곧 중국의 20% 미만을 기록하고 있다.[31]

영국의 군사전문지 『제인스 디펜스 위클리』(*Jane's Defence Weekly*)는 향후 대만의 군사비 지출이 매년 GDP 대비 2.6~2.8% 이내를 벗어나지 못할 경우, 오는 2013년부터는 그 규모가 중국 군사비의 10% 이하까지 떨어질 것이라고 전망한다.[32] 이러한 양안 군사비 지출액의 격차 확대는 대만군이 중국의 급속한 군사력 현대화에 효과적으로 대응하기 위해 요구되는 수준의 방위력 개선을 달성하는 데 심각한 장애요인이 될 수밖에 없다.

|3| 내부 정쟁(政爭)의 부정적 영향

오늘날 대만 정치를 주도하는 양대 세력은 ① 국민당 중심의 '범람연맹'(泛藍聯盟: Pan-Blue Coalition),[33] 그리고 ② 민진당 중심의 '범록연맹'(泛綠聯

---

30 SIPRI, *SIPRI Yearbook 2000: Armaments, Disarmament, and International Security* (Oxford University, 2000), p. 273.

31 SIPRI, 2009, p. 233.

32 Fenella McGerty, "Spending Gulf to Widen across Taiwan Strait", *Jane's Defence Weekly*, February 18, 2009.

33 국민당의 상징이기도 한 청천백일기(青天白日旗)의 청색에서 유래한 명칭이다. 국민당과 친민당(親民黨), 신당(新黨)을 포함하며, 2012년 1월의 입법의원 총선거에서 총 113석 가운데 69석을 차지했다.

盟: Pan-Green Coalition)이다.[34] 이들 범람연맹과 범록연맹, 보다 구체적으로는 국민당과 민진당 양측의 정책 차이가 가장 명백하게 엇갈리는 분야는 바로 중국과의 양안관계다. 국민당은 쑨원의 '삼민주의'에 명시된 민족(民族) 원칙에 의거하여 중국과 대만의 일체성을 강조한다. 다시 말해 대만은 중국의 영토이며, 중국 역사의 연장선상에 존재하고, 반드시 중국 본토와 통일되어야 한다는 주장이다.[35] 이는 국민당의 기원(基源)이자 전통적 지지기반이 1949년 국공내전 이후 중국 본토에서 후퇴한 외성인이라는 점과도 맥을 같이 한다. 장제스 시대의 '본토수복', 장징궈 시대의 '삼민주의에 의한 중국 통일', 그리고 1990년대 이후의 '평화적 통일'과 '1992 공동인식'[36] 모두 접근방식에서의 차이만 있었을 뿐, 국민당은 항상 양안관계의 최종적인 지향점을 대만이 아닌 중국 본토에 두고 있었던 것이다. 그 결과 국민당은 '국공내전 패배'라는 역사상의 경험에도 불구하고, 중국 본토와의 관계개선 및 발전, 그리고 궁극적인 통일을 지지한다.

반면 민진당은 과거 장제스와 국민당 정권의 권위주의적인 지배에 맞서 정치·사회적 민주화를 요구해온, 대만 출신 본성인을 중심으로 설립되었다. 때문에 중국 본토와의 통일보다 '국제사회에서 대만의 자주·독립적인 지위 확립', 그리고 궁극적으로는 '대만의 공식적인 분리 독립'을 지지하는 입장을 견지하고 있다.[37] 천수이볜 정부 시절에 이루어졌던 정

---

34 민진당의 녹색 당기(黨旗)에서 유래한 명칭이다. 민진당과 대만단결연맹(臺灣團結聯盟), 건국당(建國黨)을 포함하며, 2012년 1월의 입법의원 총선거에서 43석을 차지했다.

35 지은주,『대만의 독립문제와 정당정치』(파주: 나남, 2009), pp. 135-141.

36 국민당은 2001년 롄잔의 주석 취임 이후부터 1992 공동인식을 양안관계의 기본 원칙으로 채택하고 있다. 2005년 4월 29일 롄잔, 후진타오의 국공 영수회담에서 채택된 5개항의 공동 언론발표문에서도 1992 공동인식을 '양안 대화 및 교류, 협력의 기초'로 규정한다고 명시되어 있다. 지은주,『대만의 독립문제와 정당정치』(파주: 나남, 2009), pp. 135- 141.

37 같은 맥락에서 민진당은 1992 공동인식에 대해서도 "대만 내부의 민주적인 절차가 결여되어 있으며, 중국 주도의 통일을 전제로 하는 '하나의 중국' 원칙에 굴복한, 국공 양측

치·사회·문화적인 탈(脫)중국화 운동, 대만과 그 주변 도서지역으로 영
토를 재정의하는 새로운 헌법의 제정 추진, 그리고 '대만' 국호에 의한
UN 가입신청 등은 모두 민진당이 강조하는 대만의 독자성과 독립 의지
를 반영한 것이다.

두 정당의 입장 차이는 '중국의 군사·안보위협'을 평가하는 인식에
서도 확연히 드러난다.[38] 독립 지향적인 민진당은 중국의 군사력 현대화
가 급속도로 진행되면서 양안 군사력의 균형이 중국의 우위로 역전되고
있으며, 이는 시간이 흐를수록 대만의 안보를 심각하게 위협할 것이라고
경계한다. 반면 통일 지향적인 국민당의 경우, 대만을 겨냥하는 중국의
군사적 위협을 평가절하하는 시각이 일반적이다. 대만해협 너머에 1,000
기 이상 배치되고 있는 탄도미사일을 비롯한 중국 군사력은 '대만의 분리
독립' 시도를 예방·저지하기 위한 정치·외교적인 강압수단일 뿐, 실제
로 대만을 공격 및 침공하려는 목적은 아니라는 것이다. 이에 따라 국민
당은 양안관계의 평화와 대만 안보를 위협하는 최대 원인은 민진당과 범
록연맹이 주도하는 대만 분리 독립 움직임이며, 대만이 독립을 추구하지
않는다면 중국에 의한 군사적 침공은 일어나지 않을 것이라고 주장한다.

양안관계와 중국의 군사적 위협에 관한 국민당, 민진당의 엇갈린 입
장은 대만의 안보 및 국방정책이 자칫 두 정당의 내부 정치쟁점으로 변질
되어 정상적인 진행이 어려워질 수 있는 여지를 남기게 되었다. 이러한
우려는 2000~2008년 천수이볜 정부의 집권 시절 민진당·범록연맹과
입법원에서 여전히 다수 의석을 차지한 국민당·범람연맹이 충돌하면서

만의 합의"로 평가절하하며 정치적 유효성을 인정하지 않는 입장이다. 지은주, 2009,
pp. 151-155.

38 중국의 군사적 위협에 관한 국민당과 민진당의 인식 및 평가 차이에 대해서는 Michael
S. Chase, *Taiwan's Security Policy: External Threat and Domestic Politics*(Boulder, CO:
Lynne Rienner Publishers, 2008), pp. 164-166, 175-181을 참고.

현실화되었다. 특히 같은 시기에 추진되었던 대만군의 방위력 개선 노력에도 큰 차질을 일으키는 결과를 야기했다. 구체적으로는 ① 2004~2006년 사이의 무기 도입 특별예산(特別豫算), 그리고 ② 대만 군사전략의 전환을 둘러싼 국민당과 민진당 양측의 대립이 여기에 해당한다.

(1) 특별예산 논쟁

2001년 4월 24일, 미국은 총액 기준으로 150억 달러가 넘는 금액의 대(對)대만 무기판매 계획을 발표했다. 이는 1979년 〈대만관계법〉의 제정 이후 미국이 대만에 제공한 무기판매 가운데서 최대 규모였을 뿐만 아니라, 제공되는 무기의 종류 역시 이전까지는 대만에 판매되지 않았던 것들이 다수 포함되어 국제사회의 큰 주목을 받았다. 무엇보다 당시 미국의 무기판매 결정은 남중국해 상공에서 일어난 미 해군 EP-3 정찰기와 중국 공군 전투기의 충돌 사건으로 미국과 중국의 외교갈등이 고조되었던 시점에서 이루어졌다는 점에서도 그 의미가 컸다. 이를 통해서 미국은 단순히 대만을 위한 기존의 비공식적인 안보공약 제공 의지를 재확인하는 차원을 넘어, 중국에 대해 정치·외교적인 경고 의사를 전달하고자 했던 것이다.[39]

이후 다른 미국제 무기들이 판매대상에 포함되면서, 2003년 여름까

---

39 미국 정부의 대만 무기판매 계획이 발표된 직후인 2001년 4월 25일, 당시 미국 대통령이었던 조지 워커 부시는 ABC 방송과의 인터뷰 중에서 '미국이 대만을 보호할 의무가있는가?'는 질문을 받고 "그렇다. 우리는 그럴 의무가 있으며 중국은 이를 알아야 한다."(Yes, we do. And the Chinese must understand that)라고 대답했다. 뒤이어 부시는 '대만이 중국의 공격을 받을 경우 미군을 총동원하는 것을 의미하는가?'라는 질문에 대해서도 "대만의 방어를 돕기 위해 필요한 것은 무엇이든 할 것"(Whatever it took to help Taiwan defend theirselves)이라고 답하여 대만해협 유사시 미국의 군사적 개입 가능성을 강력히 시사했다. David E. Sanger, "U.S. Would Defend Taiwan, Bush Says", *The New York Times*, April 26, 2001.

2001년 4월 이후 미국의 대(對)대만 무기판매 계획에 포함된 주요 무기들

무기	수량	판매금액
P-3 해상초계기	12대	40억 달러
재래식 잠수함	8척	80~100억 달러
키드급 구축함	4척	약 8억 달러
AH-64 '아파치' 공격헬기	30대	20억 달러
M-109A6 '팔라딘' 155mm 자주포	144문	5억 달러
M1A2 '에이브람스' 탱크	미상	5억 달러
AAV-7A1 상륙장갑차	54대	1억 7,500만 달러
MH-53 소해헬기	12대	10억 달러
개량형 패트리어트(PAC-3) 지대공미사일	6개 포대	약 30억 달러

출처: Mark A. Stokes, "Taiwan's Security: Beyond the Special Budget", *Asian Outlook* (American Enterprise Institute for Public Policy Research: March 27, 2006)

지 미국의 대(對)대만 무기판매 계획은 총 300억 달러까지 규모가 확대되었다.[40] F-16A/B 전투기와 PAC-2 지대공미사일을 제외하고,[41] 미국으로부터 단일품목 기준 10억 달러가 넘는 금액의 무기를 구매한 전례가 없던 대만은 단기간 내에 방위력을 획기적으로 개선할 수 있는 매우 드문 기회였다. 미국의 무기제공 계획이 제시된 이듬해인 2002년, 대만 국방부는 향후 10년에 걸쳐 총 150~200억 달러 규모의 무기 도입이 필요하다는 입장을 나타냈다. 특히 대만군은 8척의 재래식 잠수함, 12대의 P-3 '오라이언' 해상초계기, 그리고 6개 포대 수량의 개량형 패트리어트 (PAC-3) 지대공미사일 등 3대 무기를 최우선적으로 도입하고자 했다.

---

40 Mark A. Stokes, "Taiwan's Security: Beyond the Special Budget", *Asian Outlook* (American Enterprise Institute for Public Policy Research: March 27, 2006).

41 대만은 지난 1992년 미국으로부터 F-16A/B 전투기 150대와 PAC-2 지대공미사일 3개 포대를 각각 58억 달러, 13억 달러에 구매한 바 있다. Shirley A. Kan, February 16, 2010.

그리하여 2004년 5월 21일, 리제(李傑) 대만 국방부장이 총 200억 달러 규모의 3대 무기 도입 사업안(三項重大軍購案)을 행정원에 제출했으며, 6월 2일 행정원은 사업규모를 총 182억 6,000만 달러(6,108억 대만 달러)로 조정하여 통과시켰다.[42] 3대 무기의 도입을 위한 재원은 정규 국방예산이 아닌, 공채(公債)의 발행 및 대만 정부 소유의 국영기업 지분 매각 등을 통한 특별예산 형식으로 조달한다는 계획이었다. 이는 해당 무기들의 도입 비용을 정규 국방예산에 포함시킬 경우, 나머지 방위력 개선 사업들의 진행에 필요한 예산이 부족해질 수 있다는 점 때문이었다.

당시 천수이볜 정부의 특별예산안에 포함된 3대 무기들은 대만이 직면하고 있는 군사적 취약점, 그리고 대만군이 필요로 하는 방위력 개선의 우선순위를 그대로 반영하고 있었다. 첫째, 재래식 잠수함의 추가 도입은 기존의 하이룽급 2척에 머물러 있는 대만 해군의 잠수함 수를 늘리는 것 이상의 의미를 갖는다. 잠수함은 수중에서 활동할 수 있다는 '은밀성'을 통해 생존성, 기습 능력이 우수하며, 때문에 소수 전력으로도 대규모의 적 해군력을 효과적으로 견제·거부하는 데 매우 적합하다. 다분히 중국 해군이 차지하고 있는 양적 우위를 염두에 둔 것으로 해석할 수 있다. 이 점에서 대만의 재래식 잠수함 도입 계획은 외견상으로 방어 능력의 향상을 위한 것이지만, 동시에 잠재적인 공격용 무기를 확보하려는 목적도 포함하고 있는 것으로 평가된다.

둘째, P-3 해상초계기는 미국, 일본을 비롯한 세계 16개국에서 다수가 운용되고 있는 기종으로 최고 비행속도는 시속 750km, 항속거리는 9,000km, 작전행동반경은 4,400km, 그리고 무장 탑재규모는 약 9톤(폭탄,

---

42　구체적으로는 P-3 해상초계기의 도입비용 16억 달러, PAC-3 지대공미사일의 도입비용 43억 달러, 그리고 재래식 잠수함의 도입비용 123억 달러가 포함된 금액이었다. Damian Kemp, "Taiwan Proposes U.S. $18bn Defence Spending Boost", *Jane's Defence Weekly*, June 9, 2004.

미국제 P-3 해상초계기(왼쪽)와 PAC-3 지대공미사일(오른쪽). 천수이볜 정부의 특별예산안에 포함된 3대 무기들이다.

어뢰, 공대함미사일 포함)에 달한다. 비행성능과 무장 운용능력 측면에서 대만 해군의 구형 S-2 해상초계기를 크게 능가하는 수준이다. P-3의 도입은 대만이 중국 해군의 잠수함을 이전보다 효과적으로 탐지 및 추적, 소탕할 수 있도록 기여할 것으로 기대된다. 요컨대 양적으로 대만보다 훨씬 우세한 중국의 잠수함 전력에 대한 취약성을 극복하고, 대만과 주변 해역에서의 수중 방어능력을 강화시키기 위한 것이다.

그리고 셋째, PAC-3 지대공미사일은 적 탄도미사일의 탄두와 직접 충돌하는 직격(Hit-to-Kill) 방식의 요격능력을 갖춘 것이 특징이다. 때문에 항공기 요격기능에 바탕을 두고 설계, 개발된 기존의 PAC-2 지대공미사일보다 탄도미사일 요격 성공률을 대폭 향상시켰다. 대만은 PAC-3의 도입을 통해 1990년대 이래 지속적으로 배치 수량이 증가하고 있는 중국 탄도미사일의 위협에 대한 방어능력을 한층 더 강화시키고자 했던 것이다.

하지만 천수이볜 정부의 무기 도입 특별예산안은 곧 심각한 정치적 장애에 직면하게 되었다. 국민당을 위시한 야권 세력, 즉 범람연맹이 무기 도입 특별예산안의 발표 당시부터 강력히 반대의사를 나타냈기 때문이다. 특히 2004년 12월 11일에 실시된 입법원 총선거에서 범람연맹이 과반수 의석을 차지한 것은 무기 도입 특별예산 사업의 추진에 결정적인 타격을 주었다.[43] 예산의 심의 및 승인권한을 갖는 입법원의 주도권이 국민당에게 넘어가면서 3대 무기의 도입을 위한 특별예산안의 승인 전망은 크게 불투명해진 것이다.

이에 따라 천수이볜 정부의 무기 도입 특별예산안은 2004년 6월 행정원의 승인에도 불구하고, 여소야대(與小野大) 구도의 입법원에 제출될 때마다 번번이 부결되었다. 그나마도 입법원 운영위원회(程序委員會)의 심의 과정에서부터 통과가 거부되면서 아예 본회의에 상정조차 되지 못하는 경우가 대부분이었다. 무기 도입 특별예산안의 통과가 계속 지연되자 천수이볜 정부와 민진당, 대만 국방부뿐만 아니라 3대 무기를 제공하게 될 미국에서도 우려를 표시했다. 국민당 주도의 입법원이 무기 도입 특별예산안을 무산시킬 경우 "대만의 자주적인 방위 의지에 대한 신뢰성이 실추되고, 그 결과 미국 내에서 대만 방위공약의 유지 및 이행을 지지하는 세력의 입지가 약화될 것"이라는 지적이었다.[44]

당시 국민당을 비롯한 범람연맹이 천수이볜 정부의 무기 도입 특별예산안을 반대하면서 내세웠던 논거는 다음과 같다.[45]

첫째, 대만이 직면하고 있는 안보 위협은 민진당과 천수이볜 정부의 무모한 독립 추진으로 인한 중국과의 관계 악화 때문이다. 특별예산을 통한 3대 무기의 도입은 근본적인 해결책이 될 수 없으며, 오히려 민진당과

---

43 당시 총선거에서 민진당은 총 89석을 차지하여 원내 제1당이 되었지만, 대만단결연맹을 포함한 범록연맹 전체의 의석수는 101석으로 과반수 의석을 확보하는 데 실패했다. 반면 범람연맹은 국민당의 79석을 포함, 총 114석을 차지하여 원내 과반수 의석을 차지하게 되었다. 황유성, "대만총선 야당 승리: 천수이볜 대만독립 구상 차질", 『동아일보』, 2004년 12월 13일자.

44 Wendell Minnick, "Taipei Embroiled in Defence Budget Row", *Jane's Defence Weekly*, June 1, 2005.

45 Michael S. Chase, "Taiwan's Arms Procurement Debate and the Demise of the Special Budget Proposal", *Asian Survey*, Vol. 48, No. 4 (July/August 2008).

천수이볜 정부가 주장하는 '대만 독립' 움직임을 가속화시켜 양안관계의
불안정을 초래함은 물론, 대만의 안보를 더욱 심각하게 위협할 것이다.
둘째, 도입 대상에 포함된 3대 무기의 가격이 비합리적으로 높게 제시되
고 있으며, 이는 중국의 군사적 위협을 과장하여 무기 판매를 통한 상업
적 이득을 챙기려는 미국의 의도에 따른 것이다. 셋째, 대만의 국가경제
와 정부재정 상황에서는 지나치게 많은 재정적 부담을 가할 것이다. 그리
고 넷째, 3대 무기의 도입에 따른 실질적인 방위력 개선의 효과 여부가
불확실하다.

그러나 이러한 외견상의 명분과는 달리, 국민당과 범람연맹의 실제
의도는 다분히 내부 정치적인 성격이 강했다. 왜냐하면 특별예산안에 포
함된 3대 무기는 지난 1990년대, 즉 국민당 출신의 리덩후이 정부 시절부
터 줄곧 대만이 미국에 판매를 요구해온 것이었기 때문이다. 당시 국민당
과 범람연맹의 목적은 천수이볜 정부가 3대 무기의 도입을 위한 특별예
산안을 포기하도록 유도하고, 이를 통해 민진당과 천수이볜 정부에게 정
치적 패배를 강요하겠다는 것이었다. 지난 2000년과 2004년의 총통선거
에서 민진당에 2차례 연속으로 패배한 국민당은 무기 도입 특별예산안이
천수이볜 정부의 최대 정책과제인 '대만의 분리 독립'과 연장선상에 있다
고 규정했으며, 이를 좌절시킴으로써 대만 내부정치에서의 주도권을 회
복하고자 했다. 또한 국민당은 특별예산이 무산될 경우 3대 무기의 도입
재원은 불가피하게 정규 국방예산에 포함될 수밖에 없으며, 그 결과 상대
적으로 유권자들의 관심이 높은 경제개발이나 사회복지 관련 예산이 희
생되면서 민진당과 천수이볜 정부에 대한 지지도가 약화될 것이라고 기
대했다.[46]

---

46   당시 국민당은 무기 도입 특별예산안에 대한 반대 주장을 고수하는 한편으로 "무기 도
　　입 자체를 반대하는 것은 아니며, 관련 사업을 정규 국방예산에 포함시킨다면 논의할
　　수 있다."는 입장을 피력했다. 이는 국민당이 주도하는 입법원의 무기 도입 특별예산안

국민당과 범람연맹의 반대가 계속되자, 천수이볜 정부는 궁여지책으로 무기 도입 특별예산안의 규모를 축소하기 시작했다. 우선 2005년 3월 16일 총 사업규모가 145억 달러(4,800억 대만 달러)로 축소된 수정 사업안이 제출되었지만, 입법원은 이를 다시 부결시켰다. 9월 2일에는 PAC-3 지대공미사일의 도입 비용이 제외되면서 무기 도입 특별예산안 규모는 총 106억 달러(3,400억 대만 달러)가 되었다. 급기야 12월에 이르러 무기 도입 특별예산안은 처음 제출되었던 규모의 절반 수준인 93억 달러(3,000억 대만 달러)까지 줄어들었고, 도입 대상도 재래식 잠수함 하나만이 남았다.[47] 그러나 재래식 잠수함은 고가(高價)의 도입 비용, 실제 도입 가능성에 대한 회의적인 전망 때문에 3대 무기 가운데서도 가장 큰 논란의 대상이었다.[48] 이 점에서 도입 대상을 재래식 잠수함으로 축소시킨 특별예산의 제출은 사실상 '무기 도입 특별예산안의 포기'를 뜻하는 것이나 다름없었다.

결국 2006년 2월, 천수이볜 정부는 3대 무기의 도입을 위한 사업을 특별예산이 아닌, 정규 국방예산에 포함시켜 추진할 것임을 선언하였다.[49] 이로써 무기 도입 특별예산안은 2004년 6월 행정원에서 처음 승인한 이후, 약 2년 동안 국민당이 주도하는 입법원에서 무려 56차례나 부결

거부에 대한 민진당과 천수이볜 정부의 비판에 대응하기 위한 것이었다. Michael S. Chase, July/August 2008.

47 Michael S. Chase, July/August 2008.

48 비판론자들은 미국이 지난 1950년대 말 건조된 '바벨'(수중배수량 2,630톤)급 잠수함 이후 더 이상 재래식 잠수함을 개발, 운용하지 않고 있다는 점을 지적하며 미국의 재래식 잠수함 제공 능력에 강한 의문을 제기했다. 이에 미국은 재래식 잠수함의 설계·건조능력을 갖추고 있는 우방국들로부터 관련 기술과 물자를 제공받는 방식으로 진행시킬 수 있다고 밝혔다. 하지만 정작 독일, 스웨덴, 네덜란드, 호주를 비롯한 해당 국가들은 2001년 4월 미국의 대(對)대만 무기판매 계획이 발표된 직후, 차례로 "대만에 잠수함 판매와 관련된 어떠한 지원도 하지 않을 것"이라고 공식 선언했다. 물론 이는 중국과의 외교관계 악화를 우려했기 때문이다. Michael Sirak and Kim Burger, "USA Needs Submarine to Offer Taiwan", *Jane's Defence Weekly*, May 2, 2001.

49 Rich Chang, "MND Gives up on Special Budget", *Taipei Times*, February 22, 2006.

된 끝에 공식적으로 폐기되었다. 그러나 국민당과 민진당은 2006년까지도 3대 무기 도입사업에 관한 예산배정 합의에 실패했다. 결국 해를 넘긴 2007년 6월 15일, 입법원을 통과한 2007년도 국방예산에 비로소 3대 무기 가운데 일부 사업이 반영될 수 있었다. 이에 따라 대만은 P-3 해상초계기의 도입에 본격 착수할 수 있게 되었지만, PAC-3 지대공미사일의 도입은 기존 PAC-2의 성능개량으로 대체되었다. 재래식 잠수함 도입 사업은 '타당성 검토'를 위한 선행연구 관련 예산만이 승인되었을 뿐이었다.[50] 이듬해인 2008년도 국방예산에는 PAC-3의 도입을 위한 예산이 처음으로 반영되었다.[51]

결과적으로 대만은 지난 2001년 미국이 제공한 전례 없는 규모의 무기 도입에 본격적으로 착수하기까지 무려 6년이 넘는 시간을 허비한 셈이다. 이 과정에서 나타난 국민당과 민진당의 무기 도입 특별예산 논쟁은 대만의 방위력 개선 노력이 내부 정치대립에 휘말리면서 불필요하게 지연·축소되었음을 명백히 보여주는 부인할 수 없는 증거라고 할 수 있다.

(2) 군사전략 전환 논쟁

1980년대부터 대만의 군사전략은 장제스 정권 시절의 '본토수복' 노선에서 탈피, 점차 방어 지향적인 특징을 강화시켰다. 특히 본토수복 노선을 폐기한 리덩후이의 1990년대에 들어서는 '제해·제공권 확보', 그리고 '상륙 저지'를 최우선적 임무로 규정하는 '수세방위' 전략이 채택되기에 이르렀다. 이는 군사전략에서 공격적인 성격을 제거하고, 대만과 주변

---

50 Shih Hsiu-Chuan, "Legislature Finally Passes U.S. Arms Budget", *Taipei Times*, June 16, 2007.

51 Wendell Minnick, "Taiwan To Purchase Patriots, Apaches", *Defense News*, January 7, 2008.

해·공역의 방어에 주력하겠다는 의미였다. 그러나 2000년 민진당의 천수이볜 정부가 출범한 것을 계기로 대만에서는 다시금 공격의 비중을 강조하는 군사전략의 수립·발전 필요성이 제기되기 시작했다. 다시 말해서 대만군이 전쟁 초반부터 중국의 육·해·공 군사력, 주요 기지, 핵심적인 지휘통제 및 통신체계, 그리고 후방 지원시설 등을 직접 공격하여 조기에 전쟁수행의 주도권을 확보해야 한다는 것이었다.[52]

그렇다면 당시 대만에서 공격 지향적인 군사전략이 제기된 배경은 무엇이었는가? 첫째, 중국의 군사적 위협 강화에 대하여 보다 적극적인 대응이 필요하다는 위기의식이다. 대만은 중국이 1990년대부터 매년 10% 이상 군사비 지출을 증가시키면서 그동안 낙후되어온 해·공군력의 현대화에 박차를 가하게 되었다는 점을 의식하지 않을 수 없었다. 이는 대만이 유지해온 해·공군력에서의 기존 질적 우위에 심각한 도전을 가할 수 있는 문제였다. 1995~1996년 제3차 대만해협 위기에서 사용된 중국 탄도미사일의 위협도 대만 내부의 경각심을 높였다. 중국이 사거리가 300~600km에 달하는 둥펑 11/15호 탄도미사일을 이용하여 굳이 대만해협 주변에서의 해전·공중전을 치르지 않고서도 대만 영토를 공격할 수 있음이 증명되었기 때문이다. 자칫 '제해·제공권 확보'와 '상륙 저지' 작전에 바탕을 둔 기존 수세방위 전략의 효용성을 크게 약화시킬 수 있는 문제였다. 이에 따라 대만군의 전장공간을 중국 본토까지 확대하고, 전쟁 초반부터 중국의 대만 침공역량을 적극적으로 제거 및 무력화하는 방안이 해결책으로 제시된 것이다.

둘째, 민진당의 '대만 독립' 노선을 군사적으로 뒷받침하기 위한 정치적인 필요성이다. 대만이 중국 본토와는 별개의 독립국가로 인정받아야 한다고 주장하는 천수이볜 총통과 민진당은 중국의 침공에 수동적으

52　Michael S. Chase, 2008, pp. 117-119.

로 대응하는 데 초점을 두는 기존의 수세방위 전략이 대만의 방어, 보다
궁극적으로는 대만의 독립을 보장받기에 부적합하다고 인식했다. 중국
인민해방군의 침공을 대만 영토와 주변 해·공역에서 단순히 '거부'하는
차원을 넘어서, 대만군이 중국 본토에 대하여 '보복'을 가할 수 있어야만
대만 독립을 저지하려는 중국의 능력 및 의지를 분쇄시킬 수 있다는 것
이었다.

천수이볜과 민진당은 총통 선거를 1년 앞둔 지난 1999년에 발간된 정
책공약 자료집 『새로운 세기(世紀)의 새로운 길: 천수이볜의 국가 청사진』
(新世紀新出路: 陳水扁國家藍圖)의 "국가안전"(國家安全) 편에서 자신들의 군사
전략 구상을 처음 제시하였다. 이른바 '경외결전'(境外決戰)으로 명명된 이
전략 개념은 "적 군사력의 핵심·근원을 직접 공격하여 대만 영토에서 최
대한 벗어난 범위에서 적의 침공을 결정적으로 마비·무력화시킨다."는
것을 골자로 했다.[53] 또한 천수이볜은 총통 취임 직후인 2000년 6월 16일,
대만 육군사관학교(陸軍軍官學校)[54]의 개교 76주년 기념연설에서 '경외결전'
개념을 '앞으로 대만군이 지향해야 할 미래의 전쟁과 군사력 건설의 방향'
으로 제시했다.

이후 대만 국방당국은 '경외결전' 개념을 수용한 '적극방위'(積極防衛)
전략을 발표하여 군사전략의 전환을 공식화했다. 적극방위 전략의 핵심
개념은 '유효억지, 방위고수'(有效嚇阻 防衛固守)였는데, 이는 지난 1990년대
수세방위 전략이 내세웠던 '방위고수, 유효억지' 개념에서 방위와 억지의
순서를 뒤집은 것이었다. 군사전략에서 '전쟁 억지'를 '방위'보다 앞세워
평시 중국의 침공의지를 견제할 뿐만 아니라, 대만해협 유사시에는 중국

---

53 陳水扁, 『新世紀新出路－陳水扁國家藍圖: 1. 國家安全』(臺北: 陳水扁競選指揮中心, 1999),
    pp. 50-51.
54 대만 육군사관학교는 지난 1924년 국민당의 군사교육기관으로 설립된 황푸군관학교
    (黃埔軍校)에 기원을 두며, 초대 교장은 장제스였다.

의 전쟁수행 능력과 속도를 저하시켜 대만 침공시도를 결정적으로 저지하기 위한 방위역량과 군사적 수단을 이전보다 확대·강화하겠다는 의미를 담고 있었다. 그 가운데서도 특히 강조되었던 것은 ① 정확성이 높으며, ② 적의 내륙 및 후방 지역까지 공격할 수 있는 '장거리·종심·정밀타격능력'(遠距縱深精準打擊戰力)이었다.[55] 다분히 중국 본토를 직접적으로 겨냥하는 반격, 보복을 염두에 둔 것이었다.

심지어는 중국에 대한 선제공격, 비군사적 표적(예: 도시, 인구밀집지역, 기간시설 등)을 대상으로 하는 대량보복[56] 등 더욱 공세적인 군사전략이 민진당과 천수이볜 정부의 고위 당국자들로부터 제기되는 경우도 나타났다. 한 보기로 2003년 10월 8일, 탕야오밍(湯曜明) 대만 국방부장은 입법원 국방위원회(國防委員會)[57]에 출석하여 "국방부는 '전쟁의 예방'(豫防戰爭)을 원칙으로 하기 때문에 결코 도발을 하지 않지만, 중국의 대만 침공의도가 충분히 확인된다면 그냥 죽기만을 기다릴 수는 없다. 만일 중국이 대만을 침공하려는 의사가 확실할 경우 중국 본토의 군사표적을 먼저 공격하는 것을 배제하지 않는다."라고 답변하여 유사시 선제공격의 가능성을 시사했다.

2004년 9월 25일에는 유시쿤(游錫堃) 대만 행정원장이 "대만의 안전을 보장하기 위해서는 냉전시대 미국과 구 소련 사이에 구축된 '공포의 균형'(Balance of Terror)과 같은 보복 능력이 반드시 필요하다. 중국이 미사일 100기로 대만을 공격하면 대만은 적어도 50기는 발사할 수 있어야 하며, 중국이 타이베이와 가오슝을 공격한다면 대만도 상하이를 공격할 수 있어야 한다."고 주장하여 대내외적으로 큰 논란을 일으켰다.[58] 천수이볜

---

55 國防部 國防報告書 編纂委員會, 2006, p. 93.

56 이를 '대(對)가치(Counter-value) 전략'이라고 하는데, 적의 군사력과 관련시설 및 기능만으로 공격대상을 제한시키는 '대(對)병력(Counter-force) 전략'의 반대 의미로 쓰인다.

57 2008년부터 외교·국방위원회(外交及國防委員會)로 확대·개편되었다.

정부가 대만 독립을 공식화하기 위한 계획의 일환으로 '제헌건국전쟁'(制憲建國戰爭) 또는 '독전갈'(毒喝)이라는 별칭의 대(對)중국 전쟁계획을 수립하고 있다는 관측도 제기되었다. 중국이 '대만의 독립 저지'를 명분으로 대만을 전면 침공할 경우, 대만군에서는 공군 전투기와 정밀유도무기 등을 동원하여 중국 본토 내부의 군사시설뿐만 아니라 홍콩, 상하이를 비롯한 동남부 연안의 대도시, 세계 최대 규모의 수력발전소인 양쯔 강(揚子江)의 싼샤(三峽) 댐과 같은 민간 기간시설에 대한 보복공격을 가한다는 내용이었다.[59]

이처럼 공격 지향적인 '경외결전' 개념, 적극방위 전략을 구현하기 위해서는 그동안 대만 영토와 주변 해·공역에서의 방어 능력만을 갖추고 있던 대만군의 전투수행 능력, 범위를 큰 폭으로 확대할 필요성이 절실했다. 특히 그동안 중국에 비해서 절대적으로 열세를 면치 못해온 '타격능력'의 확충이 요구되었다. 대만은 1995～1996년의 제3차 대만해협 위기를 경험하면서 중국의 탄도미사일 위협에 대응하기 위한 군사적 수단의 개발·확보를 적극 추진하기 시작했다. 이 계획은 슝펑 대함미사일과 톈궁 지대공미사일, 그리고 톈첸 공대공미사일 등 다양한 정밀유도무기를 개발해낸 중산과학연구원의 주도 아래 진행되었다. 여기에는 중국 본토

58　유시쿤 행정원장의 발언 직후 국민당뿐만 아니라 중국 국무원 대만사무판공실에서도 비난 성명을 발표했다. 9월 30일 리제 대만 국방부장은 "'공포의 균형' 전략은 대만의 국방개념 및 논리가 아니며, 만일 중국과의 전쟁을 피할 수 없을 경우 대만군의 주요 공격 대상은 민간지역 및 시설이 아니라 군사관련 표적이 될 것"이라고 해명했다. 황유성, "유시쿤 대만 행정원장 '공포의 균형論' 주장 파문", 『동아일보』, 2004년 9월 30일자.

59　'제헌건국전쟁'이라는 개념은 2003년 11월 3일 입법원에 출석한 대만 국방부의 천자오민(陳肇敏) 부(副)부장이 "양안 간의 전쟁은 새 헌법에 따른 대만의 독립으로 제헌건국전쟁이 발발하는 것을 뜻한다."고 답변한 데서 유래했다. 이보다 앞선 10월 25일에는 천수이볜 총통이 '2006년 새 헌법 제정, 2007년 국민투표, 2008년 새 헌법 실시'를 골자로 하는 독립 계획을 발표한 바 있다. 황유성, "대만, 中대륙 선제공격案 수립", 『동아일보』, 2004년 6월 11일자.

를 직접 공격할 수 있는 장거리 정밀유도무기, 즉 탄도·순항미사일의 개발도 포함되어 있었다.

대만이 최초로 개발해낸 지상공격용 미사일은 지난 1981년에 처음 공개된 바 있는 '칭펑'(青蜂) 탄도미사일이다. 칭펑의 사거리는 약 130km로 대체적인 성능은 당시 미 육군의 MGM-52 '랜스' 단거리 탄도미사일과 유사한 것으로 평가되었다.[60] 한때 대만은 사거리를 1,000km 이상으로 연장시킨 개량형 칭펑을 개발, 배치하고자 했으나 중국과 대만 양안의 분쟁악화를 경계하는 미국의 정치·외교적 압력 때문에 무산되었다. 이후에도 대만이 톈궁 지대공미사일을 기반으로 설계된 최대사거리 1,000~1,500km의 MRBM급 탄도미사일을 개발하고 있다는 관측이 제기되고 있지만, 그 진위 여부와 구체적인 내용은 분명하지 않다.[61]

공군 전투기에서 탑재, 운용할 수 있는 공대지 정밀유도무기의 개발도 진행되고 있다. 2006년 3월, 대만은 '완첸'(萬劍)으로 명명된 신형 공대지 유도폭탄의 시험발사를 성공리에 실시했다고 발표했다. 완첸은 미 공군의 AGM-154 JSOW(Joint Stand-Off Weapon)와 유사한 무기로 중량 0.3톤의 공중살포형 자탄(子彈)을 장착, 넓은 범위를 초토화시킬 수 있는 것이 특징이다. 사거리는 100~200km 내외로 중국 지대공미사일의 요격범위를 벗어난 원거리에서 안전하게 발사될 수 있다. 대만 공군은 대만해협 유사시 자국산 징궈호 전폭기에서 완첸을 탑재, 발사하여 중국의 주요 군사기지, 특히 공군 활주로를 파괴하는 데 동원할 계획이다.[62] 또한 중국 방공기지의 지상 레이더를 무력화하기 위한 대공제압 무기로 톈첸 2호

---

60 임상민, 2004년 가을호.

61 대만의 탄도미사일 개발 계획은 일명 '톈지'(天戟), '톈마'(天馬), '칭톈'(擎天), '칭성'(擎昇), '티칭'(狄靖) 등의 사업명으로 알려져 있다. Duncan Lennox, *Jane's Strategic Weapon Systems 2007* (Surray, UK: Jane's Information Group, 2007), pp. 172-173.

62 Wendell Minnick, "Taiwan Power Projection Advances with Wan Chien", *Jane's Defence Weekly*, March 22, 2006.

'완첸' 공대지 유도폭탄을 탑재한 징궈호 전폭기(왼쪽)와 완첸의 운용원리(오른쪽)

공대공미사일을 개량한 사거리 100km의 공대지미사일 '톈첸 2A호'도 개발 중이다.[63] 이는 동급의 기능을 수행하는 미국제 HARM 공대지미사일의 도입이 미국으로부터 거부된 것에 따른 대응책이라고 할 수 있다.

하지만 최근 대만의 장거리 정밀유도무기 개발 가운데서 가장 큰 주목을 받고 있는 성과는 '슝펑 2E호' 순항미사일이다. 이 미사일은 기존의 슝펑 2호 대함미사일을 바탕으로 설계되었으며, 사거리는 300~600km에 달한다. 대만 내륙지역에서 배치, 발사될 경우에도 홍콩과 상하이, 광저우를 비롯한 중국 동남부의 주요 연안도시들을 공격권 내에 포함시킬 수 있는 수준이다.[64]

대만 국방당국은 슝펑 2E호 순항미사일을 비롯한 장거리 정밀유도무기가 유사시 중국의 주요 군사기지, 지휘통제 및 통신 체계를 공격하는 데 사용될 수 있으며, 이를 통해서 전쟁 초반부터 중국의 대만 침공시도를 효과적으로 교란·마비시킬 수 있다고 강조한다.[65] 이 경우 중국은 전

---

63 Robert Hewson, *Jane's Air-Launched Weapons 2009* (Surray, UK: Jane's Information Group, 2009), pp. 89-90.
64 손재언, "대만, 中 겨냥 장거리 미사일 개발", 『한국일보』, 2006년 10월 17일자.

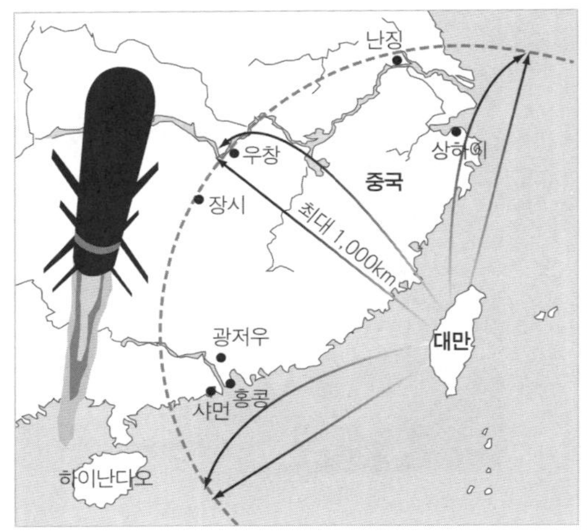

대만이 개발한 슝펑-2E호 순항미사일의 사거리 범위

쟁수행 속도의 지연을 강요받게 될 것이며, 대만을 군사적으로 제압·점령하기 위한 침공이 실패할 가능성도 높아진다는 주장이다. 지난 2007년 4월 16~20일 사이에 실시된 대만의 제23차 '한광'(漢光: 한족의 영광) 연례 군사훈련에서는 대만이 지상공격용 정밀유도무기로 중국 본토를 공격하는 상황이 반영되어 주목을 받기도 했다. 당시 대만 국방부는 대만군이 중국 인민해방군의 침공을 2주일 만에 격퇴할 수 있다는 내용의 워게임 결과를 발표한 바 있다.[66]

천수이볜 정부는 이들 장거리 정밀유도무기의 지휘통제 권한을 대만군 참모본부 산하의 미사일사령부로 집중시켜 중국 인민해방군의 제2포병에 해당하는 전략무기 운용체제를 구축하고,[67] 최대사거리가 1,000~2,000km까지 연장된 개량형 탄도·순항미사일을 개발, 배치한다는 계획

---

65 Wendell Minnick, "Taiwan: Missile Needed to Buy Time in Attack", *Defense News*, February 11, 2008.

66 정주호, "대만 워게임 결과 中 침공 2주 만에 격퇴", 〈연합뉴스〉, 2007년 4월 25일자.

67 이 경우 미사일사령부에서 담당해온 지대함, 지대공미사일의 운용 권한은 각각 해군과 공군으로 이양될 전망이다.

을 추진하려 했다. 이 경우 수도 베이징을 비롯한 중국 내륙지역 대부분이 대만군의 공격권 이내에 포함되며, 따라서 중국에 대한 억지효과를 강화할 수 있다는 것이었다. 그러나 이 계획도 '중국과의 관계 개선', '대만의 분리 독립 반대'를 내세우는 국민당과 범람연맹의 반대로 제동이 걸리게 되었다.

국민당과 범람연맹은 천수이볜 정부의 '경외결전' 전략 개념과 그 핵심전력이라고 할 수 있는 장거리 정밀유도무기의 개발, 배치가 중국을 불필요하게 자극하는 행위이며, 양안관계의 안정을 위협한다고 비판했다. 또한 2004년 '공포의 균형' 주장으로 논란을 일으켰던 유시쿤 행정원장을 비롯하여 민진당, 범록연맹 일각에서 제기하는 '비군사적 표적에 대한 대량보복' 전략에 대해서도 "중국과의 무력충돌이 현실화될 경우 상황을 단기간 내에 통제불능 상태로 악화시킬 것"이라고 강력히 비판하는 입장이다.[68] 아울러 대만의 국방전략이 도발적·호전적(好戰的)이라는 인식을 심어주어 양안관계에 대한 미국과 국제사회의 지지를 이끌어내는 데 부정적인 영향을 가져올 것이라고 주장했다.[69]

그리고 국민당과 범람연맹의 비판은 군사적 측면에서도 제기되고 있다. 유사시 대만군이 공격해야 할 군사적·비군사적 표적들은 중국의 광대한 영토에 매우 많은 수가 배치·분포되어 있으며, 대만은 이들 대부분을 파괴 및 제압하기에 충분한 공격용 전력을 확보하기가 매우 어렵다는 지적이다. 이 점에서 대만의 여러 학자, 정치인들은 "중국에 대한 보복전략은 대만이 핵무기를 비롯한 대량살상무기를 개발, 확보하지 않는 이상,

---

68　Michael S. Chase, 2008, pp. 119-120.
69　미국은 대만의 지상공격용 정밀유도무기 개발에 공개적으로 우려를 표시해왔으며, 그 대표격인 슝펑 2E호 순항미사일의 핵심부품 및 기술이 대만에 수출되는 것을 거부하고 있다. Wendell Minnick, "U.S. State Dept. Working against CSIST?", *Defense News*, October 27, 2008.

실현 가능성이 매우 낮다."고 주장한다.[70]

　요컨대 국민당과 범람연맹은 중국에 대한 공격 지향적인 군사전략, 공격용 무기의 효과는 상징적 · 심리적인 차원에 불과하며, 현실적으로는 중국의 대만 침공을 억지하거나 효과적인 방위력을 제공하지 못한다고 주장하는 것이다. 이후 대만 군사전략 전환을 둘러싼 민진당 · 천수이볜 정부와 국민당 · 범람연맹 양측의 논쟁은 대만군의 가장 대표적인 장거리 정밀유도무기인 슝펑 2E호 순항미사일의 개발, 양산 여부에 집중되었다. 지난 2008년도 대만 국방예산에는 초기형 슝펑 2E호를 향후 8년 동안 총 245기 양산, 배치하기 위한 예산이 반영되었지만, 국민당과 범람연맹의 반대로 당초 정부안에서 제시된 1억 1,700만 달러 가운데 약 2/3인 7,700만 달러를 삭감해야만 했다.[71] 사실상의 사업 동결이었다.

　2008년 3월, 대만 총통선거에서 국민당의 마잉주가 당선되었다. 중국과의 관계개선을 추구하는 국민당의 재집권은 대만의 군사전략이 방어 지향적인 성격으로 회귀할 것임을 예고하는 소식이었다. 마잉주는 총통선거 기간이었던 2008년 2월 26일, 친(親) 국민당 성향 단체인 국가안전촉진회(國家安全促進會)에서의 연설을 통해 자신의 외교안보 정책 비전을 구체화한 '스마트(SMART) 국가안보전략'을 발표했다.[72] 이 가운데 대만의 군

70　과거 대만은 1970~1980년대에 중산과학연구원의 주도 아래 핵무기 개발을 시도한 바 있다. 그러나 이 계획은 지난 1987년 미국에 관련 정보가 누설되면서 중단되고 말았다. David Albright and Corey Gay, "Taiwan: Nuclear Nightmare Averted", *Bulletin of Atomic Scientists*, Vol. 54, No. 1 (January/February 1998).

71　Shirley A. Kan, February 16, 2010.

72　여기서 SMART는 ① 경제 · 문화역량을 통한 '소프트파워'(Soft power: 軟實力), ② '군사적 억지능력'(Military deterrence: 軍事嚇阻), ③ 대만 독립의 배제를 비롯한 '양안관계의 안정'(Assuring the status quo: 保證現狀), ④ '우방 및 국제사회와의 신뢰회복'(Restoring mutual trust: 修補互信), 그리고 ⑤ '대만'(Taiwan: 臺灣)의 영문 머리글자에서 각각 비롯된 명칭이다. Wendell Minnick, "KMT Presidential Candidate Outlines Taiwan Security Strategy", *Defense News*, March 3, 2008.

사전략, 군사력 건설을 위한 기본지침으로 제시된 것이 바로 '고약반석'
(固若盤石)[73] 개념이다.

마잉주는 민진당과 천수이벤 정부가 주장해온 '경외결전' 전략 개념
과 적극방위 전략이 "중국에 대해 효과적인 전쟁 억지력을 발휘하지 못하
는 비현실적인 전략일 뿐만 아니라, 외세의 간섭과 개입 그리고 중국의
선제침공을 정당화하는 위험한 전략"이라고 비판했다. 이어서 자신과 국
민당의 '고약반석' 전략 개념은 중국이 군사력을 통해 대만을 봉쇄·점령
하거나, 대만의 저항능력 및 의지를 약화시키려는 시도를 저지하는 데 주
력하는 것[(嚇不了(戰志高昂), 咬不住(封鎖不住), 吞不下(佔領不了), 打不碎(能持久抗
敵)]이라고 밝혔다.[74] 이는 전쟁억지 및 수행의 핵심을 보복이 아닌 거부
에 두는 동시에, 대만군의 군사전략, 군사력 건설에서 방어적인 성격을
강화시킬 것임을 강력히 시사하는 내용이었다.

SMART 국가안보전략과 '고약반석' 전략 개념을 비롯한 마잉주 정부
의 주요 외교안보, 국방 정책 수립에 가장 큰 영향을 주었던 주인공은 쑤
치(蘇起)다. 그는 리덩후이 정부의 임기 말인 1999∼2000년 행정원 대륙
위원회 주임을 역임한 양안관계 전문가다. 천수이벤 정부 시절에는 국민
당 입법의원으로서 '중국과의 관계 개선', '대만의 분리 독립 반대'를 적극
지지하며 3대 무기(P-3 해상초계기, 재래식 잠수함, PAC-3 지대공미사일) 도입을
위한 특별예산안과 슝펑 2E호 순항미사일의 개발, 양산계획에도 강력히
반대한 바 있다.[75] 그리고 2008년 5월, 마잉주 정부가 출범하면서 대만

---

73 직역하자면 '바위처럼 단단하며, 굴복시킬 수 없다.'는 의미다. "Hard ROC"이라는 영문
    명칭으로도 알려져 있는데, 여기서 ROC은 ① 바위를 뜻하는 영어단어 'Rock'과 ② 대만
    의 공식 국호인 중화민국(Republic Of China)의 영문 머리글자를 함께 뜻한다.

74 馬英九, 『一個SMART的國家安全戰略』(中華民國國家安全促進會, 2008年 2月 26日).

75 쑤치는 국민당 입법의원 시절인 2006년 1월 24일, 대만 『연합보』(聯合報)에 기고한 "소
    프트파워＋방어적 국방＝국가안보"(軟權力＋守勢國防＝國安)라는 논설에서 1990년대
    의 왕구회담, 2005년 롄잔과 후진타오의 국공 영수회담을 예로 들면서 "양안대화, 협상

쑤치 전(前) 국가안전회의 비
서장. 마잉주 정부의 주요 외교
안보, 국방 정책 수립에 지대한
영향을 주었다.

외교 · 안보정책을 총괄 · 관장하는 총통부 직속 국가안전회의(國家安全會
議)의 초대 비서장으로 임명되었다.[76]

　쑤치는 ① 전쟁 시작단계에서 중국의 침공에서 생존성을 확보하고,
② 중국 인민해방군의 대만 점령을 거부, 격퇴할 수 있는 방어적인 성격
의 군사력을 유지 및 발전시키는 '수세국방'(守勢國防)을 주장했다. 중국이
대만의 군사적 저항을 단기간 내에 분쇄하거나, 미국을 비롯한 외부 세계
의 군사력 지원이 이루어지기 전까지 대만 무력병합을 완료할 가능성을
최소화시킬 정도의 거부적인 방어전략과 군사력만으로도 충분히 중국의
대만 침공의지를 억지 · 예방할 수 있다는 논리였다.[77] 이를 위해 쑤치는

을 통한 중국과의 관계개선이 무기 도입보다 국가안보를 강화하는 데 효과적"이라고 주
장하기도 했다. Michael S. Chase, 2008, p. 177.

76　이후 쑤치는 2009년 10월 미국산 쇠고기의 수입 확대 발표에 따른 대만 내부의 식품 안
　　전성(특히 광우병 문제) 우려 확대, 여론 악화로 집중적인 비판을 받아왔으며, 결국
　　2010년 2월 11일 국가안전회의 비서장을 사임했다. 후임 비서장에는 후웨이전(胡爲眞)
　　전(前) 싱가포르 대표가 임명되었다.

77　York W. Chen, "The Evolution of Taiwan's Military Strategy: Convergence and
　　Dissonance", *China Brief*, Vol. 9, Issue 23 (The Jamestown Foundation: November
　　19, 2009).

천수이볜 정부가 추진했던 고가의 3대 무기를 도입하는 것보다 주요 군사기지와 지휘통제소, 후방 군수지원 시설에 대한 견고화 및 복구 기능의 강화, 지대함미사일, 기뢰, 그리고 기동 · 수송헬기 등 상대적으로 저렴하면서 거부적인 군사임무 수행에 적합한 무기를 중심으로 하는 대만군의 방위력 개선방안을 제시했다.

마잉주 정부가 공식 출범한 지 수개월 만인 2008년 가을, 미국에서 발표된 한 논문이 군사전략 전환에 관한 대만 내부의 논쟁을 재연시켰다. 문제의 논문은 미 해군대학의 윌리엄 머레이 교수가 『해군대학 평론』(*Naval War College Review*) 2008년 여름호에 기고한 "대만 방위전략의 재검토"(Revisiting Taiwan's Defense Strategy)였다.

이 논문에서 머레이는 중국의 급속한 군사력 현대화 때문에 대만은 중국과 동일한 형태의, 대칭(對稱: Symmetric)적인 육 · 해 · 공의 전력구조로는 더 이상 중국의 군사적 위협에 맞설 수 없게 되었다고 주장했다. 특히 머레이는 중국 인민해방군이 최근 10년 동안 탄도미사일의 정확성을 크게 개선시켰음을 강조하고 있으며,[78] 이에 따라 대만군의 주요 군사시설(특히 해군 및 공군 기지)이 중국 탄도미사일의 기습 공격에 이전보다 훨씬 취약해졌다고 평가한다. 또한 그는 천수이볜 정부가 적극 추진했던 3대 무기의 도입, 중국 본토를 공격할 수 있는 장거리 정밀유도무기의 개발에 대해서도 회의적인 시각을 나타냈다. 대만이 해당 무기들을 확보한다고 해도 중국의 현대화된 해 · 공군력과 정확성이 대폭 향상된 중국 탄도미사일의 공격으로 손쉽게 제압당할 수밖에 없으며, 따라서 중국에 대한 실질적인 전쟁억지 효과는 발휘하지 못한 채 국방재원만을 낭비할 뿐이라

78　중국 인민해방군은 1990년대 말부터 신형 유도장치, GPS 위성항법체계에 의한 정밀유도 기능을 갖춘 개량형 둥펑 11/15호 탄도미사일을 배치하고 있다. 이들 개량형 탄도미사일의 오차범위는 20~30m 또는 10m 이하까지 줄어들어 기존의 둥펑 11/15호보다 정확성이 크게 향상된 것으로 평가된다. Duncan Lennox, 2007, pp. 15-17.

는 주장이었다.[79]

그 결과 머레이는 대만이 중국 인민해방군의 침공 초기부터 생존성을 최대한 확보하고, 봉쇄 및 점령 시도를 거부하기 위한 저항능력과 의지를 유지할 수 있도록 군사전략을 전환해야 하며, 대만군은 이를 뒷받침하는 데 적합한 방어적인 성격의 군사력을 중점적으로 갖추어야 한다는 주장을 제시했다. 구체적으로는 ① 탄도미사일 공격에 대비한 군사기지와 주요 핵심시설의 내구성(耐久性) 강화, ② 사거리가 짧으며 기동성이 높은 방어용 무기(예: 지대함·대전차미사일, 자주포, 다연장로켓포, 기뢰, 공격헬기)의 확충, ③ 해상봉쇄에 대비한 중요물자의 비축 증대, 그리고 ④ 양안관계 불안정을 초래할 수 있는 공격용 무기의 보유 배제 등을 포함하고 있다.[80]

요컨대 대만해협 유사시 중국의 제해·제공권 장악을 기정사실로 인정하고, 과거 제2차 세계대전 말기 일본의 이오지마·오키나와 전투와 마찬가지로, 대만은 단지 영토 내부에서의 방어 임무에만 특화된 육군 중심의 군사력을 보유해야 한다는 것이 머레이의 주장이었다.[81] 이는 1990년대에 대만군이 채택했던 수세방위 전략보다도 소극적이며, 쑤치가 주장한 바 있는 '수세국방' 개념과 매우 유사한, 철저하게 방어 지향적인 군사전략이라고 할 수 있다.

머레이의 논문이 대만에 알려진 이후, 그 내용과 핵심주장에 관한 대만 내부의 반응·평가는 크게 엇갈렸다. 마잉주 정부는 머레이의 논문을

79　William S. Murray, "Revisiting Taiwan's Defense Strategy", *Naval War College Review*, Vol. 61, No. 3(Summer 2008).

80　William S. Murray, Summer 2008.

81　당시 머레이는 자신이 주장하는 새로운 대만 방위전략을 '고슴도치 전략'(Porcupine Strategy)이라고 지칭했다. 하지만 실제로는 '거북 전략'(Turtle Strategy)이라는 명칭이 보다 정확할 것이다. 왜냐하면 머레이의 주장은 오로지 대만 영토 내에서의 수동적인 거부, 저항만을 강조할 뿐, 중국의 군사적 침공을 대만 영토 외부에서 격퇴 및 제압하기 위한 제해·제공권의 확보·보복·반격은 사실상 배제하고 있기 때문이다. 이는 고슴도치의 가시보다는 거북의 등딱지에 더 가까운 개념이다.

주요 외교·안보정책 당국자들의 필독(必讀) 자료로 채택했으며, 국방부와 대만군 참모본부 관계자들에게도 평가를 의뢰하는 등 높은 관심을 나타냈다. 그해 12월에는 머레이가 양안교류 원경기금회(兩岸交流遠景基金會)의 초청으로 대만을 방문, 강연할 수 있도록 주선하기까지 했다. 특히 쑤치 비서장을 중심으로 하는 총통부 국가안전회의에서는 머레이의 논문을 매우 높이 평가했다. 그의 주장 가운데 상당수가 마잉주 정부에서 제시하는 '고약반석' 전략 개념, 즉 방어 지향적인 군사전략과 군사력 건설을 이론적·학문적으로 정당화하는 데 기여할 수 있다고 기대했던 것이다. 그러나 한편으로 적지 않은 대만의 전·현직 국방당국자와 학자들은 머레이의 논문을 강력히 비판했다. 바다를 통해 중국 본토와 분리되어 있는 대만의 지정학적인 환경을 고려할 때, 제해권과 제공권을 포기한 채 요새화된 형태의 수동적인 고수(固守) 방어에만 의존하는 것은 있을 수 없다는 지적이었다.[82]

2008년 12월 30일, 마잉주는 타이베이에서 거행된 신임 군 지휘관 진급신고식에 참석하여 "육·해·공 3군 모두는 영토를 굳건하게 방어하기 위해서 각자 중요한 역할을 수행하고 있다. 대만은 면적이 협소하며, 무력 충돌이 발생할 경우 대만해협에서의 통제권을 유지하는 것은 매우 중요하다. 만약 대만이 하늘에서 우위를 차지하지 못한다면, 바다에서의 우위마저도 잃게 될 것이다."라고 연설했다.[83] 마잉주 정부가 해군, 공군에 의한 제해·제공권 확보능력의 중요성을 공개적으로 재확인한 것이다. 이로써 머레이의 논문으로 촉발된 대만 내부의 군사전략 전환 논쟁은 일단락되었다.

---

82 Wendell Minnick, "Fortress Formosa? Taiwan Strategy Under Attack", *Defense News*, October 20, 2008.

83 Ko Shu-Ling, "Air, Sea Defense are Indispensable: Ma", *Taipei Times*, December 31, 2008.

하지만 이듬해인 2009년 3월, 마잉주 정부의 첫 번째 공식 국방정책 문서로 발표된 대만 국방부의『4년 주기 국방총검토』(四年期國防總檢討)[84] 에서는 기존의 '제해·제공권 확보', '상륙저지' 임무와 더불어 1990년대 수세방위 전략 시절의 '방위고수, 유효억지'가 대만 군사전략의 핵심 개념으로 재천명되었다.[85] 뿐만 아니라 마잉주 정부의 '고약반석' 전략 개념을 대만의 군사전략, 군사력 건설을 위한 기본지침으로 명시했다.[86] 천수이볜 정부 시절 강조되었던 '장거리·종심·정밀타격능력'에 관한 언급은 사라졌으며, 대신 '적의 침공 초기 생존성 유지능력의 증강'(增強承受第一擊後之持續戰)이 새로 포함되었다. 이로써 대만의 군사전략은 마잉주 정부가 출범한 이후 명백하게 방어 지향적인 성격으로 전환된 것이다.

---

84 미 국방성의『4개년 국방검토보고서』(QDR)에 해당하는 중기(中期) 국방계획문서이며, 대만에서는 마잉주 정부가 처음으로 작성·발표했다.

85 國防部 四年期國防總檢討 編纂委員會,『中華民國九十八年 四年期國防總檢討』(臺北: 國防部, 2009), pp. 47-48.

86 國防部 四年期國防總檢討 編纂委員會, 2009, p. 42.

09 결 론

1. 양안 군사력 균형의 재평가
2. 전략적인 함의

이 책의 결론에 해당하는 이번 장에서는 앞서 제7·8장을 통해 살펴본 1990년대 이후 중국의 군사력 현대화, 대만의 방위력 개선 노력에 따른 변화를 반영하여 양안 군사력의 균형을 재평가하고자 한다. 그리고 재평가된 중국과 대만 양측의 군사력 균형 여부가 향후 양안관계의 장래, 더 나아가 동아시아 지역질서에는 어떠한 전략적인 영향을 줄 것인가에 대해서도 고찰할 것이다.

|1| 양안 군사력 균형의 재평가

(1) 역전되는 질적 격차

최근 약 20년 동안 중국이 군사력 현대화를 통해 달성한 최대의 성과는 바로 낙후성을 면치 못했던 해·공군력의 질적 수준을 급속하게 향상시켰다는 점에 있다. 우선 해군력에서는 러시아제 소브레메니급 구축함과 자국산 루양·루저우급 구축함, 장카이급 호위함을 비롯하여 10척이 넘는 신형 중·대형 수상전투함을 전력화했다. 이들은 모두 종전의 구형 루다급 구축함, 장후급 호위함보다 월등하게 우수한 원거리 대함·대공 교전능력을 갖추어 화력과 생존성을 대폭 강화했다. 때문에 중국 연안을 벗어난 원해(遠海)에서도 효과적으로 전투 임무를 수행할 수 있는 것이 특징이다.

또한 잠수함 전력에서도 12척의 러시아제 킬로급 재래식 잠수함을 도입했으며, 위안급 재래식 잠수함과 상급 핵추진 잠수함을 독자적으로 건조 및 실전 배치하기 시작했다. 이들 신형 잠수함은 모두 사거리 100km 이상의 대함미사일을 탑재하며, 원해(遠海)에서의 지속적인 수중 작전능력과 항해정숙성에서도 기존의 밍급 · 송급 재래식 잠수함과 한급 핵추진 잠수함을 능가한다. 이는 중국 해군이 연안에서의 방어, 초계를 벗어나는 보다 공세적인 임무에 잠수함을 동원할 수 있게 되었음을 뜻한다. 구체적으로는 원해(遠海)에서의 대함 · 대잠 전투, 적 해군기지와 주요 항구에 대한 봉쇄[1] 등을 포함한다.

이와 같은 중국의 해군력 현대화는 세계적으로도 그 유례를 찾을 수 없을 정도의 빠른 속도로 달성되었다는 점에서 주목된다. 지난 1996년 미 해군의 해군력 분석센터(CNA: Center for Naval Analysis)는 중국이 대양에서 임무를 수행할 수 있는 중 · 대형 수상전투함과 잠수함을 자체 제작, 건조하는 데 1척당 5~10년은 소요될 것이라고 예상했다. 하지만 중국은 러시아제 소브레메니급 구축함 4척과 킬로급 재래식 잠수함 12척을 직도입하는 데 각각 7년, 11년이 걸렸을 뿐, 루양 · 루저우급 구축함과 장카이급 호위함, 그리고 위안급 재래식 잠수함 등 10여 척의 자국산 신형 군함들을 1척당 2~3년이라는 짧은 기간 동안에 건조해냈다.[2]

공군력에서도 중국은 비약적인 성장 및 발전을 이루었다. 1990년대 이후 중국 공군이 확보한 신형 전투기들은 러시아제 SU-27/30 계열 전투기 270여 대, 자국산 J-10 전투기 80여 대, 그리고 자국산 JH-7 전폭기 약 160대에 달한다. 이들 기종은 사거리 50km 이상의 BVR 공대공 교전능력, 정밀 유도기능을 갖춘 공대지 · 공대함 무장 탑재를 특징으로 하는 제4세대 전투기로서 제2세대 J-7, 제3세대 J-8을 비롯한 구형 기종들보다 기동성, 임무수행 범위가 월등히 확대되었다. 뿐만 아니라 중국 공군은 공수부대의 원거리 투입을 위한 대형 수송기와 공중급유기, 공중 조

---

1   중국 해군 잠수함의 대(對)대만 봉쇄 임무수행 능력에 관해서는 Michael A. Glosny, "Strangulation from the Sea?: A PRC Blockade of Taiwan", *International Security*, Vol. 28, No. 4(Spring 2004) 참고.

2   윤석준, "동아시아 해군력 현대화 추세와 전망", 「國防研究」, 제52권 제2호(2009. 8).

기경보통제기 등의 다양한 비전투 지원기도 다수 전력화하고 있다. 그 결과 중국 공군은 영토 내에서의 방공, 근접항공지원을 넘어서 영토 주변지역의 해·공역에 대한 제공권 확보, 대지·대함 화력지원 임무까지 수행할 수 있는 원거리 전개능력을 크게 강화시켰다.

그러나 같은 기간 동안 대만의 해·공군력은 기존의 전력 수준을 유지하는 것조차 어려움을 겪고 있다. 대만 해군의 경우, 중·대형 수상전투함은 1990년대의 청궁급·녹스급·라파예트급 호위함 22척을 차례로 전력화하면서 중국에 대한 질적 우세를 확보하는 기반을 마련할 수 있었다. 하지만 2000년 이후에는 4척의 미국제 키드급 구축함을 도입한 것이 유일한 성과였다. 게다가 8척의 녹스급 호위함은 1970년대 초에 건조되었기 때문에 선체가 매우 노후화된 상태이며, 향후 수년 이내에 교체가 불가피하다.[3]

대만 해군이 보유한 중·대형 수상전투함 가운데 프랑스제 라파예트급 호위함 6척을 제외한 총 20척은 사거리 50km 이상의 미국제 SM-1/2 중·장거리 함대공미사일을 탑재, 운용하여 중국 해군의 구형 군함들보다 해전에서의 생존성이 우수한 것으로 평가받아왔다. 그러나 지난 1990년대 이후 중국은 사거리 100km 이상의 장거리 대함미사일을 운용할 수 있는 수상전투함, 잠수함, 전폭기의 수를 급속하게 증대시켰으며, 그 결과 대만 해군은 이전보다 중국과의 해전에서 생존성이 크게 약화될 수밖에 없게 되었다.[4] 특히 중국 해군의 소브레메니급 구축함과 킬로급 재래

---

3 대만 해군은 녹스급 호위함을 대체하기 위해 청궁급 호위함의 원형(原型)인 미국제 '올리버 해저드 페리'(배수량 4,100톤)급 호위함, 배수량 약 3,000톤급의 미국제 연안전투함(LCS: Littoral Combat Ship) 등의 도입을 검토하고 있다. Jon Grevatt, "Taiwan Ponders U.S. Frigate Acquisition", *Jane's Defence Weekly*, January 20, 2010.

4 청궁급·녹스급 호위함과 키드급 구축함은 3/4연발 다연장발사대에서 함대공미사일을 탑재, 운용한다. 때문에 중국 해군의 루양-II급·루저우급 구축함처럼 VLS를 통해 각종 유도무기를 탑재, 운용하는 군함보다 다수의 적 함대공 표적을 상대로 동시에 교전, 대

식 잠수함, 그리고 중국 공군의 SU-30MKK 전폭기에서 탑재, 운용되는 사거리 200km 이상의 초음속 대함미사일에 대한 함대공 방어능력은 극히 취약할 것으로 평가된다.

잠수함 전력 확충의 지연 문제는 더욱 심각하다. 당초 대만 해군은 지난 2001년 미국이 발표한 대(對)대만 무기판매 대상에 재래식 잠수함이 포함된 것을 계기로 총 8척의 재래식 잠수함을 도입하고자 했다. 그러나 이 계획은 2004~2006년 3대 무기 도입 특별예산안을 둘러싼 국민당과 민진당의 정치적 대립으로 큰 차질을 빚었으며, 현재까지도 답보(踏步) 상태를 면치 못하고 있다. 그나마 오는 2012년부터는 미국제 P-3 해상초계기 12대의 도입을 시작할 예정이며, 이를 통해 대만보다 압도적으로 많은 중국 해군의 잠수함에 대한 탐지 및 추적, 소탕능력을 향상시킨다는 계획이다.

대만 공군의 상황도 마찬가지다. 지난 1990년대까지만 해도 대만 공군은 미국제 F-16A/B와 프랑스제 미라지-2000 전투기, 그리고 자국산 징궈호 전폭기를 차례로 전력화하면서 중국 공군에 대한 양적 열세를 질적 우세로 극복할 수 있었다. 하지만 최근 10여 년 동안 중국 공군도 다수의 제4세대 전투기를 확보하면서 대만 공군의 질적 우세는 시간이 갈수록 약화되고 있다. 게다가 중국 공군이 초기의 러시아제 SU-27/30 계열 전투기 도입뿐만 아니라 J-10, JH-7을 비롯한 자국산 제4세대 전투기까지 전력화하고 있는 것과는 대조적으로, 대만 공군은 2000년 이후 신형 기종을 거의 확보하지 못했다.[5] 현재 대만은 80여 대의 구형 F-5 전투기

응할 수 있는 능력이 크게 부족하다. James Holmes and Toshi Yoshihara, "Taiwan's Navy: Still in Command of the Sea?", *China Brief*, Vol. 10, Issue 6(The Jamestown Foundation: March 18, 2010).

5 2010년 2월 미 국방성 국방정보국(DIA: Defense Intelligence Agency)은 "대만 공군이 보유한 약 400대의 전투기들 가운데 상당수가 출격 지속능력, 운영유지 등의 기준에서 열악한 상태이며, 실질적으로 임무 수행이 가능한 것은 소수에 불과하다."는 내용의 보

를 대체하기 위해서 지난 2006년부터 미국제 F-16C/D(일명 블록 52) 전투기 66대의 도입을 추진 중이지만, 미국의 소극적인 태도로 그 전망이 매우 불투명하다.[6]

오늘날 대만 공군이 직면하고 있는 위협은 중국 공군의 신형 제4세대 전투기뿐만이 아니다. 중국의 신형 장거리 지대공미사일, 지대지·공대지 정밀유도무기가 새로운 위협으로 등장하고 있기 때문이다. 중국은 지난 1990년대부터 러시아제 SA-10 지대공미사일을 도입하기 시작했으며, 최근에는 이를 기반으로 자체 개발한 HQ-9 지대공미사일의 양산 및 실전배치를 진행 중이다. SA-10과 HQ-9는 모두 최대사거리가 100~200km에 달하며, 영공 밖에서 비행하는 적 항공기까지 요격할 수 있는 장거리 지대공미사일이다.

현재 중국은 이들 두 지대공미사일을 배이징군구와 난징군구에 각 1개 방공사단, 3개 방공여단 소속으로 운용하고 있다.[7] 그 가운데서도 대만해협과 인접한 난징군구 소속의 SA-10, HQ-9 장거리 지대공미사일은 폭이 약 180km에 불과한 대만해협 상공의 공역(空域) 대부분을 사거리 내에 포함한다.[8] 이로써 대만 전투기들은 중국 공군의 신형 제4세

고서를 미 의회에 제출하여 대만 공군의 방공능력에 우려를 나타냈다. Gavin Phipps, "Taiwan's Air Force on the Wane, Says Intel Report", *Jane's Defence Weekly*, March 3, 2010.

6 2010년 1월 29일 미국은 중국의 반대에도 불구하고, 대만에 총 64억 달러 규모의 무기를 판매할 것임을 공식 발표했다. 여기에는 지난 2001년의 대(對)대만 무기판매 계획에 포함되었던 PAC-3 지대공미사일 114기, 대만의 요청으로 신규 반영된 UH-60 '블랙호크' 기동헬기 60대, 소해함정 2척 등이 포함되었다. 이듬해인 2011년 9월 21일에는 대만 공군의 F-16A/B 전투기에 대한 성능개량, 신형 정밀유도무기, 항공기 부품 등을 비롯한 총 58억 달러 규모의 무기판매 계획을 발표했다. 하지만 대만이 미국에 강력히 도입 의향을 밝혀 온 F-16C/D 전투기는 판매대상에서 제외되었다. Wendell Minnick, "U.S. Prepares Taiwan Deal Despite China Opposition", *Defense News*, February 1, 2010.

7 IISS, 2009, p. 386.

8 2010년 3월 17일 차이더성(蔡得勝) 대만 국가안전국장은 중국 푸젠 성의 룽톈(龍田) 비

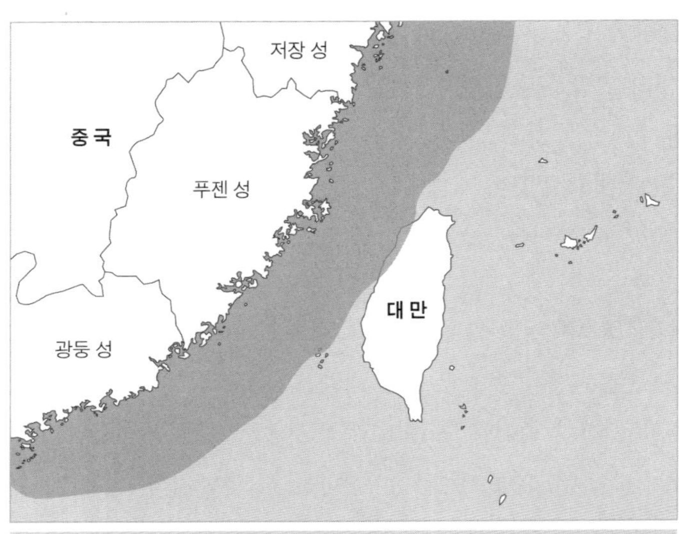

중국 난징군구 소속 장거리 지대공미사일의 사거리 범위

출처: Office of the Secretary of Defense, *Military Power of the People's Republic of China 2005*(Washington D.C: U.S. Department of Defense, 2005), p. 32.

대 전투기는 물론, 중국 내륙에서 발사되는 지대공미사일의 요격 위협까지 동시에 강요받게 되었다. 말하자면 중국의 장거리 지대공미사일이 대만을 겨냥하는 일종의 준(準) 공격용 무기로 운용될 수 있는 가능성이 열린 것이다.[9]

한편으로 중국은 대만 영토를 공격하기 위한 장거리 정밀유도무기의 성능개량, 다변화에 주력하고 있다. 먼저 1990년대 말부터 기존의 둥펑

행장에 8개 방공대대 규모의 SA-10 장거리 지대공미사일이 추가 배치되었다고 밝혔다. 이 경우 수도 타이베이를 비롯한 대만 북동부 지역의 상공까지 중국 지대공미사일의 사거리 이내에 노출될 수 있다. 정재용, "中, 대만 겨냥 신형 지대공 미사일 배치", 〈연합뉴스〉, 2010년 3월 18일자.

9   Office of the Secretary of Defense, *Military Power of the People's Republic of China 2005* (Washington D.C: U.S. Department of Defense, 2005), p. 32

11/15호보다 우수한 신형 유도장치와 GPS 위성항법체계를 탑재하여 오차범위를 100m 미만으로 축소시킨 개량형 탄도미사일을 개발, 실전배치 중이다. 사거리 200km 이상의 YJ-62 지대함미사일,[10] KD-63/88 공대함 미사일도 대만 공격에 동원될 수 있는 잠재력을 갖춘 무기다. 중국의 지상공격용 정밀유도무기는 종전보다 향상된 정확성을 앞세워 대만의 정치·경제·군사적인 핵심 시설들에 대한 매우 치명적인 위협수단이 될 것이며, 특히 대만의 주요 공군기지(격납고, 활주로 포함)와 지상 방공기지를 무력화시켜 전쟁 초반부터 대만해협에서의 제공권을 장악하는 데 사용될 수 있다.[11]

더욱 주목해야 할 점은 중국의 신형 군함, 전투기들이 대만해협과 주변 지역을 중심으로 집중 배치되고 있다는 사실이다. 먼저 대만해협 유사시 중국 해군의 주력인 동해함대는 소브레메니급 구축함 4척, 장카이급 호위함 4척, 킬로급 재래식 잠수함 8척을 보유하고 있다. 동해함대의 지원 역할을 담당하게 될 남해함대도 루양-I/II급 구축함 4척, 장카이급 호위함 2척 이상, 킬로급 재래식 잠수함 4척, 위안급 재래식 잠수함 약 2척, 그리고 상급 핵추진 잠수함 2척을 배치 중이다.[12] 북해함대의 루저우급 구축함 2척을 제외하면, 중국 해군이 보유한 신형 군함들의 대다수인 수상전투함 14척 이상, 잠수함 15척이 대만해협에서의 해전 수행을 위해 동원될 수 있는 것이다.

공군력의 배치 현황도 마찬가지다. 중국 공군에서 최우선적으로 대만 해협의 제공권 확보를 위해 동원 가능한 난징군구 소속의 제4세대 전투

10　최대사거리는 280~300km 내외이며, 중국 해군의 루양-II급 구축함도 탑재하고 있다. Malcolm Fuller, 2009, p. 276.

11　David A. Shlapak, David T. Orletsky, Toy I. Reid et al, *A Question of Balance: Political Context and Military Aspects of the China-Taiwan Dispute* (Santa Monica, CA: RAND, 2009), pp. 35-51.

12　Stephen Saunders, 2008, pp. 121-124, 126-129, 132-133.

기들은 비행연대 6개(SU-27 1개, SU-30MKK 3개, J-10 1개, JH-7 1개)로 구성되는 총 150여 대 규모다.[13] 뿐만 아니라 지난군구 소속의 비행연대 4개(SU-27 2개, JH-7 2개)와 광저우군구 소속의 비행연대 4개(SU-27 1개, SU-30MKK 1개, J-10 1개, JH-7 1개) 역시 대만해협 유사시 증원전력으로 투입될 수 있다. 다시 말해서 중국 공군이 보유 중인 SU-27(8개 비행연대)의 50%, SU-30MKK(4개 비행연대)의 전체, 그리고 J-10(3개 비행연대)과 JH-7(6개 비행연대)의 각 2/3이 대만해협 및 주변 지역에 배치 중인 것이다.

중국 공군의 각 비행연대는 25~30대의 항공기를 운용한다. 따라서 대만해협 유사시 중국이 동원할 수 있는 제4세대 전투기의 수량은 총 350~400여 대로 추산될 수 있다. 대만 공군이 보유하고 있는 동급 기종, 즉 F-16A/B와 미라지-2000, 그리고 징궈호를 능가하는 규모다.[14]

(2) 중국의 외부 개입 저지능력 강화

대만해협 유사시 중국이 상대해야 할 군사상의 적(敵)은 대만뿐만이 아니다. 대만으로 전개되는 외부세력의 군사적 개입, 특히 동아시아와 태평양 전역에서 증원될 수 있는 미국의 대규모 해·공군력도 중국의 대만 침공시도를 견제, 억지하는 데 핵심적인 역할을 담당하기 때문이다. 아무리 중국의 군사력이 대만을 압도할 정도로 발전된다고 해도, 미국을 비롯

13　이 가운데는 SU-30MKK와 JH-7 전폭기를 보유한 중국 해군 동해함대 소속의 비행연대 각 1개도 포함되어 있다. JH-7 전폭기는 중국 해군의 북해함대, 남해함대에도 1개 비행연대 규모가 실전배치 중이다. IISS, 2009, pp. 385-387.

14　최근 대만 국방부의 자체 평가에 따르면, 중국 공군의 신형 제4세대 전투기가 F-16A/B를 제외한 모든 대만 공군 전투기들보다 공중전 수행능력이 우월한 것으로 나타났다. 특히 러시아제 SU-30MKK 전폭기의 경우 전투력 수준이 징궈호의 1.7배, 미라지-2000의 2.8배로 나타났으며, 중국이 자체 개발한 J-10 전투기도 징궈호의 1.52배, 미라지-2000의 1.36배에 해당하는 전투력을 갖추었다는 평가를 받았다. Rich Chang, "China's Fighter Jets are Better than Taiwan's: MND", *Taipei Times*, March 9, 2010.

한 외부세력의 군사적인 개입을 저지하지 못한다면 결코 대만 침공에 성공하지 못할 것이다. 이미 중국은 1958년의 제2차 대만해협 위기, 1996년의 제3차 대만해협 위기에서 미 해군의 개입으로 대만을 겨냥한 무력시위의 효과가 크게 약화되었던 것을 경험한 바 있다.

그 결과 중국 인민해방군은 지난 10여 년 동안 대만보다 낙후되어 있던 해·공군력의 현대화뿐만 아니라, 유사시 미국의 군사적인 개입을 효과적으로 저지·좌절시킬 수 있는 전력의 확보에도 주력해왔다. 이에 해당하는 전력은 크게 3가지로 분류될 수 있다. 첫째, 외부 세력의 해·공군력 증원을 대만해협이나 외곽 지역에서 격멸 및 차단하는 '반(反)접근(Anti-access) 능력'이다. 둘째, 핵무기에 의한 보복 가능성을 통해서 외부세력의 군사적 개입의지를 사전에 좌절시키는 '핵 억지(Nuclear Deterrence) 능력'이다. 그리고 셋째, 외부 세력의 정보수집 및 지휘통제·통신 기능을 마비시켜 원활한 전쟁수행을 교란·방해하는 '반(反)정보(Anti-information) 능력'이다.

우선 반(反)접근 능력의 경우, 중국 인민해방군이 1차적으로 동원할 수 있는 수단은 사거리 200km 이상의 장거리 대함무기다. 육·해·공의 다양한 탑재수단을 통해 운용되는 대함 유도무기들을 동시 다발적으로 발사하여 미 해군 항공모함과 수상전투함의 함대방공 능력을 무력화한다는 것이다.[15] 구체적으로는 YJ-62 지대함미사일, 중국 해군의 소브레메니급 구축함과 킬로급 재래식 잠수함에서 탑재하는 SS-N-22/27 초음속 대함미사일, 그리고 중국 공군의 SU-30MKK 전폭기가 운용하는 AS-17 초음속 공대함미사일 등이 포함될 수 있다.

최근에는 중국의 반(反)접근 능력을 구성하는 핵심 전력으로 '대함 탄

---

15 Roger Cliff, Roger, Mark Burles, Michael S. Chase et al, *Entering the Dragon's Lair: Chinese Antiaccess Strategies and Their Implications for the United States* (Santa Monica, CA: RAND, 2007), pp. 90-92.

중국의 둥펑 21호 탄도미사일(위쪽)과 지상공격용 순항미사일(아래쪽). 대만해협 유사시 미국의 군사적 개입을 저지하기 위한 반(反)접근 능력을 구성하는 주요 전력이다.

도미사일'(ASBM: Anti-Ship Ballistic Missile)이 주목받고 있다. 대함 탄도미사일은 MRBM급인 사거리 1,500km 이상의 둥펑 21호를 바탕으로 개발되었으며, 기존의 아음속 및 초음속 대함미사일보다 월등히 빠른 마하 10 이상의 속도로 비행한다. 때문에 대함 공격용으로 사용된다면, 이지스함을 비롯한 미 해군의 주력 군함들이 좀처럼 요격하기 어려울 것으로 평가받는다.[16] 이 경우 중국 인민해방군은 미 해군의 항공모함 전투단을 대만해협으로부터 멀리 떨어진, 서태평양 일대의 해역에서 격멸시킬 수 있는 능력을 확보하게 될 것이다.[17]

---

16 Wendell Minnick, "China Developing Anti-Ship Ballistic Missiles", *Defense News, January* 14, 2008.

17 최근 중국 제2포병은 광둥 성의 샤오관(韶關), 칭위안(清遠) 등지에 새로운 전략미사일 기지를 건설했으며, 이들 기지에는 둥펑 21호 기반의 대함 탄도미사일이 배치될 것으로 전망된다. 이는 남사군도를 비롯한 남중국해의 70%가 중국이 배치하는 대함 탄도미사

뿐만 아니라 중국은 아시아·태평양 지역의 미군 기지를 겨냥한 장거리 타격무기도 개발, 전력화하고 있다. 한국과 일본, 오키나와, 괌 등지에 배치되어 있는 미국의 주요 해·공군력과 수송, 군수지원 시설을 파괴하여 전쟁 초반부터 미국의 전쟁수행 능력을 약화시키고, 대만해협으로의 신속한 전력 증원을 차단하기 위한 것이다.[18] 이는 대만해협 유사시 중국의 대만 점령이 성공할 가능성을 높이겠다는 의도를 반영하고 있다. 구체적으로는 사거리 1,500~3,000km 이상의 MRBM급 탄도미사일(예: 둥펑 3/21호), 지상공격용 순항미사일[19]이 동원 가능하다.

2011년 1월 11일, J-20이라는 제식명칭이 붙은 중국 공군의 신형 전투기가 18분 동안의 첫 시험비행을 실시했다. J-20은 중국이 독자 기술로 설계, 제작한 스텔스 전투기다.[20] 이로써 중국은 미국, 러시아에 이어서 스텔스 전투기의 자체 개발능력을 입증해낸 세계 3번째 국가로 기록되었다.[21] 중국은 향후 10년 이내에 J-20의 스텔스 기술을 미국, 러시아

일의 사거리 이내에 포함될 것임을 뜻한다. 정재용, "中 남중국해 겨냥 전략 미사일기지 건설", 〈연합뉴스〉, 2010년 8월 8일자.

18　Roger Cliff, Roger, Mark Burles, Michael S. Chase et al, 2007, pp. 60-64, 77-79.

19　중국 인민해방군의 지상공격용 순항미사일 개발은 '훙냐오'(紅鳥)라는 사업명으로 지난 1970년대 말부터 시작되었다. 현재 중국의 순항미사일은 '둥하이'(東海), 혹은 '장첸'(長劍)이라는 제식명칭으로 실전배치 중이며, 사거리는 1,500~2,000km에 달한다. 그리고 지상발사대 및 잠수함, 폭격기 등에서 탑재, 운용될 수 있는 것이 특징이다. 중국은 2009년 10월 1일 베이징 천안문광장에서 거행된 공산정권 수립 60주년 기념 군사 퍼레이드에서 지상배치형 순항미사일을 처음 공개하여 국내외적인 주목을 받았다. Martin Andrew, "China's Conventional Cruise and Ballistic Missile Force Modernization and Deployment", *China Brief*, Vol. 10, Issue 1 (The Jamestown Foundation: January 7, 2010).

20　J-20의 시험비행은 로버트 게이츠 미 국방장관의 중국 공식방문 일정에 맞추어 이루어졌다. 이에 따라 중국이 자신들의 첨단 군사기술 역량을 미국에 과시하기 위해 J-20을 공개한 것이라는 주장이 제기되었다. Reuben F. Johnson, "China's J-20 Clocks Up 18-Minute Maiden Flight", *Jane's Defence Weekly*, January 11, 2011.

21　세계 최초의 스텔스 전투기인 미국의 F-22 '랩터'는 2005년에 처음으로 실전에 배치되었으며, 현재 168대가 운용 중이다. 러시아는 2010년 1월에 PAK-FA(미래형 전술공군

중국이 독자 개발한 J-20 스
텔스 전투기의 비행 모습

의 것과 대등한 수준으로 발전시키고, 2020년을 전후로 본격적인 양산 및 실전배치에 돌입한다는 계획이다.

중국 공군의 스텔스 전투기 개발, 확보는 미 공군이 대만해협을 비롯한 아시아·태평양 일대에서 제공권을 유지하는 데 심각한 도전이 될 것이다. 레이더에 좀처럼 탐지되지 않는 스텔스 전투기의 특성상, 중국이 미국과 주변 동아시아 국가들을 상대로 예상치 못한 시간, 장소에서 공군력을 기습적으로 동원할 수 있는 능력을 대폭 강화시킬 것이기 때문이다. 말하자면 J-20 스텔스 전투기는 대함 탄도미사일과 더불어, 중국의 반(反)접근 능력 확보를 위한 핵심전력이라고 할 수 있다.

그동안 중국 인민해방군의 핵 보복 능력은 5대 핵보유국들 가운데서

기)로 알려진 자국산 스텔스 전투기의 시험비행을 처음 실시했다.

도 기술적으로 가장 낙후되었다는 평가를 받아왔다. 중국이 보유 중인 탄
도미사일 가운데 미국 영토를 직접 공격할 수 있는 ICBM급의 장거리 탄
도미사일은 총 40여 기의 둥평 4/5호뿐이다. 1,000기가 넘는 중국 제2포
병의 전체 탄도미사일 전력에서 채 10%에 못 미치는 소수인 것이다. 게
다가 둥평 4/5호는 모두 액체연료를 추진제로 사용하므로 발사준비에 많
은 시간이 소요된다. 이에 따라 즉각적인 핵 보복을 감행하는 데 불리할
뿐만 아니라, 유사시 적의 선제공격에 취약하다는 것이 단점으로 지적받
아왔다.

생존성이 높은 잠수함발사 탄도미사일(SLBM: Submarine-Launched Ballistic
Missile)[22]은 12기의 '쥐랑'(巨浪) 1호가 유일하다. 쥐랑 1호의 사거리는
2,000km 이하로 태평양 이내의 미군 기지를 겨냥한 핵 보복임무를 수행
할 수 있을 뿐이다. 탑재수단인 '시아'(夏: 수중배수량 7,000톤)급 핵추진 잠수
함은 단 1척만을 운용하고 있다. 그러나 오늘날 중국 제2포병은 이러한
기술적인 약점들을 극복하는 데 가시적인 성과를 거두기 시작했다.

먼저 중국은 지난 2006년부터 둥평 31호 신형 ICBM을 소수 배치 중
이다. 둥평 31호의 사거리는 8,000km로 미국 서부지역(예: 알래스카, 로스앤
젤레스, 샌프란시스코)을 공격권 내에 포함시키며, 중국 최초의 고체연료
ICBM이다. 때문에 액체연료를 사용하는 기존의 둥평 4/5호보다 훨씬 신
속한 발사가 가능하다.[23] 그 개량형인 둥평 31A호 ICBM은 사거리가 1만
2,000km 이상으로 연장되어 뉴욕과 워싱턴을 비롯한 미국 동부지역까지
공격할 수 있으며, 1기당 3~5개의 핵탄두를 장착한다. 이는 중국이 처음

---

22 SLBM은 수중에서 임무를 수행하는 잠수함에서 탑재 및 발사되므로 지상기지에 배치된
탄도미사일이 적의 선제 기습공격으로 파괴, 무력화될 경우에도 살아남아서 적에게 핵
보복을 감행할 수 있는 것이 특징이다. 이 점에서 SLBM은 지상배치 탄도미사일, 폭격기
와 더불어 육·해·공에서 핵무기를 운용할 수 있는 '핵무기 삼각체제'(Nuclear Triad)
를 구성하는 핵심 전력이다.

23 Office of the Secretary of Defense, 2010, p. 48.

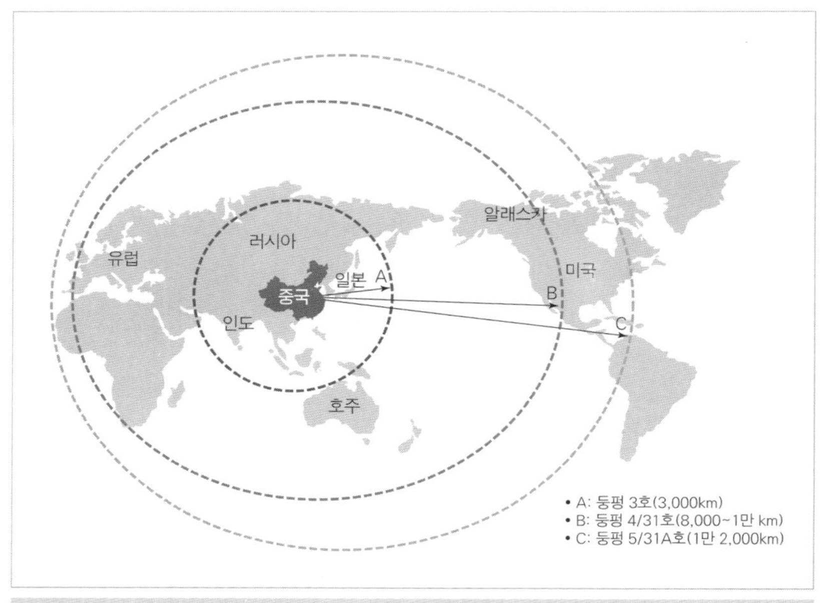

중국 제2포병의 장거리 탄도미사일과 사거리 범위

출처: 國防部 國防報告書 編纂委員會, 2006, p. 56.

으로 다탄두(MIRV: Multiple Independent Reentry Vehicle) 장착능력을 갖춘 ICBM을 개발했다는 점에서 주목된다.

뿐만 아니라 중국은 둥펑 31호를 바탕으로 설계된 신형 SLBM 쥐랑 2호를 개발 중이다. 쥐랑 2호 SLBM은 시아급을 대체하는 4척 이상의 '진'(晉: 수중배수량 9,000톤)급 신형 핵추진 잠수함에 1척당 12기씩 탑재, 운용될 예정이다. 둥펑 31호와 쥐랑 2호를 비롯한 중국 제2포병의 신형 ICBM은 2015년까지는 본격적인 실전배치가 가능할 전망이며,[24] 그 결과 중국은 세계 어느 지역으로든지 대규모의 신속한 핵 보복을 가할 수 있는 능력을 갖추게 될 것이다.

---

24   Office of the Secretary of Defense, 2010, p. 34.

공식적으로 중국은 "비핵국가에는 어떠한 상황에서도 핵무기 사용을 위협하지 않으며, 핵무기 보유국에도 선제 핵공격은 하지 않는다."는 것을 골자로 하는 '핵 선제불사용'(不首先使用核武器: No-First-Use) 원칙을 천명하고 있다.[25] 그러나 미국 내 일각에서는 중국이 대만해협 유사시 미국의 군사개입을 저지하기 위해 선제 핵공격 또는 재래식 공격에 대한 핵 보복을 포함하는 '제한적 억지'(Limited Deterrence) 전략을 채택할 가능성이 있다고 평가한다. 한 보기로 2005년 7월 14일 중국 인민해방군의 주청후(朱成虎) 소장은 외신기자들과의 회견에서 "만약 대만과의 분쟁에서 미국이 군사적으로 개입하거나 중국 영토를 공격할 경우, 중국은 핵무기로 대응할 것"이라고 주장하여 큰 파장을 일으켰다.[26] 여기에 중국의 핵 억지능력 강화 추세를 고려한다면, 이는 대만해협 유사시 미국의 군사적 개입 의지에 심각한 부담으로 작용할 수밖에 없다.

중국의 반(反)정보 능력 추구는 미국에 대한 군사력의 열세, 특히 정보 수집과 통신 및 지휘통제 등 정보 분야에서의 격차를 극복하려는 목적에서 비롯된 것이다. 중국은 1990년대 이래 '고(高)기술 조건하의 국부전쟁' 전략에 입각한 군사력 현대화를 지속적으로 추진해왔으며, 2003년의 제2차 걸프전쟁 직후에는 '정보화'(信息化)를 군사력 운용 및 건설의 새로운 핵심과제로 규정하여 '정보화 조건하의 국부전쟁'(信息化條件下的局部戰爭) 전략을 공식 천명했다. 또한 2004년도판 『중국 국방백서』에는 군사력의 기계화·정보화를 동시에 추구하는 '중국특색 군사변혁'(中國特色軍事變革)이라는 개념을 명시했다.[27] 그럼에도 불구하고, 오늘날 중국의 군사력은

---

25 이는 중국이 최초의 핵실험을 실시한 1964년 10월 16일 저우언라이가 발표한 "중국은 언제, 어떠한 상황에서도 핵무기를 사용하는 최초의 국가가 되지 않는다."는 성명 내용에 그 기원을 두고 있다. 최영, 『現代核戰略理論』(서울: 일지사, 1987), pp. 171-172.

26 Richard D. Fisher Jr., *China's Military Modernization: Building for Regional and Global Reach* (Westport, CT: Praeger Security International, 2008), pp. 77-78.

27 이는 군사력의 기계화 과정을 모두 거친 후 정보화 단계로 진입하는 기존의 군사 선진

여전히 세계 유일의 초강대국인 미국보다 상대적 약자의 지위에 머물러 있다는 점을 부인할 수 없다.

이에 따라 중국은 미국이 군사 기술적으로 우위를 차지하고 있는 분야를 오히려 취약점으로 역이용, 집중 공략하기 위한 군사전략의 수립과 더불어 이를 수행할 수 있는 군사적 수단의 필요성이 절실해졌다. 이른바 '점혈전쟁'(點穴戰爭)의 개념이 등장한 것이다.[28] 특히 중국은 정보 기능에 관한 미국의 군사적인 의존도가 점차 높아지고 있다는 점을 주목했으며, 유사시 미국의 정보수집 자산과 통신 및 지휘통제 체계를 무력화하기 위한 비대칭 성격의 전력 확보를 적극화하고 있다.

우선 중국은 소프트웨어를 수단으로 하는 반(反)정보 능력, 즉 '사이버전쟁'(Cyber Warfare)의 수행능력을 강화하고 있다. 중국 인민해방군은 지난 1997년 100명의 정예요원으로 구성되는 최초의 컴퓨터바이러스 부대를 창설했으며, 2003년 이후에는 베이징 · 지난 · 난징 · 광저우 등 4개 군구에 각 500명의 요원들을 보유하는 사이버전쟁 전문 부대가 편성되어 있을 정도로 규모가 확대되었다. 최근에는 중국 육 · 해 · 공군 내부의 모든 컴퓨터 기반 전략, 정보기구들을 총괄하는 일종의 사이버전쟁 사령부, 즉 '네트워크 기초총부'(網絡基礎總部)가 인민해방군 총참모부 직속으로 창설되었다.[29]

현재 중국은 인터넷을 비롯한 컴퓨터 가상공간(Cyberspace)에서의 공

국들과는 달리, 중국은 '후발주자의 이점'(Late-Comer's Benefits)을 살려 기계화와 정보화를 동시에 추진할 수 있다는 중국 정치 · 군사지도부의 인식을 반영한 것이다. 유지용, "중국특색 군사변혁과 중국 인민해방군의 현대화 동향", 『週刊國防論壇』, 2005년 7월 11일호.

28　박창희, "중국인민해방군의 군사혁신(RMA)과 군 현대화", 『國防研究』, 제50권 제1호 (2007. 6).

29　Minnie Chan, "PLA Sets Up Centralised Cyber War Command", *South China Morning Post*, July 22, 2010.

2007년 1월 중국의 인공위성 공격 실험
출처: 「세계일보」, 2007년 1월 20일자.

격, 침투, 방어를 포괄하는 컴퓨터 네트워크 작전(CNO: Computer Network Operations) 개념을 정립·발전시키고 있으며, 2005년부터는 이러한 작전 개념에 입각한 공세적인 사이버전쟁 훈련까지 실시하고 있다.[30] 이는 적의 군사적인 지휘통제 기능·통신체계를 교란, 마비시키고, 궁극적으로는 전쟁수행 능력의 물리적·심리적인 약화를 강요하기 위한 것으로 평가할 수 있다.

하드웨어 수단에 의한 중국의 반(反)정보 능력에서도 중국은 괄목할 만한 성장을 달성하고 있다. 2007년 1월 11일에 실시된 중국의 인공위성 공격(ASAT: Anti-SATellite) 실험이 그 대표적인 사례다. 당시 중국은 남서부 쓰촨(四川) 성 시창(西昌)의 우주기지에서 둥펑 21호 탄도미사일을 개조한 우주로켓을 발사, 고도 859km 상공의 구형 기상위성을 요격하는 데 성공

30　Office of the Secretary of Defense, *Military Power of the People's Republic of China 2009*(Washington D.C.: U.S. Department of Defense, 2009), pp. 27-28.

했다.[31] 이로써 중국은 고도 1,000km 이하의 저궤도에서 주로 비행하는 적의 정보수집용 인공위성을, 자국 상공에서 파괴함으로써 우주를 통한 지속적인 감시·정찰 능력을 무력화할 수 있음을 과시해낸 것이다.[32]

이 외에도 중국은 지상 및 우주공간에서 배치·운용될 수 있는 다양한 반(反)정보 무기를 개발하고 있다. 여기에는 ① GPS 위성항법체계 및 위성통신 교란용 장비, ② 우주 배치 공격위성,[33] ③ 비핵 전자기파(EMP: Electro-Magnetic Pulse) 무기,[34] ④ 인공위성 교란·파괴용 지상배치 레이저 등이 포함된다. 중국 인민해방군은 이들을 '자객의 무기'(殺手鐧: Assassin's Mace)라고 일컫는다.[35] 이러한 중국의 반(反)정보 능력은 미국이 자랑하는 첨단 군사력의 기술적 근간이라고 할 수 있는 정보수집, 통신 및 지휘통제 기능을 직접적으로 겨냥하고 있으며, 유사시 대만해협으로 증원되는

---

31 당시의 위성공격 실험은 중국이 아닌 미국 정부에 의해 1주일이 지난 2007년 1월 18일에야 처음으로 세계에 공개되었으며, 이후 미국과 일본, 영국, 호주 등 친미 국가들을 중심으로 외교적인 항의 및 우려를 공개 표명하여 국제적인 반향을 일으켰다. 안석호, "중국, 인공위성 요격 실험 성공",『세계일보』, 2007년 1월 20일자.

32 미국 내에서는 도널드 럼스펠드 전 국방장관을 비롯한 중국 위협론자들을 중심으로 중국이 미국의 우주배치 정보수집 자산에 대한 직접적인 공격 능력을 확보할 가능성을 경고하는 주장이 제기되어왔으며, 이를 '우주에서의 진주만 습격'(Space Pearl Harbor)이라고 부른다. 이장훈,『홍군 VS 청군: 미국과 중국의 21세기 아시아 패권 쟁탈전』(서울: 삼인, 2004), pp. 86-88.

33 중국이 개발 중인 우주배치 공격위성 가운데는 적 위성에 접근, 밀착해 있다가 필요시에 교란 및 자폭기능을 수행하는 중량 0.1톤 이하의 소형 '기생위성'(Parasite Satellite)도 포함되어 있다. 박병광, "중국의 우주군사력 발전에 관한 연구",『국가전략』, 제15권 제4호(2009. 겨울).

34 고출력의 전자기파를 재래식 폭약의 폭발에너지, 축전지에 저장된 전기에너지를 빠른 속도로 변환시키면서 발생하는 고출력을 통해 핵무기의 폭발 과정에서 일어나는 것과 유사한 전자기파를 구현하는 비살상 무기다. 포탄과 항공기 투하용 폭탄, 미사일의 탄두 형태 등으로 운용되며, 주변의 각종 전자기기, 회로를 파괴 내지 오작동시키는 효과를 발휘한다.

35 이창형, "중국의 도약식 국방현대화: 추진전략과 시사점",『국제문제연구』, 제7권 제3호(2007. 가을).

미국 증원전력의 작전수행에 커다란 장애요인이자 위협이 될 전망이다.

미 국방성의 2010년도판 『4개년 국방검토보고서』(QDR)는 중국의 중·장거리 지상공격용 미사일, 신형 잠수함 및 전투기, 사이버전쟁, 그리고 인공위성 공격 등을 미국의 군사적 개입능력에 대한 주요 위협으로 명시한 바 있다.[36] 미 태평양사령부의 로버트 윌러드 사령관도 2010년 3월 25일, 미 하원 군사위원회에 출석하여 중국의 신형 잠수함, 대함 탄도미사일 개발 등을 언급하면서 "중국의 군사력 현대화는 아시아·태평양 지역에서 미군의 행동자유(Freedom of action)에 도전하기 위한 의도에서 비롯된 측면이 있다."라고 밝혔다.[37] 미국이 중국의 군사력을 미래가 아닌, 현존하는 직접적인 도전으로 인정하고 있음을 반영한 것이다.

|2| 전략적인 함의

(1) 양안관계 차원

지금까지 살펴보았듯이, 최근 10여 년 동안 중국·대만 양안의 군사력 균형에 가장 큰 영향을 준 요인은 ① 중국 군사력의 급속한 현대화, ② 중국의 외부 개입 저지능력 강화, ③ 대만의 지지부진한 방위력 개선 노력 등으로 요약될 수 있다. 특히 주목해야 할 점은 제해·제공권 확보능력에서 중국과 대만의 격차가 빠른 속도로 좁혀지고 있다는 사실이다. 이는 중국이 해·공군력 중심의 군사력 현대화를 통해 그동안 대만이 차

36　U.S. Department of Defense, *Quadrennial Defense Review Report* (Washington D.C: U.S. Department of Defense, February 1, 2010), p. 31.

37　Bill Gertz, "Admiral: China's Buildup Aimed at Power past Asia", *The Washington Times*, March 26, 2010.

지해온 방어상의 이점, 특히 해·공군력의 질적 우위를 대폭 잠식하게 된 것에 따른 결과다. 지난 2002년 미 국방성의 첫 번째 연례『중국 군사력 보고서』(*Annual Report to Congress: Military Power of People's Republic of China*)에 포함되었던 "대만의 해·공군력은 중국에 대한 질적 우위를 유지하고 있다."라는 평가가 더 이상 유효하지 않게 된 것이다.[38]

더욱 큰 문제는 이러한 추세가 앞으로도 상당한 기간 동안 지속 및 가속화될 것이라는 점에 있다. 1989년부터 매년 10% 이상을 기록하고 있는 중국의 군사비 지출 증액이 계속되는 이상, 중국이 보다 많은 신형 군함, 전투기들을 추가 전력화할 가능성은 매우 높기 때문이다. 반면 대만은 '양안관계 개선'을 강조하는 국민당과 마잉주 정부의 집권을 계기로 방위력 개선에 대한 정책적 우선순위를 낮추고 있는 실정이다. 그 증거로 2008년 마잉주의 총통 취임 이후, 대만의 국방예산은 3년 연속으로 감소했다.[39] 가장 최근인 2011년도 대만 국방예산은 총 2,946억 대만달러(102억 달러)로 지난 5년 사이에 가장 적은 규모다. 뿐만 아니라 대만 정부는 대만군의 병력 규모를 2014년 말까지 총 18~20만 명 이내로 감축하고, 징병제를 단계적으로 폐지하여 오는 2015년부터는 대만군 전체를 지원

---

38 미 국방성의 연례『중국 군사력 보고서』는『회계연도 2000 국방사업계획 승인법령』(National Defense Authorization Act for Fiscal Year 2000)의 제1202항에 의거하여, 지난 2002년부터 미 의회에 작성·제출되어왔다. 2010년부터는 중국의 외교적인 반발을 고려하여 보고서의 명칭이『중국의 군사·안보 발전 평가 보고서』(*Annual Report to Congress: Military and Security Developments Involving the People's Republic of China*)로 바뀌었다. Office of the Secretary of Defense, *Military Power of the People's Republic of China 2002*(Washington D.C: U.S. Department of Defense, 2002), p. 51.

39 마잉주는 2008년 총통선거 당시 "총통에 당선되면 국방예산을 GDP 3% 수준으로 증액할 것."이라고 공약한 바 있다. 하지만 그해 말부터 본격화된 미국발(發) 금융위기로 인한 전 세계적인 경제 불황, 중국과의 관계 개선 등을 이유로 마잉주 정부는 임기 첫해인 2009년에 3,187억 대만 달러(96억 달러. 전년 대비 7% 감소), 2010년에는 2,974억 대만 달러(93억 달러. 전년 대비 6.7% 감소)의 국방예산을 각각 책정했다. 이상민, "대만 올해 국방예산 6.7% 축소", 〈연합뉴스〉, 2010년 1월 13일자.

병으로 전환한다는 계획을 발표했다.[40]

지난 1984년부터 매년 실시되고 있는 대만군의 한광 군사훈련에도 변화가 일어났다. 그동안의 한광 군사훈련은 ① 컴퓨터 워게임을 통한 지휘소훈련(CPX: Command Post eXercise), ② 육·해·공 전투부대가 참여하는 합동 야외기동훈련(FTX: Field Training eXercises) 및 실사격훈련(LFX: Live-Fire eXercises)을 포함하는 총 2단계로 진행되었다. 그러나 마잉주 정부는 전투부대의 야외기동·실사격훈련을 2년에 1차례 실시하는 격년제로 바꾸었다. 가장 최근에 실시된 2010년 4월 26~29일의 제26차 한광 군사훈련에서는 적 기습공격에 대비한 핵심 군사시설의 복구, 육군 주도의 신속대응을 비롯한 방어적인 성격의 임무 수행을 크게 강조했으며, 실탄 사격은 배제되었다.[41] 한광 군사훈련을 독자적인 방위역량뿐만 아니라 대만의 정치적 자주·독립성을 대내외에 과시하기 위한 무대로 활용하고자 했던 전임 정부들과 분명한 대조를 나타내고 있는 것이다. 다분히 마잉주 정부가 표방하는 중국과의 정치·군사적인 긴장 완화, 화해협력 기조가 반영된 결과였다.

그리고 천수이벤 정부가 추진했던 슝평 2E호 순항미사일 개발계획은 논란 끝에 마잉주 정부에서도 승계되었지만, 그 성능과 배치 규모는 상당 수준 축소·제한될 전망이다.[42] 이처럼 대만이 지난 1990년대부터 진행시킨 일련의 국방개혁을 통해 지향해온 목표, 즉 '정예화된, 작지만 강한

---

40   Gavin Phipps, "Taiwan Considers Major Cuts to Numbers of Forces Personnel", *Jane's Defence Weekly*, January 28, 2009.

41   Fu S. Mei, "Operational Changes in Taiwan's Han Kuang Military Exercises 2008-2010", *China Brief*, Vol. 10, Issue 11(The Jamestown Foundation: May 27, 2010).

42   이에 따라 마잉주 정부는 중국 동남부 연안의 군사시설 공격을 위한 사거리 600km 이하의 초기형 슝평 2E호만을 양산 및 배치하고, 중국 내륙지역까지 공격할 수 있는 사거리 1,000km 이상의 개량형 탄도·순항미사일은 개발, 양산하지 않을 가능성이 높다. Wendell Minnick, "Taiwan Continues Cruise Missile Effort", *Defense News*, March 23, 2009.

(精·小·强) 군사력' 가운데 '병력 감축'은 큰 폭으로 이루어졌지만, '방위력의 증강, 정예화'에 관해서는 가시적인 성과를 거두지 못한 것이다.

그동안 중국은 육군의 압도적인 병력규모 우세를 통한 '점령능력'과 1,000기 이상의 탄도미사일 전력을 앞세운 '타격능력'의 우위에도 불구하고, 대만 해·공군력의 질적 우세 때문에 좀처럼 대만해협에서의 제해·제공권을 차지하지 못했다. 그 결과 중국은 대만을 겨냥하여 무력시위 차원을 넘어서는, 보다 실질적인 군사적 현상타파를 시도할 수 없었다. 하지만 최근 10여 년 동안 계속되어온 군사력 현대화에 힘입어 중국의 해·공군력이 양적, 질적으로 모두 대만을 능가하게 될 가능성은 시간이 지날수록 높아지고 있다. 이에 따르는 '제해·제공권 확보능력'의 역전은 양안 군사력 균형에 대한 기존의 평가를 근본적으로 뒤바꾸는 결과로 이어진다는 점에서 매우 심각한 의미를 갖는다.

만약 중국이 대만해협에서의 제해·제공권 확보능력마저 차지한다면, 중국의 대만 침공이 성공할 가능성은 이전보다 훨씬 높아질 것임에 틀림없다. 대만으로 접근하는 중국 상륙함, 수송기들을 대만해협 이내의 해·공역에서 저지하기 위한 대만군의 방어 능력이 크게 약화되고, 따라서 대만 침공의 선봉부대인 중국 인민해방군의 상륙·공수부대 병력이 손쉽게 대만 영토로 침투할 수 있게 될 것이기 때문이다. 전통적으로 중국이 대만보다 압도적인 우위를 차지해온 점령능력, 타격능력의 효과도 단순한 상징적·심리적인 차원에 머물지 않는, 보다 실질적인 군사적 위협으로 발전·강화될 것이다. 이는 대만이 군사력을 통한 중국의 현상타파 시도에 더욱 취약해질 것임을 의미한다.

양안 군사력의 균형이 '중국 우위'로 역전되고 있다는 경고는 최근 수년 동안 꾸준히 제기되어왔다. 이미 미 국방성은 2006년도판 『중국 군사력 보고서』를 통해 "대만해협에서의 군사력 균형은 중국의 지속적인 경제성장, 증대된 외교적 영향력, 그리고 대만을 겨냥한 군사역량의 발전

등에 따라서 점차 중국에게 유리한 양상으로 변화하고 있다."라고 평가한 바 있다.[43] 2009년도판 『중국 군사력 보고서』에서는 "대만의 군사력이 중국보다 질적으로 우위를 차지하고 있다는 평가는 더 이상 유효하지 않으며, 오히려 중국은 대만의 의지·행동에 강압을 시도할 수 있을 정도의 다양한 군사적 수단을 발전시켰다."는 평가를 포함시키기도 했다.[44] 대만 국방부도 지난 2006년 2월, 중국이 대만을 침공할 경우 개전 18일 만에 대만 전체가 중국 인민해방군에게 점령당할 것이라는 워게임 결과를 공개하여 대내외적으로 큰 파장을 일으켰다.[45]

만약 대만의 방위력 개선 계획이 현재와 같은 답보 상태를 벗어나지 못한다면, 대만해협에서의 제해·제공권은 2010~2015년 사이에 중국 인민해방군에게 넘어갈 것이다. 여기에 아시아·태평양 지역 일대를 범위로 하는 반(反)접근 능력, 둥펑 31호를 비롯한 개량형 ICBM과 이를 탑재하는 신형 핵추진 잠수함 등이 본격적으로 배치되기 시작할 것으로 예상되는 2015~2020년 이후, 중국은 대만해협 유사시 미국을 비롯한 외부 세력의 군사적 개입을 보다 효과적으로 저지·차단할 수 있게 될 것이다. 이는 중국 인민해방군이 대만해협에서 절대적인 군사적 우위를 차지하고, 궁극적으로는 양안 군사력의 균형이 붕괴됨을 뜻한다. 그렇다면 이것

---

43 Office of the Secretary of Defense, *Military Power of the People's Republic of China 2006* (Washington D.C: U.S. Department of Defense, 2006), p. 6.

44 Office of the Secretary of Defense, 2009, p. VIII.

45 당시 대만 국방부가 공개한 중국과 대만의 가상전쟁 시나리오는 다음과 같다. 첫째, 중국이 〈반분열국가법〉에 의거하여 대만해협 인근의 전투기 1,500여 대와 제15 공수군단 소속의 3개 공수사단을 동원한다. 둘째, 중국의 둥펑 11/15호 탄도미사일이 대만의 주요 군사기지와 정치·경제·사회적인 핵심시설들을 집중 공격하고, 동시에 대규모의 중국 전투기들이 대만해협으로 출격한다. 개전 1주일 후 대만의 공군력은 거의 궤멸상태에 이르며, 중국은 상륙 작전을 포함한 본격적인 대만 침공에 돌입한다. 그리고 셋째, 26만 명 이상의 중국 인민해방군이 대만군의 저항을 제압하고 대만을 완전 점령한다. 황유성, "中, 개전 18일 만에 대만 완전점령 … 대만 군사기밀 내용 공개", 『동아일보』, 2006년 2월 15일자.

이 중국과 대만 양안관계에 가져올 전략적인 영향은 무엇인가?

오늘날 중국과 대만의 세력격차는 돌이킬 수 없을 정도로 커졌다. 영토와 인구의 단순비교는 물론, 경제력과 국제사회에서의 위상 등에서 중국이 대만을 압도하고 있기 때문이다. 이러한 불균형성은 양안관계에서도 그대로 나타나고 있다. 대만의 대(對)중국 무역규모는 지속적으로 증가하는 추세이며, 2010년을 기준으로 중국은 대만 전체 무역의 28.9%(1,523억 1,404만 달러)를 점유했다. 구체적으로는 대만 전체 수출의 41.8%(1,147억 4,138만 달러), 수입의 14.9%(375억 7,265만 달러)가 중국과의 무역을 통해 이루어졌다.[46] 다시 말해서 중국은 대만의 최대 교역대상국인 동시에 최대 수출시장이며, 일본에 이어 제2위의 수입시장인 것이다. 뿐만 아니라 중국은 대만의 해외직접투자 금액 가운데 무려 60~70%를 차지하고 있다. 2008년의 경우 중국에 직접투자된 대만 자본은 107억 달러에 달했는데, 이는 대만의 전체 해외직접투자 152억 달러의 약 70.4%에 해당한다.[47]

반면 중국의 대외교역에서 대만과의 무역이 차지하는 비중은 수출의 경우 약 2%, 그리고 수입은 약 10%에 불과하다. 이 점에서 양측의 경제교류는 상호 균형적이라기보다 대만 경제의 대(對)중국 의존도가 심화되는 성격이 매우 강하다고 평가할 수 있다. 양안 인적교류의 구조 역시 불균형적인 양상을 드러내고 있다. 지난 1987년부터 2008년까지의 20년 동안 중국을 방문한 대만인의 수는 연인원 총 5,141만 559명으로 대만 전체

---

46 해당 통계는 중국 본토, 홍콩과의 무역 규모를 합산한 것이며, 2010년의 경우 홍콩은 대만 무역의 약 7.5%(수출의 약 13.8%, 수입의 약 0.6%)를 차지했다. 중국이 대만의 최대 교역대상국이 된 것은 지난 2003년부터이며, 특히 2005년부터는 중국 본토와의 무역량이 홍콩을 추월하였다. 2007년에는 대만의 전체 수출에서 중국(홍콩 포함)의 점유율이 사상 처음으로 40%를 돌파했다. 國際貿易局 經貿資訊網, "國際貿易局貿易統計系統", http://cus93.trade.gov.tw/fsci/(검색일자 2011년 10월 9일).

47 한재현, "양안(兩岸)관계 변화 과정과 전망", 『한은조사연구』(서울: 한국은행 조사국), 2009년 7월 9일.

인구의 2배를 상회하지만, 같은 기간에 대만을 방문한 중국인은 238만 1,284명에 그쳤던 것이다.[48]

2008년 말 중국과 대만의 전면적인 대3통(통상·통항·통우) 실현과 더불어 최근에는 양안 차원의 자유무역협정(FTA), 즉 ECFA의 체결까지 성사되면서, 이러한 추세는 더욱 심화될 전망이다.[49] 이처럼 양안의 경제·사회 분야 교류 확대가 대만의 대(對)중국 의존도를 높이는 불균형적 구조로 나타나면서 대만의 자주성이 약화되고, 정치적인 통합 이전부터 대만이 실질적으로 중국의 영향권 내에 편입·종속되는 현상이 가속화될 것이라는 우려가 제기되고 있다.[50]

1970년대 이후의 외교적 고립과 더불어 양안관계에서 불균형성을 면치 못하고 있는 가운데, 대만이 국제사회와 중국을 상대로 '정치적 실체'로서의 위상을 유지하는 데 가장 유효한 수단은 바로 중국의 군사적 현상 타파 시도를 억지·격퇴할 수 있는 방위력이다. 다시 말해서 양안 군사력의 균형 유지는 대만이 양안관계에서 최소한의 주도권을 보장받기 위한 조건인 것이다.

---

48 특히 지난 2002~2008년 사이에는 연평균 395만 6,262명의 대만인들이 중국을 방문했지만, 같은 기간 동안 대만을 방문한 중국인의 수는 연평균 20만 7,341명으로 19배 이상의 격차를 나타냈다. 한재현, 2009년 7월 9일.

49 ECFA는 2008년 마잉주가 총통에 취임한 후 중국과의 〈포괄적 경제협력협정〉(CECA: Comprehensive Economic Cooperation Agreement)의 필요성을 제기한 데서 유래한 것이다. 이는 중국이 주권국가 차원에서 체결되는 자유무역협정(FTA)을 수용하기 어렵다는 점 때문이었다. 그러나 대만 내에서는 CECA가 지난 2003년 중국이 홍콩, 마카오와 체결한 〈경제긴밀화 협약〉(CEPA: Closer Economic Partnership Arrangement)과 명칭, 형식상으로 유사하다는 지적을 받으면서 정치적 논란을 야기했다. 다시 말해서 "마잉주 정부가 대만의 지위를 홍콩, 마카오와 같은 중국의 특별행정구로 격하시키고, 중국이 주장하는 '일국양제' 방식의 통일을 수용하려는 것"이라는 비판을 받은 것이다. 이에 따라 마잉주 정부는 CECA를 현재의 명칭인 ECFA로 바꾸었다. 성채기·황재호 등, 2010, p. 91.

50 Gavin Phipps, "Cross-Strait Traffic: Stronger Sino-Taiwanese Ties Begin to Form", *Jane's Intelligence Review*, September 2008.

2010년 6월 29일 중국·대만의 ECFA 조인식(왼쪽)과 대만 내부의 반중(反中) 시위 (오른쪽)

2008년 5월 마잉주 정부의 출범 이후, 대만의 양안관계 정책 기조는 천수이벤 정부 시절의 '대만 독립'에서 1992 공동인식에 입각한 '현상(現狀)의 안정적인 유지, 관리'로 바뀌었다. 이는 마잉주가 총통에 취임하면서 양안관계의 핵심 지침으로 천명한 이른바 신(新) 3불정책(三不政策), 즉 "중국과의 통일, 분리 독립, 그리고 무력 사용을 하지 않을 것"(不統, 不獨, 不武)이라는 원칙에서도 알 수 있다.[51] 말하자면 '약자의 포용정책'인 셈이다.

현재 마잉주 정부의 양안관계 개선 정책이 지향하는 바는 크게 2가지로 나뉜다. 첫째, 대만의 최대 시장으로 자리 잡은 중국과의 경제협력을 더욱 확대·강화하여 대만 경제의 성장·회복을 위한 돌파구를 마련하고,[52] 보다 안정적인 양안관계의 기반을 조성하는 것이다. 대만이 중국과

---

51 최명해, "마잉주(馬英九) 정권 출범 1년의 양안관계 평가 및 전망", 『주요국제문제분석』, (서울: 외교안보연구원, 2009. 6. 17).

52 대만 정부와 주요 연구기관들은 중국과의 ECFA 체결을 통해 GDP 1.7% 상승, 무역규모 5~7% 증대, 그리고 생산·기술, 서비스 부문에서 각각 4만 3,400명, 5만 7,600명의 신규 고용창출 등의 경제적 효과가 발생한다고 평가한다. 아울러 중국 시장에서 대만 기업과 상품의 경쟁력이 한국, 일본 등 주요 경쟁국들보다 비약적으로 강화될 것으로 기

ECFA를 체결한 2010년에 달성한 약 10.47%의 GDP 성장률, 39% 이상의 무역량 증대는 이러한 노력의 당위성을 강조하는 대표적인 사례라고 할 수 있다.[53] 그리고 둘째, 중국에 대만의 분리 독립 가능성에 관한 우려를 불식시키는 한편으로, 국제사회와 양안관계에서 '정치적 실체로서 대만의 지위'에 관한 중국의 지지를 확보하는 것이다.

이러한 마잉주 정부의 목적이 실현되기 위해서는 무엇보다도 중국으로부터의 일정한 '선의'(善意: Goodwill)가 필수적이라고 할 수 있다. 2008년 5월 마잉주가 총통으로 취임한 직후, 대만은 수교(修交) 국가의 확대를 비롯한 중국과의 외교적인 경쟁을 중단하는 '외교 휴전'(外交休戰)을 선언한 바 있다. 이듬해인 2009년 5월 대만은 중국의 동의 아래, 세계보건총회(WHA: World Health Assembly)에 옵서버[(Observer: 비(非)회원 참관국)] 자격으로 참석했다.[54] 지난 1971년 UN에서 축출된 이후 38년 만에 대만이 UN 산하의 전문기구 행사에 참석하는 자격을 얻은 것이다. 이를 계기로 대만의 국제적인 고립 탈피, 활로(活路) 모색을 위한 중국·대만 양안의 타협 가능성에 관한 기대는 한층 더 높아졌다.

하지만 ECFA 체결 4개월만인 2010년 10월, 일본에서 개최된 제23회 도쿄 국제영화제에서 중국과 대만의 본질적인 갈등이 다시금 드러났다.

대하고 있다. Ling-Wei Chung and Sarah McDowall, "Crossing the Devide: Sino-Taiwanese Economic Cooperation", *Jane's Intelligence Review*, January 2010.

53 특히 10.47%의 GDP 상승은 1987년 이후 23년 만에 대만이 기록한 최고 경제성장률이며, 마잉주 정부의 출범을 계기로 양안 경제협력이 확대, 촉진되고 있는 추세가 큰 영향을 주었다는 것이 학계와 경제계의 지배적인 평가다. 이상민, "대만경제 10.47% 성장 … 23년來 최고", 〈연합뉴스〉, 2011년 2월 1일자.

54 WHA는 UN 산하인 세계보건기구(WHO)의 최고 의사결정기구다. 그동안 대만은 주요 국제기구에 정식 회원, 혹은 옵서버 자격으로 참석하려는 의사를 거듭 밝혀왔지만, '하나의 중국' 원칙을 앞세운 중국의 반대에 부딪혀 번번이 좌절되었다. 현재 대만 정부는 UN 재가입 대신 세계기상기구(WMO), 식량농업기구(FAO), 세계은행(IBRD), 국제민간항공기구(ICAO), 국제해사기구(IMO) 등 UN 산하 전문기구 가입을 추진 중이다. 권영석, "대만, 38년 만에 처음으로 유엔행사 참석", 〈연합뉴스〉, 2009년 5월 19일자.

영화제 개막식을 앞두고 장핑(江平) 중국 대표단장이 "대만 대표단의 명칭을 '중국 대만'(中國臺灣), 또는 '중화 타이베이'(中華臺北)로 바꿀 것"을 주최측에 돌연 요구한 것이 문제였다. 이에 대만 대표단은 "대표단의 명칭은 주권·존엄의 문제이며, 중국 측의 주장은 결코 받아들일 수 없다. 정치와 예술은 분리되어야 하고, 문화 활동이 정치의 간섭을 받아서는 안 된다."고 반발하면서 개막식에 불참했다.[55] 대만 정부의 고위 당국자들도 중국의 처사를 '주권 침해'로 규정하여 강도 높게 비판했다.[56]

그뿐만이 아니다. 최근에는 마거릿 챈(陳馮富珍, 홍콩계 중국인) 사무총장 명의로 발송된 2010년 9월 14일자 세계보건기구(WHO) 내부 서한에 대만을 '중국의 대만 성'(Taiwan Province of China)으로 표기하고, "대만과 관련된 자료는 중국과 별도로 할 것이 아니라 중국 관련 목록에 올려야 한다."고 언급한 내용이 밝혀져 물의를 빚은 바 있다.[57] 양안 화해의 상징으로 여겨져 온 WHO에서 조차 대만을 겨냥한 중국의 외교적 고립 획책이 지속되고 있음이 드러난 것이다. 이러한 현상들은 국제사회에서 대만의 존재 및 활동기반을 원천적으로 봉쇄, 차단하려는 중국의 기존 입장에 변함이

---

55 그동안 대만은 도쿄 국제영화제에서 줄곧 '대만' 명칭을 사용하였으며, 당시에도 같은 명칭으로 초청받아 참석한 것이었다. 이상민, "대만-中, 도쿄영화제서 주권문제로 충돌", 〈연합뉴스〉, 2010년 10월 25일자.

56 사건 직후 우둔이(吳敦義) 대만 행정원장은 "중국 대륙 당국은 중화민국이 주권 독립국가라는 사실을 반드시 직시해야 한다."라고 밝혔으며, 뤄즈창(羅智强) 총통부 대변인도 "도쿄 국제영화제 사건은 대만인의 감정을 심각하게 손상시켰으며, 양안 사이의 평화적인 발전에 해로운 일이다. 대륙 당국은 이를 소홀히 해서는 안 되며, 즉각 압력을 중지해야 한다."고 항의했다. 심지어는 마잉주 총통까지 나서서 "양안이 ECFA를 협상, 서명하는 데 1년 6개월이 걸렸지만, 이러한 일이 반복된다면 그동안의 성과들은 순식간에 사라질 것."이라고 중국에 경고했다.

57 문제의 WHO 서한 내용은 2011년 5월 9일 민진당의 관비링(管碧玲) 입법의원의 폴로를 통해 공개되었으며, 대만 외교부는 즉각 항의성명을 발표했다. 마잉주 총통도 "중국 대륙에 강력한 항의를 표시하며, 총통으로서 국가의 존엄, 대만의 안전, 국민의 행복을 수호할 것"임을 밝혔다. 맹찬형, "대만, WHO 문건 '중국의 省' 표기에 항의", 〈연합뉴스〉, 2011년 5월 10일자.

없음을 여실히 보여주었다.

중국은 대만의 FTA 체결 확대 움직임에 대해서도 마찬가지의 태도를 나타내고 있다. 대만은 지난 1993년부터 이른바 '남향정책'(南向政策)의 기치 아래 동남아시아 국가들과 무역, 투자를 비롯한 경제협력 강화를 추구해왔으며, 세계무역기구(WTO)에 가입한 2002년부터는 동남아시아, 미국, 일본 등 주요 교역국가들과의 FTA 체결 의사를 피력하고 있다. 이는 FTA를 단순한 경제적 이익의 증대뿐만 아니라 국제사회 내에서의 고립 탈피, 지위 강화를 위한 정치·외교적인 돌파구로 삼으려는 대만의 입장을 반영한다.[58]

이에 중국은 대만의 주권국가 지위를 인정하지 않는 '하나의 중국' 원칙을 앞세우며 대만이 중국 이외의 국가들과 FTA를 체결하는 데 노골적인 반대, 견제 의사를 천명하고 나섰다. 2002년 6월 중국 대외무역경제합작부[(對外貿易經濟合作部. 현재의 상무부(商務部)]의 스광성(石廣生) 부장은 "중국은 다른 나라가 대만과 FTA를 체결하려는 어떠한 시도도 반대한다. 그러한 행위는 중국과의 무역 및 경제관계에 부정적인 영향은 물론, 당사국에게 심각한 정치적 곤경을 가져올 것"이라고 경고했다. 그 결과 대만이 추진하고 있던 FTA 체결 노력은 큰 타격을 받았다. 이러한 중국의 입장은 대만과의 역사적인 ECFA 체결 이후에도 달라지지 않고 있다.[59]

---

58 현재 대만과 FTA를 체결한 국가는 공식 외교관계를 유지하고 있는 남미의 5개국(파나마, 과테말라, 니카라과, 엘살바도르, 온두라스) 뿐이며, 이들이 대만의 전체 수출에서 차지하는 비중은 0.2% 미만에 불과하다. 윤상우, "동아시아 지역경제통합에서의 대만의 대응과 딜레마", 『한국과 국제정치』, 제26권 제2호(2010, 여름).

59 중국·대만의 ECFA 체결을 앞둔 2010년 6월 1일, 중국 외교부의 마자오쉬(馬朝旭) 대변인은 정례 브리핑에서 "중국은 대만이 다른 나라와 비(非)정부적인 경제, 무역 왕래를 하는 것에 이의가 없지만, 정부 차원의 협정에 대해서는 반대한다."고 밝힌 바 있다. ECFA가 체결된 직후인 7월 26일에는 중국 상무부의 가오후청(高虎城) 부(副)부장도 이점을 재확인했다. 2010년 12월 15일 대만과 싱가포르는 경제협력 협정의 체결을 위한 협상 착수를 공식적으로 선언했지만, 명칭과 형식은 FTA가 아닌 〈경제동반자협정〉

문제는 중국과 마찬가지로 대만 역시 WTO의 엄연한 회원국이라는 사실이다. FTA를 비롯하여 당사국 상호 간의 무역 활성화를 위한 경제협정의 교섭, 서명은 WTO 회원국들에게 기본적으로 보장되는 권리다. 다시 말해서 대만이 다른 나라들과 FTA를 체결하려는 노력에 중국의 승인 또는 반대가 개입되는 것 자체가 정당성이 결여된 처사라고 할 수 있다. 뿐만 아니라 "중국과의 ECFA 체결은 대만이 보다 많은 여러 나라들과 FTA를 체결하는 계기를 마련할 것"이라고 주장하며 ECFA의 당위성을 강조해온 마잉주 정부의 입장과도 어긋난다.

만약 대만과 기타 교역국가들 사이의 FTA 체결 여부, 협상 조건, 핵심 사항들이 중국의 정치·외교적인 압력에 따라 좌지우지된다면, 대만은 외교뿐만 아니라 경제·무역 분야에서도 국제적인 고립, 소외를 벗어나기 어려울 것이다. 그리고 대만 경제가 중국에 더욱 의존하는 결과를 가져올 것이다. 자칫 중국이 대만과의 무역, 경제협력을 무기화하여 양안관계에서의 주도권을 강화하고, 더 나아가 대만을 경제뿐만 아니라 정치·외교적으로도 예속시키려 할 가능성을 배제할 수 없다.

중국과 대만 양안이 ECFA에 서명한 직후인 2010년 7월 대만 입법원의 법제국(法制局), 예산센터(預算中心)가 공동으로 작성, 발표한 〈ECFA 체결 이후 중국의 대(對)대만 정치·경제책략 연구〉(ECFA後大陸對臺政經策略研究)라는 보고서에서도 이러한 우려가 잘 나타나 있다. 보고서의 주요 내용은 다음과 같다.[60]

(ASTEP: Agreement between Singapore and the Separate Customs Territory of Taiwan, Penghu, Kinmen and Matsu on Economic Partnership)으로 정해졌다. 또한 대만 측의 명칭도 WTO 가입 명칭인 '대만·평후·진먼·마주 개별관세영역'을 사용했다. 이상민, "中 "대만−외국 간 FTA 서명 반대"", 〈연합뉴스〉, 2010년 6월 2일자.

60 이상민, "대만 입법원, ECFA 위험 경고 보고서 발간", 〈연합뉴스〉, 2010년 7월 29일자.

- ECFA가 표면적으로는 경제 문제지만, 그 영향은 경제 분야에만 국한되기 어려우며, 궁극적으로는 대만의 정치, 사회, 국가안보 등을 포함하는 다른 차원들로까지 확대될 것이다.
- ECFA의 체결 이후 중국은 '경제로 정치를 제압하고'(以經制政), '먼저 양보하고 후에 요구하는'(先讓後要) 책략을 펼칠 것이다.
- 향후 대만의 대(對)중국 경제의존도가 더욱 높아질 경우, 중국은 통일을 염두에 둔 정치협상의 착수와 평화협정의 서명을 대만에 제안할 것이다.
- 중국은 '하나의 중국' 원칙을 관철하기 위해 대만의 FTA 체결 확대 노력에 계속 반대할 것이며, 이를 통해 대만에게 "중국 본토와의 통일만이 생존을 보장하는 유일한 선택"임을 인정하도록 강요할 것이다.

중국과 대만 양안의 평화 정착을 위해 가장 요구되는 조치는 단연 군사적인 대립 완화, 해소라고 할 수 있다. 특히 대만해협과 주변에 배치 중인 공격적인 성격의 군사력을 대상으로 하는 양안의 군사적 신뢰구축(CBMs: Confidence Building Measures), 위협 감소에 대한 중국의 전향적인 조치가 우선적으로 이루어져야 할 것이다. 실제로 대만의 마잉주 정부는 양안 평화협정 체결, 통일 논의 등을 포함한 중국과의 정치 · 외교협상을 시작하는 조건으로 중국 탄도미사일의 철수 및 폐기를 요구해왔다.[61] 대만이 분리 독립을 추구하지 않는 대신, 중국은 대만을 겨냥한 군사력의 사용을 배제할 것임을 보장해야 한다는 논리다.

그러나 대만을 겨냥하는 중국의 군사적인 위협 태세는 좀처럼 완화되

---

61 중국은 마잉주 정부의 출범 이후 대만을 공격할 수 있는 탄도미사일의 배치수량 동결, 일부 철수가 가능하다는 의사를 비공식적으로 나타내기도 했다. 하지만 중국의 둥펑 11/15호 탄도미사일은 이동식발사대에서 탑재, 운용되므로 철수한 후에도 언제든지 신속한 재배치가 가능하다. 때문에 중국의 미사일 철수 약속은 실질적인 군사위협의 감소보다는 정치 · 상징적인 성격에 그칠 것이라는 지적을 받는다. 이상미, "中 대만 겨냥 미사일 줄이나", 〈연합뉴스〉, 2008년 6월 2일자.

지 않고 있다. 오히려 중국은 마잉주 정부가 출범한 지난 2년 동안에도 대만 전체를 공격할 수 있는 탄도미사일을 매년 200기씩 추가 배치했으며, 그 결과 대만해협 주변의 중국 탄도미사일 수량은 약 1,500기로 늘어났다.[62] 이는 1990년대 이후 중국의 연평균 탄도미사일 배치규모 50~100기를 크게 상회하는 수준이다. 최근 공개된 대만 국방부의 내부 보고서 "2010년 중국의 대만 공격능력 연구분석"(2010年中共攻臺兵力研析)에 따르면, 현재의 추세가 계속될 경우 중국은 2010년 말까지 무려 1,900기 이상의 대만 공격용 탄도미사일을 실전 배치할 것으로 전망된다.[63]

또한 중국 인민해방군은 마잉주의 총통 취임 이듬해인 2009년에 총 31차례의 군사훈련을 실시했는데, 그 가운데 과반수인 74%가 대만을 가상 적국으로 상정한 것이었다.[64] 이는 중국이 양안관계에서 자신들의 주도권을 보장하기 위한 효과적인 강압 수단으로서 군사력의 우위를 포기하지 않을 것임을 나타내는 증거라고 할 수 있다.

만약 양안 군사력의 균형이 중국의 우위로 역전된다면, 중국은 그동안의 무력시위 차원을 넘어서 봉쇄, 제한공격, 전면 침공을 포함하는 보다 다양한 방식으로 대만을 겨냥한 군사적 현상타파를 시도할 수 있게 될 것이다. 특히 제해·제공권의 확보를 통한 중국의 대(對)대만 해상 및 항공봉쇄는 도서지역으로서 영토 전체가 바다로 둘러싸여 있는 대만의 지리적인 특성상, 전면 침공에 못지않은 치명적인 정치·경제·사회적 타격을 강요할 수 있다. 뿐만 아니라 이미 경제와 인적교류 등 비정치적 분야에서 나타나고 있는 불균형성, 대(對)중국 의존도의 심화와 더불어 대

---

62 이상민, "中, 대만 겨냥 미사일 1,500기로 증가", 〈연합뉴스〉, 2009년 10월 19일자.

63 Gavin Phipps, "Taiwan Fears Rise in Chinese Missiles Aimed at Island", *Jane's Defence Weekly*, July 28, 2010.

64 Russell Hsiao, "China-Taiwan Up Missile Ante", *China Brief*, Vol. 10, Issue 7 (The Jamestown Foundation: April 1, 2010).

만의 자주성과 양안관계 주도권을 한층 더 약화시킬 것이다.

요컨대 양안 군사력 균형의 붕괴는 중국 본토의 공산정권이 대만에 자신들의 우위를 보장하는 '하나의 중국', '일국양제' 원칙에 입각한 통일을 수용하도록 강요하는 데 매우 유리한 조건을 제공할 것이며, 반대로 대만은 중국의 전방위적인 현상타파 압력에 더욱 취약해질 것이다. 이 경우 대만은 중·장기적으로 홍콩이나 마카오처럼 중국의 정치·경제·군사적인 영향권 내에 포함되는 일개 지역으로 전락할 수밖에 없다.

(2) 동아시아 지역질서 차원

그동안 중국은 지정학적 측면에서 전형적인 대륙세력으로 인식되어 왔다. 지난 2001년 6월 중국은 러시아, 중앙아시아 4개국(카자흐스탄, 우즈베키스탄, 키르기스스탄, 타지크스탄)과 함께 상하이협력기구(上海合作組織)를 결성한 바 있다. 이 기구의 6개 회원국들은 지리적으로 유라시아의 60%에 해당하는 3,000만km²의 면적, 세계 전체인구의 25%를 넘는 16억 명의 거주지역을 포함한다. 이 점에서 상하이협력기구가 중국과 러시아를 중심으로 하는 대륙세력이 미국 주도의 해양세력을 견제하기 위한 '유라시아판 NATO'로 확대, 발전될 가능성이 주목받고 있다.[65] 말하자면 상하이협력기구의 존재는 대륙세력으로서 중국의 지정학적인 위상을 확인시키는 본보기인 것이다.

하지만 제1차 세계대전 직전의 독일, 냉전시대 소련의 사례에서 나타났듯이,[66] 대륙세력도 국력 확대과정에서 정치·군사적인 대외 영향력의

65　김흥규, "최근 상해협력기구(SCO)의 발전과 중·러 관계 전망", 『주요국제문제분석』(서울: 외교안보연구원, 2006. 6. 14).

66　구 소련의 대양해군력 건설에 관해서는 김정현, 『대륙국가의 해군력 증강』(서울: 한국학술정보, 2005), pp. 133-136, 140-178 참고.

강화를 위해 해양세력화를 지향할 수 있다. 오늘날의 중국 역시 급속한 경제성장에 따른 대외의존도의 증가 추세에 따라 해상교통로 방어, 해저 자원 개발 등 해양권익의 중요성을 주목하고 있으며, 그 결과 원해(遠海)에서의 해양관할권을 방어 및 관철하기 위한 해양력의 강화를 적극적으로 추구하고 있다. 이는 자연스럽게 중국이 자국 영토를 넘어 주변지역까지 투입될 수 있는 군사력의 확보·발전을 모색하는 계기를 마련해줄 것이다. 여기서 핵심을 차지하는 것이 바로 중국 해·공군력의 현대화, 특히 대양해군력의 건설이다.

이미 중국은 류화칭이 해군 총사령관으로 재임했던 지난 1980년대부터 이른바 '제1·2도련(島鍊: Island Chain)' 개념에 입각한 3단계의 대양해군력 건설 계획을 수립, 진행하고 있다.[67] 이 계획에 따르면, 1단계는 중국 해군의 역량을 2000년까지 중국 본토에서 200해리 이내의 '제1도련'(第一島鍊: First Island Chain)을 대상으로 임무 수행이 가능하도록 발전시키는 것이다. 제1도련에는 일본 남서부와 오키나와, 대만, 필리핀 서부해역 등 동중국해와 남중국해 대부분이 포함된다. 2단계는 중국 해군의 임무수행 범위를 2020년까지 중국 본토에서 600해리 떨어진 '제2도련'(第二島鍊: Second Island Chain)까지 확대하는 것을 목표로 한다. 제2도련에는 도쿄를 비롯한 일본 동부, 괌, 마리아나 제도, 그리고 호주 서부해역이 포함된다.

그리고 마지막 3단계는 2020년 이후 중국 해군의 역량을 제2도련을 넘어서는 원해(遠海)에서도 임무를 수행할 수 있을 정도로 발전시키는 것이다. 이 경우 중국 해군은 전 세계를 대상으로 투입·전개될 수 있는 명실상부한 대양해군으로 성장하게 된다. 지난 15세기 명 황조 시대의 대(大) 제독 정허(鄭和) 이후 약 600년 만에 중국이 세계적인 해양세력으로 발돋움하는 것이다.[68]

---

67   김덕기, 2000, p. 115

중국 해군의 제1·2도련 범위

출처: Office of Naval Intelligence, *A Modern Navy with Chinese Characteristics* (Suitland, MD: Office of Naval Intelligence, 2009), p. 5

최근 수년 동안 국제적인 주목을 받고 있는 중국의 항공모함 확보 움직임도 그 연장선상에 있다. 지난 1998년 중국은 건조된 지 70% 상태에서 고철로 방치되다시피 했던 배수량 6만 5,000톤의 러시아제 미완성 항공모함 '바리야그'를 우크라이나에서 인수했으며, 2002년부터 다롄(大連)항에서 선체 보수, 각종 무기체계의 탑재를 포함한 개조·복원 작업을 진

---

68 정허는 1405~1433년 사이에, 7차례나 명 황조의 대함대를 이끌고 동남아시아와 인도, 아랍, 그리고 동부 아프리카로의 대원정 항해를 실시한 인물이다. 당시 정허의 함대는 200척이 넘는 3,000~8,000톤 내외 규모의 대형 범선으로 구성되었으며, 항해에 동원되었던 승무원은 약 2만 7,000명에 달했다. 이는 60여 년 후 크리스토퍼 콜럼버스, 바스코 다 가마를 비롯한 유럽의 대항해 선단보다 훨씬 큰 규모다.

2011년 8월 10일 첫 시험 항해를 실시한 중국 최초의 항공모함 '바리야그'의 모습

행시켜왔다.[69] 그리고 2011년 8월 10~14일 복원된 바리야그의 첫 시험 항해가 실시되었다. 마침내 중국이 세계 10번째 항공모함 보유국으로 기록되는 순간이었다.[70]

중국 국방부는 바리야그의 시험 항해를 앞둔 7월 27일의 정례 회견에서 "현재 폐기된 옛 항공모함의 개조 작업을 진행하고 있으며, 앞으로 '과학연구 및 훈련'(科研試驗和訓練) 목적으로 사용할 것"이라고 밝혔다. 이는 바리야그가 향후 중국이 독자적으로 신형 항공모함을 설계 및 건조하기 위한 연구용, 혹은 전력화 이전의 훈련함으로 운용될 것임을 시사한다. 경우에 따라서는 중국 해군이 바리야그를 남중국해 등지에 실전배치한 후, 해군력이 미약한 동남아시아 국가들을 겨냥하여 제한적인

69　Office of Naval Intelligence, *A Modern Navy with Chinese Characteristics* (Suitland, MD: Office of Naval Intelligence, 2009), p. 19.

70　현재 세계에서 항공모함을 보유 및 실전배치하고 있는 국가는 미국, 러시아, 영국, 프랑스, 인도, 이탈리아, 스페인, 브라질, 그리고 태국 등 9개국뿐이다. 이장훈, "중국의 항공모함 보유 시대 본격 개막", 『국방저널』, 2011년 9월호.

무력시위에 동원할 가능성도 있다. 장기적으로 중국 해군은 2015년 이후, 척당 20~30여 대의 항공기를 탑재하는, 배수량 5~6만 톤 이상의 중·대형 항공모함 약 3척을 자체 건조하여 북해·동해·남해함대에 1척씩 배치하고, 이를 기반으로 총 3개의 항공모함 전투단을 편성할 것으로 전망된다.[71]

2010년 4월, 중국 해군은 동중국해와 남중국해 내에서 사상 유례가 없었던 대규모의 기동훈련을 차례로 실시하였다. 먼저 동해함대 소속의 군함 10척이 일본 오키나와 제도, 바시해협 등지로 기동하여 대잠 작전 등 다양한 임무의 훈련을 수행했으며, 북해함대도 19일 동안 무려 6,000해리(약 1만 800km)를 항해하면서 바시해협과 남사군도 주변 해역에서 훈련했다.[72] 당시 기동훈련에는 중국 해군의 대표적인 신형 군함인 4척의 러시아제 소브레메니급 구축함 가운데 3척, 그리고 러시아제 킬로급 재래식 잠수함 2척이 포함되어 있었다. 뿐만 아니라 난징군구, 광저우군구 소속의 J-8, J-10 전투기와 JH-7 전폭기도 남중국해 상공에서 공중급유, 함대지 교전 등의 원거리 작전수행 훈련을 실시했다.

이로써 중국은 동아시아의 주요 해역에 대한 해군력의 원거리 기동능력을 과시했다. 특히 중국 해군의 군사훈련은 공통적으로 중국이 해양관할권을 놓고 주변 국가들과 대립하고 있는 분쟁해역에서 실시되었으며, 이 점에서 대만뿐만 아니라 미국과 일본, 동남아시아 국가들을 바짝 긴장시키기에 충분했다.[73] 미 해군정보국(ONI: Office of Naval Intelligence)은 중국

---

71 향후 중국의 항공모함에 탑재될 전투기로는 러시아제 SU-33, SU-33을 모방한 신형 기종(일명 J-15), 자국산 J-10 전투기의 개량형 등이 거론되고 있다. 이서항, "동아시아 해군력 증강의 동향과 함의", 『주요국제문제분석』(서울: 외교안보연구원, 2009년 10월 13일); Nan Li and Christopher Weuve, "China's Aircraft Carrier Ambitions", *Naval War College Review*, Vol. 63, No. 1 (Winter 2010).

72 Greg Torode, "Exercises Show PLA Navy's New Strength", *South China Morning Post*, April 18, 2010.

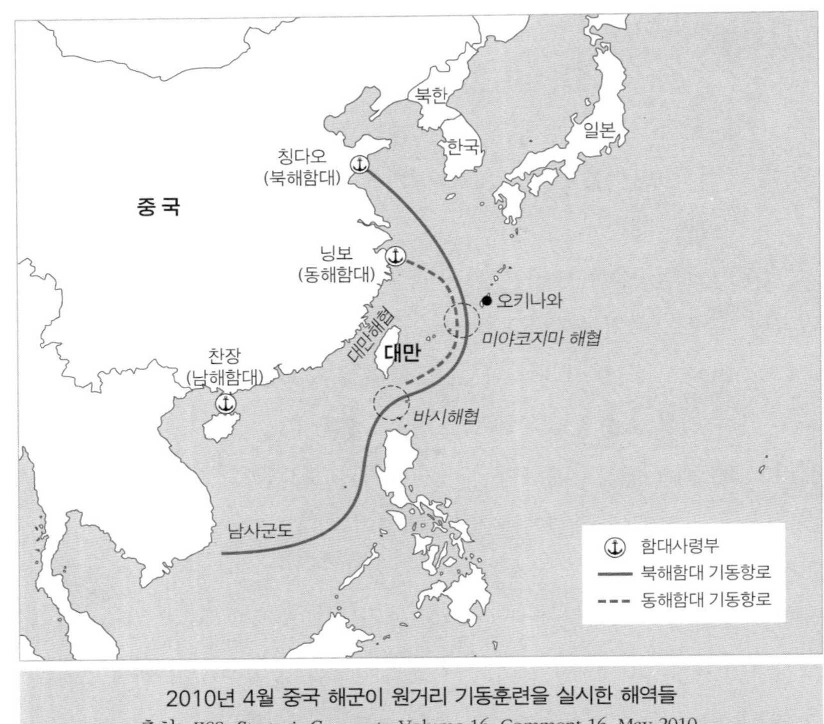

2010년 4월 중국 해군이 원거리 기동훈련을 실시한 해역들
출처: IISS, *Strategic Comments*, Volume 16, Comment 16, May 2010.

이 향후 10~15년 내에 대만해협과 남중국해를 벗어난 대양에서 임무를 수행할 수 있을 정도의 해군력을 확보할 것으로 평가한다.[74]

그뿐만이 아니다. 중국은 그동안 동아시아의 바다에서 절대적인 우세를 차지해온 미 해군의 활동에 대해서도 견제·도전을 본격화하고 있다.

73　특히 일본은 4월 13일 "중국 해군의 군함들이 오키나와의 남서부 공해(公海)상으로 기동하고 있다."는 기타자와 도시미(北澤俊美) 방위상의 확인 성명을 통해 처음 공식 입장을 나타낸 이후, 4월 21일과 22일에도 외무성과 방위성에서 관련 성명을 발표하여 이례적으로 민감한 반응을 나타냈다. 이충원, "日, 中 동중국해 훈련 강화에 '촉각'", 〈연합뉴스〉, 2010년 4월 23일자.

74　Office of Naval Intelligence, 2009, pp. 45-46.

한 보기로 지난 2006년 11월, 중국 해군의 송급 재래식 잠수함 1척이 일본 오키나와의 인근 해역에서 훈련 중이던 미 해군함대의 감시를 뚫고 항공모함 근처까지 침투하여 미군 관계자들을 경악시켰다. 당시 중국 잠수함은 미 해군 항공모함 '키티호크'에서 불과 4해리(약 8km) 밖에서 수면으로 부상했으며, 이는 어뢰의 사거리 이내에 해당하는 거리였다.[75]

2009년 3~5월에는 남중국해와 서해의 공해(公海)상에서 각각 활동 중이던 미 해군의 해양조사선 '임페커블', '빅토리어스' 함이 중국 해군의 함정과 항공기로부터 접근 및 저지를 받으면서 미국과 중국 양측의 외교문제로 비화되었다. 이들 사건에 대해 중국 외교부는 "미국 선박이 국제법과 중국의 법률을 어기고 중국의 배타적 경제수역(EEZ: Exclusive Economic Zone)에서 허가 없이 군사작전을 수행하고 있었다."고 주장하며 자신들의 조치를 정당화했다.[76] 또한 2010년 7월 23일, 베트남에서 개최된 아세안 지역포럼(ARF: ASEAN Regional Forum)의 연례 외교장관 회의에서 힐러리 클린턴 미 국무장관이 "미국은 남중국해에서 자유롭게 항해하고 아시아의 공동수역에 제한 없이 접근하는 데 국가적인 이해를 갖고 있다.", "남중국해의 영유권 분쟁은 강압이나 위협 없이 해결되어야 한다."라고 연설하자, 중국은 이틀 만인 7월 25일 외교부 웹사이트에 게재된 양제츠(楊潔篪) 외교부장의 성명을 통해 "미국이 남중국해 문제를 국제화·다자화하려 드는 것은 문제를 더욱 악화시킬 뿐"이라고 반박했다.[77] 남중국해에 대한 미국의 정치·군사적인 개입을 공개적으로 반대하고 나선 것이다.

그리고 이보다 앞선 2010년 3월 중국은 남중국해 문제가 대만, 티베

---

75 Wendell Minnick, "China Moves Beyond Littorals to Test Growing Fleet Power", *Defense News*, May 3, 2010.

76 중국은 외국 해군이 200해리 이내의 EEZ 내에서 '군사적 목적'에 따른 활동을 수행할 경우, 이를 국제법 위반으로 해석하는 입장이다.

77 中華人民共和國 外交部, "楊潔篪外長駁斥南海問題上的歪論" http://big5.fmprc.gov.cn/gate/big5/www1.fmprc.gov.cn/chn/gxh/tyb/zyxw/t719371.htm(2010. 7. 25. 게재).

트, 신장 자치구와 더불어 '중국의 주권 및 영토보전에 관한 핵심 이익'(中國主權與領土完整的核心利益)에 포함된다는 점을 미국에 통보했다.[78] 향후 중국이 남중국해에서의 해양관할권 문제에 더욱 적극적·공세적인 입장을 취할 것이며, 그 과정에서 미국과의 직접적인 대결도 불사할 수 있음을 예고하는 대목이다.

2010년 3월 26일 서해 백령도 인근해역에서 한국 해군의 배수량 1,200톤급 초계함(즉 천안함)이 북한 잠수함정이 발사한 어뢰에 피격, 침몰되어 46명의 장병들이 전사했다. 이에 한국과 미국은 대규모의 연합 군사훈련을 서해에서 실시한다는 방침을 세웠다. 천안함 피격사건을 계기로 부각된 북한 잠수함정의 위협에 맞서기 위한 대(對)잠수함 교전능력을 향상시키는 동시에, 북한을 겨냥하여 한미 양국의 군사적 대응능력 및 의지를 과시하는 일종의 무력시위 목적에 따른 것이었다. 여기서도 중국은 강력히 반발하고 나섰다. 한미 연합훈련이 중국 본토로 직접 연결되는 서해에서 실시된다는 점을 문제 삼은 것이다. 특히 중국은 미 해군 항공모함 전투단의 한미 연합훈련 참가 가능성에 극도의 경계감을 나타냈다. 작전수행 범위가 600~1,000km에 달하는 미 해군의 항공모함 전투단이 서해에 배치될 경우, 한반도뿐만 아니라 베이징, 톈진(天津)을 비롯한 중국의 수도권, 그리고 동북지역까지 미군의 정보수집 및 공격 시도에 고스란히 노출될 수 있기 때문이었다.

이 점에서 중국은 한미 양국이 서해에서 연합 군사훈련을 실시하려는 움직임을 자국 영토에 대한 직접적인 위협으로 규정했으며, 여러 차례에 걸쳐 반대 입장을 천명했다. 7월 8일 중국 외교부의 친강(秦剛) 대변인은 정례브리핑을 통해 "외국 군함과 군용기가 황해(黃海: 서해의 중국 측 명칭) 및

---

78 Edward Wong, "Chinese Military Seeks to Extend Its Naval Power", *The New York Times*, April 24, 2010.

중국의 인근 해역에 진입하여 중국의 안보이익에 영향을 미치는 활동을 하려는 것에 대하여 결연히 반대한다."고 공식 선언했다. 이보다 앞선 7월 5일에는 중국 군사과학학회의 부(副) 비서장인 뤄위안(羅援) 인민해방군 소장이 홍콩의 TV 방송에 출연하여 "미국의 항공모함이 황해에 들어오면 '살아 있는 표적'(一個活靶子)이 될 것"이라고 발언했다. 이를 두고 미군의 서해 진입이 현실화될 경우 중국이 맞대응 성격의 모의 군사훈련을 실시하고, 특히 항공모함 공격을 위한 대함 탄도미사일이 동원될 가능성까지 제기되었다.

결국 한국과 미국은 7월 25~28일 사이의 4일 동안, 서해가 아닌 동해에서 연합훈련을 실시했다.[79] 훈련 장소가 변경된 것은 물론 중국의 반발을 감안한 결과였다. 중국도 한미 연합훈련 기간을 전후로 하는 약 1개월 동안, 무려 8차례에 걸친 대규모의 지상 및 해상 군사훈련을 차례로 실시하였다.[80] 구체적인 내용들은 다음과 같다.

- 6월 30일~7월 5일: 중국 해군, 동중국해에서 동해함대 소속의 군함, 항공기가 다수 참가하는 기동 및 실탄 사격훈련
- 7월 17~18일: 중국 지난군구, 서해에서 병력 구조 및 무기수송을 비롯한 전시(戰時) 해상 수송훈련
- 7월 25일: 중국 난징군구, 서해 인근의 내륙에서 서해 방향으로 신형 다연장로켓포 사격훈련

---

79 '불굴의 의지'(Invincible Spirit)라고 명명된 한미 연합훈련에는 총 8,000명 규모의 병력, 20여 척의 군함, 200여 대의 항공기들이 훈련에 참가했다. 한국군에서는 '충무공 이순신'(배수량 4,500톤)급 구축함, '독도'(배수량 1만 4,000톤)급 상륙모함, '손원일'(배수량 1,800톤)급 재래식 잠수함, F-15K '슬램이글' 전폭기 등의 최신에 무기가 동원되었다. 미군 역시 훈련참가 여부를 놓고 이목을 집중시켰던 니미츠급 항공모함 '조지 워싱턴'(배수량 9만 7,000톤)뿐만 아니라 이지스구축함, 핵추진 잠수함, 그리고 세계 최강의 전투기로 손꼽히는 F-22 '랩터' 스텔스 전투기 등을 동원했다.

80 조성대, "中 해방군, 한 달여 간 8차례 군사훈련", 〈연합뉴스〉, 2010년 8월 4일자.

- 7월 26일: 중국 해군, 남중국해에서 기동 및 실탄 사격 등을 포함한 대규모의 해상훈련
- 7월 27일: 중국 지난군구, 서해 인근 도시에서 전투부대 및 무기의 동원을 위한 원거리 항공수송·기동훈련
- 8월 3~7일: 중국 지난군구, 산둥(山東)·허난(河南) 성에서 1만 2,000명 규모의 병력이 참가하는 '전위(前衛)-2010' 방공훈련

이들 군사훈련은 중국 인민해방군이 사상 처음으로 실시하는 것이거나, 정례적으로 실시해온 경우에도 예년에 비해 규모가 확대되었다. 뿐만 아니라 당시 중국은 관영 언론매체들을 통해 군함 및 항공기들의 대규모 기동, 실탄 사격 장면 등이 포함된 훈련내용을 이례적으로 즉각 공개하기까지 했다. 다분히 한미 양국의 연합 군사훈련 추진에 대한 중국의 견제, 경고 의사를 반영한 것이었다. 특히 한미 연합훈련 기간 중인 7월 26일, 남중국해에서 실시된 해상훈련에는 중국 해군의 북해·동해·남해함대가 보유한 주력 군함들이 대거 동원되었으며,[81] 천빙더(陳炳德) 총참모장, 우성리(吳勝利) 해군 총사령관을 비롯한 중국 인민해방군의 수뇌부들도 참석하여 국내외적인 주목을 받았다. 중국은 이를 통해 한미 연합훈련에 따른 위협 인식을 상쇄시키는 동시에, 남중국해의 해양관할권 문제에 관한 자신들의 의지, 군사적 대응능력 등을 미국에 과시하고자 했던 것이다.

이러한 중국의 해양세력화 움직임에서 대만은 단연 최우선적인 비중을 차지하고 있다. 대만의 위치는 동중국해와 남중국해를 연결하는 길목일 뿐만 아니라 서태평양으로 직접 연결될 수 있는 요충지에 해당한다. 중국 해군이 내세우는 제1도련의 한 가운데인 동시에, 그 세력을 제2도련으로 확장하기 위해서는 반드시 손에 넣어야 할 대상인 것이다. 중국이

---

81 당시 훈련에는 중국 동해함대 소속의 소브레메니급, 남해함대 소속의 루양-I/II급 구축함도 참가했다. 정재용, "中 3대 함대 남중국해서 대규모 합동훈련", 〈연합뉴스〉, 2010년 7월 30일자.

대륙세력과 더불어 해양세력으로 도약하느냐의 여부는 대만을 정치·군사적으로 장악할 수 있느냐에 따라 결정될 것이라고 해도 과언이 아니다.

전통적으로 중국은 반(反)패권주의·다극화를 지향하는 대외정책 노선을 견지해왔으며, 냉전 이후 미국이 유일 초강대국으로 군림하고 있는 현존 국제질서에 대해서도 줄곧 변화의 필요성을 강조하고 있다.[82] 이는 단일 패권국가가 주도하는 일극체제보다 강대국들 사이의 세력균형, 상호 견제가 이루어지는 다극체제가 경제발전, 국제지위의 향상 등 종합적인 국력 증대에 유리한 조건을 보장해준다는 중국의 인식을 반영한다. 여기에 1999년 3~6월 '인도주의적 개입'(Humanitarian Intervention), '인권' 등을 명분으로 단행된 NATO의 세르비아 공습은 중국이 미국의 패권적 지위를 국가안보에 대한 직접적인 위협으로 인식하는 계기가 되었다.[83] 공산당 우위의 1당 지배체제를 유지하는 권위주의 국가이자 다민족 국가로서, 중국은 미국이 동일한 논리를 내세워 티베트, 신장 위구르를 비롯한 소수민족의 분리 독립운동, 그리고 대만과의 양안분쟁에 자의적으로 개입할 가능성을 배제할 수 없게 된 것이다. 이는 중국의 입장에서 용납할 수 없는 주권, 내정의 침범으로 연결되는 문제였다.

이 점에서 현재의 동아시아 지역질서는 분명 중국에게 만족스럽지 못한 성격이 강하다고 할 수 있다. 냉전 이후에도 여전히 미국의 외교·군사적인 우위가 지속되고 있기 때문이다.[84] 오늘날 동아시아 지역에는

---

82 김재철, 『중국의 외교전략과 국제질서』(서울: 폴리테이아, 2007), pp. 55-57, 93-94.

83 당시 미국은 세르비아의 코소보 난민 학살을 막는다는 명분 아래 NATO의 세르비아 공습에서 주도적인 역할을 담당했다. 특히 1999년 5월 7일에는 미군 전투기가 투하한 폭탄 6발이 베오그라드의 주(駐) 세르비아 중국 대사관을 파괴하여 3명이 죽고, 20명이 부상을 입었다. 이 오폭(誤爆) 사건으로 베이징의 미국 대사관을 비롯한 중국의 미국 외교 공관들이 중국인들의 대규모 항의시위 표적이 되었고, 중국 내부에서는 수개월 동안 광범위한 반미(反美) 감정이 조성된 바 있다. Yong Deng, "Hegemon on the Offensive: Chinese Perspectives on U.S. Global Strategy", *Political Science Quarterly*, Vol. 116, No. 3 (Fall 2001).

2008년 말을 기준으로 6~7만 명 규모의 미군 병력이 한국, 일본, 호주 등지에 주둔 중이다. 특히 중국은 전통적으로 자신들의 경쟁국인 일본이 '미국과의 동맹관계 강화, 발전'이라는 명분을 내세워 기존의 전수방위 개념을 넘어서는 정치 · 군사대국화를 추구하는 것을 심각한 위협으로 인식하고 있다.[85] 뿐만 아니라 미국은 필리핀, 말레이시아, 인도네시아, 싱가포르, 태국 등 여러 동남아시아 국가들의 해 · 공군 기지에 대한 접근, 수용권리를 인정받고 있다.[86]

지정학적으로 동아시아 지역에 대한 미국의 외교 · 군사적 영향력의 유지, 강화는 아시아 · 태평양의 '주변지역'을 대상으로 하는 병력 주둔, 안보공약 지속 등의 형식으로 이루어지고 있다. 다분히 '심장지역'인 중국의 세력확대를 봉쇄 · 차단하겠다는 미국의 의도를 드러낸 것이다. 여기에는 중국 본토에서 불과 200km 이내의 위치에 놓여 있는 대만도 결코 예외가 아니다.

그동안 중국과 대만 양안의 군사력 균형은 대만 군사력의 질적 우위, 그리고 미국의 군사적 개입능력을 바탕으로 대만에 유리한 양상으로 유지될 수 있었다. 이는 중국의 군사력을 동중국해와 남중국해로 각각 양분시키고, 그 가운데서도 상당부분이 대만을 비롯한 동중국해 및 주변 지역

---

84 David Shambaugh, "China's Military Views the World: Ambivalent Security", *International Security*, Vol. 24, No. 3 (Winter 1999/2000).

85 무엇보다도 중국은 동아시아 내에서 중국의 영향력을 견제, 약화시키기 위한 미국의 정치 · 군사적인 활동에 일본이 동참할 가능성을 경계하고 있다. 미사일 방어체제(MD: Missile Defense)의 구축이 대표적이다. Russell Ong, *China's Security Interests in the 21st Century* (New York: Routledge, 2007), pp. 69-73; Thomas J. Christensen, "China, the U.S.-Japan Alliance, and the Security Dilemma In East Asia", *International Security*, Vol. 23, No. 4 (Spring 1999).

86 심지어 미국은 과거 적국이었던 베트남과도 2000년대 초부터 주요 항구, 해군기지에 대한 기항 및 사용권리를 얻기 위한 논의를 계속하고 있다. Stanley Byron Weeks and Charles A. Meconis, *The Armed Forces of the USA in the Asia-Pacific Region* (New York: I. B. Tauris, 1999), p. 97.

에 투입되도록 강요해왔다. 또한 중국이 아시아·태평양 지역에서 미국의 정치·군사적인 패권에 도전하는 것보다 대만을 군사적으로 제압하는 데 역량을 분산, 소모하게끔 유도하는 효과를 거두었다.[87] 대만이 중국의 정치·경제·군사적인 지배에서 분리된 정치적 실체로 존속하는 이상, 중국은 해양세력으로의 도약, 더 나아가 동아시아에서 미국의 패권적 지위에 도전하는 데 큰 어려움을 면치 못할 것이다. 미국이 1979년 대만과의 단교 이후에도 지난 30년 동안 〈대만관계법〉을 비롯하여 대만을 위한 비공식적인 안보공약을 유지해온 배경도 이러한 대만의 대(對)중국 봉쇄·견제 기능 때문이었다.

그렇지만 만약 양안의 군사력 균형이 중국의 우위로 역전된다면 어떻게 될 것인가? 이 경우 대만은 중국 군사력의 활동범위가 중국 본토와 연안지역의 해·공역을 넘어 동중국해, 남중국해까지 확대되는 것을 저지 및 차단하기 위한 기능을 상실할 것이다. 대만해협도 중국의 일방적·압도적인 통제를 받는 '중국의 내해'(內海)로 전락할 수밖에 없다. 더욱 큰 문제는 대만이 중국의 정치·군사적 영향권 이내에 흡수되거나, 아예 중국의 일개 영토로 점령 내지 병합된 후 중국 해·공군의 주력 군함과 전투기들을 배치하는 군사기지로 사용될 가능성이다.[88] 이는 중국이 외부세력의 별다른 견제를 받지 않으면서 동쪽으로는 서태평양, 남쪽으로는 남중국해, 그리고 북쪽으로는 동중국해에 이르기까지 동아시아의 어느 지역으로든 2개 이상의 군구(야전군)·함대에 해당하는 대규모의 육·해·공군력을 집중적으로 동원 및 투입할 수 있는 군사적 우위를 차지한다는 의미를 갖는다.

---

87 Avery Goldstein, "Power Transitions, Institutions and China's Rise in East Asia: Theoretical Expectations and Evidence", *The Journal of Strategic Studies*, Vol. 30, No. 4-5 (August-October 2007).

88 Richard D. Fisher Jr., 2008, p. 125.

그 결과 한국과 일본, 동남아시아 제국(諸國)을 비롯한 동아시아 국가 대부분이 중국의 정치·군사적인 강압으로부터 이전보다 훨씬 취약해질 것으로 우려된다.[89] 특히 해당 국가들이 무역, 에너지자원 수송의 대부분을 의존하고 있는, 인도양 → 남중국해 → 동중국해로 이어지는 해상교통로가 중국의 해·공군력에 의한 봉쇄, 차단 가능성에 노출된다는 점을 결코 간과할 수 없다. 센카쿠 열도와 남사군도를 비롯한 동중국해, 남중국해의 해양관할권 분쟁에서도 중국이 다른 당사국들(즉 일본과 동남아시아)보다 유리한 입지를 차지할 수 있도록 해줄 것이다. 이처럼 중국이 대만을 점령 또는 병합한다면 중국의 해양세력화는 더욱 가속화될 것이며, 중국은 대륙세력인 동시에 해양세력으로서 주변 동아시아 국가들을 압도할 수 있는 패권적 지위를 차지하게 된다.

뿐만 아니라 서태평양의 미국 해·공군기지, 유사시 동아시아로 투입되는 미국의 군사력 증원도 중국 군사력의 직접적인 위협권 내에 놓일 수밖에 없다.[90] 냉전 이후 미국의 유일 초강대국 지위를 뒷받침해 온 군사적 기반은 바로 세계 전체를 연결하는 통로(通路)인 바다와 하늘, 그리고 우주에서 항상 우위를 차지할 수 있는 '공간지배'(Command of the Commons) 능력이었다.[91] 하지만 양안 군사력 균형의 붕괴, 그리고 이에 따른 중국의 해양세력화는 동아시아 지역의 해·공역에서 미국의 공간지배 능력에 중대한 도전으로 작용할 것이다.

이는 유사시 한국, 일본 등 동아시아 우방 국가들을 위한 안보공약을 이행하는 데 요구되는 미국의 군사임무 수행능력 및 의지에 매우 심각한

---

89   James R. Holmes and Toshi Yoshihara, *Chinese Naval Strategy in the 21st Century: The Turn to Mahan* (London: Routledge, 2008), p. 60.

90   James R. Holmes and Toshi Yoshihara, 2008, p. 61.

91   Barry R. Posen, "Command of the Commons: The Military Foundation of U.S. Hegemony", *International Security*, Vol. 28, No. 1 (Summer 2003).

제약을 가할 것이다. 동아시아 지역 내에서 미국 안보공약의 신뢰성도 크게 약화될 것임은 물론이다. 이 경우 중국은 동아시아에 대한 미국의 외교·군사적인 개입능력과 의지가 크게 약화되었다고 판단하게 될 가능성이 높아진다. 중국의 입장에서는 미국과 동맹 및 우방세력들에게 포위되다시피 했던 기존의 불리한 지정학적 구도와 지역질서를 타파하고, 자국의 주도권과 세력 우위를 보장하는 새로운 지역질서를 창출할 수 있는 기회를 얻는 것이다.

그동안의 동아시아 지역질서는 렘키가 다중 위계체제 이론을 통해 제시했던 핵심주장, 즉 '초강대국의 개입'이 특정 지역체제 내부의 세력전이를 억제할 수 있다는 것을 잘 반영해왔다. 다시 말해서 아시아·태평양 지역에 대한 미국의 방위공약, 그리고 세계 전체를 작전범위로 둘 수 있는 미국의 막강한 군사력을 통해 동아시아에서 지배국가의 지위를 차지하려는 중국의 정치·군사적인 현상타파를 억제 및 예방하고, 동아시아 지역의 안정과 평화가 유지될 수 있었다는 것이다.

하지만 이는 중국이 동아시아라는 특정 지역에서 지배적인 지위를 차지하기 위해 굳이 미국의 초강대국 지위에 정면으로 도전할 필요가 없음을 뜻하기도 한다. 단지 동아시아에서 미국이 행사할 수 있는 외교·군사적인 개입능력, 의지를 효과적으로 차단하고 위축시키는 것으로 충분하기 때문이다. 바로 이 점에서 동아시아의 대표적 해양 요충지인 대만의 지정학적 위치는 중국이 동아시아 지역에 대한 미국의 영향력 행사를 거부·약화시키는 데 결정적인 조건을 제공할 수 있다.

결과적으로 양안 군사력 균형의 붕괴와 이에 따른 중국의 해양세력화, 그리고 동아시아에 대한 미국의 정치·군사적인 영향력 약화는 향후 중국이 동아시아 지역의 각종 외교·군사 현안에서 주변국가 및 미국과의 협력, 타협보다는 자신들의 세력우위에 따른 자신감을 바탕으로 훨씬 공세적, 현상타파적이며 팽창 지향적인 태도를 취할 수 있는 여지를 높일 것이다.[92] 그동안의 소극적인 '도광양회'(韜光養晦: 빛을 감추고 어둠 속에서 힘을 기른다)에서 보다 적극적인 '유소작위'(有所作爲: 적극적으로 참여하여 뜻한 바를 이룬다)로의 전환이 본격화되는 것이다.[93] 전 세계적 차원에서 중국이 미국을 대신하는 패권국가로 부상하는 것과는 거리가 멀겠지만, 적어도 동아시아 내에서는 중국의 압도적인 정치·경제·군사적인 우위가 형성되는 '지역 차원의 세력전이'가 실현될 가능성은 충분하다. 그동안 미국의 안보공약에 크게 의존해온 동아시아의 대다수 국가들은 미국의 외교·군사적인 지원을 보장받기 어려운 불리한 조건 속에서 중국과의 대결을 감수하거나, 중국의 정치·경제·군사적인 영향권 내에 편입·복속될 수밖에 없을 것이다.[94]

요컨대 "중국과 대만 양안의 군사력 균형이 유지될 것인가?"는 향후 중국이 ① 명실상부한 해양세력으로 도약하고, ② 이를 통해 동아시아 지역에서 미국의 영향력을 약화 및 차단시키면서, ③ 궁극적으로는 정치·

---

92 Michael D. Swaine and Ashley J. Tellis, *Interpreting China's Grand Strategy: Past, Present, and Future* (Santa Monica, CA: RAND, 2000), p. 228; Denny Roy, "Hegemon on the Horizon?: China's Threat to East Asian Security", *International Security*, Vol. 19, No. 1 (Summer 1994).

93 '도광양회'와 '유소작위'는 1989년 천안문 사태, 1990년대 초 냉전체제의 종식으로 대표되는 국내외적인 정세 급변에 대응하기 위해 덩샤오핑과 첸지첸(錢其琛) 당시 중국 외교부장이 제시한 7개[28자(字)] 외교지침에 포함된 것이다. 구체적으로는 "냉정히 관찰하고, 기반을 튼튼히 하며, 몸을 낮추고, 기회를 기다리며, 본성을 지키고, 앞장서는 일을 피하면서, 때가 되면 움직인다."(冷靜觀察, 穩住陣脚, 穩着應付, 韜光養晦, 善于守拙, 決不當頭, 有所作爲)라는 내용이다. 이는 중국이 냉전 이후 미국을 비롯한 주요 강대국들과의 대결을 회피하고, 경제발전과 국력신장에 전념한다는 방어적인 성격을 나타내고 있다. 서진영, 2006, pp. 146-147.

94 국제정치학에서는 이를 '핀란드화'(Finlandization)라는 용어로 표현한다. 냉전 시절 북유럽의 핀란드가 자유민주주의, 시장경제를 유지했음에도 불구하고, 공산주의 진영의 맹주이자 초강대국인 소련과의 지리적인 인접성 때문에 미국 중심의 반공 외교·군사 노선에 가담하지 않는 등 사실상 소련의 영향권 아래에 놓였던 데서 유래한다. Andrew F. Krepinevich, "China's 'Finlandization' Strategy in the Pacific", *The Wall Street Journal*, September 11, 2010.

외교·군사적으로 주변 동아시아 국가들을 압도할 수 있는 '지역 차원의 세력전이'가 실현되느냐의 여부를 좌우하는 중대한 계기가 될 것이다. 말하자면 과거 중국이 동아시아의 패권 세력으로 군림했던 중화질서를 재현하기 위한 구상의 화룡점정(畫龍點睛)이라고 할 수 있다. 이 점에서 양안 군사력의 균형 여부는 단순히 중국, 대만 양측의 관계뿐만이 아닌 동아시아 지역질서의 차원에서 주목되어야 할 문제라고 할 수 있다.

대만해협의 평화, 안전보장을 위한 제언(提言)

세계 역사를 통틀어 중국만큼 오랫동안 강대국으로 군림해온 국가는 드물다. 중국이 지리적으로 속해 있는 아시아는 물론, 유럽을 위시한 서양 세계에서도 중국의 힘을 두려워했을 정도였다. 이는 19세기 초 프랑스의 황제 나폴레옹 보나파르트가 중국을 가리켜 "잠자는 거인(巨人)을 깨우지 말라. 그가 잠에서 깨어나면, 세계를 뒤흔들 것이다."(Ici repose un géant endormi, laissez le dormir, car quand il s'éveillera, il étonnera le monde)라고 말했던 것에서 잘 드러난다.

그로부터 약 200년의 시간이 흐른 오늘날, 중국의 움직임은 세계의 정치·경제·군사 분야에서 막대한 영향력을 행사하고 있다. 중국은 서양 제국주의 세력과 일본의 침략, 국공내전, 대약진운동 및 문화대혁명의 광풍(狂風)으로 대표되는 굴욕과 혼란의 1세기를 견뎌냈으며, 마침내 세계 유일의 초강대국인 미국과 더불어 국제질서를 주도하는 양대 세력으로 발돋움했다. 초고속 경제성장으로 시작된 중국의 부흥, 강대국화는 이제 외교·군사적인 세력 확대로까지 이어지고 있다. '잠에서 깨어난 거인' 중국의 힘의 얼마나 오랫동안, 어디까지 커질 것인지는 어느 누구도 감히 예측할 수 없다.

세계 각국은 중국의 거침 없는 국력 성장에 놀라움과 감탄을 금치 못하면서도, 한편으로는 급속히 성장하는 중국에 대한 경계감을 숨기지 않고 있다. 역사상으로 새로운 강대국의 등장은 불가피하게 국제질서 내부의 세력관계 변화를 일으켰으며, 이 과정에서 기존의 지배국가와 신흥 강대국 사이의 갈등 또는 전쟁이 벌어졌던 경우가 적지 않았기 때문이다. 이 점에서 중국의 부흥과 강대국화는 현존 국제질서에 대한 부인할 수 없는 도전이자 고민거리가 아닐 수 없다.

특히 중국과 지리적으로 인접하고 있는 주변 동아시아 국가들에게는 막연한 가능성이 아닌, 엄연한 현실 문제다. 중국은 과거 수천년 동안 동아시아에서 자신들이 절대적인 우위를 차지하는 패권체제, 즉 중화질서를 주도해왔으며, 본토에 공산정권이 수립된 1949년 이후에도 주변 국가들과 크고 작은 군사적 충돌을 경험했기 때문이다. 1950~1953년 한반도에서의 6·25전쟁 개입, 1954년과 1958년의 제1·2차 대만해협 위기, 1962년 인도와의 국경분쟁, 1969년 소련과의 국경분쟁, 1979년 베트남과의 전쟁, 그리고 1995년과 1996년의 제3차 대만해협 위기 등이 그 본보기다. 또한 공산당의 1당 지배체제, 1989년의 천안문 사태 유혈진압, 티베트와 신장 위구르족의 분리 독립운동 탄압에서 나타난 중국의 반(反)민주성, 인권 문제도 주변 동아시아 국가들의 우려를 부채질하고 있다.

지난 2011년 9월 27일 중국공산당의 기관지 『인민일보』(人民日報) 계열의 국제문제 전문지 『환구시보』(環球時報)는 남중국해에서 중국과 영유권 분쟁을 벌이고 있는 필리핀, 베트남과의 제한전쟁을 주장하는 논설을 게재한 바 있다. 중화에너지기금위원회(中華能源基金委員會)의 연구원 룽타오(龍韜)가 쓴 문제의 논설에는 "남중국해는 이 지역의 영유권을 주장하는 국가들과 소규모 전쟁을 벌이기에 이상적인 전쟁터이며, 중국이 전쟁에서 잃을 것은 거의 없다.", "필리핀, 베트남에 대한 군사적 응징은 다른 동남아시아 국가들에게도 효과적인 경고를 보내어 장기적으로 평화의 계기를 마련할 것"이라는 주장이 담겨 있었다. 약 1개월 후인 10월 25일에 게재된 『환구시보』의 영문판 사설(社說)은 한국, 필리핀의 중국 어선 나포 증가를 언급하며 "현재 중국의 내부 기조는 먼저 협상을 통해 해양분쟁을 해결한다는 것이지만, 상황이 악화되면 중국의 군사적 행동이 필요해질 수 있다.", "주변 국가들이 중국에 대한 태도를 바꾸지 않는다면, 대포 소리를 들을 각오를 해야 할 것"이라고 으름장을 놓기까지 했다. 이처럼 노골적으로 공세(攻勢)화되고 있는 중국의 외교·군사 행보 앞에서 위협을 느끼지 않을 동아시아 국가들이 과연 얼마나 될지 의문이다.

최악의 시나리오는 중국이 동중국해와 남중국해를 비롯한 인근 해역에서의 제해권을 장악하고, 태평양과 다른 대양까지 영향력을 행사할 수 있는 해양세력으로 도약하는 것이다. 만약 중국이 대륙세력뿐만 아니라 해양세력의 지위까지 차지한다면, 앞으로 동아시아에서는 어느 나라도 중국의 세력팽창을 견제·저지할 수 없게 될 것이다. 이는 동아시아의 지역질서가 중국이 지배국가로 군림하는 패권체제로 바뀐다는 의미이며, 동아시아 국가들은 중국의 정치·경제·군사적인 영향력과 강압으로부터 더욱 취약해질 수밖에 없다.

여기서 대만이 차지하는 전략적인 중요성은 더욱 부각된다. 중국 본토에서 불과 200km 이내의 거리에 위치하며, 동중국해와 남중국해, 그리고 서태평양과 직접 연결되는 동아시아의 해양 요충지가 바로 대만이기 때문이다. 대만이 중국의 지배에서 자유로운 '사실상의 국가'로 남아 있는 이상, 중국은 결코 동아시아 지역의 바다를 마음대로 통제하지 못할 것이다. 대만의 존재가 중국의 해양세력화를 예방·저지하고, 궁극적으로는 중국이 동아시아에서 지역 패권을 차지하려는 시도를 억제하는 데 필수적이라는 점을 보여준다. 하지만 그 반대로 대만이 중국의 손아귀에 들어간다면, 중국은 전방위적으로 정치·군사적인 영향력을 행사할 수 있는 발판을 얻게 될 것이다. 한마디로 '용(龍)이 날개를 다는 것'이나 다름없다.

2008년 5월, 대만에서 마잉주 정부가 출범한 후, 중국과 대만은 전례 없이 우호적이면서 안정적인 관계를 유지하고 있다. 중국·대만 양측의 대화 재개, 3통·4류의 전면 실시, 그리고 최근의 ECFA 체결은 양안 사이의 긴장완화, 교류, 협력관계의 발전을 더욱 촉진시키고 있다. '대만 독립'을 역설하면서 중국과의 대립이 계속되었던 전임 천수이볜 정부 시절과 비교할 때, 그야말로 극적인 변화가 일어난 것이다. 또한 같은 시기에 역시 정권교체가 이루어진 한국이 지난 4년 동안 북한과의 교류협력이 크게 위축 및 경색되고, 심지어는 2010년 3월 26일의 천안함 피격사건, 11월 23일의 연평도 포격으로 북한과 외교·군사 부문에서도 극심한 대립에 직면하게 된 것과 분명한 대조를 나타내고 있다.

이 점에서 한국 사회 일각에서 최근 중국·대만의 관계 개선, 교류협력 심화 추세에 부러운 시선을 보내는 것은 결코 놀라운 일이 아니다. 실제로 마잉주 총통을 비롯한 대만 정부 당국자들은 한반도에서 벌어지고 있는 최근의 외교·군사적인 대립 심화를 거론하면서 중국과의 교류 및 협력 강화, 관계개선의 당위성을 강조하고 있다. 심지어는 이명박 행정부에서 국무총리를 역임했던 정운찬 씨가 북한의 연평도 포격 직후인 2010년 12월 9일 대만을 방문하여 중국과의 양안관계 개선을 촉진시킨 마잉주 총통의 리더십에 경의(敬意)를 표하고, "한국은 남북한 관계를 다룰 때 중국·대만의 관계 개선에서 배워야 한다."고 말할 정도였다.

하지만 지금까지의 여러 긍정적인 변화에도 불구하고, 양안분쟁의 근본적인 해결을 위한 계기는 아직 마련되지 못했다. 중국은 여전히 '하나의 중국', '일국양제' 원칙에 따라 대만이 자신들의 지배 아래에 복속되어야 한다고 주장하고 있으며, 대만해협 너머에는 아직 탄도미사일 1,000

여 기를 비롯한 중국 인민해방군의 수십만 병력이 배치 중이다. 그동안 대만의 질적 우세와 미국의 개입능력을 통해 유지되어왔던 양안 군사력의 균형도 중국의 군사력 현대화 때문에 역전될 가능성이 점차 높아지고 있다. 중국과의 표면적인 화해, 교류, 협력 뒤에 가려진 대만의 고민이 바로 여기에 있는 것이다.

오늘날 대만이 지향하는 '현상의 안정적인 유지, 관리'를 중국이 무한정 용인해줄 것이라는 보장도 없다. 비록 대만이 공식적으로는 더 이상 분리 독립을 추구하지 않는다고 해도, 중국과의 본격적인 통일 협상은 거부하면서 '양안의 정치·외교적인 분리'를 지속하는 데 주력한다면, 중국은 이를 '분리 독립의 기정사실화'로 간주할 것이기 때문이다. 관건은 인내의 한계에 도달한 중국이 군사력을 비롯한 비평화적 수단을 동원하여 대만해협 양안에서의 일방적인 현상타파를 시도할 경우, 대만이 이를 예방, 거부할 수 있느냐에 달려 있다. 하지만 시간이 갈수록 심화되고 있는 대만의 경제·사회적인 대(對)중국 의존도, 중국의 우위로 역전되기 시작한 양안 군사력의 균형 문제는 앞으로의 양안관계에서 대만이 주도권을 발휘할 수 있는 여지를 점차 축소시킬 것이다.

중국이 대만을 '일개 반란·분리지역'으로 간주하는 기존의 입장을 고집하는 이상, 아무리 양안의 경제교류와 협력이 확대·강화된다고 해도 대만해협에서 진정한 평화는 실현되지 못할 것이다. 오히려 대만의 자주성을 약화시키고, 대만이 중국의 정치·경제·군사적인 영향력 아래에 예속되는 결과를 가져올 것이라는 우려를 더욱 증폭시킬 뿐이다. 이 경우 중국은 해양세력으로 나아가는 데 가장 중요한 전략적 요충지를 차지하게 되며, 동아시아 지역질서는 중국의 패권적 지위가 강화되면서 심각한 불안정에 직면할 것이다.

그렇다면 중국·대만 양안관계와 동아시아 지역질서의 안정, 평화를 위해서는 앞으로 어떠한 노력들이 필요한가? 이에 필자는 대만해협에서 이루어져야 할 몇 가지의 제언(提言)을 올리고자 한다. 우선 중국과 대만 양안의 관계개선, 교류 및 협력의 강화 추세가 자칫 대만의 정치·경제적인 자주성을 약화시키고, 궁극적으로는 중국과의 병합(倂合)으로 귀결될 것이라는 대만 내부의 우려를 불식시킬 필요가 있다. 이는 대만의 국제적인 고립 탈피, 활동공간 확보 문제에 관한 중국의 과감한 양보를 전제로 한다. 구체적으로 중국은 대만이 UN 산하기구를 포함한 비(非)정치적인 목적의 국제기구에 가입, 참여하는 것을 더 이상 방해하지 말아야 할 것이다. 같은 맥락에서 대만이 중국 이외의 국가들과 FTA, 혹은 그에 준하는 경제·무역협정을 체결하려는 노력에 대해서도 중국의 정치, 외교적인 반대가 배제되어야 한다. 만약 '하나의 중국' 원칙이 문제가 된다면, 이미 국제적으로 '중화민국', '대만'의 대체 명칭으로 통용되고 있는 '중화 타이베이'를 사용하는 타협이 가능할 것이다.

양안관계의 정상화가 경제·사회적인 협력, 통합의 심화 차원을 넘어서 정치·외교 부문에서의 본격적인 대화, 협상으로 나아가기 위해서는 국공내전 이후 60년 동안 지속되어온 양안의 군사적인 대립을 획기적으로 완화하기 위한 조치가 요구된다. 여기서도 중국의 역할은 매우 크다. 먼저 중국은 대만을 겨냥하여 동남부 지역 일대에 배치하고 있는 각종 공격용 무기들을 철수 및 감축, 폐기해야 한다. 여기에는 1,000기가 넘는 탄도미사일은 물론, 대만과 주변 해·공역 전체를 범위로 기동할 수 있는 고성능의 군함, 항공기도 포함된다. 또한 중국은 현재와 장래, 특히 통일 이후에도 대만에 군사력을 파견 및 배치하지 않겠다는 것을 약속해야 한다.

중국이 위와 같은 조치들을 실천에 옮긴다면, 대만은 외국과의 군사동맹, 외국 군 병력의 배치를 일체 허용하지 않을 것임을 중국에 약속해야 한다. 이는 중국이 자신들의 우위를 전제로 하는 통일을 대만에게 강요하지 않는 한편으로, 자주적인 대만의 존재가 중국 안보에 위협이 되지 않는다는 점을 중국에게 확신시키기 위한 것이다.

가장 바람직한 방안은 '중국과 대만 양안의 평화공존(平和共存) 관계 제도화'다. 이는 중국 본토의 중화인민공화국, 대만의 중화민국이 자발적인 대화 및 협상을 통해서 유럽연합(EU: European Union)과 비슷한 일종의 지역연합을 결성하는 것을 골자로 한다. 양안 지역연합은 가칭 중화연맹(中華聯盟: Chinese Union)으로 명명하며, 국제사회에서 중국 본토와 대만을 모두 포함하는 단일 대표체 역할을 할 것이다.

중화연맹의 대표는 중국 국가주석, 대만 총통이 1년마다 교대로 맡는다. 그리고 중국과 대만은 공동의 외교·안보정책을 수립해야 한다. 중화연맹 내부에서 중국 본토와 대만은 각자의 독자적인 정부, 통치권을 인정받으며, 이 점을 상호 보장해야 할 것이다. 이것은 중국·대만 양안이 정치체제와 이념 측면에서의 이질성을 극복할 때까지 통일을 수 세대 이후의 장기적인 과제로 미루고, 양안 평화공존의 제도화를 최우선적인 정책과제로 규정해야 함을 뜻한다.

위와 같은 방안들이 실현되기 위해서는, 중국과 대만 양측이 다음의 2가지 원칙에 합의해야 할 것이다. 첫째, 양안관계에서 발생하는 모든 문제와 분쟁은 군사력이 아닌 평화적인 수단을 통해 해결되어야 한다. 둘째, 중국과의 통일 또는 분리 독립 여부에 관한 대만의 자주적인 선택권을 인정한다. 이는 60년이 넘도록 중국 본토와는 다른 정치·경제·사회체제를 유지·발전시켜왔으며, 국제사회에서 독자적인 정치적 실체로 존속하고 있는 대만의 중화민국 정부, 그리고 대만인들에게 마땅히 보장되어야 할 정당한 권리다. 그러나 '하나의 중국' 원칙에 대한 중국 공산정권의 확고한 입장을 고려한다면, 앞으로 상당 기간 동안 중국이 이를 수용할 가능성은 매우 희박하다.

따라서 현 시점에서 선택 가능한 차선책은 '대만의 방위력 강화'다. 인구와 경제규모를 비롯한 총체적인 국력, 국제사회에서의 지위 등을 통틀어 중국과의 대등한 경쟁이 불가능한 대만이 정치적 실체로서 자주성을 유지하고, 양안관계에서 일정 수준의 발언권과 주도권을 보장받기 위해서는 중국의 군사적 위협을 효과적으로 억지·격퇴할 수 있는 방위역량이 필수적이기 때문이다. 200만 명이 훨씬 넘는 중국 인민해방군 전체를 대만 혼자만의 힘으로 막을 수는 없겠지만, 적어도 대만을 직접적으로 노리고 있는 난징군구 소속의 군사력에 맞설 정도는 되어야 할 것이다.

향후 대만의 방위력 개선·강화를 위한 노력은 3가지의 원칙에 따라 구현되어야 한다. 첫째, 제해·제공권의 확보는 앞으로도 대만 방위전략의 최우선적인 과제다. 대만은 영토 전체가 바다로 둘러싸인 섬나라이며, 만약 대만군이 주변의 바다와 하늘에서의 통제권을 상실한다면 이미 대만의 패배는 확정된 것이나 다름없다. 따라서 대만의 전쟁 억지, 승리는 대만군이 대만해협에서 제해·제공권을 차지할 수 있느냐의 여부에 따라 결정될 수밖에 없다.

다만 중국 해군과 공군이 최근 10여 년 동안 대만과 동급 내지 이상 수준의 고성능 군함, 항공기들을 다수 확보하고 있다는 점을 고려할 때, 대만군이 대만해협에서 장기간에 걸쳐서, 지속적으로 제해·제공권을 유지할 수 있는 능력은 점차 한계에 부딪힐 것이다. 따라서 대만군은 대만해협 주변의 해·공역에서 지속적인 우위를 차지하는 것보다, 대만이 필요로 하는 특정 시점에서 중국의 해·공군력이 대만해협에서 자유롭게 활동하는 것을 방해 및 저지할 수 있는 제한적 수준의 제해·제공권 확보를 추구하는 편이 바람직하다. 말하자면 '통제'보다는 '거부', '차단'의 성격이 강하다고 할 수 있다.

둘째, 비대칭적인 전력 육성이 필요하다. 오늘날 대만은 경제력뿐만 아니라 군사비 지출 규모에서도 중국과의 격차가 커지고 있는 실정이다. 때문에 대만이 중국과 비슷한 구조의 군사력을 유지·건설하거나, 비슷한 종류의 무기를, 비슷한 규모만큼 확보하는 방식으로 중국의 군사적 위협에 맞서겠다는 것은 비현실적이다. 오히려 군사력에서 양적·질적으

대함미사일을 발사하는 대만 해군의 '광화 6호' 미사일정(위쪽)과 현재 대만이 개발 중인 배수량 1,000톤급의 신형 초계함(아래쪽)

로 모두 중국보다 열세를 면치 못하는 결과를 초래할 것이다. 그러므로 중국 인민해방군이 상대적으로 취약성을 나타내고 있으며, 비용 대비 효과가 우수한 성격의 무기 및 전력을 발굴, 개발하여 집중적으로 강화시키는 비대칭적 접근이 대만에게는 최선의 선택이다.

먼저 대만 해군은 배수량 3,000톤 이상의 중·대형 수상전투함을 중심으로 하는 기존의 전력구조를 대대적으로 재편성할 필요가 있다. 대함미사일의 탑재, 운용능력을 갖춘 배수량 1,000톤 이하의 소형 전투함정을 다수 확보하여 대만해협 유사시 중국과의 해전을 수행할 핵심 세력으로 동원해야 한다. 그동안 대만 해군의 주력이었던 호위함, 구축함은 현재 규모의 절반 이하로 과감히 축소시키고, 중국 해군과의 직접적인 전투보다는 대만 측·후방 해역에서 서태평양, 남중국해로 연결되는 해상교통로의 방어 임무를 1차적으로 수행하는 가운데, 필요할 경우 대만해협 전방으로 증원될 수 있는 예비전력 역할을 담당하는 편이 바람직하다.

실제로 대만 해군은 2009년부터 배수량 150톤의 미사일정 '광화(光華)

6호'를 본격적으로 건조, 배치하고 있으며, 향후 30척을 전력화할 계획이다. 또한 최근에는 배수량 1,000톤급의 신형 초계함도 개발 중이다. 이들은 모두 사거리 100km 이상의 장거리 대함미사일을 탑재, 운용할 수 있으며, 선체 설계에 스텔스 기술을 적용시킨 것이 특징이다. 덕분에 중국 해군의 주력함에게 좀처럼 탐지되지 않는 가운데, 원거리에서 기습적이고 집중적인 대함 교전을 수행할 수 있는 일종의 '해상 기동화력기지'(海上機動火力基地) 역할을 할 것으로 기대된다.

마하 2 이상의 빠른 비행속도로 적 군함의 함대공 요격능력을 무력화할 수 있는 초음속 대함미사일도 대만해협에서 중국 해군의 제해권 장악 시도를 저지·거부하기 위한 효과적인 선택이 될 것이다. 이미 대만은 사거리 150~200km의 초음속 대함미사일 슝펑 3호를 자체 개발하는 데 성공했다. 슝펑 3호 초음속 대함미사일은 지난 2008년부터 일부 군함들을 대상으로 탑재가 시작되었으며, 현재 개발되고 있는 배수량 1,000톤급의 신형 스텔스 초계함에서도 운용될 예정이다. 향후 대만은 초음속 대함미사일을 해군 전투함정뿐만 아니라 지상·항공 등의 다양한 탑재수단을 통해 운용할 수 있도록 보다 적극적인 전력화 노력을 기울여야 할 것이다.

아울러 현재 2척에 머물러 있는 대만 해군의 잠수함을 큰 폭으로 확충할 수 있어야 한다. 잠수함은 수중에서 작전을 수행할 수 있는 '은밀성'을 최대 무기로 하는 해군의 가장 대표적인 비대칭 전력이며, 적은 수로도 대규모의 적 해군력을 차단·견제하는 데 매우 효과적이기 때문이다. 비록 잠수함 전력의 강화는 대만 내부에서도 경제적인 타당성 등을 이유로 지난 수년 동안 논란이 계속되어온 문제지만, 대만 방위력의 획기적인 강화를 위해서는 좀처럼 포기하기 어려운 대안임에 틀림없다. 따라서 대만은 필요하다면 최대 10년 내외의 개발 및 건조 기간을 감수해서라도 독자적으로 잠수함을 확보하는 방안도 추진해야 할 것이다.

대만 공군의 경우, 중국 공군력의 현대화에 맞서기 위해 크게 2가지의 대응책을 강구하고 있다. 첫째, 현재 보유하고 있는 F-16A/B와 징궈 호 등 제4세대 전투기들을 대상으로 하는 성능개량이다. 둘째, 기존 전투 기들의 성능을 능가하는 신형 기종의 도입을 지속적으로 추진한다. 최근 수년 동안 미국에 지속적으로 요구하고 있는 66대의 F-16C/D 전투기 도 입이 그 본보기다. 그러나 한편으로는 이들의 수량 부족을 보완 및 극복 할 수 있는 대안을 마련할 필요가 있다.

여기에는 사거리 50~100km 이상의 중·장거리 지대공미사일 전력 확대가 우선적으로 고려될 수 있다. 이들 지상 방공전력은 중국 공군이 대만해협 및 주변의 공역에서 신속하게 제공권을 장악하는 것을 교란· 방해하고, 이후 출격하는 대만 공군의 전투기들이 보다 유리한 조건에서 중국 공군과의 공대공 교전을 수행할 수 있도록 지원하는 1차적인 방공 임무를 담당해야 한다. 현재 대만은 다수의 자국산 및 외국제 중·장거리 지대공미사일을 실전 배치하고 있으며, 최근에는 탄도미사일 요격능력을 향상시킨 자국산 톈궁 3호 지대공미사일을 개발, 공개하여 주목받기도 했다.

그리고 셋째, 중국 영토에 대한 장거리 반격능력을 일정 수준 확보해 야 한다. 여기서 필자가 제시하는 장거리 반격능력의 대상은 난징군구 이 내에 배치되고 있는 중국 인민해방군의 주요 병력, 난징군구로 증원될 수 있는 주변지역(예: 지난군구, 광저우군구)의 군사력과 이들을 수용할 수 있는 후방 지원시설 등을 포함한다. 대만군이 해당 군사력과 시설 및 기능들을 직접적으로 공격할 수 있는 능력을 갖춘다면, 전쟁 초반부터 대만을 침공 하려는 중국의 군사력과 작전수행 속도를 조직적·체계적으로 마비시킬 것이며, 그만큼 중국의 대만 침공이 실패할 가능성을 높이는 데 기여할 것으로 기대된다. 또한 중국 인민해방군이 차지하고 있는 군사력의 양적 우세를 상쇄시키는 효과도 거둘 수 있다.

대만의 우수한 정밀유도무기 개발 역량을 고려할 때, 이는 충분히 실

2007년 10월 10일의 중화민국 정부수립일 기념 군사 퍼레이드에서 공개된 대만의 톈궁 3호 지대공미사일(위쪽)과 슝펑 3호 초음속 대함미사일(아래쪽)

현 가능하다. 대만은 세계적인 수준을 자랑하는 전자·정보통신 기술, 국방당국의 지속적인 노력을 통해 고성능의 자국산 대함, 지대공·공대공 미사일을 개발한 바 있기 때문이다. 최근에는 중국 영토를 직접 공격할 수 있는 사거리 300km 이상의 슝펑 2E호 순항미사일, 완첸 공대지 유도폭탄까지 성공리에 개발했다. 그리고 이들을 대폭 발전시킨 최대사거리 500~1,000km 이상의 탄도·순항미사일 개발을 위한 노력도 진행 중이다. 이처럼 장거리 정밀유도무기는 대부분을 해외 직도입(주로 미국)에 의존하고 있는 일반적인 재래식 무기들(예: 탱크, 대형 군함, 항공기)보다 대만이 필요로 하는 수준의 방위력을 제공하는 데 훨씬 적합한 것이다.

　동아시아에서 대만의 존재는 단순히 '동중국해와 남중국해 사이에 위치하는 작은 섬'으로 그치지 않는다. 중국의 힘이 대륙을 넘어 해양으로 확대되고, 동아시아 지역질서가 중국이 절대적인 우위를 차지하는 패권체제로 바뀌느냐의 여부를 좌우하는 열쇠가 바로 대만이기 때문이다. "대만이 정치·경제·군사적인 자주성을 유지할 수 있을 것인가?"라는 질문의 답에 따라 동아시아 지역질서의 장래가 결정될 것이라고 해도 과언이 아니다. 이 점에서 대륙과 바다 양쪽으로 모두 중국과 인접할 뿐만 아니라, 역사상으로 중국과의 숱한 군사적 대결을 경험한 바 있는 한국도 대만해협을 예의 주시해야 할 필요가 있다.

오늘날 대만해협은 한반도와 더불어 동아시아, 아니 세계 유일의 분단지역으로 남아 있다. 이들 두 지역에서 정치·군사·이념적인 대립이 막을 내릴 때, 비로소 동아시아와 세계는 '냉전의 마지막 유산'을 청산하고 보다 평화롭고 번영된 미래를 향해 전진할 수 있을 것이다.

참고
문헌

국문 단행본

공군본부.『외국 군 구조편람 2007』. 대전: 공군본부, 2007.

권태영·노훈.『21세기 군사혁신과 미래전』. 서울: 법문사, 2008.

권태영 외.『동북아 전략균형 2005』. 서울: 한국전략문제연구소, 2005.

김덕기.『21세기 중국해군』. 서울: 한국해양전략연구소, 2000.

김영신.『대만의 역사』. 서울: 지영사, 2001.

김재철.『중국의 외교전략과 국제질서』. 서울: 폴리테이아, 2007.

김정현.『대륙국가의 해군력 증강』. 서울: 한국학술정보, 2005.

김행복·황원식·강창구.『20세기 地球村戰爭』. 서울: 병학사, 1996.

김현기.『現代海洋戰略思想家』. 서울: 한국해양전략연구소, 1998.

박경일 편저.『세계 안보의 관점과 전략』. 서울: 창조문화, 2009.

배정호.『일본의 국가전략과 안보전략』. 파주: 나남, 2006.

문홍호.『13억인의 미래: 중국은 과연 하나인가?』. 서울: 당대, 1996.

______.『대만문제와 양안관계』. 서울: 폴리테이아, 2007.

서진영.『현대중국정치론』. 파주: 나남, 1997.

______.『21세기 중국외교정책』. 서울: 폴리테이아, 2006.

______.『21세기 중국정치』. 서울: 폴리테이아, 2008.

성채기·황재호 외.『2009 동북아 군사력과 전략동향』. 서울: 한국국방연구원, 2010.

신승하.『당대중국: 중화인민공화국과 대만』. 서울: 대명출판사, 2006.

양승윤·황규희 외.『동남아-중국관계론』. 서울: 한국외국어대학교출판부, 2003.

오규열.『중국군사론』. 서울: 지영사, 2000.

외교통상부.『대만 개황 2007』. 서울: 외교통상부, 2007.

______.『중국 개황 2008』. 서울: 외교통상부, 2008.

우철구·박건영 편저.『현대 국제관계이론과 한국』. 서울: 사회평론, 2004.

유철종.『동아시아 국제관계와 영토분쟁』. 서울: 삼우사, 2006.

육군사관학교 편저.『무기체계학』. 서울: 청문각, 2001.

이영형.『지정학』. 서울: 엠-에드, 2006.

이장훈.『홍군 VS 청군: 미국과 중국의 21세기 아시아 패권 쟁탈전』. 서울: 삼인, 2004.

이재형.『중국의 해양전략』. 서울: 황금알, 2007.

이정태.『신중국의 해권과 해양영토』. 서울: 대왕사, 2005.

이진영.『中國人民解放軍史』. 서울: 국방군사연구소, 1998.

임덕순.『地政學: 理論과 實際』. 서울: 법문사, 1999.

임상민.『전투기의 이해-상』. 서울: 이지북, 2005.

전웅 편역.『地政學과 海洋勢力理論』. 서울: 한국해양전략연구소, 1999.

지은주.『대만의 독립문제와 정당정치』. 파주: 나남, 2009.

최영.『現代核戰略理論』. 서울: 일지사, 1987.

함택영.『국가안보의 정치경제학』. 서울: 법문사, 1998.

황병무.『新中國軍事論』. 서울: 법문사, 1992.

국문 논문 및 기고문

공유식. "중국-대만, 경제 통합 급물살".『친디아 저널』통권 제38호, 2009. 10월호.

김애경. "중국의 개혁개방기 '강대국화' 담론 연구". 정재호 편저,『중국의 강대국화: 비교 및 국제정치학적 접근』, 서울: 오름, 2006.

김영문. "毛澤東 사후 중국 군 현대화와 정치적 역할의 상관관계".『中蘇研究』제26권, 제2호, 2002. 8.

김재엽. "대만해협의 군사력 균형 재평가".『新亞細亞』통권 제53호, 2007. 겨울호.

김태호. "중국의 '군사적 부상': 2000년 이후 전력증강 추이 및 지역적 함의".『국방정책연구』통권 제73호, 2006. 가을호.

김흥규. "중국의 반(反)국가분열법과 양안관계 전망".『주요국제문제분석』, 서울: 외교안보연구원, 2005. 6. 8.

______. "중국의 신군사전략 및 군사력 변화와 지역안보".『주요국제문제분석』, 서울: 외교안보연구원, 2005. 9. 7.

______. "최근 상해협력기구(SCO)의 발전과 중·러 관계 전망".『주요국제문제분석』, 서울: 외교안보연구원, 2006. 6. 14.

박병광. "중국의 우주군사력 발전에 관한 연구".『국가전략』제15권, 제4호, 2009.

겨울호.

박창희. "중국인민해방군의 군사혁신(RMA)과 군 현대화". 『國防硏究』 제50권, 제1호, 2007. 6.

______. "21세기 전략환경 변화와 중국의 군사전략", 『中蘇硏究』 통권 119호, 2008. 가을.

서상문, "중국 國·共내전시기 金門전투와 그 역사적 의의", 『中國近現代史硏究』, 제22집, 2004. 6.

유지용. "중국특색 군사변혁과 중국 인민해방군의 현대화 동향". 『週刊國防論壇』, 2005. 7. 11.

윤상우. "동아시아 지역경제통합에서의 대만의 대응과 딜레마". 『한국과 국제정치』 제26권, 제2호, 2010. 여름호.

윤석준. "동아시아 해군력 현대화 추세와 전망". 『國防硏究』 제52권, 제2호, 2009. 8.

이서항. "동아시아 해군력 증강의 동향과 함의". 『주요국제문제분석』, 서울: 외교안보연구원, 2009. 10. 13.

이장훈. "괌, 미국의 동북아 새 군사 허브 기지로". 『주간조선』, 2006. 11. 14.

______. "중국의 항공모함 보유 시대 본격 개막". 『국방저널』, 2011. 9.

이지용, "중국 소수민족 문제 현황분석". 『주요국제문제분석』, 서울: 외교안보연구원, 2011. 9. 28.

이창형. "중국의 도약식 국방현대화: 추진전략과 시사점". 『국제문제연구』 제7권, 제3호, 2007. 가을호.

임상민. "세계의 항공우주산업: (1) 대만". 『航空宇宙』, 2004. 가을호.

진재일. "전력지수에 의한 군사력 평가: 현황 및 발전방향". 『週刊國防論壇』, 2010. 3. 8.

최명해. "마잉주(馬英九) 정권 출범 1년의 양안관계 평가 및 전망". 『주요국제문제분석』, 서울: 외교안보연구원, 2009. 6. 17.

하도형. "중국 국방정책의 평가와 전망: 방어적인가, 공세적인가?". 이동률 편저. 『중국의 미래를 말하다』, 서울: 동아시아연구원, 2011.

한재현. "양안(兩岸)관계 변화 과정과 전망". 『한은조사연구』, 서울: 한국은행 조사국, 2009. 7. 9.

황재호. "중·러 합동군사훈련의 전략적 의미". 『週刊國防論壇』, 2005. 10. 24.

영문 단행본

Bush, Richard C., and O'Hanlon, Michael. *A War Like No Other: The Truth about China's Challenge To America*. Hoboken, N.J.: John Wiley & Sons, 2007.

Chase, Michael S. *Taiwan's Security Policy: External Threat and Domestic Politics*. Boulder, CO.: Lynne Rienner Publishers, 2008.

Cliff, Roger., Burles, Mark., Michael S., Chase., et al. *Entering the Dragon's Lair: Chinese Antiaccess Strategies and Their Implications for the United States*. Santa Monica, CA.: RAND, 2007.

Cline, Ray S. *World Power Trends and U.S. Foreign Policy for the 1980's*. Colorado: Westview Press, Boulder, 1980.

Cohen, Saul Bernard. *Geopolitics of the World System*. Lanham, MD: Rowman & Littlefield, 2003.

Cole, Bernard D. *Taiwan's Security: History and Prospects*. New York: Routledge, 2006.

Fisher Jr. Richard D. *China's Military Modernization: Building for Regional and Global Reach*. Westport, CT: Praeger Security International, 2008.

Holmes, James R., and Toshi Yoshihara. *Chinese Naval Strategy in the 21st Century: The Turn to Mahan*. London: Routledge, 2008.

Lemke, Douglas. *Regions of War and Peace*. New York: Cambridge University Press, 2002.

Office of the Secretary of Defense. *Military Power of the People's Republic of China 2002*. Washington D.C.: U.S. Department of Defense, 2002.

______. *Military Power of the People's Republic of China 2005*. Washington D.C.: U.S. Department of Defense, 2005.

______. *Military Power of the People's Republic of China 2009*. Washington D.C.: U.S. Department of Defense, 2009.

______. *Military and Security Developments Involving the People's Republic of China 2010*. Washington D.C.: U.S. Department of Defense, 2010.

Ong, Russell. *China's Security Interests in the 21st Century*. New York: Routledge, 2007.

Organski, A. F. K. *World Politics*. New York: Alfred A. Knopf, 1958.

Rigger, Shelley. *Why Taiwan Matters: Small Island, Global Powerhouse.* Lanham, MA: Rowman & Littlefield, 2011.

Shlapak, David A., David T., Orletsky, Toy I. Reid., et al. *A Question of Balance: Political Context and Military Aspects of the China-Taiwan Dispute.* Santa Monica, CA.: RAND, 2009.

Swaine, Michael D. *Taiwan's National Security, Defense Policy, and Weapons Procurement Processes.* Santa Monica, CA.: RAND, 1999.

Swaine, Michael D., and Ashley J. Tellis. *Interpreting China's Grand Strategy: Past, Present, and Future.* Santa Monica, CA.: RAND, 2000.

Tammen, Ronald L., et al. *Power Transitions: Strategies for the 21st Century.* New York: Chatham House Publishers, 2000.

U.S. Department of Defense. *Quadrennial Defense Review Report.* Washington D.C.: U.S. Department of Defense, February 6, 2006.

______. *Quadrennial Defense Review Report.* Washington D.C.: U.S. Department of Defense, February 1, 2010.

Wachman, Alan. *Why Taiwan? Geostrategic Rationales for China's Territorial Integrity.* Stanford, CA.: Stanford University Press, 2007.

Weeks, Stanley Byron, and Charles A. Meconis. *The Armed Forces of the USA in the Asia-Pacific Region.* New York: I.B. Tauris, 1999.

영문 연감 및 통계서적

Ebbutt, Giles, and James C. O'Halloran. *Jane's World Armies 2006.* Surray, U.K.: Jane's Information Group, 2006.

Foss, Christopher F. *Jane's Armour and Artillery 2009-2010.* Surray, U.K.: Jane's Information Group, 2009.

Fuller, Malcolm. *Jane's Naval Weapon Systems 2009.* Surray, U.K.: Jane's Information Group, 2009.

Hewson, Robert, *Jane's Air-Launched Weapons 2009.* Surray, U.K.: Jane's Information Group, 2009.

IISS. *Military Balance 2009.* London: Routledge, 2009.

Jackson, Paul. *Jane's All the World's Aircraft 2009-2010.* Surray, U.K.: Jane's

Information Group, 2009.

Lennox, Duncan. *Jane's Strategic Weapon Systems 2007*. Surray, U.K.: Jane's Information Group, 2007.

O'Halloran, James C. *Jane's Land-Based Air Defence 2009-2010*. Surray, U.K.: Jane's Information Group, 2009.

Saunders, Stephen. *Jane's Fighting Ships 2008-2009*. Surray, UK: Jane's Information Group, 2008.

SIPRI. *SIPRI Yearbook 2000: Armaments, Disarmament, and International Security*. Oxford University, 2000.

______. *SIPRI Yearbook 2008: Armaments, Disarmament, and International Security*. Oxford University, 2008.

______. *SIPRI Yearbook 2009: Armaments, Disarmament, and International Security*. Oxford University, 2009.

영문 논문 및 기고문

Albright, David, and Corey Gay. "Taiwan: Nuclear Nightmare Averted". *Bulletin of Atomic Scientists*. Vol. 54, No. 1, January/February, 1998.

Andrew, Martin. "China's Conventional Cruise and Ballistic Missile Force Modernization and Deployment". *China Brief*. Vol. 10, Issue 1, The Jamestown Foundation: January 7, 2010.

Biddle, Stephen. "Rebuilding the Foundation of Offense-Defense Theory", *The Journal of Politics*. Vol. 63, No. 3, August, 2001.

Bitzinger, Richard A. "The Eclipse of Taiwan's Defense Industry and Growing Dependencies on the United States for Advanced Armaments". *Issues & Studies*. Vol. 38, No. 1, March, 2002.

Blasko, Dennis J. "PLA Exercises March Toward Trans-Regional Joint Training". *China Brief*. Vol. 9, Issue 22, The Jamestown Foundation: November 4, 2009.

Chase, Michael. S. "Defense Reform in Taiwan: Problems and Prospects". *Asian Survey*. Vol. 45, No. 3, May/June, 2005.

______. "Taiwan's Arms Procurement Debate and the Demise of the Special

Budget Proposal". *Asian Survey*. Vol. 48, No. 4, July/August, 2008.

Chen, Chien-Hsun. "Taiwan's Burgeoning Budget Deficit". *Asian Survey*. Vol. 45, No. 3, May/June, 2005.

Chen, Pi-Chao. "The Security Environment in East Asia". *Taipei Times*. September, 12, 2003.

Chen, York W. "The Evolution of Taiwan's Military Strategy: Convergence and Dissonance". *China Brief*. Vol. 9, Issue 23, The Jamestown Foundation: November 19, 2009.

Christensen, Thomas J. "China, the U.S.-Japan Alliance, and the Security Dilemma In East Asia". *International Security*. Vol. 23, No. 4, Spring, 1999.

Chu, Yun-Han. "Taiwan's National Identity Politics and the Prospect of Cross-Strait Relations". *Asian Survey*. Vol. 44, No. 4, July/August, 2004.

Cliff, Roger. "The Implication of Chinese Military Modernization for U.S. Force Posture in a Taiwan Conflict" in Michael D. Swaine eds. *Assessing the Threat: The Chinese Military and Taiwan's Security*. Washington D.C.: Carnegie Endowment for International Peace, 2007.

Cole, Bernard D., and Valérie Niquet. "Amphibious Capabilities" in Steve Tsang eds. *If China Attacks Taiwan: Military Strategy, Politics and Economics*. New York: Routledge, 2006.

Deng, Yong. "Hegemon on the Offensive: Chinese Perspectives on U.S. Global Strategy". *Political Science Quarterly*. Vol. 116, No. 3, Fall, 2001.

Ding, Arthur S., and Alexander Huang. "Taiwan's Military in the 21st Century: Redefinition and Reorganization" in Larry M. Wortzel eds. *The Chinese Armed Forces in the 21st Century*. Darby, PA.: Diane Publishing Co., 1999.

Evera, Stephen Van. "Offense, Defense and the Causes of War". *International Security*. Vol. 22, No. 4, Spring, 1998.

Glosny, Michael A. "Strangulation from the Sea?: A PRC Submarine Blockade of Taiwan". *International Security*. Vol. 28, No. 4, Spring, 2004.

Goldstein, Avery. "Power Transitions, Institutions, and China's Rise in East Asia: Theoretical Expectations and Evidence". *The Journal of Strategic Studies*. Vol. 30, No. 4-5, August-October, 2007.

Goldstein, Lyle, and William Murray. "Undersea Dragons: China's Maturing Submarine Force". *International Security*. Vol. 28, No. 4, Spring, 2004.

Grimmett, Richard F. "U.S Arms Sales: Agreements with and Deliveries to Major Clients, 2001-2008". *CRS Report for Congress*. R40959, December 2, 2009.

Ho, Joshua H. "The Security of Sea Lanes in Southeast Asia". *Asian Survey*. Vol. 46, No. 4, July/August, 2006.

Holmes, James, and Toshi Yoshihara. "Command of the Sea with Chinese Characteristics". *Orbis*, Vol. 49, No. 4, Fall, 2005.

______. "Taiwan's Navy: Still in Command of the Sea?". *China Brief*. Vol. 10, Issue 6, The Jamestown Foundation: March 18, 2010.

Hsiao, Russell. "China-Taiwan Up Missile Ante". *China Brief*. Vol. 10, Issue 7, The Jamestown Foundation: April 1, 2010.

Jervis, Robert. "Cooperation Under Security Dilemma". World Politics. Vol. 30, No. 2, January, 1978.

Jencks, Harlan W. "China's "Punitive" War on Vietnam: A Military Assessment". Asian Survey. Vol. 19, No. 8, August, 1979.

Kan, Shirley A. "Taiwan: Major U.S Arms Sales Since 1990". *CRS Report for Congress*. RL30957, February 16, 2010.

Krepinevich, Andrew F. "China's 'Finlandization' Strategy in the Pacific". *The Wall Street Journal*. September 11, 2010.

Li, Nan, and Christopher Weuve. "China's Aircraft Carrier Ambitions". *Naval War College Review*. Vol. 63, No. 1, Winter, 2010.

Mei, Fu S. "Operational Changes in Taiwan's Han Kuang Military Exercises 2008-2010". *China Brief*. Vol. 10, Issue 11, The Jamestown Foundation: May 27, 2010.

Murray, William S. "Revisiting Taiwan's Defense Strategy". *Naval War College Review*. Vol. 61, No. 3, Summer, 2008.

O'Rourke, Ronald. "China Naval Modernization: Implications for U.S. Navy Capabilities-Background and Issues for Congress". *CRS Report for Congress*. RL33153, November 23, 2009.

Posen, Barry R. "Measuring the European Conventional Balance". *International*

Security. Vol. 9, No. 3, Winter, 1984/1985.

______. "Command of the Commons: The Military Foundation of U.S. Hegemony". *International Security*. Vol. 28, No. 1, Summer 2003.

Roy, Denny. "Hegemon on the Horizon?: China's Threat to East Asian Security". *International Security*. Vol. 19, No. 1, Summer, 1994.

______. "The Sources and Limits of Sino-Japanese Tensions". *Survival*. Vol. 47, No. 2, Summer, 2005.

Shambaugh, David. "Sino-American Strategic Relations: From Partners to Competitors". *Survival*. Vol. 42, No. 1, Spring, 2000.

______. "China's Military Views the World: Ambivalent Security". *International Security*. Vol. 24, No. 3, Winter, 1999/2000.

Stokes, Mark A. "Taiwan's Security: Beyond the Special Budget". *Asian Outlook*. American Enterprise Institute for Public Policy Research, March 27, 2006.

Whiting, Allen S. "China's Use of Force, 1950-96, and Taiwan", *International Security*, Vol. 26, No. 2, Fall, 2001.

You, Ji. "China's Naval Strategy and Transformation" in Lawrence W. Prabhakar. Joshua H. Ho, and Sam Bateman eds. *The Evolving Maritime Balance of Power in the Asia-Pacific*. Hackensack, N.J.: World Scientific Publishing Company, 2006.

Zhang, Xiaoming. "China's 1979 War with Vietnam: A Reassessment". The China Quarterly, No. 184, December, 2005.

국내 언론기사

권영석. "대만, 38년만에 처음으로 유엔행사 참석". 〈연합뉴스〉, 2009년 5월 19일자.

김병륜. "세계의 군대: 〈30〉 중국군 군사변혁".『국방일보』, 2006년 3월 6일자.

______. "세계의 군대: 〈62〉 대만군".『국방일보』, 2006년 11월 13일자.

______. "'세계 패권' 미 해군에 맞선 중국 해군의 급성장".『신동아』, 2007년 12월호.

맹찬형. "대만, WHO 문건 '중국의 省' 표기에 항의". 〈연합뉴스〉, 2011년 5월 10일자.

문일. "美, 대만에 이지스함 안 판다".『국민일보』. 2001년 4월 24일자.

박기성. "천총통 급진 臺獨 추진…양안관계 급랭". 〈연합뉴스〉, 2006년 2월 28일자.

손재언. "대만, 中겨냥 장거리 미사일 개발".『한국일보』, 2006년 10월 17일자.

신삼호, "中, 올해 국방예산 102조원…12.7%", 〈연합뉴스〉, 2011년 3월 4일자.

안석호. "중국, 인공위성 요격 실험 성공". 『세계일보』, 2007년 1월 20일자.

윤득현. "중 군사훈련 득실 반반". 『동아일보』, 1996년 3월 26일자.

이상미. "中 대만 겨냥 미사일 줄이나". 〈연합뉴스〉, 2008년 6월 2일자.

이상민. "中, 대만 겨냥 미사일 1,500기로 증가". 〈연합뉴스〉, 2009년 10월 19일자.

______. "대만 올해 국방예산 6.7% 축소". 〈연합뉴스〉, 2010년 1월 13일자.

______. "中 "대만-외국 간 FTA 서명 반대"". 〈연합뉴스〉, 2010년 6월 2일자.

______. "中-대만 ECFA: 대만 국론분열 심각". 〈연합뉴스〉, 2010년 6월 29일자.

______. "대만 입법원, ECFA 위험 경고 보고서 발간". 〈연합뉴스〉, 2010년 7월 29일자.

______. "대만-中, 도쿄영화제서 주권문제로 충돌", 〈연합뉴스〉, 2010년 10월 25일자.

______. "국민당, 시장선거 승리 … 득표율서 패배", 〈연합뉴스〉, 2010년 11월 28일자.

______. "대만경제 10.47% 성장 … 23년來 최고", 〈연합뉴스〉, 2011년 2월 1일자.

이충원. "日, 中 동중국해 훈련 강화에 '촉각'". 〈연합뉴스〉, 2010년 4월 23일자.

이헌진. "中, 56개 민족의 용광로? … 갈등 뿌리 깊은 화약고!'", 『동아일보』, 2011년 6월 1일자.

이홍우. "팽팽한 兩岸 '충돌' 초긴장". 『국민일보』, 1999년 8월 5일자.

장학만. "분단 이후 첫 國-共 수뇌회담/후·롄 '56년 적대관계 끝났다'". 『한국일보』, 2005년 4월 30일자.

정재용. "中-대만 '해상 직항시대' 열렸다". 〈연합뉴스〉, 2008년 12월 15일자.

______. "中, 대만 겨냥 신형 지대공 미사일 배치". 〈연합뉴스〉, 2010년 3월 18일자.

______. "中 3대 함대 남중국해서 대규모 합동훈련". 〈연합뉴스〉, 2010년 7월 30일자.

______. "中 남중국해 겨냥 전략 미사일기지 건설". 〈연합뉴스〉, 2010년 8월 8일자.

정주호. "천수이볜 대만독립 헌법개정 본격 논의". 〈연합뉴스〉, 2006년 9월 24일자.

______. "대만, 탈중국화·대만화 노선 노골화". 〈연합뉴스〉, 2007년 1월 30일자.

______. "천수이볜 '대만은 독립해야'". 〈연합뉴스〉, 2007년 3월 5일자.

______. "대만 워게임 결과 中침공 2주 만에 격퇴". 〈연합뉴스〉, 2007년 4월 25일자.

______. "대만, 최전방 진먼다오 병력 감축". 〈연합뉴스〉, 2007년 8월 1일자.

조성대. "中해방군, 한 달여 간 8차례 군사훈련". 〈연합뉴스〉, 2010년 8월 4일자.

조철현. "대만총통 발언으로 중-대만 양안관계 갈등 증폭". 『세계일보』, 1999년 7월 15일자.

조헌주 · 황유성. "대만 내년 모병제 부분도입 ··· 의무복무기간도 절반으로". 『동아일보』, 2004년 9월 26일자.

황계식. "천수이볜 '대만은 주권國'". 『세계일보』, 2002년 8월 5일자.

황유성. "대만, 中대륙 선제공격案 수립". 『동아일보』, 2004년 6월 11일자.

______. "유시쿤 대만 행정원장 '공포의 균형論' 주장 파문". 『동아일보』, 2004년 9월 30일자.

______. "대만총선 야당 승리: 천수이볜 대만독립 구상 차질". 『동아일보』, 2004년 12월 13일자.

______. "中, 개전 18일 만에 대만 완전점령 ··· 대만 군사기밀 내용 공개". 『동아일보』, 2006년 2월 15일자.

______. "장제스 본토 수복 계획, 반세기 만에 첫 공개". 『동아일보』, 2006년 3월 28일자.

홍순도. "중국 · 대만전쟁 가상 시나리오: 인해전술 · 작은 고추의 한판 승부". 『신동아』, 1995년 10월호.

홍제성. "中 국방예산 증액에 국제사회 우려". 〈연합뉴스〉, 2009년 3월 4일자.

______. "서북도서 요새화로 주목받는 금문도". 〈연합뉴스〉, 2010년 12월 10일자.

영문 언론기사

Bremner, Brian, et al. "Asia's Great Oil Hunt". *BusinessWeek*. November 15, 2004.

Chan, Minnie. "PLA Sets Up Centralised Cyber War Command". *South China Morning Post*. July 22, 2010.

Chang, Rich. "MND Gives up on Special Budget". *Taipei Times*. February 22, 2006.

______. "China's Fighter Jets are Better than Taiwan's: MND". *Taipei Times*. March 9, 2010.

Chung, Ling-Wei, and Sarah McDowall. "Crossing the Devide: Sino-Taiwanese Economic Cooperation". *Jane's Intelligence Review*. January 2010.

Collins, Gabe. "Air Time: Increasing China's Aerial Ranges". *Jane's Intelligence Review*. July, 2008.

Fisher Jr., Richard D. "Strait Shooter: PLA Expands and Upgrades Missile

Arsenal". *Jane's Intelligence Review*. November, 2008.

Gertz, Bill. "Admiral: China's Buildup Aimed at Power past Asia". *The Washington Times*. March 26, 2010.

Grevatt, Jon. "Taiwan Ponders U.S Frigate Acquisition". *Jane's Defence Weekly*, January 20, 2010.

Hewson, Robert. "Chinese Airpower Reaps Benefits of Long Road to Self-sufficiency". *Jane's International Defence Review*. October, 2007.

Johnson, Reuben F. "China's J-20 Clocks Up 18-Minute Maiden Flight". *Jane's Defence Weekly*, January 11, 2011.

Jamaluddin, J. M. "Taiwan Developing a Sophisticated Defence and Aerospace Industry". *Asian Defence Journal*. July/August, 2007.

Kemp, Damian. "Taiwan Proposes U.S. $18bn Defence Spending Boost". *Jane's Defence Weekly*. June 9, 2004.

Ko, Shu-Ling. "Air, Sea Defense are Indispensable: Ma". *Taipei Times*. December 31, 2008.

Matthews, William. "China's Subs Getting Quieter". *Defense News*. November 30, 2009.

McGerty, Fenella. "Spending Gulf to Widen across Taiwan Strait". *Jane's Defence Weekly*. February 18, 2009.

Minnick, Wendell, "Country Briefing: Taiwan-Identity Crisis", *Jane's Defence Weekly*, June 30, 2004.

______. "Taipei Embroiled in Defence Budget Row". *Jane's Defence Weekly*. June 1, 2005.

______. "U.S. Rejects Taiwan Request for HARM and JDAM Kits". *Jane's Defence Weekly*. January 18, 2006.

______. "Taiwan Power Projection Advances with Wan Chien". *Jane's Defence Weekly*. March 22, 2006.

______. "Taiwan To Purchase Patriots, Apaches". *Defense News*. January 7, 2008.

______. "China Developing Anti-Ship Ballistic Missiles". *Defense News*. January 14, 2008.

______. "Taiwan: Missile Needed to Buy Time in Attack". *Defense News*,

February 11, 2008.

______. "KMT Presidential Candidate Outlines Taiwan Security Strategy". *Defense News*. March 3, 2008.

______. "Fortress Formosa? Taiwan Strategy Under Attack". *Defense News*. October 20, 2008.

______. "U.S. State Dept. Working against CSIST?". *Defense News*. October 27, 2008.

______. "Taiwan Continues Cruise Missile Effort". *Defense News*. March 23, 2009.

______. "U.S. Prepares Taiwan Deal Despite China Opposition". *Defense News*. February 1, 2010.

______. "China Moves Beyond Littorals to Test Growing Fleet Power". *Defense News*. May 3, 2010.

Phipps, Gavin. "Cross-Strait Traffic: Stronger Sino-Taiwanese Ties Begin to Form". *Jane's Intelligence Review*. September, 2008.

______. "Taiwan Considers Major Cuts to Numbers of Forces Personnel". *Jane's Defence Weekly*. January 28, 2009.

______. "Taiwan's Air Force on the Wane, Says Intel Report". *Jane's Defence Weekly*. March 3, 2010.

______. "Taiwan Fears Rise in Chinese Missiles Aimed at Island". *Jane's Defence Weekly*. July 28, 2010.

Sanger, David E. "U.S. Would Defend Taiwan, Bush Says". *The New York Times*. April 26, 2001.

Shih, Hsiu-Chuan. "Legislature Finally Passes U.S Arms Budget". *Taipei Times*. June 16, 2007.

Sirak, Michael, and Kim Burger. "USA Needs Submarine to Offer Taiwan". *Jane's Defence Weekly*. May 2, 2001.

Torode, Greg. "Exercises Show PLA Navy's New Strength". *South China Morning Post*. April 18, 2010.

Wong, Edward. "Chinese Military Seeks to Extend Its Naval Power". *The New York Times*. April 24, 2010.

기 타

庫桂生.『臺灣軍事力量透析』. 北京: 國防大學出版社, 2000.

國防部 國防報告書 編纂委員會.『中華民國九十五年 國防報告書』. 臺北: 黎明文化
　　公司, 2006.

______.『中華民國九十七年 國防報告書』. 臺北: 黎明文化公司, 2008.

國防部 四年期國防總檢討 編纂委員會.『中華民國九十八年 四年期國防總檢討』. 臺
　　北: 國防部, 2009.

軍事科學院戰略研究部.『戰略學』. 北京: 軍事科學出版社, 2001.

鄧小平.『鄧小平文選 第三卷: 1982-1992年』. 北京: 人民出版社, 1993.

馬英九.『一個SMART的國家安全戰略』. 中華民國國家安全促進會, 2008. 2. 26.

中華人民共和國國務院新聞辦公室.『2008年 中國的國防』. 北京: 中華人民共和國國
　　務院新聞辦公室, 2009.

陳水扁.『新世紀新出路-陳水扁國家藍圖: 1. 國家安全』. 臺北: 陳水扁競選指揮中心,
　　1999.

찾아보기

용어

경외결전(境外決戰) 303

고(高)기술 조건하의 국부전쟁(高技術條件下的局部戰爭) 246

고약반석(固若盤石) 311

공간지배(Command of the Commons) 364

공격·방어 이론 23

공세작전(攻勢作戰) 273

공수일체(攻守一體) 274

과계민족(跨界民族) 143

구닝터우 전투 111, 120

국가통일강령(國家統一綱領) 91

국공내전 62-64

군구(軍區) 161

군사력 균형 22-23

군사비 지출규모 비교법 38, 40

근해방어(近海防禦) 255

남사군도(南沙群島) 150

남중국해 150-151, 155, 355-357

남향정책(南向政策) 347

다극화 30, 219, 361

다중 위계체제 28, 365

단순수량 비교법 38

대3통(大三通) 104

대륙세력 이론 32, 34

대만 동포에게 보내는 글(告臺灣同胞書) 86

대만관계법 81, 83-84, 218, 221, 232, 284

대만민주국(臺灣民主國) 61

대만방위 결의안(Formosa Resolution) 115

대약진 운동 69

대함 탄도미사일(ASBM) 327

도광양회(韜光養晦) 366

동원감란시기 임시조관(動員戡亂時期臨時條款) 89

동태적(動態的) 평가방법론 37

리덩후이의 6개조(李六條) 140

마주다오(馬祖島) 55

말라카 해협 150, 228

무실외교(務實外交) 91

문화대혁명 70

미일 신(新)방위협력지침 228, 230

미일 안전보장조약(美日安全保障條約) 118

미일 안전보장협의위원회(安全保障協議委員會) 230

바다에서의 인민전쟁(海上人民戰爭) 254
바시해협 153, 355
반(反)접근 능력 327, 341
반(反)정보 능력 333-336
반분열국가법(反分裂國家法) 96
방위고수, 유효억지(防衛固守 有效嚇阻) 275
범람연맹(泛藍聯盟) 291
범록연맹(泛綠聯盟) 291
본성인(本省人) 65
불통불독(不統不獨) 92

4개년 국방검토보고서(QDR) 220, 316, 337
4개 현대화(四個現代化) 85
4년 주기 국방총검토(四年期國防總檢討) 316
4불 1무(四不一沒) 95
4요 1무(四要一沒) 102
3대 무기 도입 사업안(三項重大軍購案) 296
삼민주의(三民主義) 87
삼민주의에 의한 중국 통일(貫徹以三民主義統一中國案) 87
3불정책(三不政策) 87, 344
상하이 공동성명(上海公報) 76
상하이협력기구(上海合作組織) 351
세력균형 24-25
세력전이 24-25, 27-29, 31
센카쿠(尖閣) 열도 228
수세국방(守勢國防) 312

수세방위(守勢防衛) 275
스마트(SMART) 국가안보전략 310
신(新) 3불정책(三不政策) 344
10개년 병력 정예화·간소화 방안(十年兵力精簡方案) 277

양국론(兩國論) 128
오키나와(沖繩) 56, 150
외부 개입능력 44, 50
외성인(外省人) 65
유소작위(有所作爲) 366
UN총회 결의안 2758호 78
유적심입(誘敵深入) 237, 242, 245, 247
유한국부전쟁(有限局部戰爭) 242
유효억지, 방위고수(有效嚇阻 防衛固守) 303
6항 보증(六項保證) 84
ECFA(Economic Cooperation Framework Agreement) 104-105, 343, 347-348
2·28 사태(二二八事件) 65
인공위성 공격(ASAT) 335
인민전쟁(人民戰爭) 237
인민해방군(人民解放軍) 159
1992 공동인식(九二共識) 121, 132, 138, 292, 344
일국양구(一國兩區) 138
일국양제(一國兩制) 133
일변일국론(一邊一國論) 96

자객의 무기(殺手鐧) 336
장쩌민의 8개항(江八點) 135
적극방위(積極防衛) 303
전략적 경쟁자(Strategic Competitor)

219

전략지구, 전술속결(戰略持久 戰術速決)
　　275

전력지수 비교법　38, 39

전수방위(專守防衛)　228

전쟁 불가피론(不可避論)　242

점령능력　44, 46-47, 49-51

점혈전쟁(點穴戰爭)　334

정보화 조건하의 국부전쟁(信息化條件
　　下的局部戰爭)　333

정실안(精實案)　277

정진안(精進案)　278

정태적(情態的) 평가방법론　37

제1도련(第一島鍊)　352

제1차 대만해협 위기　114-115

제2도련(第二島鍊)　352

제2차 대만해협 위기　115

제2포병(第二砲兵)　167

제3차 대만해협 위기　126, 222

제해·제공권 확보능력　46

주(駐)대만 미국협회(美國在臺協會)　83

주변지역 이론　36-37

중국특색 군사변혁(中國特色軍事變革)
　　333

중미공동방어조약(中美共同防禦條約)
　　68

중산과학연구원(CSIST)　280

중앙군사위원회(中央軍事委員會)　159

중원안(中原案)　277

진먼다오(金門島)　55

차이완(Chiwan)　104

천안문(天安門) 사태　92, 219

천안함 피격사건　358, 372

1,000해리 해상교통로 방위구상　228,
　　230-231

청일전쟁(淸日戰爭)　60

침몰하지 않는 항공모함(不沈航母)　154

쾌속반응부대(快速反應部隊)　163

타격능력　44, 49-51

타격부대(打擊旅)　190

탄성외교(彈性外交)　91

특별예산(特別豫算)　294

특별행정구(特別行政區)　133

티베트　143

8·17 공동성명(八一七公報)　83

펑후다오(澎湖島)　55

하나의 중국　77, 83-84, 131-132, 135
　　-138

합동작전지휘센터(聯合作戰指揮中心)
　　169

해상교통로(SLOC)　153

해양력(海洋力)　144

해양세력 이론　32

해협교류기금회(海峽交流基金會)　90

해협양안관계협회(海峽兩岸關係協會)
　　91

핵 선제불사용(不首先使用核武器)　333

인명

닉슨, 리처드 74

덩샤오핑(鄧小平) 80, 85, 133-134, 242
-243

렘키, 더글라스 28
롄잔(連戰) 97
뤄번리(羅本立) 277
류허치엔(劉和謙) 277
류화칭(劉華淸) 254
리덩후이(李登輝) 88
리제(李傑) 296

마오쩌둥(毛澤東) 66-67, 69-70
마잉주(馬英九) 103, 344
마한, 알프레드 32
맥킨더, 할포드 32
머레이, 윌리엄 313

스파이크만, 니콜라스 존 34
시랑(施琅) 59
쑤치(蘇起) 312

오간스키, 아브라모 F. K. 25
양제츠(楊潔篪) 357
유시쿤(游錫堃) 304

장제스(蔣介石) 61, 65-68, 72
장징궈(蔣經國) 85
장쩌민(江澤民) 124
저우언라이(周恩來) 76
정청궁(鄭成功) 57
정허(鄭和) 352
주청후(朱成虎) 333

천수이벤(陳水扁) 94

카터, 지미 79
키신저, 헨리 75

탕야오밍(湯曜明) 304

펑더화이(彭德懷) 238

후진타오(胡錦濤) 97